AF544560

Wiggenhagen / Steensen

Taschenbuch zur Photogrammetrie und Fernerkundung
Guide for Photogrammetry and Remote Sensing

Wiggenhagen / Steensen

Taschenbuch zur Photogrammetrie und Fernerkundung

Guide for Photogrammetry and Remote Sensing

6., neu bearbeitete und erweiterte Auflage
6 th revised and extended edition

Bearbeitet von / Compiled by

Dr.-Ing. Manfred Wiggenhagen
Leibniz-Universität Hannover

Dr. Torge Steensen
Continental AG, Hannover

Albertz / Wiggenhagen
Taschenbuch zur Photogrammetrie und Fernerkundung
5. Auflage, Heidelberg 2009

Albertz / Wiggenhagen
Guide for Photogrammetry and Remote Sensing
5th Edition, Heidelberg 2009

Albertz / Kreiling
Photogrammetrisches Taschenbuch
1. bis 4. Auflage (deutsch, englisch, französisch und spanisch)
Karlsruhe 1972, 1975, 1980, 1989
Japanische Ausgabe 1976
Chinesische Ausgabe 1987

Albertz / Kreiling
Photogrammetric Guide
1st to 4th Edition (german, english, french, and spanish)
Karlsruhe 1972, 1975, 1980, 1989
Japanese Edition 1976
Chinese Edition 1987

Bibliografische Information der Deutschen Nationalbibliothek
Die Deutsche Nationalbibliothek verzeichnet diese Publikation in der Deutschen Nationalbibliografie; detaillierte bibliografische Daten sind im Internet über **http://dnb.dnb.de** abrufbar.

Bibliographic information published by the Deutsche Nationalbibliothek
The Deutsche Nationalbibliothek lists this publication in the Deutsche Nationalbibliografie. Detailed bibliographic data are available in the Internet at **http://dnb.dnb.de**.

ISBN 978-3-87907-678-9 (Buch / Print)
ISBN 978-3-87907-679-6 (E-Book / eBook)

Druck / Printed by Beltz Grafische Betriebe GmbH, Bad Langensalza, Germany
2021-07

Vorwort

Im Jahre 1972 ist das von Jörg Albertz und Walter Kreiling bearbeitete ‚Photogrammetrische Taschenbuch' erstmals erschienen. Bis 1989 wurde das in vier Sprachen abgefasste Buch in insgesamt vier Auflagen herausgegeben. Außerdem erschien 1976 eine japanische und 1987 eine chinesische Ausgabe. Während dieser Zeit wurde der Inhalt mehrfach überarbeitet und aktualisiert, die ursprüngliche Konzeption aber beibehalten.

In der 5. Auflage führten technische Entwicklungen und wissenschaftliche Fortschritte zu einer völligen Neukonzeption. Das alte *Photogrammetrische Taschenbuch* wurde zum *Taschenbuch zur Photogrammetrie und Fernerkundung*. Die ursprünglich vier Sprachen wurden auf die zwei Sprachen Deutsch und Englisch reduziert.

Das inhaltliche Spektrum wurde in dieser aktuellen Auflage des Buches um Programmierbeispiele in Python und Fragensammlungen mit Antworten erweitert. Hierdurch können die theoretischen Prinzipien der Photogrammetrie und Fernerkundung, der digitalen Bildverarbeitung und einige der grundlegenden Aspekte der Geoinformationstechnologie praktisch nachvollzogen werden.

Zusätzliche Informationen und die Beispiele können von der Internetseite zum Buch http://www.skripte-zum-buch.de heruntergeladen werden.

Hinweise auf weiterführende Literatur würden den Rahmen des Buches sprengen. Deshalb wurde auch in dieser Ausgabe darauf verzichtet.

Während der Bearbeitung des Buches haben wir Hinweise und tatkräftige Unterstützung von vielen Seiten erfahren. Dafür danken wir allen beteiligten Fachleuten.

Dem Herbert Wichmann Verlag, vor allem dem Lektor Gerold Olbrich, sind wir für die gute Zusammenarbeit und die verständnisvolle Unterstützung bei der Herstellung des Buches zu Dank verpflichtet.

Preface

In 1972, the 'Photogrammetric Guide', compiled by Jörg Albertz and Walter Kreiling, was presented for the first time. Until 1989, the book, which was prepared in four languages, had been published in four editions. Furthermore, in 1976, an edition in Japanese followed and, in 1987, one in Chinese. During these years, the content of the book has been revised and updated several times, however, the initial basic concept remained the same.

In the 5th edition, technical developments and scientific progress lead to a completely new concept for the new edition. The *Photogrammetric Guide* changed to a *Guide for Photogrammetry and Remote Sensing*. The original four languages were reduced to the two languages German and English.

The broad spectrum of the current book was expanded in this new edition by programming examples in Python and collections of questions with answers. Hereby, the theoretical principles of photogrammetry and remote sensing, digital image processing as well as some basic aspects of geoinformation technology can be practically comprehended.

Additional information and the examples can be downloaded from the website http://www.skripte-zum-buch.de.

To provide literature references in the framework of this book is far beyond its scope. Therefore, literature references are not provided in this edition.

During the preparation of the book we received recommendations and practical input from many sides. We very much appreciate this support.

We are greatly obliged to the publisher, the Herbert Wichmann Verlag, especially to the editor Gerold Olbrich, for the effective cooperation and the good understanding during the preparation of this book.

Hannover
May 2021
Manfred Wiggenhagen / Torge Steensen

Inhaltsverzeichnis - Contents

1 Allgemeines – General

1.1 Python – Python

Python-Programmierung

In Ergänzung zu den wissenschaftlichen Grundlagen in diesem Buch soll der Nutzer auch in die Lage versetzt werden, wichtige Anwendungen selbst am Rechner untersuchen zu können.

Hierfür bietet sich die moderne Skriptsprache Python an. Beispiel-Skripte in den jeweiligen Kapiteln können direkt ausgeführt und für eigene Zwecke angepasst werden.

In den meisten Fällen reicht die Basisinstallation des aktuellen Python-3-Interpreters mit seinen Grundmodulen aus, um die Funktionalität zu testen.
Werden in weiteren Kapiteln zusätzliche Bibliotheken benötigt, so finden sich die Installationsanweisungen in den ersten Kommentarzeilen des jeweiligen Skriptes.

Die aktuelle Python-Umgebung kann über folgende Internetseite installiert werden:
https://www.python.org/downloads/
Für dieses Buch wurde die Windows-Version Python 3.8.6 installiert. Nach erfolgreicher Installation kann der Python-Interpreter über das Windows-Programmmenü gestartet werden.

Python programming

In addition to the scientific basics in this book, the user should also be able to investigate own applications on the computer.

This is what the modern scripting language Python is useful for. Example scripts in the respective chapters can be executed directly and be adapted to own purposes.

In most cases, the basic installation of the current Python 3 interpreter with its basic modules is sufficient to test the functionality.
If additional libraries are required in further chapters, you will find the installation instructions in the first comment lines of the script.

The current Python environment can be installed via the following website:
https://www.python.org/downloads/
For this book, the Windows version Python 3.8.6 was installed. After successful installation, the Python interpreter can be started via the Windows program menu.

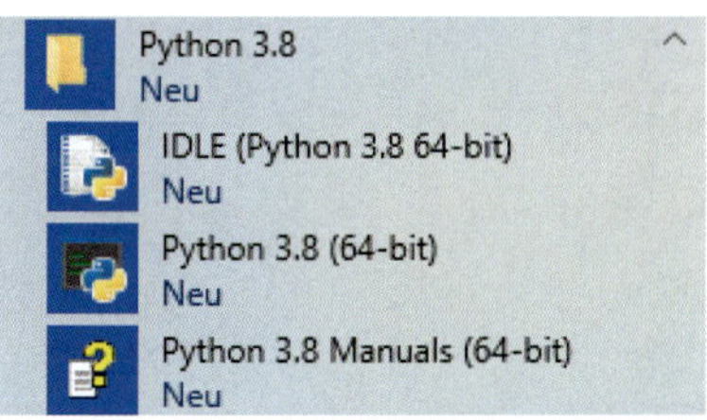

Die folgenden Python-Skripte sollen dazu dienen, die jeweilige Funktionalität zu testen und dazu einzuladen, weiter zu experimentieren.

Da es sich um Minimalversionen handelt, die nicht gegen Eingabe- oder Anwendungsfehler geschützt sind, wird keine Gewähr für die Ergebnisse der Programme übernommen.

The following Python scripts are intended to test the respective functionality and to invite further experimentation.

Since these are minimal versions that are not protected against input or application errors, no guarantee is given for the results of the programs.

Variablen und Strings

Variablen werden zur Speicherung von Werten genutzt. Ein *String* ist eine Reihe von Zeichen, die durch Anführungszeichen eingefasst werden. Strings werden mit + verknüpft. Einzeilige Kommentare werden mit # eingeleitet.

Variables and strings

Variables are used to store values. A *string* is a series of characters, surrounded by single or double quotes. Strings are concatenated with + operation. Comments in a single line are introduced by symbol #.

```
# a2020-02
msg = "Hello World"                          # use variable msg
print(msg)                                   # print on screen
frst = 'albert'
last = 'einstein'
full_name = frst + ' ' + last                # combining strings
print(full_name)
''' ------- output -------
 Hello World
 albert einstein
'''
```

Listen und Tuples

Eine *Liste* speichert eine Reihe von Werten in bestimmter Reihenfolge. Auf die Werte wird per Index oder in einer Schleife zugegriffen. *Tuples* sind mit Listen vergleichbar. Die Werte darin können aber nicht verändert werden.
Eine *for-Schleife* führt Anweisungen in einem definierten Bereich aus oder bis das Ende der Liste erreicht ist.

Lists and tuples

A *list* stores a series of items in a particular order. Items are accessed by an index or within a loop.
Tuples are similar to lists, but the items in a tuple can't be modified.

A *for loop* runs in a defined range or until the end of a list is reached.

```
# b2020-02
objects  = ['tree','house','car']            # make a list
frst_obj = objects[0]                        # get the first item
last_obj = objects[-1]                       # get the last item
for obs in objects:                          # looping through a list
    print(obs)                               # print items on screen
objects=[ ]                                  # define empty list
objects.append('tree')                       # adding items to an empty list
objects.append('house')
objects.append('car')
squares = [ ]
for x in range (1,11):                       # making a numerical list
    squares.append(x**2)                     # calculate x**2
print(squares)                               # print items on screen
first2 = objects[:2]                         # slicing a list, get first two items
cpyobj = objects[:]                          # copy all items to a new list
dimensions= (100, 110)                       # making a tuple

''' ------- output -------
tree
house
car
[1, 4, 9, 16, 25, 36, 49, 64, 81, 100]

'''
```

If-Abfragen

If-Abfragen prüfen bestimmte Bedingungen und führen definierte Anweisungen aus. Zusammengehörige Befehle werden um eine Tabulatorposition eingerückt. Alternativ wird nach „else:“ fortgesetzt.
Bedingungen können logisch verknüpft werden.

If statements

If statements are used to test for particular conditions and respond appropriately. Associated commands are indented by one tab stop. Alternative commands follow the 'else:' mark.
Conditions can be combined logically.

```
# a2020-03
rows = 200                                    # define variables
cols = 100
if rows > 200:                                # test condition
    print('number of rows is > 200')          # test is TRUE
else:                                         # alternative
    print('number of rows is %d' % rows)      # test is FALSE

if rows == 200 and cols ==100:                # test condition with logical 'and'
    print('rows,cols= %d %d' %(rows,cols))

''' ------- output -------
number of rows is 200
rows,cols= 200 100
'''
```

Nutzereingabe

Programme können den Nutzer um Eingabe bitten. Jegliche Eingabe wird als Textstring gespeichert. Werden Zahlen benötigt, wird die Eingabe über Typumwandlung konvertiert. Durch Import von Modulen oder Bibliotheken werden zusätzliche Funktionen bereitgestellt.
Das Modul *math* enthält mathematische Funktionen und die Kreiszahl pi.

User input

Programs can ask the user for input. All input is stored as a string.
If integer or float variables are required, the input has to be converted by typecasting.
The import of modules or libraries supplies additional functions.
The module *math* contains mathematical functions and the number pi.

```
# b2020-03
from math import *                                   # import math module
name = input(" Enter your name, please: ")           # prompt for input
print(" Hello, " + name)                             # print on screen
age = input(" How old are you? ")                    # prompt for input
age  = int(age)                                      # convert to integer
print(pi)                                            # print pi from math module
mypi = input(" What is the value of pi? ")           # prompt for input
mypi = float(mypi)                                   # convert to float
print(" pi = %.4f" % mypi)                           # print with 4 decimal places

''' ------- output -------
 Enter your name, please: Albert
 Hello, Albert
 How old are you? 77
3.141592653589793
 What is the value of pi? 3.1415927
 pi = 3.1416
'''
```

range()-Funktion

Die *range()* -Funktion arbeitet wirksam mit vielen Zahlen. Sie startet bei 0 und endet einen Wert unter dem Limit, welches als Parameter übergeben wurde. Optional können Startwert, Limit und Schrittweite übergeben werden. Die *list()* -Funktion generiert eine definierte Liste mit Zahlenelementen.

range() function

The *range()* function works with a set of numbers. It starts at 0 by default and stops one number below the number passed to it. Optionally, start value, stop value and step size can be passed to the range function. The *list()* function can be used to generate a defined list of numbers.

```
# a2020-04
text=" "
for num in range(5):                         # loop from 0 to 4
   text=text+" "+str(num)
print(text)
print("------------------------------------------------")
text=" "
for num in range(1,12,2):                    # loop from 1 to 11 step 2
    text=text+" "+str(num)
print(text)
print("------------------------------------------------")
nums = list(range(1,21))                     # make a list of numbers from 1 to 20
print(nums)
''' ------- output -------
  0 1 2 3 4
------------------------------------------------
  1 3 5 7 9 11
------------------------------------------------
[1, 2, 3, 4, 5, 6, 7, 8, 9, 10, 11, 12, 13, 14, 15, 16, 17, 18, 19, 20]
'''
```

random()-Funktion

Die *random()*-Funktion generiert Zufallszahlen im gewünschten Bereich.

random() function

The *random()* function creates random numbers in the desired range.

```
# b2020-04
import random                                # import random module
Start = 0
Stop  = 100
limit = 4
# make a list of 4 random  float numbers
numfs=[random.random() for iter in range(limit)]
print(len(numfs))                            # print number of items in list
print(numfs)                                 # print items
limit = 10
# make a list of 10 random integer numbers in the range of 1 to 100
numis=[random.randint(Start, Stop) for iter in range(limit)]
print(len(numis))                            # print number of items in a list
print(numis)                                 # print items
small = min(numis)                           # finding the minimum value in a list
large = max(numis)                           # finding the maximum value
sumi  = sum(numis)                           # finding the sum of all values

print(" min= %.d max= %d sum = %d" % (small,large,sumi))
''' ------- output -------
4
[0.37457846350189605, 0.0021120339890539075, 0.22075907813300932, 0.02640003520266987]
10
[66, 75, 41, 3, 37, 28, 85, 66, 51, 78]
 min= 3 max= 85 sum = 530
'''
```

Ausschneiden einer Liste

Der Teil einer Liste wird *slice* genannt. Um eine Liste auszuschneiden, startet man mit dem Index des ersten Elements, fügt einen ":" hinzu und endet mit dem Index nach dem letzten Element. Weglassen des ersten Indexes startet am Anfang, Weglassen des letzten Indexes schneidet bis zum Ende der Liste aus.

Slicing a list

A portion of a list is called a *slice*. To slice a list, start with the index of the first item, add a ':' and end with the index after the last item.
Leaving off the first index starts at the beginning, leaving off the last index slices through the end of the list.

```
# a2020-05
import random                                         # import random module
# make a list of 7 random int numbers
numfs   = [random.randint(0,50) for iter in range(7)]
first3  = numfs[:3]                                   # getting the first three elements
middle3 = numfs[2:5]                                  # get the middle three elements
last3   = numfs[-3:]                                  # get the last three elements
sortl   = sorted(numfs)                               # sort list
print("all:          ",numfs)                         # print items
print("first three: ",first3)                         # print sliced items
print("middle three:",middle3)                        # print sliced items
print("last three:   ",last3)                         # print sliced items
print("sorted:       ",sortl)                         # print sorted items
''' ------- output -------
all:          [14, 38, 36, 50, 49, 30, 45]
first three:  [14, 38, 36]
middle three: [36, 50, 49]
last three:   [49, 30, 45]
sorted:       [14, 30, 36, 38, 45, 49, 50]
'''
```

Bedingungstest

Ein Bedingungstest kann als Ergebnis *True* oder *False* liefern. Python nutzt das Resultat, um zu entscheiden, ob der Code in einer if-Bedingung ausgeführt wird.

Conditional test

A conditional test is an expression that can be evaluated as *True* or *False*. Python uses the result to decide whether the code in an if statement should be executed.

```
# b2020-05
obj='tree'
if obj == 'tree':                                     # checking for equality
    print(obj == 'tree')
print(obj == 'house')                                 #
print(obj != 'house')                                 # checking for inequality
num1=15
print(num1 >= 15)                                     # comparison operators
print(num1 <  15)
numis= [ 1,7,3,9,23,6 ]                               # conditional test with list
print(numis)
erg=7 in numis
print(' 7 in list=', erg)
erg=(27 in numis)
print('27 in list=', erg)
''' ------- output -------
True
False
True
True
False
[1, 7, 3, 9, 23, 6]
 7 in list= True
27 in list= False
'''
```

Datei-Ein- und Ausgaben

Um Inhalte aus einer Datei zu lesen, muss das Programm die Datei öffnen und dann den Inhalt lesen. Es ist möglich, den Inhalt komplett oder Zeile für Zeile einzulesen.
Das *with-Kommando* sorgt dafür, dass die Datei sicher geschlossen wird, wenn das Programm den Zugriff auf die Datei beendet hat.

File input and output

To read contents from a file, the program needs to open the file and then read the contents of the file. It is possible to read the entire content of the file at once, or read the file line by line.
The *with statement* makes sure the file is closed properly when the program has finished accessing the file.

```
# a2020-06
filename= 'data.txt'                          # define filename

with open(filename,'w') as f:                 # open file for writing
    f.write(" Python programming\n" )
    f.write(" is a good way" )                # writing lines
    f.write(" to solve problems.")
with open(filename,'r') as f:                 # open file for reading
    contents = f.read()                       # reading an entire file at once
    print(contents)
print('1.---------------------------')
with open(filename,'r') as f:                 # open file for reading
    for line in f:                            # reading line by line
        print(line.rstrip())
print('2.---------------------------')
with open(filename,'r') as f:                 # open file for reading
    lines = f.readlines()                     # storing content in a list
    for line in lines:                        # printing line by line
        print(line.rstrip())
print('3.---------------------------')
''' ------- output -------
 Python programming
 is a good way to solve problems.
1.---------------------------
 Python programming
 is a good way to solve problems.
2.---------------------------
 Python programming
 is a good way to solve problems.
3.---------------------------
'''
```

Datei-Pfade

Wenn Python die *open* -Funktion nutzt, dann sucht es die Datei in dem Ordner, in dem das Programm ausgeführt wird. Um eine Datei in einem Unterordner zu öffnen, sollte ein relativer oder absoluter Pfad genutzt werden.

File paths

When Python runs the *open* function, it looks for the file in the same directory where the program, that's been executed, is stored. To open a file in a subfolder, a relative or absolute path should be used.

```
# b2020-06
filepath= './'                                # define path
filename= 'data.txt'                          # define filename
file=filepath+filename
print(" Open: %s "% file)
with open(file,'r') as f:                     # open file for reading
    contents = f.read()                       # reading an entire file at once
    print(contents)
''' ------- output -------
 Open: ./data.txt
 Python programming
 is a good way
 to solve problems.
'''
```

Datenvisualisierung

Die Datenvisualisierung ermöglicht Datenanalysen über grafische Präsentationen. Die *matplotlib* -Bibliothek unterstützt bei der Erstellung visuell ansprechender Darstellung von Daten.

Falls *matplotlib* noch nicht auf dem System vorhanden ist, kann die Installation von der Kommandozeile mit folgendem Befehl ausgeführt werden: *pip install matplotlib* .

Linien- und Punktdarstellungen werden aus Listen mit x- und y-Werten generiert. Zusätzliche Parameter ermöglichen die Anpassung der Darstellungen.

Data visualization

Data visualization enables exploring data through graphical presentations. The *matplotlib* module helps you make visually appealing representations of data.

If *matplotlib* is not already running on the system, the installation can be done from the command line with the command: *pip install matplotlib*.

Line graphs and scatter plots are generated from a list of x-values and y-values. Additional parameters can be applied to customize the presentations.

```
# a2020-07
# if not installed, use: pip install matplotlib
from math import *
import matplotlib.pyplot as plt                    # load modules
x_values = list(range(0,360,2))                    # define x_values from 0 to 360, step 2
y_values = [ sin(x*pi/180) for x in x_values ]     # calculate sin(x)
plt.scatter(x_values, y_values,
                  label='sin', s=2 )               # plot points in 2 point size

y_values = [ cos(x*pi/180) for x in x_values ]     # calculate cos(x)
plt.scatter(x_values, y_values,
            color='red',label='cos',s=2)           # plot points in red color
plt.title(" Functions ", fontsize=12)              # define title
plt.xlabel("x-value", fontsize =12)                # define x and y labels
plt.ylabel("y-value", fontsize =12)
plt.tick_params(axis='both', labelsize=8)          # define annotation of axis
plt.plot([-10,370],[0,0],color='green')            # plot line between two points
plt.legend()                                       # show legend
plt.grid(True)                                     # show grid
plt.savefig('pyfig07a.pdf',
            bbox_inches='tight')                   # save plot to PDF-File
plt.show()                                         # show plot on screen
```

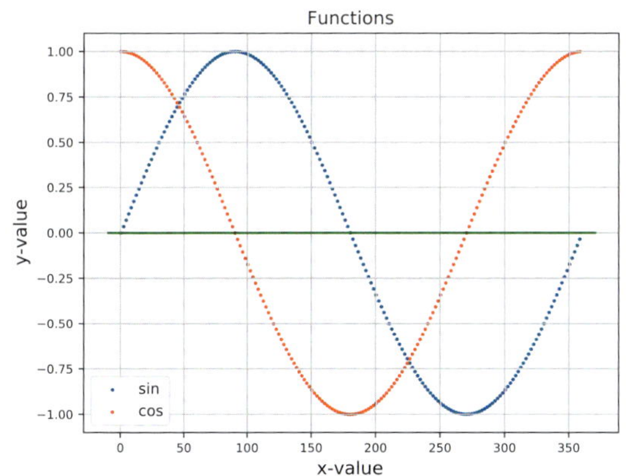

Funktionen

Funktionen sind benannte Codeblöcke, die eine spezielle Aufgabe erfüllen. Funktionen ermöglichen es, Code einmalig zu schreiben und wiederholt auszuführen, wenn dasselbe Ziel erreicht werden soll.

Funktionen können benötigte Informationen entgegennehmen und berechnete Resultate zurückgeben.

Die Nutzung von Funktionen ermöglicht es, Programme einfacher zu schreiben, zu lesen und zu testen.

Functions

Functions are named blocks of code designed to do one specific job. Functions allow users to write code once that can be run whenever the same task has to be accomplished.

Functions can take in the information they need and return the information they generate.

Using functions effectively makes programs easier to write, read and test.

```
# a2020-08                                          # functions
from math import *
import matplotlib.pyplot as plt                     # load modules
# define function to plot sin, cos, sin**2
def plot_values(typ,start,stop,step):
    x_values = list(range(start,stop,step))
    text=['sin','cos','sin**2']
    col=['red','green','blue']
    if typ==0: y_values = [ sin(x*pi/180)    for x in x_values ]
    if typ==1: y_values = [ cos(x*pi/180)    for x in x_values ]
    if typ==2: y_values = [ sin(x*pi/180)**2 for x in x_values ]
    if typ==3:
        plt.plot([start-10,stop+10],[0,0],color='black')
    else:
        plt.scatter(x_values, y_values, color =col[typ], label=text[typ], s=2 )

def plot_annotation(prog):                          # define function to show annotations
    plt.title(" Functions ", fontsize=12)           # define title
    plt.xlabel("x-value", fontsize =12)             # define x and y labels
    plt.ylabel("y-value", fontsize =12)
    plt.tick_params(axis='both', labelsize=8)       # define annotation of axis
    plt.legend()                                    # show legend
    plt.grid(True)
    name='pyfig0'+str(prog)+'a.pdf'
    return(name)

# main program entry
plot_values(0,0,360,2)                              # call function to plot sin curve
plot_values(1,0,360,2)                              # call function to plot cos curve
plot_values(2,0,360,1)                              # call function to plot sin**2 curve
plot_values(3,0,360,2)                              # call function to plot horizontal line
out=plot_annotation(8)                              # call function to create annotations
plt.savefig(out)                                    # save plot to PDF-File
plt.show()                                          # show plot on screen
```

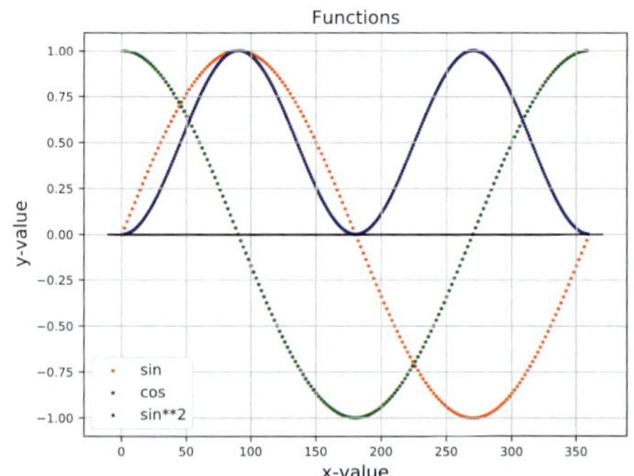

1.2 Mathematische Grundlagen – Mathematical basics

Python-Anwendung

Zur Demonstration des Python-Interpreters werden nachfolgend erste Berechnungen und Tabellenausgaben gezeigt. Für das tiefergehende Verständnis der Programmiersprache wird auf die weiterführende Literatur verwiesen.
Zusätzliche Python-Module (Bibliotheken) enthalten leistungsfähige Funktionen. Die Installation derartiger Module wird im Programmkopf des jeweiligen Python-Skriptes erläutert.

Python application

To demonstrate the Python interpreter, first calculations and spreadsheets are shown in the following sections. For a deeper understanding of the programming language, we refer to the appropriate literature.
Additional Python modules (libraries) contain powerful functions.
The installation of those modules is explained in the header of each Python script.

Basis-Einheiten ***Base units***

```
# a2020-09
# calculating and converting temperatures in Celsius or Fahrenheit
text=["\n\tBasisgroesse  Basiseinheit Symbol   base unit   base quantity",
      "-----------------------------------------------------------------------",
      "\tLaenge        Meter        m        meter       length",
      "\tMasse         Kilogramm    kg       kilogram    mass",
      "\tZeit          Sekunde      s        second      time"]
for line in text:
    print(line)
# create three lists and print the list elements as a table on screen
Name  =["Minute","Stunde", "Tag","Ar","Hektar","Liter","Bar","Tonne","Seemeile"]
Symbol=["min","h","d","a","ha","L","bar","t","sm"]
arg   =["60 s", "60 min = 3600 s","24 h = 86400 s","100 m**2",
        "100a = 10000 m**2","dm**3 = 10E-3 m**3","1000 hPa","103 kg","1852 m"]
unit  =["minute","hour","day","are","hectare","liter",
        "bar","metric ton","nautical mile"]
i=0
print("\n \tName\t\tSymbol\t \t \t \tUnit")
print("-----------------------------------------------------------------------")
for n in Name:                              # loop over all elements
    print(" \t%-8s\t%-3s\t= %-14s\t%-8s"%(n,Symbol[i],arg[i],unit[i]))
    i=i+1
TC = 20.5                                   # Convert temperatures
TF = 9/5*(TC+32)
print("\n\tTemperature %6.2f C  =  %6.2f F" %(TC,TF))
TF = 100.3
TC = 5/9*(TF-32)
print("\tTemperature %6.2f F  =  %6.2f C" %(TF,TC))
''' ------- output -------
        Basisgroesse  Basiseinheit Symbol   base unit   base quantity
-----------------------------------------------------------------------
        Laenge        Meter         m        meter       length
        Masse         Kilogramm     kg       kilogram    mass
        Zeit          Sekunde       s        second      time

        Name            Symbol                           Unit
-----------------------------------------------------------------------
        Minute          min     = 60 s                   minute
        Stunde          h       = 60 min = 3600 s        hour
        Tag             d       = 24 h = 86400 s         day
        Ar              a       = 100 m**2               are
        Hektar          ha      = 100a = 10000 m**2      hectare
        Liter           L       = dm**3 = 10E-3 m**3     liter
        Bar             bar     = 1000 hPa               bar
        Tonne           t       = 103 kg                 metric ton
        Seemeile        sm      = 1852 m                 nautical mile

        Temperature  20.50 C  =   94.50 F
        Temperature 100.30 F  =   37.94 C
'''
```

Mathematische Konstanten ***Mathematical constants***

$\pi = 3.141\,592\,6536$ $e = 2.718\,281\,8285$ $\sqrt{2} = 1.414\,213\,5624$

$\frac{1}{\pi} = 0.318\,309\,8862$ $\frac{1}{e} = 0.367\,879\,4412$ $\frac{1}{\sqrt{2}} = 0.707\,106\,7812$

$\pi^2 = 9.869\,604\,4011$ $e^2 = 7.389\,056\,0989$ $\sqrt[3]{2} = 1.259\,921\,0499$

$\frac{1}{\pi^2} = 0.101\,321\,1836$ $\frac{1}{e^2} = 0.135\,335\,2832$ $\sqrt{3} = 1.732\,050\,8076$

$\sqrt{\pi} = 1.772\,453\,8509$ $\sqrt{e} = 1.648\,721\,2707$ $\sqrt[3]{3} = 1.442\,249\,5703$

$\sqrt[3]{\pi} = 1.464\,591\,8876$ $\sqrt[3]{e} = 1.395\,612\,4251$ $\mathrm{M} = \lg e = 0.434\,294$

$\sqrt{\frac{1}{\pi}} = 0.564\,189\,5835$ $\sqrt{\frac{1}{e}} = 0.606\,530\,6597$ $\frac{1}{\mathrm{M}} = \ln 10 = 2.302\,585$

$$\rho = 1\,rad = \frac{200\,gon}{\pi} = 63.662\,gon = \frac{180^\circ}{\pi} = 57.296^\circ$$

Ebene Trigonometrie ***Plane trigonometry***

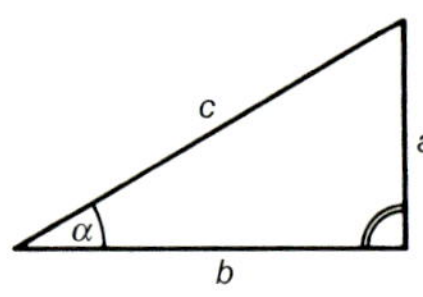

$$\sin\alpha = \frac{a}{c} \qquad \cos\alpha = \frac{b}{c}$$

$$\tan\alpha = \frac{a}{b} \qquad \cot\alpha = \frac{b}{a}$$

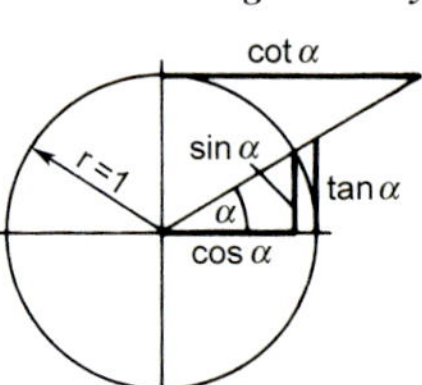

$\sin^2\alpha + \cos^2\alpha = 1$ $\tan\alpha \cdot \cot\alpha = 1$

$$\tan\alpha = \frac{\sin\alpha}{\cos\alpha} = \frac{1}{\cot\alpha} \qquad \cot\alpha = \frac{\cos\alpha}{\sin\alpha} = \frac{1}{\tan\alpha}$$

$$\sin(\alpha \pm \beta) = \sin\alpha \cdot \cos\beta \pm \cos\alpha \cdot \sin\beta \qquad \cos(\alpha \pm \beta) = \cos\alpha \cdot \cos\beta \mp \sin\alpha \cdot \sin\beta$$

$$\tan(\alpha \pm \beta) = \frac{\tan\alpha \pm \tan\beta}{1 \mp \tan\alpha \cdot \tan\beta} \qquad \cot(\alpha \pm \beta) = \frac{\cot\alpha \cdot \cot\beta \mp 1}{\cot\alpha \pm \cot\beta}$$

Rechtwinkliges ebenes Dreieck ***Right-angled plane triangle***

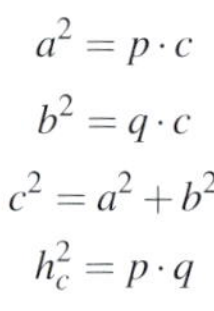

$$a^2 = p \cdot c$$
$$b^2 = q \cdot c$$
$$c^2 = a^2 + b^2$$
$$h_c^2 = p \cdot q$$

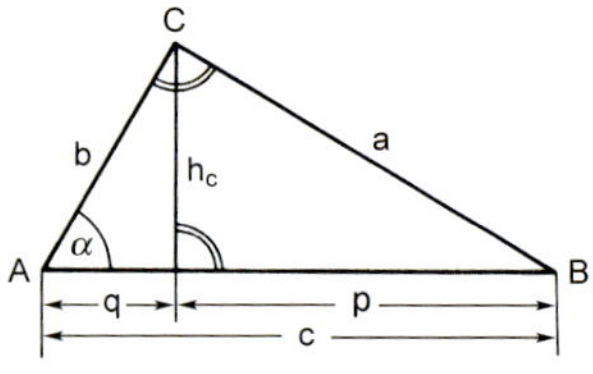

$$F = \frac{a\,b}{2} = \frac{c\,h_c}{2} = \frac{a^2}{2}\cot\alpha = \frac{b^2}{2}\tan\alpha = \frac{c^2}{2}\sin\alpha \cdot \cos\alpha$$

Rechtwinkliges ebenes Dreieck *Right-angled plane triangle*

```
# a2020-11
# pip install matplotlib
import matplotlib.pyplot as plt                       # load modules
import matplotlib
matplotlib.use('TkAgg')                               # define backend for visualization
import matplotlib.pyplot as plt
from math import *
p=33.0
# define parameters for right-angled plane triangle
q=10.0
c=p+q
a=sqrt(p*c)                                           # calculate additional parameters
b=sqrt(q*c)
h=sqrt(p*q)
f=a*b/2                                               # calculate area of triangle
x=[q,q,0,c,q]                                         # define vectors
y=[0,h,0,0,h]
alpha=asin(a/c)*180/pi                                # calculate angle at point A

textc='c='+str(round(c,1))                            # define text output in figure
textb='b='+str(round(b,1))                            # numbers rounded to one decimal place
texta='a='+str(round(a,1))
texth='h='+str(round(h,1))
textp='p='+str(round(p,1))
textq='q='+str(round(q,1))
textf='F='+str(round(f,1))
textal='\u03B1='+str(round(alpha,1))+'\u00B0'

fig1 = plt.figure()                                   # define figure
ax1 = fig1.add_subplot(111, aspect='equal')

ax1.plot(x,y)                                         # plot coordinates
                                                      # plot text labels
ax1.text((x[3]+x[0])/2-c/5, (y[0]+y[1])/2-h/5, textf, fontsize=10)
ax1.text( x[2]+c/20, y[2]+h/20, textal, fontsize=10)
ax1.text( x[2]+c/20, y[2]-h/10 , textp, fontsize=10)
ax1.text((x[2]+x[3])/2, y[2]-h/5, textc, fontsize=10)
ax1.text( x[3]-c/5, y[2]-h/10, textq, fontsize=10)
ax1.text((x[4]+x[3])/2+c/20, (y[4]+y[3])/2, texta, fontsize=10)
ax1.text((x[0]+x[1])/2+c/20, (y[0]+y[1])/2, texth, fontsize=10)
ax1.text((x[1]+x[2])/2-c/5, (y[0]+y[1])/2, textb, fontsize=10)

ax1.axis('off')                                       # switch axes off
                                                      # save figure for documentation
plt.savefig('pyfig11a.pdf',bbox_inches='tight')
plt.show()
```

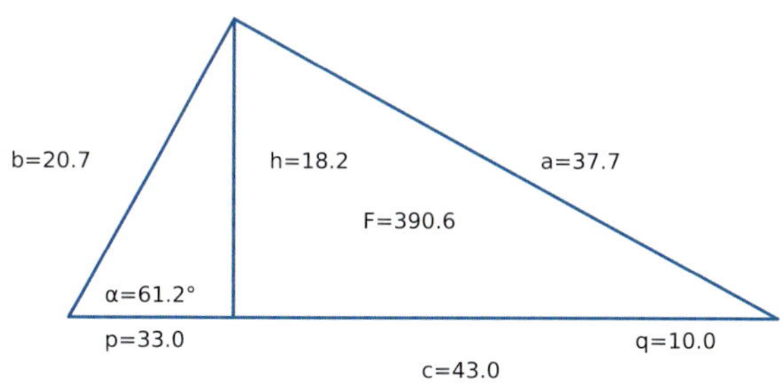

Ungleichseitiges ebenes Dreieck — *Scalene plane triangle*

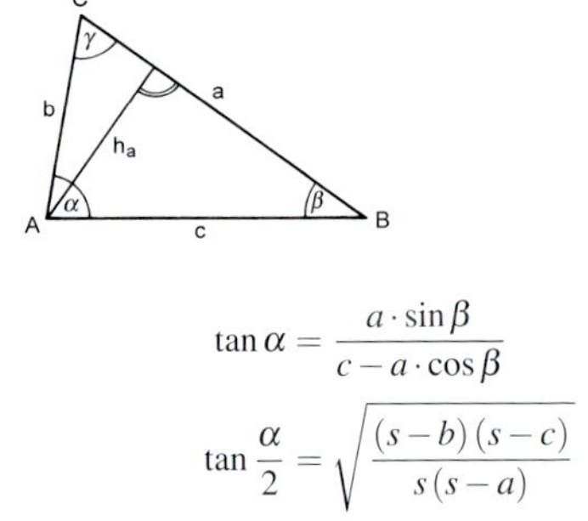

$$\frac{a}{\sin\alpha} = \frac{b}{\sin\beta} = \frac{c}{\sin\gamma}$$

$$a^2 = b^2 + c^2 - 2 \cdot b \cdot c \cdot \cos\alpha$$

$$s = \frac{1}{2}(a+b+c)$$

$$\cos\alpha = \frac{b^2+c^2-a^2}{2bc} \qquad \tan\alpha = \frac{a\cdot\sin\beta}{c - a\cdot\cos\beta}$$

$$\sin\frac{\alpha}{2} = \sqrt{\frac{(s-b)(s-c)}{bc}} \qquad \tan\frac{\alpha}{2} = \sqrt{\frac{(s-b)(s-c)}{s(s-a)}}$$

$$\cos\frac{\alpha}{2} = \sqrt{\frac{(s-a)s}{bc}} \qquad \cot\frac{\alpha}{2} = \sqrt{\frac{s(s-a)}{(s-b)(s-c)}}$$

$$\frac{a+b}{c} = \frac{\cos\frac{\alpha-\beta}{2}}{\cos\frac{\alpha+\beta}{2}} \qquad \frac{a-b}{c} = \frac{\sin\frac{\alpha-\beta}{2}}{\sin\frac{\alpha+\beta}{2}}$$

$$a = b\cdot\cos\gamma + c\cdot\cos\beta \qquad h_a = b\cdot\sin\gamma = c\cdot\sin\beta$$

$$F = \frac{a h_a}{2} = \frac{ab}{2}\sin\gamma = \sqrt{s(s-a)(s-b)(s-c)}$$

Geradengleichungen — *Line equations*

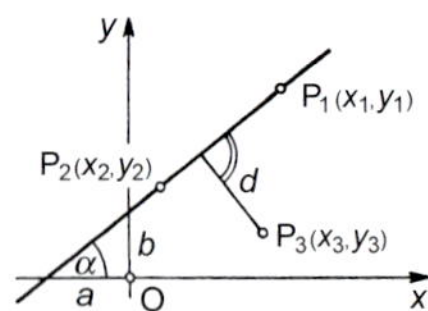

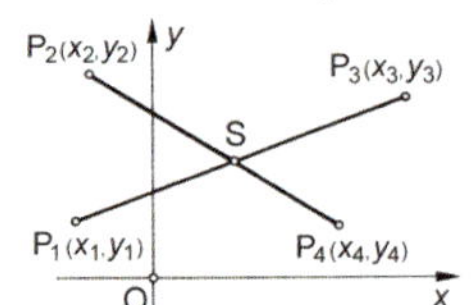

Allgemeine Form — General equation

$$\mathrm{A}x + \mathrm{B}y + C = 0$$

Punktabstand — Distance of a point

$$d = \frac{\mathrm{A}x_3 + \mathrm{B}y_3 + C}{\sqrt{\mathrm{A}^2 + \mathrm{B}^2}}$$

Kartesische Normalform — Slope-intercept equation

$$y = mx + b$$

Zweipunkteform — Two points equation

$$\frac{y-y_1}{x-x_1} = \frac{y_2-y_1}{x_2-x_1}$$

Abschnittsform — Intercept equation

$$\frac{x}{a} + \frac{y}{b} = 1$$

Schnitt zweier Geraden — Intersection of two straight lines

$$m_1 = \frac{y_3-y_1}{x_2-x_1} \qquad m_2 = \frac{y_4-y_2}{x_4-x_2}$$

$$x_s = \frac{m_1x_1 - m_2x_2 - y_1 + y_2}{m_1 - m_2} \qquad y_s = m_1(x_s - x_1) + y_1$$

Gleichung zweiten Grades — ***Equation of the second order degree***

$$\mathrm{A}x^2 + 2\mathrm{B}xy + \mathrm{C}y^2 + 2\mathrm{D}x + 2\mathrm{E}y + \mathrm{F} = 0$$

Kreis — ***Circle***

Bedingungen	$\mathrm{A} = \mathrm{C} \quad \mathrm{B} = 0$ $\mathrm{D}^2 + \mathrm{E} - \mathrm{AF} > 0$	Conditions
Mittelpunktsgleichung	$x^2 + y^2 = r^2$	Center equation
Scheitelgleichung	$y^2 = 2rx - x^2$	Vertex equation
Tangente in $P_1(x_1, y_1)$	$xx_1 + yy_1 = r^2$	Tangent at $P_1(x_1, y_1)$
Fläche	πr^2	Area
Krümmungsradius in P_1	r	Radius of curvature at P_1

Ellipse — ***Ellipse***

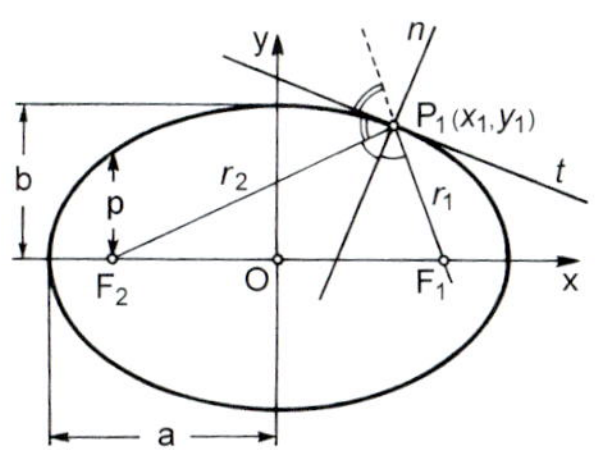

Bedingungen	$\operatorname{sign} \mathrm{A} = \operatorname{sign} \mathrm{C} \quad \mathrm{B} = 0$	Conditions
Mittelpunktsgleichung	$\frac{x^2}{a^2} + \frac{y^2}{b^2} = 1$	Center equation
Scheitelgleichung	$y^2 = 2px - \frac{p}{a}x^2$	Vertex equation
Tangente in $P_1(x_1, y_1)$	$\frac{xx_1}{a^2} + \frac{yy_1}{b^2} = 1$	Tangent at $P_1(x_1, y_1)$
Fläche	πab	Area
Krümmungsradius in P_1	$\frac{\sqrt{\left(a^4 y_1^2 + b^4 x_1^2\right)^3}}{a^4 b^4}$	Radius of curvature at P_1

Geraden und Ebenen im Raum / ***Lines and planes in space***

Abstand d zweier Punkte P_1 und P_2 / Distance d between two points P_1 and P_2

$$d = \sqrt{(x_2 - x_1)^2 + (y_2 - y_1)^2 + (z_2 - z_1)^2}$$

Richtungskosinus der Geraden P_1P_2 / Direction cosine of the line P_1P_2

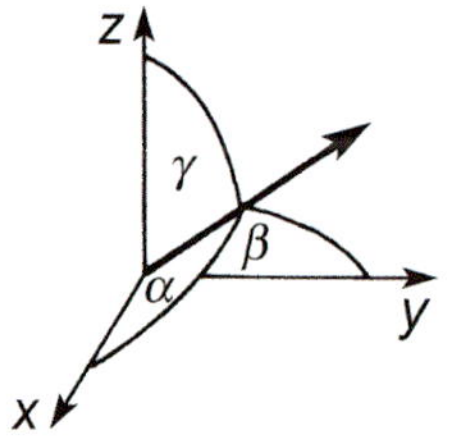

$$\cos\alpha = \frac{x_2 - x_1}{d} = l \qquad \cos\beta = \frac{y_2 - y_1}{d} = m$$

$$\cos\gamma = \frac{z_2 - z_1}{d} = n$$

$$\cos^2\alpha + \cos^2\beta + \cos^2\gamma = 1$$

Winkel φ zwischen zwei Richtungen $(\alpha_1,\beta_1,\gamma_1)$ und $(\alpha_2,\beta_2,\gamma_2)$ / Angle φ between two directions $(\alpha_1,\beta_1,\gamma_1)$ and $(\alpha_2,\beta_2,\gamma_2)$

$$\cos\varphi = l_1 \cdot l_2 + m_1 \cdot m_2 + n_1 \cdot n_2$$

Volumen V eines Tetraeders mit den Eckpunkten P, P_1, P_2, P_3 / Volume V of a tetrahedron with the vertices P, P_1, P_2, P_3

$$V = \frac{1}{6}\begin{vmatrix} x & y & z & 1 \\ x_1 & y_1 & z_1 & 1 \\ x_2 & y_2 & z_2 & 1 \\ x_3 & y_3 & z_3 & 1 \end{vmatrix} = \frac{1}{6}\begin{vmatrix} x - x_1 & y - y_1 & z - z_1 \\ x - x_2 & y - y_2 & z - z_2 \\ x - x_3 & y - y_3 & z - z_3 \end{vmatrix}$$

Gerade als Schnitt zweier projizierender Ebenen / Straight line intersecting two projecting planes

$$y = mx + b \qquad z = nx + c$$

Gerade durch den Punkt $P_1(x_1, y_1, z_1)$ mit der Richtung (α, β, γ) / Line through point $P_1(x_1, y_1, z_1)$ with direction (α, β, γ)

$$\frac{x - x_1}{l} = \frac{y - y_1}{m} = \frac{z - z_1}{n}$$

Gerade durch zwei Punkte P_1 und P_2 / Line through two points P_1 and P_2

$$\frac{x - x_1}{x_2 - x_1} = \frac{y - y_1}{y_2 - y_1} = \frac{z - z_1}{z_2 - z_1}$$

Kürzester Abstand e zwischen zwei Geraden / Minimum distance e between two straight lines

$$\frac{x - x_1}{l_1} = \frac{y - y_1}{m_1} = \frac{z - z_1}{n_1} \qquad \frac{x - x_2}{l_2} = \frac{y - y_2}{m_2} = \frac{z - z_2}{n_2}$$

$$e = \frac{\pm\begin{vmatrix} x_1 - x_2 & y_1 - y_2 & z_1 - z_2 \\ l_1 & m_1 & n_1 \\ l_2 & m_2 & n_2 \end{vmatrix}}{\sqrt{\begin{vmatrix} l_1 & m_1 \\ l_2 & m_2 \end{vmatrix}^2 + \begin{vmatrix} m_1 & n_1 \\ m_2 & n_2 \end{vmatrix}^2 + \begin{vmatrix} n_1 & l_1 \\ n_2 & l_2 \end{vmatrix}^2}}$$

Schnitt zweier Geraden *Intersection of two straight lines*

```
# a2020-15
# if not installed get numpy module with:   pip install numpy
import numpy as np                          # import numpy
# if not installed get matplotlib module with:   pip install matplotlib
import matplotlib                           # import matplotlib
matplotlib.use('TkAgg')                     # define backend for visualization
from mpl_toolkits.mplot3d import axes3d
import matplotlib.pyplot as plt
x = [  1, 1,  3, 3]                         # define four points with x,y,z-coordinates
y = [  1, 3,  3, 1]
z = [  4, 3,  2, 3]
# linear equation system for two intersecting straight lines
# g:  x0 + m(x2-x0) = xs   h:  x1 + m(x3-x1) = xs
#      y0 + m(y2-y0) = ys       y1 + m(y3-y1) = ys
#      z0 + m(z2-z0) = zs       z1 + m(z3-z1) = zs
#-------------a----------b----    store first derivatives in a and b
# m(x2-x0) - n(x3-x1) = x1 - x0
# m(y2-y0) - n(y3-y1) = y1 - y0
a = np.array([[(x[2]-x[0]),-(x[3]-x[1])]
             ,  [(y[2]-y[0]),-(y[3]-y[1])]])
b = np.array([(x[1]-x[0]),(y[1]-y[0])])
s = np.linalg.solve(a, b)                   # solve equation system
m = s[0]                                    # scale for line g:
n = s[1]                                    # scale for line h:
xs1 = m*(x[2]-x[0])+x[0]
ys1 = m*(y[2]-y[0])+y[0]
zs1 = m*(z[2]-z[0])+z[0]
xs2 = n*(x[3]-x[1])+x[1]
ys2 = n*(y[3]-y[1])+y[1]
zs2 = n*(z[3]-z[1])+z[1]
if xs1!=xs2 or ys1!=ys2 or zs1 != zs2:
    print("No intersection point")
    flag=0
else:
    print("Intersection at (%.2f,%.2f,%.2f)" % (xs1,ys1,zs1))
    flag=1
fig = plt.figure()                          # define figure for output
ax = fig.add_subplot(111, projection='3d')
ax.view_init(elev=45, azim=45)
for i in range(2):
    XP=[x[i],x[i+2]]
    YP=[y[i],y[i+2]]
    ZP=[z[i],z[i+2]]
    ax.plot(XP,YP,ZP,color='blue')          # plot blue dots
for i in range(4):                          # plot green dots
    ax.plot(x[i],y[i],z[i],color='green',marker='o')
    label=str(i+1)
    ax.text((x[i]+0.5),y[i],z[i],label,color='black')
if flag==0: # plot text labels
    ax.plot([xs1,xs2],[ys1,ys2],[zs1,zs2],
            color='red',marker='o')
else:
    ax.plot(xs1,ys1,zs1,color='red'
            ,marker='o')
    ax.text((xs1+0.5),ys1,zs1,'S'
            ,color='black')
ax.set_xlim(0,4)
ax.set_ylim(1,3)
ax.set_zlim(1,5)
ax.set_xlabel('x')
ax.set_ylabel('y')
ax.set_zlabel('z')
plt.savefig('pyfig15aa.pdf' ,
            bbox_inches='tight')
plt.show()
```

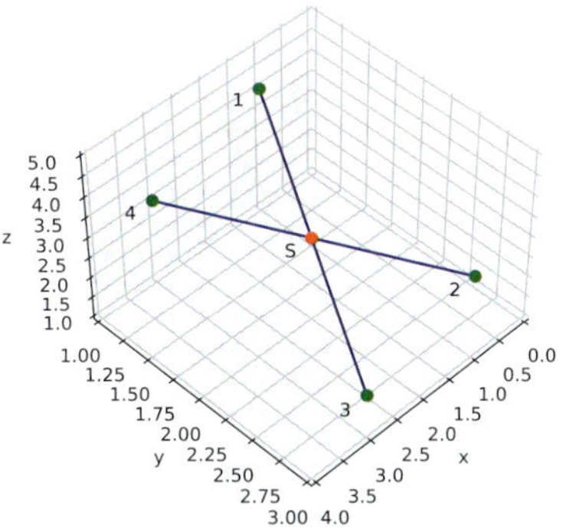

Allgemeine Gleichung einer Ebene

General equation of a plane

$$Ax + By + Cz + D = 0$$

Ebene durch drei Punkte P_1, P_2, P_3

Plane passing through P_1, P_2, P_3

$$\begin{vmatrix} x - x_1 & y - y_1 & z - z_1 \\ x_2 - x_1 & y_2 - y_1 & z_2 - z_1 \\ x_3 - x_1 & y_3 - y_1 & z_3 - z_1 \end{vmatrix} = 0$$

Abstand d des Punktes P_1 von einer Ebene

Distance d between point P_1 and a plane

$$d = \frac{Ax_1 + By_1 + Cz_1 + D}{\sqrt{A^2 + B^2 + C^2}}$$

Flächen 2. Ordnung im Raum

Die Gleichungen sind jeweils als Mittelpunktsgleichungen (mit dem Mittelpunkt im Ursprung) angegeben.

Second order surfaces in space

The surfaces are described by equations in their center form (with the center in the origin of the coordinates).

Kugel — ***Sphere***

$$x^2 + y^2 + z^2 - r^2 = 0$$

Ellipsoid — ***Ellipsoid***

$$\frac{x^2}{a^2} + \frac{y^2}{b^2} + \frac{z^2}{c^2} = 1$$

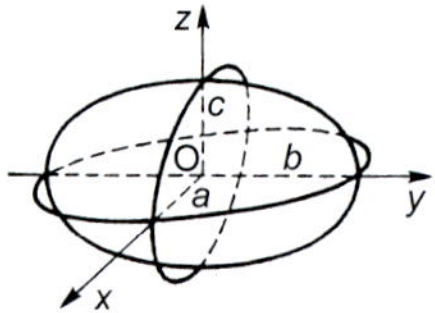

Sind zwei Achsen gleich, so liegt ein Rotationsellipsoid vor. Sind alle drei Achsen gleich, so liegt eine Kugel vor.

If two axes are equal, we have a spheroid. If all three axes are equal, the surface is a sphere.

Gleichung einer Tangentialebene am Punkt P_1

Equation of a tangential plane at point P_1

$$\frac{xx_1}{a^2} + \frac{yy_1}{b^2} + \frac{zz_1}{c^2} = 1$$

Kegel — ***Cone***

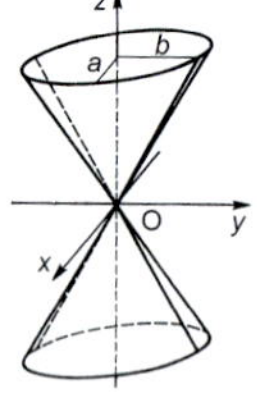

$$\frac{x^2}{a^2} + \frac{y^2}{b^2} - \frac{z^2}{c^2} = 0$$

Zylinder — ***Cylinder***

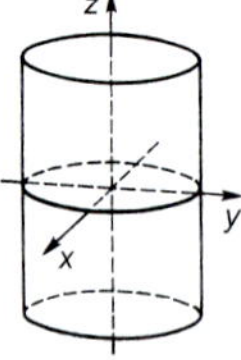

$$\frac{x^2}{a^2} + \frac{y^2}{b^2} = 1$$

Determinanten

Eine n-reihige Determinante ist die quadratische Anordnung von n^2 beliebigen Zahlen. Den Wert einer n-reihigen Determinanten bestimmt man, indem man jedes Glied a_{ik} der ersten Zeile mit seiner zugehörigen Unterdeterminante $\mathbf{A}_{ik}$ multipliziert und die Produkte addiert. Die Elemente $a_{11}, a_{22} ... a_{nn}$ bilden die Hauptdiagonale.

Determinants

A determinant with n rows is a square array of n^2 arbitrarily given numbers. The value of a determinant with n rows can be calculated by multiplying each element a_{ik} of the first row with the assigned subdeterminant $\mathbf{A}_{ik}$ and adding the resulting products. The elements $a_{11}, a_{22} ... a_{nn}$ form the main diagonal of the determinant.

$$\mathbf{D} = |a_{\mathrm{ik}}| = \begin{vmatrix} a_{11} & a_{12} \cdots & a_{1\mathrm{n}} \\ a_{21} & a_{22} \cdots & a_{2\mathrm{n}} \\ \cdots & \cdots & \cdots \\ a_{\mathrm{n}1} & a_{\mathrm{n}2} \cdots & a_{\mathrm{nn}} \end{vmatrix}$$

Die Unterdeterminante $\mathbf{A}_{ik}$ mit dem Vorzeichen $(-1)^{1+k}$ entsteht, wenn man in einer gegebenen Determinanten die i-te Zeile und die k-te Spalte streicht.

The sub-determinant $\mathbf{A}_{ik}$ of the sign $(-1)^{1+k}$ can be obtained when in a given determinant the i-th row and the k-th column are deleted.

$$\begin{vmatrix} a_{11} \cdots & a_{1\mathrm{k}} & \cdots a_{1\mathrm{n}} \\ \cdots\cdots & | & \cdots\cdots \\ a_{\mathrm{i}1} \;-\; & a_{\mathrm{ik}} & -\; a_{\mathrm{in}} \\ \cdots\cdots & | & \cdots\cdots \\ a_{\mathrm{n}1} \cdots & a_{\mathrm{nk}} & \cdots a_{\mathrm{nn}} \end{vmatrix} \qquad \mathbf{A}_{\mathrm{ik}} = (-1)^{\mathrm{i+k}} \begin{vmatrix} a_{11} & a_{1,\mathrm{k}-1} & a_{1,\mathrm{k}+1} & a_{1\mathrm{n}} \\ \cdots & \cdots & \cdots & \cdots \\ a_{i-1,1} & a_{\mathrm{i}-1,\mathrm{k}-1} & a_{\mathrm{i}-1,\mathrm{k}+1} & a_{i-1,\mathrm{n}} \\ a_{i+1,1} & a_{\mathrm{i}+1,\mathrm{k}-1} & a_{\mathrm{i}+1,\mathrm{k}+1} & a_{i+1,\mathrm{n}} \\ \cdots & \cdots & \cdots & \cdots \\ a_{\mathrm{n}1} & a_{\mathrm{n,k}-1} & a_{\mathrm{n,k}+1} & a_{\mathrm{nn}} \end{vmatrix}$$

Vertauschen der Zeilen mit den Spalten

Transposition of the rows and columns

$$\begin{vmatrix} a_{11} & \cdots a_{1\mathrm{k}} & \cdots a_{1\mathrm{n}} \\ \cdots & \cdots & \cdots \\ a_{\mathrm{i}1} & \cdots a_{\mathrm{ik}} & \cdots a_{\mathrm{in}} \\ \cdots & \cdots & \cdots \\ a_{\mathrm{n}1} & \cdots a_{\mathrm{nk}} & \cdots a_{\mathrm{nn}} \end{vmatrix} = \begin{vmatrix} a_{11} & \cdots a_{\mathrm{i}1} & \cdots a_{\mathrm{n}1} \\ \cdots & \cdots & \cdots \\ a_{1\mathrm{k}} & \cdots a_{\mathrm{ik}} & \cdots a_{\mathrm{nk}} \\ \cdots & \cdots & \cdots \\ a_{1\mathrm{n}} & \cdots a_{\mathrm{in}} & \cdots a_{\mathrm{nn}} \end{vmatrix}$$

Vertauschen von zwei Zeilen oder zwei Spalten untereinander

Interchange of two rows and/or two columns with each other

$$\begin{vmatrix} a_{11} & \cdots a_{1\mathrm{k}} & \cdots a_{1\mathrm{n}} \\ \cdots & \cdots & \cdots \\ a_{\mathrm{i}1} & \cdots a_{\mathrm{ik}} & \cdots a_{\mathrm{in}} \\ \cdots & \cdots & \cdots \\ a_{\mathrm{n}1} & \cdots a_{\mathrm{nk}} & \cdots a_{\mathrm{nn}} \end{vmatrix} = - \begin{vmatrix} a_{11} & \cdots a_{1k} & \cdots a_{1\mathrm{n}} \\ \cdots & \cdots & \cdots \\ a_{n1} & \cdots a_{\mathrm{nk}} & \cdots a_{\mathrm{nn}} \\ \cdots & \cdots & \cdots \\ a_{i1} & \cdots a_{\mathrm{ik}} & \cdots a_{\mathrm{in}} \end{vmatrix} = - \begin{vmatrix} a_{1k} & \cdots a_{11} & \cdots a_{1\mathrm{n}} \\ \cdots & \cdots & \cdots \\ a_{ik} & \cdots a_{\mathrm{i}1} & \cdots a_{\mathrm{in}} \\ \cdots & \cdots & \cdots \\ a_{nk} & \cdots a_{\mathrm{n}1} & \cdots a_{\mathrm{nn}} \end{vmatrix}$$

Proportionalität zwischen den Elementen von zwei Zeilen bzw. zwei Spalten

Proportionality between the elements of two rows and/or two columns

$$\begin{vmatrix} l\,a_{\mathrm{i}1} & \cdots l\,a_{\mathrm{ik}} & \cdots l\,a_{\mathrm{in}} \\ \cdots & \cdots & \cdots \\ a_{\mathrm{i}1} & \cdots a_{\mathrm{ik}} & \cdots a_{\mathrm{in}} \\ \cdots & \cdots & \cdots \\ a_{\mathrm{n}1} & \cdots a_{\mathrm{nk}} & \cdots a_{\mathrm{nn}} \end{vmatrix} = \begin{vmatrix} k\,a_{1\mathrm{k}} & \cdots a_{1\mathrm{k}} & \cdots a_{1\mathrm{n}} \\ \cdots & \cdots & \cdots \\ k\,a_{\mathrm{ik}} & \cdots a_{\mathrm{ik}} & \cdots a_{\mathrm{in}} \\ \cdots & \cdots & \cdots \\ k\,a_{\mathrm{nk}} & \cdots a_{\mathrm{nk}} & \cdots a_{\mathrm{nn}} \end{vmatrix} = 0$$

Addieren des Vielfachen der Elemente einer Zeile (oder Spalte) zu den Elementen einer anderen Zeile (oder Spalte)

Addition of the multiple of the elements in one row (or column) to those in another row (or column)

$$\begin{vmatrix} a_{11} \cdots a_{1k} \cdots a_{1n} \\ \cdots\cdots\cdots \\ a_{i1} \cdots a_{ik} \cdots a_{in} \\ \cdots\cdots\cdots \\ a_{n1} \cdots a_{nk} \cdots a_{nn} \end{vmatrix} = \begin{vmatrix} a_{11}+ka_{1k} \cdots a_{1k} \cdots a_{1n} \\ \cdots\cdots\cdots \\ a_{i1}+ka_{ik} \cdots a_{ik} \cdots a_{in} \\ \cdots\cdots\cdots \\ a_{n1}+ka_{nk} \cdots a_{nk} \cdots a_{nn} \end{vmatrix}$$

$$= \begin{vmatrix} a_{11}+ka_{i1} \cdots a_{1k}+ka_{ik} \cdots a_{1n}+ka_{in} \\ \cdots\cdots\cdots \\ a_{i1} \quad \cdots a_{ik} \quad \cdots a_{in} \\ \cdots\cdots\cdots \\ a_{n1} \quad \cdots a_{nk} \quad \cdots a_{nn} \end{vmatrix}$$

Multiplizieren mit dem Faktor λ

Multiplication by the factor λ

$$\lambda \cdot \begin{vmatrix} a_{11} \cdots a_{1k} \cdots a_{1n} \\ \cdots\cdots\cdots \\ a_{i1} \cdots a_{ik} \cdots a_{in} \\ \cdots\cdots\cdots \\ a_{n1} \cdots a_{nk} \cdots a_{nn} \end{vmatrix} = \begin{vmatrix} a_{11} \cdots \lambda a_{1k} \cdots a_{1n} \\ \cdots\cdots\cdots \\ a_{i1} \cdots \lambda a_{ik} \cdots a_{in} \\ \cdots\cdots\cdots \\ a_{n1} \cdots \lambda a_{nk} \cdots a_{nn} \end{vmatrix} = \begin{vmatrix} a_{11} \cdots a_{1k} \cdots a_{1n} \\ \cdots\cdots\cdots \\ \lambda a_{i1} \cdots \lambda a_{ik} \cdots \lambda a_{in} \\ \cdots\cdots\cdots \\ a_{n1} \cdots a_{nk} \cdots a_{nn} \end{vmatrix}$$

Entwickeln einer Determinanten nach den Elementen einer beliebigen Zeile (oder Spalte)

Expansion of a determinant by the elements of any row (or column)

$$\mathbf{D} = a_{i1}\,\mathbf{A}_{i1} + \mathbf{A}_{i2}\,\mathbf{A}_{i2} + \ldots + a_{in}\,\mathbf{A}_{in} = a_{ik}\,\mathbf{A}_{1k} + a_{2k}\,\mathbf{A}_{2k} + \ldots a_{nk}\,\mathbf{A}_{nk}$$

$$\begin{vmatrix} a_{11} & a_{12} & a_{13} \\ a_{21} & a_{22} & a_{23} \\ a_{31} & a_{32} & a_{33} \end{vmatrix} = a_{11}\begin{vmatrix} a_{22} & a_{23} \\ a_{32} & a_{33} \end{vmatrix} - a_{12}\begin{vmatrix} a_{21} & a_{23} \\ a_{31} & a_{33} \end{vmatrix} + a_{13}\begin{vmatrix} a_{21} & a_{22} \\ a_{31} & a_{32} \end{vmatrix}$$

Berechnen des Wertes einer Determinanten

Calculation of the value of a determinant

$$\begin{vmatrix} a_{11} & a_{12} \\ a_{21} & a_{22} \end{vmatrix} = a_{11}\,a_{22} - a_{21}\,a_{12}$$

$$\begin{matrix} - & + \end{matrix}$$

$$\begin{vmatrix} a_{11} & a_{12} & a_{13} \\ a_{21} & a_{22} & a_{23} \\ a_{31} & a_{32} & a_{33} \end{vmatrix} \begin{matrix} a_{11} & a_{12} \\ a_{21} & a_{22} \\ a_{31} & a_{32} \end{matrix} = \begin{matrix} +a_{11}\,a_{22}\,a_{33} + a_{12}\,a_{23}\,a_{31} + a_{13}\,a_{21}\,a_{32} \\ -a_{12}\,a_{21}\,a_{33} - a_{11}\,a_{23}\,a_{32} - a_{13}\,a_{22}\,a_{31} \end{matrix}$$

$$- \quad - \quad - \quad + \quad + \quad +$$

Der Wert einer Determinanten ist 0, wenn zwei Zeilen (Spalten) identisch oder die Elemente einer Zeile (Spalte) 0 sind.

The value of a determinant is 0 if two rows or columns are identical or the elements of one row or column are 0.

$$\begin{vmatrix} a_{11} & \downarrow a_{12} & \downarrow a_{12} & \ldots & a_{1n} \\ a_{21} & a_{22} & a_{22} & \ldots & a_{2n} \\ a_{31} & a_{32} & a_{32} & \ldots & a_{3n} \\ \vdots & \vdots & \vdots & & \vdots \\ a_{n1} & a_{n2} & a_{n2} & \ldots & a_{nn} \end{vmatrix} = 0 \qquad \begin{vmatrix} a_{11} & a_{12} & a_{13} & \ldots & a_{1n} \\ 0 & 0 & 0 & \ldots & 0 \\ a_{31} & a_{32} & a_{33} & \ldots & a_{3n} \\ \vdots & \vdots & \vdots & & \vdots \\ a_{n1} & a_{n2} & a_{n3} & \ldots & a_{nn} \end{vmatrix} = 0$$

Determinanten Determinants

```
# a2020-19
#
# if not installed get numpy module with:   pip install numpy
#
import numpy as np

a = np.array([ [1, 2], [3, 4]])                   # define a 2x2 determinant
print("Shape=",a.shape)                            # print shape of determinant
print("A=\n",a)
deta= a[0,0]*a[1,1]-a[1,0]*a[0,1]                  # calculate with mathematical equation
print("det(a)=%d" %deta)

deta=np.linalg.det(a)                              # calculate with library function
print("det(a)=%d" % deta)
                                                   # define a 3x3 determinant

a = np.array([ [1.1, 2.5, 3.2], [3.1, 4.8, 5.7], [6.3, 4.2, 8.8]])

print("Shape=",a.shape)                            # print shape of determinant
print("A=\n",a)
                                                   # calculate with mathematical equation
deta=  a[0,0]*a[1,1]*a[2,2] + a[0,1]*a[1,2]*a[2,0] + a[0,2]*a[1,0]*a[2,1] \
      -a[0,1]*a[1,0]*a[2,2] - a[0,0]*a[1,2]*a[2,1] - a[0,2]*a[1,1]*a[2,0]
print("det(a)=%.2f" % deta)

deta=np.linalg.det(a)                              # calculate with library function
print("det(a)=%.2f" % deta)

a = np.array([ [1.1, 2.5, 3.2], [1.1, 2.5, 3.2], [6.3, 4.2, 8.8]])
print("Shape=",a.shape)
print("A=\n",a)

deta=np.linalg.det(a)
print("det(a)=%.2f" % deta)
                                                  # calculate with mathematical equation
deta=  a[0,0]*a[1,1]*a[2,2] + a[0,1]*a[1,2]*a[2,0] + a[0,2]*a[1,0]*a[2,1] \
      -a[0,1]*a[1,0]*a[2,2] - a[0,0]*a[1,2]*a[2,1] - a[0,2]*a[1,1]*a[2,0]
print("det(a)=%.2f" % deta)



''' ------- output -------
Shape= (2, 2)
A=
 [[1 2]
 [3 4]]
det(a)=-2
det(a)=-2
Shape= (3, 3)
A=
 [[1.1 2.5 3.2]
 [3.1 4.8 5.7]
 [6.3 4.2 8.8]]
det(a)=-13.40
det(a)=-13.40
Shape= (3, 3)
A=
 [[1.1 2.5 3.2]
 [1.1 2.5 3.2]
 [6.3 4.2 8.8]]
det(a)=-0.00
det(a)=-0.00
'''
```

Vektoren

Ein Vektor ist eine Größe, die durch einen Betrag und eine Richtung bestimmt wird. In der Ebene und im Raum ist sie eine Linie von einem Punkt zu einem anderen, die als Pfeil dargestellt werden kann. Die Projektionen des Vektors $\boldsymbol{a}$ auf die Achsen x, y, z sind die Vektorkomponenten a_x, a_y und a_z. Der Betrag (Länge) eines Vektors ist $|\boldsymbol{a}|$ und ergibt sich aus:

Vectors

A vector is an entity which is described by a magnitude and a direction. In two- and three-dimensional spaces it is a line segment from one point to another. It can be portrayed by an arrow. The projection of vector $\boldsymbol{a}$ on the three axes x, y, z are the vector components a_x, a_y and a_z. The length of a vector is designated by $|\boldsymbol{a}|$ and given by:

$$|\boldsymbol{a}| = \sqrt{a_x^2 + a_y^2 + a_z^2}$$

Die Richtung eines Vektors wird durch die Winkel zu den Achsen bestimmt oder durch die Richtungskosinusse:

The direction of a vector is given by the angles to the axes or by their direction cosines:

$$cos\alpha = \frac{a_1}{|\boldsymbol{a}|} \quad cos\beta = \frac{a_2}{|\boldsymbol{a}|} \quad cos\gamma = \frac{a_3}{|\boldsymbol{a}|}$$

Da dabei nur zwei Winkel unabhängig sind, gilt die folgende Bedingung:

Only two angles are independent, thus the following condition must be fulfilled:

$$cos^2\alpha + cos^2\beta + cos^2\gamma = 1$$

Vektoroperationen

Vector operations

Addition von Vektoren

An den Vektor $\boldsymbol{a}$ wird der Vektor $\boldsymbol{b}$ durch Parallelverschiebung angefügt. Der Summenvektor $\boldsymbol{c} = \boldsymbol{a} + \boldsymbol{b}$ geht vom Anfangspunkt von $\boldsymbol{a}$ zum Endpunkt von $\boldsymbol{b}$.

Addition of vectors

The vector $\boldsymbol{b}$ is added to the vector $\boldsymbol{a}$ through a parallel translation. The sum vector $\boldsymbol{c} = \boldsymbol{a} + \boldsymbol{b}$ starts at the beginning of $\boldsymbol{a}$ and ends at the end of $\boldsymbol{b}$.

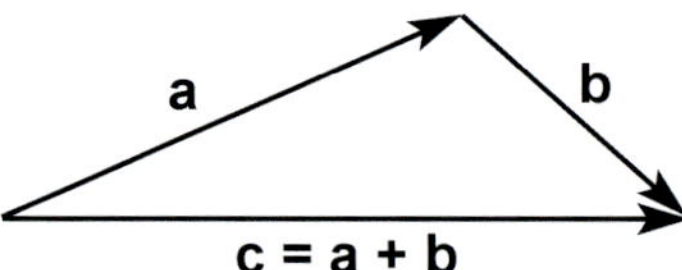

Es gelten das Kommutative Gesetz und das Assoziative Gesetz:

The addition of vectors is commutative and associative:

$$\boldsymbol{a} + \boldsymbol{b} = \boldsymbol{b} + \boldsymbol{a} \qquad \boldsymbol{a} + (\boldsymbol{b} + \boldsymbol{c}) = (\boldsymbol{a} + \boldsymbol{b}) + \boldsymbol{c}$$

Multiplikation mit einem Skalar

Ein Skalar λ ist eine Größe, die nur einen Betrag und keine Richtung hat. Ein Vektor wird mit einem Skalar multipliziert, indem man jede Komponente multipliziert:

Multiplication with a scalar

A scalar λ is a quantity which has only magnitude but no direction. Vectors can be multiplied by a scalar by multiplying each component:

$$\lambda\boldsymbol{a} = \lambda a_x + \lambda a_y + \lambda a_z \qquad |\lambda\boldsymbol{a}| = |\lambda|\,|\boldsymbol{a}|$$

Skalares Produkt (inneres Produkt)

Das Skalare Produkt oder *Inneres Produkt* der beiden Vektoren $\boldsymbol{a}$ und $\boldsymbol{b}$ kann in zwei Formen bestimmt werden:

Scalar product (dot product)

The scalar product or *dot product* of two vectors $\boldsymbol{a}$ and $\boldsymbol{b}$ is determined in two different forms:

$$\boldsymbol{a}\ \boldsymbol{b} = a_x b_x + a_y b_y + a_z b_z$$

$$\boldsymbol{a}\ \boldsymbol{b} = |a|\,|b|\,cos\theta$$

Das Skalare Produkt ist ein Skalar. θ ist der Winkel zwischen den Vektoren $\boldsymbol{a}$ und $\boldsymbol{b}$. Wenn die Vektoren senkrecht aufeinander stehen, ist das Produkt 0.

Es gelten das Kommutative Gesetz, das Distributive Gesetz und das Assoziative Gesetz:

The dot product is a scalar. θ is the angle between the two vectors $\boldsymbol{a}$ and $\boldsymbol{b}$. If these vectors are perpendicular to each other, the dot product is 0.

Scalar products of two or more vectors are commutative, distributive, and associative:

$$\boldsymbol{a}\ \boldsymbol{b} = \boldsymbol{b}\ \boldsymbol{a} \qquad (\boldsymbol{a}+\boldsymbol{b})\boldsymbol{c} = \boldsymbol{ac} + \boldsymbol{bc}$$

$$(\lambda\boldsymbol{a})\boldsymbol{b} = \boldsymbol{a}(\lambda\boldsymbol{b}) = \lambda(\boldsymbol{ab})$$

Vektorprodukt (äußeres Produkt)

Das Vektorprodukt zweier Vektoren $\boldsymbol{a}$ und $\boldsymbol{b}$ ist ein neuer Vektor $\boldsymbol{c}$, der auf $\boldsymbol{a}$ und $\boldsymbol{b}$ senkrecht steht. Er ist so gerichtet, dass $\boldsymbol{a}$, $\boldsymbol{b}$ und $\boldsymbol{c}$ ein Rechtssystem bilden. Wenn θ der Winkel zwischen $\boldsymbol{a}$ und $\boldsymbol{b}$ ist, erhält man den Betrag von $\boldsymbol{c}$ als:

Vector product (cross product)

The cross product or vector product of two vectors $\boldsymbol{a}$ and $\boldsymbol{b}$ is a new vector $\boldsymbol{c}$ which is perpendicular to both $\boldsymbol{a}$ and $\boldsymbol{b}$. Its direction is such that $\boldsymbol{a}$, $\boldsymbol{b}$ and $\boldsymbol{c}$ form a right-handed system. If θ is the angle between $\boldsymbol{a}$ and $\boldsymbol{b}$ the length of $\boldsymbol{c}$ is given by:

$$\boldsymbol{a}\times\boldsymbol{b} = \boldsymbol{c} \qquad |\boldsymbol{c}| = |\boldsymbol{a}\times\boldsymbol{b}| = |\boldsymbol{a}|\,|\boldsymbol{b}|\,sin\theta$$

Der Betrag $|\boldsymbol{c}|$ ist die Fläche des aus $\boldsymbol{a}$ und $\boldsymbol{b}$ gebildeten Parallelogramms. Es gelten das Assoziative Gesetz und das Distributive Gesetz:

The length of $|\boldsymbol{c}|$ describes the area of the parallelogram formed by $\boldsymbol{a}$ and $\boldsymbol{b}$. Vector products are associative and distributive:

$$\lambda(\boldsymbol{a}\times\boldsymbol{b}) = (\lambda\boldsymbol{a})\times\boldsymbol{b} = \boldsymbol{a}\times(\lambda\boldsymbol{b})$$

$$(\boldsymbol{a}+\boldsymbol{b})\times\boldsymbol{c} = \boldsymbol{a}\times\boldsymbol{c}+\boldsymbol{b}\times\boldsymbol{c}$$

Wenn die Vektoren $\boldsymbol{a}$ und $\boldsymbol{b}$ in ihren Komponenten gegeben sind, dann kann $\boldsymbol{c}$ als Determinante berechnet werden:

If the vectors $\boldsymbol{a}$ and $\boldsymbol{b}$ are given in their components then $\boldsymbol{c}$ can be calculated as a determinant:

$$\boldsymbol{a} = a_x i + a_y j + a_z k \qquad \boldsymbol{b} = b_x i + b_y j + b_z k$$

$$c = \boldsymbol{a}\times\boldsymbol{b} = \begin{vmatrix} i & j & k \\ a_x & a_y & a_z \\ b_x & b_y & b_z \end{vmatrix} = \begin{vmatrix} a_y b_z - b_y a_z \\ b_x a_z - a_x b_z \\ a_x b_y - b_x a_y \end{vmatrix}$$

Matrizen

Eine Matrix **A** ist ein in i Zeilen und k Spalten geordnetes Schema von Koeffizienten a_{ik}. Sie stellt keine Zahl dar wie die Determinante, sondern ein Symbol für ein System elementarer Größen.

Matrices

A matrix **A** is a system of coefficients a_{ik} systematically arranged in i rows and k columns. It is not a number like a determinant, but a symbol for a system of elementary magnitudes.

Allgemeine Form einer Matrix — General form of a matrix

$$\mathbf{A}_{\mathrm{m,n}} = \begin{bmatrix} a_{12} & a_{12} & \dots & a_{1\mathrm{k}} & \dots & a_{1\mathrm{n}} \\ a_{21} & a_{22} & \dots & a_{2\mathrm{k}} & \dots & a_{2\mathrm{n}} \\ \vdots & \vdots & & \vdots & & \vdots \\ a_{\mathrm{i}1} & a_{\mathrm{i}2} & \dots & a_{\mathrm{ik}} & \dots & a_{\mathrm{in}} \\ \vdots & \vdots & & \vdots & & \vdots \\ a_{\mathrm{m}1} & a_{\mathrm{m}2} & \dots & a_{\mathrm{mk}} & \dots & a_{\mathrm{mn}} \end{bmatrix}$$

Transponierte Matrix — $\mathbf{A}^T$ — ***Transposed matrix***

$$\mathbf{A} = \begin{bmatrix} a_{11} & a_{12} \\ a_{21} & a_{22} \\ a_{31} & a_{32} \end{bmatrix} = \begin{bmatrix} 9 & -3 \\ 2 & 5 \\ -6 & 7 \end{bmatrix}$$

$$\mathbf{A}^T = \begin{bmatrix} a_{11} & a_{21} & a_{31} \\ a_{12} & a_{22} & a_{32} \end{bmatrix} = \begin{bmatrix} 9 & 2 & -6 \\ -3 & 5 & 7 \end{bmatrix}$$

Für transponierte Matrizen gilt — For transposed matrices, we have

$$\left(\mathbf{A}^T\right)^T = \mathbf{A}$$

$$(\mathbf{A}+\mathbf{B})^T = \mathbf{A}^T + \mathbf{B}^T$$

Reziproke oder inverse Matrix — $\mathbf{A}^{-1}$ — ***Reciprocal or inverse matrix***

$$\mathbf{A} \cdot \mathbf{A}^{-1} = \mathbf{A}^{-1} \cdot \mathbf{A} = \mathbf{E}$$

Bedingungen — $|\mathbf{A}| \neq 0 \quad m = n$ — Conditions

Für inverse Matrizen gilt — For inverse matrices, we have

$$(\mathbf{A}') = \left(\mathbf{A}^{-1}\right)'$$

$$(\mathbf{A} \cdot \mathbf{B} \cdot \mathbf{C})^{-1} = \mathbf{C}^{-1} \cdot \mathbf{B}^{-1} \cdot \mathbf{A}^{-1}$$

Orthogonale Matrix — ***Orthogonal matrix***

$$\mathbf{A} = \begin{bmatrix} a_{11} & a_{12} & a_{13} \\ a_{21} & a_{22} & a_{23} \\ a_{31} & a_{32} & a_{33} \end{bmatrix}$$

Bedingungen — Conditions

$$a_{11}{}^2 + a_{21}{}^2 + a_{31}{}^2 = 1 \qquad a_{11}a_{12} + a_{21}a_{22} + a_{31}a_{32} = 0$$
$$a_{12}{}^2 + a_{22}{}^2 + a_{32}{}^2 = 1 \qquad a_{12}a_{13} + a_{22}a_{23} + a_{32}a_{33} = 0$$
$$a_{13}{}^2 + a_{23}{}^2 + a_{33}{}^2 = 1 \qquad a_{13}a_{11} + a_{23}a_{21} + a_{33}a_{31} = 0$$

Für orthogonale Matrizen gilt — For orthogonal matrices, we have

$$\mathbf{A}^T \cdot \mathbf{A} = \mathbf{A} \cdot \mathbf{A}^T = \mathbf{E}$$
$$\mathbf{A}^{-1} = \mathbf{A}^T$$

Sonderfälle ***Special cases***

Vektor Vector

$$\mathbf{x} = \begin{bmatrix} x_1 \\ x_2 \\ \vdots \\ x_n \end{bmatrix} \qquad \mathbf{x} = [x_1\, x_2 \cdots x_\mathrm{n}]$$

Quadratische Matrix Square matrix

$$\mathbf{Q} = \begin{bmatrix} q_{11} & q_{12} & q_{13} \\ q_{21} & q_{22} & q_{23} \\ q_{31} & q_{32} & q_{33} \end{bmatrix}$$

Symmetrische Matrix Symmetric matrix

$$\mathbf{S} = \begin{bmatrix} s_{11} & s_{12} & s_{13} \\ s_{12} & s_{22} & s_{23} \\ s_{13} & s_{23} & s_{33} \end{bmatrix}$$

Obere Dreiecksmatrix Upper triangular matrix

$$\mathbf{D} = \begin{bmatrix} d_{11} & d_{12} & d_{13} \\ 0 & d_{22} & d_{23} \\ 0 & 0 & d_{33} \end{bmatrix}$$

Untere Dreiecksmatrix Lower triangular matrix

$$\mathbf{D} = \begin{bmatrix} d_{11} & 0 & 0 \\ d_{21} & d_{22} & 0 \\ d_{31} & d_{32} & d_{33} \end{bmatrix}$$

Diagonalmatrix Diagonal matrix

$$\mathbf{P} = \begin{bmatrix} p_{11} & 0 & 0 \\ 0 & p_{22} & 0 \\ 0 & 0 & p_{33} \end{bmatrix}$$

Einheitsmatrix Unitary matrix

$$\mathbf{E} = \begin{bmatrix} 1 & 0 & 0 \\ 0 & 1 & 0 \\ 0 & 0 & 1 \end{bmatrix}$$

Addition und Multiplikation ***Addition and multiplication***

$$\mathbf{A} + \mathbf{B} = \mathbf{C}$$

Addition zweier Matrizen Addition of two matrices

$$c_{ik} = [a_{ik} + b_{ik}] \qquad \begin{bmatrix} -3 & 1 & 5 \\ 6 & 4 & 8 \end{bmatrix} + \begin{bmatrix} 0 & -2 & 3 \\ -3 & 2 & -5 \end{bmatrix} = \begin{bmatrix} -3 & -1 & 8 \\ 3 & 6 & 3 \end{bmatrix}$$

Kommutatives Gesetz Commutative law

$$\mathbf{A} + \mathbf{B} = \mathbf{B} + \mathbf{A}$$

Assoziatives Gesetz Associative law

$$\mathbf{A} + \mathbf{B} - \mathbf{C} = (\mathbf{A} + \mathbf{B}) - \mathbf{C} = \mathbf{A} + (\mathbf{B} - \mathbf{C})$$

Distributives Gesetz Distributive law

$$(\mathbf{A} + \mathbf{B}) \cdot \mathbf{C} = \mathbf{A} \cdot \mathbf{C} + \mathbf{B} \cdot \mathbf{C}$$

Multiplikation mit einem Skalar Multiplication by a scalar

$$\lambda \cdot \mathbf{A} = \mathbf{A} \cdot \lambda \qquad 4 \cdot \begin{bmatrix} 3 & 1 \\ 2 & 7 \end{bmatrix} = \begin{bmatrix} 12 & 4 \\ 8 & 28 \end{bmatrix}$$

Matrizenmultiplikation ***Matrix multiplication***

$$\mathbf{A} \cdot \mathbf{B} = \mathbf{C}$$

Bedingung: Condition:

Spaltenzahl von **A** = Zeilenzahl von **B**

Number of columns **A** = Number of rows **B**

$$\mathbf{B} = \begin{bmatrix} b_{11} & b_{12} & b_{13} \\ b_{21} & b_{22} & b_{23} \\ b_{31} & b_{32} & b_{33} \end{bmatrix}$$

$$\mathbf{A} = \begin{bmatrix} a_{11} & a_{12} & a_{13} \\ a_{21} & a_{22} & a_{23} \\ a_{31} & a_{32} & a_{33} \\ a_{41} & a_{42} & a_{43} \end{bmatrix} \begin{bmatrix} c_{11} & c_{12} & c_{13} \\ c_{21} & c_{22} & c_{23} \\ c_{31} & c_{32} & c_{33} \\ c_{41} & c_{42} & c_{43} \end{bmatrix} = \mathbf{C}$$

$$c_{11} = a_{11}\,b_{11} + a_{12}\,b_{21} + a_{13}\,b_{31} \quad c_{12} = a_{11}\,b_{12} + a_{12}\,b_{22} + a_{13}\,b_{32}$$

$$\ldots \quad c_{43} = a_{41}\,b_{13} + a_{42}\,b_{23} + a_{43}\,b_{33}$$

$$\mathbf{A} \cdot \mathbf{B} \cdot \mathbf{C} = (\mathbf{A} \cdot \mathbf{B}) \cdot \mathbf{C} = \mathbf{A} \cdot (\mathbf{B} \cdot \mathbf{C}) \qquad \mathbf{A} \cdot \mathbf{B} \neq \mathbf{B} \cdot \mathbf{A}$$

$$\mathbf{A} \cdot (\mathbf{B} + \mathbf{C}) = \mathbf{A} \cdot \mathbf{B} + \mathbf{A} \cdot \mathbf{C} \qquad \mathbf{A} \cdot \mathbf{E} = \mathbf{E} \cdot \mathbf{A} = \mathbf{A}$$

$$(\mathbf{A} + \mathbf{B}) \cdot \mathbf{C} = \mathbf{A} \cdot \mathbf{C} + \mathbf{B} \cdot \mathbf{C} \qquad (\mathbf{A} \cdot \mathbf{B} \cdot \mathbf{C})' = \mathbf{C}' \cdot \mathbf{B}' \cdot \mathbf{A}'$$

Matrix-Operationen ***Matrix operations***

```
# a2020-24
import numpy as np
from numpy.linalg import inv
float_formatter = "{:.2f}".format                     # float with two decimal places
np.set_printoptions(formatter={'float_kind':float_formatter})
x = np.array([[1, 2,3], [4, 5,16],[4, 5,6]])          # Two matrices are initialized
y = np.array([[7, 8,9], [9, 10,11],[4, 5,6]])
print ("Addition of two matrices : ")
print (str(np.add(x,y)))                              # add()is used to add matrices
print ("Subtraction of two matrices : ")
print (str(np.subtract(x,y)))                         # subtract() subtracts matrices
print ("Matrix transposition : ")
print (x)
print (x.T)                                           # using "T" to transpose the matrix
print ("Matrix inverse : ")
ix = inv(x)                                           # inv()is used to invert matrices
print (ix)
print ("The product of two matrices : ")
print (np.dot(x,y))                                   # Dot product of two matrices
'''
Addition of two matrices :
[[ 8 10 12]
 [13 15 27]
 [ 8 10 12]]
Subtraction of two matrices :
[[-6 -6 -6]
 [-5 -5  5]
 [ 0  0  0]]
Matrix transposition :
[[ 1  2  3]
 [ 4  5 16]
 [ 4  5  6]]
[[ 1  4  4]
 [ 2  5  5]
 [ 3 16  6]]
Matrix inverse :
[[-1.67 0.10 0.57]
 [1.33 -0.20 -0.13]
 [-0.00 0.10 -0.10]]
The product of two matrices :
[[ 37  43  49]
 [137 162 187]
 [ 97 112 127]]
 '''
```

Drehmatrizen

Die Gesamtdrehung **D**, die notwendig ist, um ein räumliches Koordinatensystem in parallele Lage zu einem anderen Koordinatensystem zu bringen, lässt sich in drei Teildrehungen $\mathbf{D}\omega$, $\mathbf{D}\phi$ und $\mathbf{D}\kappa$ zerlegen.

Rotation matrices

The total rotation **D** required in order to rotate a spatial coordinate system parallel to another coordinate system, can be divided into the three separate rotations $\mathbf{D}\omega$, $\mathbf{D}\phi$ and $\mathbf{D}\kappa$.

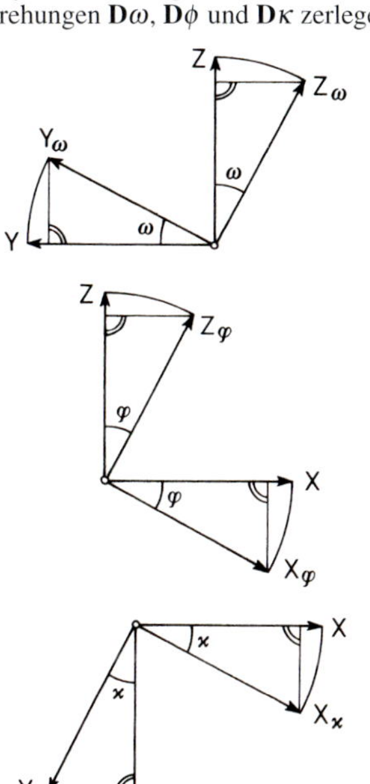

$$\mathbf{D}_\omega = \begin{bmatrix} 1 & 0 & 0 \\ 0 & \cos\omega & -\sin\omega \\ 0 & \sin\omega & \cos\omega \end{bmatrix}$$

$$\mathbf{D}_\varphi = \begin{bmatrix} \cos\varphi & 0 & \sin\varphi \\ 0 & 1 & 0 \\ -\sin\varphi & 0 & \cos\varphi \end{bmatrix}$$

$$\mathbf{D}_\kappa = \begin{bmatrix} \cos\kappa & -\sin\kappa & 0 \\ \sin\kappa & \cos\kappa & 0 \\ 0 & 0 & 1 \end{bmatrix}$$

Drehmatrizen ***Rotation matrices***

```python
# a2020-25
import numpy as np
import matplotlib
import matplotlib.pyplot as plt
from math import *
x   = np.array([0,0,0,0,0])                          # define some point locations
y   = np.array([0,5,5,0,0])
z   = np.array([0,0,3,3,0])
PKT = np.array([x,y,z])
omega=80    ;   o=omega*pi/180                       # rotation angle, convert to radians
Do= np.array([[1,0,0],[0,cos(o),-sin(o)],[0,sin(o),cos(o)]]) # create rotation matrix
PKTo=np.dot(Do,PKT)                                  # rotate situation
xs=PKTo[0,:];  ys=PKTo[1,:]; zs=PKTo[2,:]            # get coordinate components
fig = plt.figure(figsize=(5,5))                      # create figure
plt.subplot(1, 1, 1, aspect='equal')                 # define plot with equal scales axes
plt.plot(y ,z ,'go',zorder=-1)                       # plot situation in green
plt.plot(y ,z ,'g-',zorder=-1)
plt.plot(ys,zs,'ro',zorder=-1)                       # plot situation after rotation in red
plt.plot(ys,zs,'r-',zorder=-1)
plt.ylabel('z-axis'); plt.xlabel('y-axis')
plt.title('omega='+str(omega),fontsize=8)
plt.savefig('pyfig25a.pdf',bbox_inches='tight') # save figure as PDF
plt.show()
```

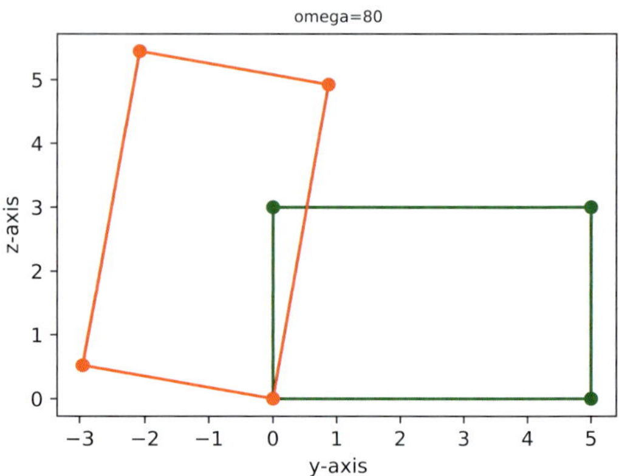

Bei der Berechnung der Koeffizienten a_{11} bis a_{33} der Drehmatrix **D** können die Achsen bei den aufeinanderfolgenden Teildrehungen entweder mitgedreht oder festgehalten werden.

For the calculation of the coefficients a_{11} to a_{33} of the rotation matrix **D**, we have two solutions. The axes can either be rotated or remain fixed during the three separate rotations.

$$\mathbf{D} = \begin{bmatrix} a_{11} & a_{12} & a_{13} \\ a_{21} & a_{22} & a_{23} \\ a_{31} & a_{32} & a_{33} \end{bmatrix}$$

Verarbeitung von Symbolen — *Processing of symbols*

```
# a2020-26
# if not installed get module sympy with:       pip install sympy
# if not installed get module numpy with:       pip install numpy
from   sympy import *                           # module for symbolic tasks
import numpy as np
o,p,k =symbols ('o,p,k')                        # define variables as a symbol
                                                # define rotation matrices
Do= np.array([[1,0,0],[0,cos(o),-sin(o)],[0,sin(o),cos(o)]])
Dp= np.array([[cos(p),0,sin(p)],[0,1,0],[-sin(p),0,cos(p)]])
Dk= np.array([[cos(k),-sin(k),0],[sin(k),cos(k),0],[0,0,1]])
print('D_omega=\n',Do,'\n');print('D_phi  =\n',Dp,'\n');print('D_kappa=\n',Dk,'\n')

DROT=np.dot(np.dot(Do,Dp),Dk)                   # rotation about rotated axis
# DROT=np.dot(np.dot(Dk,Dp),Do)                 # rotation about fixed axis
for i in range(3):
    for j in range(3):
        print('a'+str(i+1)+str(j+1)+'=',DROT[i,j])
'''
D_omega=
 [[1 0 0]
 [0 cos(o) -sin(o)]
 [0 sin(o) cos(o)]]

D_phi  =
 [[cos(p) 0 sin(p)]
 [0 1 0]
 [-sin(p) 0 cos(p)]]

D_kappa=
 [[cos(k) -sin(k) 0]
 [sin(k) cos(k) 0]
 [0 0 1]]
```

```

a11= cos(k)*cos(p)
a12= -sin(k)*cos(p)
a13= sin(p)
a21= sin(k)*cos(o) + sin(o)*sin(p)*cos(k)
a22= -sin(k)*sin(o)*sin(p) + cos(k)*cos(o)
a23= -sin(o)*cos(p)
a31= sin(k)*sin(o) - sin(p)*cos(k)*cos(o)
a32= sin(k)*sin(p)*cos(o) + sin(o)*cos(k)
a33= cos(o)*cos(p)
'''
```

Drehung um mitgedrehte Achsen

Rotation about rotated axes

$$\mathbf{D} = \mathbf{D}_\omega \cdot \mathbf{D}_\varphi \cdot \mathbf{D}_\kappa$$

$$\begin{array}{lcl}
a_{11} & = & \cos\varphi \cdot \cos\kappa \\
a_{12} & = & -\cos\varphi \cdot \sin\kappa \\
a_{13} & = & \sin\varphi \\
a_{21} & = & \cos\omega \cdot \sin\kappa + \sin\omega \cdot \sin\varphi \cdot \cos\kappa \\
a_{22} & = & \cos\omega \cdot \cos\kappa - \sin\omega \cdot \sin\varphi \cdot \sin\kappa \\
a_{23} & = & -\sin\omega \cdot \cos\varphi \\
a_{31} & = & \sin\omega \cdot \sin\kappa - \cos\omega \cdot \sin\varphi \cdot \cos\kappa \\
a_{32} & = & \sin\omega \cdot \cos\kappa + \cos\omega \cdot \sin\varphi \cdot \sin\kappa \\
a_{33} & = & \cos\omega \cdot \cos\varphi
\end{array}$$

Drehung um feste Achsen

Rotation about fixed axes

$$\mathbf{D}* = \mathbf{D}_\kappa \cdot \mathbf{D}_\varphi \cdot \mathbf{D}_\omega$$

$$\begin{array}{lcl}
a_{11} & = & \cos\kappa \cdot \cos\varphi \\
a_{12} & = & -\sin\kappa \cdot \cos\omega + \cos\kappa \cdot \sin\varphi \cdot \sin\omega \\
a_{13} & = & \sin\kappa \cdot \sin\omega + \cos\kappa \cdot \sin\varphi \cdot \cos\omega \\
a_{21} & = & \sin\kappa \cdot \cos\varphi \\
a_{22} & = & \cos\kappa \cdot \cos\omega + \sin\kappa \cdot \sin\varphi \cdot \sin\omega \\
a_{23} & = & -\cos\kappa \cdot \sin\omega + \sin\kappa \cdot \sin\varphi \cdot \cos\omega \\
a_{31} & = & -\sin\varphi \\
a_{32} & = & \cos\varphi \cdot \sin\omega \\
a_{33} & = & \cos\varphi \cdot \cos\omega
\end{array}$$

Die Elemente der Drehmatrix müssen den folgenden Bedingungen genügen:

The elements of the rotation matrix must meet the following requirements:

$$\begin{array}{lcl}
{a_{11}}^2 + {a_{21}}^2 + {a_{31}}^2 & = & 1 \\
{a_{12}}^2 + {a_{22}}^2 + {a_{32}}^2 & = & 1 \\
{a_{13}}^2 + {a_{23}}^2 + {a_{33}}^2 & = & 1
\end{array}$$

$$\begin{array}{lcl}
a_{11}\,a_{12} + a_{21}\,a_{22} + a_{31}\,a_{32} & = & 0 \\
a_{12}\,a_{13} + a_{22}\,a_{23} + a_{32}\,a_{33} & = & 0 \\
a_{13}\,a_{11} + a_{23}\,a_{21} + a_{33}\,a_{31} & = & 0
\end{array}$$

Für kleine Drehungen eignet sich die differentielle Drehmatrix:

For small rotations, the differential rotation matrix can be used:

$$d\mathbf{D} = \begin{pmatrix} 1 & -d\kappa & d\varphi \\ d\kappa & 1 & -d\omega \\ -d\varphi & d\omega & 1 \end{pmatrix}$$

Darstellung räumlicher Drehungen *Representation of spatial rotations*

```
# a2020-28
import numpy
import matplotlib
matplotlib.use('TkAgg')
from mpl_toolkits.mplot3d import axes3d
import matplotlib.pyplot as plt
from math import *

x = numpy.array([0,0,0,0,0])                  # define four points by their
y = numpy.array([0,5,5,0,0])                  # coordinates
z = numpy.array([0,0,3,3,0])

PKT = numpy.array([x,y,z])                    # create a point array
omega = 45 ; phi = 50 ; kappa = 0             # define rotation angles
o=omega*pi/180;p=phi*pi/180;k=kappa*pi/180    # convert angles to radians
                                              # create rotation matrices
Do= numpy.array([[1,0,0],[0,cos(o),-sin(o)],[0,sin(o),cos(o)]])
Dp= numpy.array([[cos(p),0,sin(p)],[0,1,0],[-sin(p),0,cos(p)]])
Dk= numpy.array([[cos(k),-sin(k),0],[sin(k),cos(k),0],[0,0,1]])

DROT=numpy.dot(numpy.dot(Do,Dp),Dk)           # create common rotation matrix
PKTo=numpy.dot(DROT,PKT)                      # rotate situation

xs=PKTo[0,:]                                  # get coordinate components
ys=PKTo[1,:]
zs=PKTo[2,:]

fig = plt.figure(figsize=(6,5))               # create figure in 3D
ax = fig.add_subplot(111, projection='3d')
ax.view_init(elev=17, azim=45)
ax.plot(x,y,z,color='green') ; ax.plot(xs,ys,zs,color='red') # set labels
ax.set_xlabel('x') ; ax.set_ylabel('y') ; ax.set_zlabel('z') # set limits of 3D plot
minp=numpy.min(PKTo)     ; maxp=numpy.max(PKTo)
ax.set_xlim(minp,maxp)   ; ax.set_ylim(minp,maxp)   ; ax.set_zlim(minp,maxp)
plt.title('rotation: omega='+str(omega)+', phi='+str(phi)+', kappa='+str(kappa))
plt.savefig('pyfig28a.pdf',bbox_inches='tight')
plt.show()
```

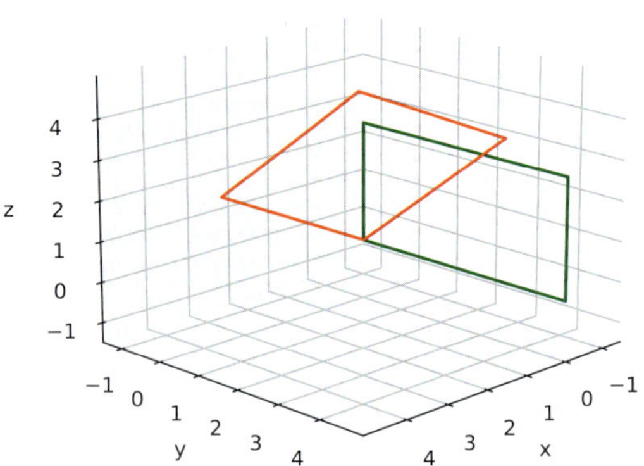

Quaternionen

Ein Quaternion ist die dreidimensionale Erweiterung einer komplexen Zahl. Mit ihr ist es möglich, beliebige Drehungen im Raum darzustellen. Wie eine komplexe Zahl besteht ein Quaternion aus Realteil w und Imaginärteil (i, j, k).

Quaternions

A quaternion is the three-dimensional representation of a complex number. It is possible to represent arbitrary rotations in space with quaternions. Like any complex number, the quaternion consists of a real part w and an imaginary part (i, j, k).

$$q = w + xi + yj + zk$$

Bedingungen — Conditions

$$i^2 = j^2 = k^2 = -1 \qquad i \cdot j = -j \cdot i = k$$

$$i \cdot k = -k \cdot j = i \qquad k \cdot i = -i \cdot k = j$$

Darstellung als Vektor — Representation as a vector

$$[w, v] = [w, (x, y, z)]$$

Konjugiert — Conjugated

$$q' = w - xi - yj - zk\,[w, (-x, -y, -z)]$$

Betrag — Magnitude

$$\|q\| = \sqrt{q \cdot q'} = \sqrt{w^2 + x^2 + y^2 + z^2}$$

Inverse — Inverse

$$q^{-1} = \frac{q'}{q \cdot q'} = \frac{q'}{\|q\|^2} = \left[\frac{w}{\|q\|^2}, \left(\frac{-x}{\|q\|^2}, \frac{-y}{\|q\|^2}, \frac{-z}{\|q\|^2}\right)\right]$$

Normalisierung — Normalization

$$q_n = \frac{q}{\|q\|}$$

Multiplikation — Multiplication

$$q_1 . q_2 = \left[\begin{array}{c} w_1 \cdot w_2 - x_1 \cdot x_2 - y_1 \cdot y_2 - z_1 \cdot z_2 \\ \left(\begin{array}{c} w_1 \cdot x_2 + x_1 \cdot w_2 + y_1 \cdot z_2 - z_1 \cdot y_2 \\ w_1 \cdot y_2 - x_1 \cdot z_2 + y_1 \cdot w_2 + z_1 \cdot x_2 \\ w_1 \cdot z_2 + x_1 \cdot y_2 - y_1 \cdot x_2 + z_1 \cdot w_2 \end{array}\right) \end{array}\right]$$

Eigenschaften — ***Properties***

Für Einheitsquaternion gilt — For unit quaternion, we have

$$\|q_n\| = 1 \rightarrow {q_n}^{-1} = {q_n}'$$

Identitätsquaternion — Identity quaternion

$$q_i = [1, (0, 0, 0)] \rightarrow q \cdot q_i = q$$

Es gilt das Assoziativgesetz — The associative rule is valid

$$(q_1 \cdot q_2) \cdot q_3 = q_1 \cdot (q_2 \cdot q_3)$$

Quaternionenmultiplikation ist nicht kommutativ — Quaternion multiplication is not commutative

$$q_1 \cdot q_2 \neq q_2 \cdot q_1$$

Drehungen mit Quaternionen

Mit Quaternionen können Drehungen realisiert werden. Man kann Quaternionen in Drehmatrizen konvertieren und umgekehrt. Dabei entspricht eine Drehung um q derjenigen um $-q$.

Rotations with quaternions

Rotations can be realized with quaternions. It is possible to convert quaternions into rotation matrices and vice versa. A rotation about q corresponds to that about $-q$.

Drehmatrix aus einem Quaternion / Rotation matrix from a quaternion

$$R = \begin{bmatrix} w^2+x^2-y^2-z^2 & 2xy-2wz & 2xz+2wy \\ 2xy+2wz & w^2-x^2+y^2-z^2 & 2yz-2wx \\ 2xz-2wy & 2yz+2wx & w^2-x^2-y^2+z^2 \end{bmatrix}$$

Vereinfachung durch Einheitsquaternion / Simplification by a unit quaternion

$$R = \begin{bmatrix} 1-2y^2-2z^2 & 2xy-2wz & 2xz+2wy \\ 2xy+2wz & 1-2x^2-2z^2 & 2yz-2wx \\ 2xz-2wy & 2yz+2wx & 1-2x^2-2y^2 \end{bmatrix}$$

Quaternion aus einer Drehmatrix / Quaternion from a rotation matrix

$$q = \left[\sqrt{\frac{1+R_{11}+R_{22}+R_{33}}{4}}, \left(\frac{R_{32}-R_{23}}{4\cdot w}, \frac{R_{13}-R_{31}}{4\cdot w}, \frac{R_{21}-R_{12}}{4\cdot w}\right)\right]$$

Drehung im Raum

Die Drehung eines Raumpunktes um einen beliebigen Vektor kann man mittels Quaternionen lösen. Dazu wird aus dem Einheitsvektor v und dem Drehwinkel α das entsprechende Quaternion gebildet.

Spatial rotation

The rotation of a spatial point about an arbitrary axis can be solved with quaternions. For this purpose an adequate quaternion will be created from the unit vector v and the rotation angle α.

$$q = \left[\cos\left(\frac{\alpha}{2}\right), \left(v_x\cdot\sin\left(\frac{\alpha}{2}\right), v_y\cdot\sin\left(\frac{\alpha}{2}\right), v_z\cdot\sin\left(\frac{\alpha}{2}\right)\right)\right]$$

Vektor und Drehwinkel aus einem Quaternion / Vector and rotation angle from a quaternion

$$\alpha = 2x\arccos(w)$$

$$v = \begin{bmatrix} \frac{x}{x^2+y^2+z^2} \\ \frac{y}{x^2+y^2+z^2} \\ \frac{z}{x^2+y^2+z^2} \end{bmatrix}$$

Verkettung von Drehungen

Drehung von q_1 und q_2 (Reihenfolge der Multiplikation beachten!)

Concatenation of rotations

Rotation of q_1 and q_2 (Mind the order of multiplication!)

$$q_n = q_2 \cdot q_1$$

Ebene Koordinatentransformation mit 2 identischen Punkten

Plane coordinate transformation with 2 identical points

$$X = a_0 + a_1\,x - b_1\,y$$
$$Y = b_0 + b_1\,x + a_1\,y$$

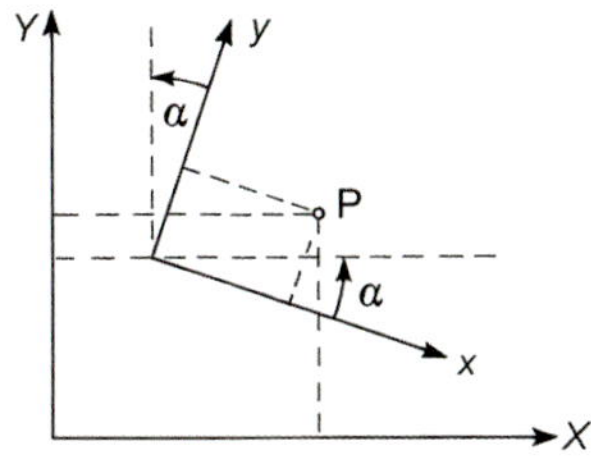

$$\overline{X} = X_2 - X_1 \qquad \bar{x} = x_2 - x_1$$
$$\overline{Y} = Y_2 - Y_1 \qquad \bar{y} = y_2 - y_1$$

$$S = \sqrt{\overline{X}^2 + \overline{Y}^2} \qquad s = \sqrt{\bar{x}^2 + \bar{y}^2}$$

$$a_1 = \frac{\bar{x}\overline{X} + \bar{y}\overline{Y}}{\bar{x}^2 + \bar{y}^2} \qquad m = S/s$$

$$b_1 = \frac{\bar{x}\overline{Y} - \bar{y}\overline{X}}{\bar{x}^2 + \bar{y}^2} \qquad \alpha = asin(b_1/m)$$

$$a_0 = X_1 - a_1\,x_1 + b_1\,y_1$$
$$b_0 = Y_1 - b_1\,x_1 - a_1\,y_1$$

Ebene Koordinatentransformation — *Plane coordinate transformation*

```python
# a2020-31
import matplotlib
matplotlib.use('TkAgg')
import matplotlib.pyplot as plt
import numpy as np
from math import asin,sqrt,pi
x = np.array([0,5,5,0,0])                        # define 5 points in x,y system
y = np.array([0,0,3,3,0])
numx=len(x)                                      # count number of points
# define 2 identical points in X,Y system
X = np.array([0.5,4.04])  ; Y = np.array([1,4.54])
# calculate transformation parameters by 2 identical points
XS=X[1]-X[0]; YS=Y[1]-Y[0]; xs=x[1]-x[0]; ys=y[1]-y[0]
gs=sqrt(XS*XS+YS*YS) ; ks=sqrt(xs*xs+ys*ys)
# parameters are a0, b0, a1, b1
a1=(xs*XS+ys*YS)/(ks**2) ;b1=(xs*YS-ys*XS)/(ks**2)
a0=X[0]-a1*x[0]+b1*y[0]  ;b0=Y[0]-b1*x[0]-a1*y[0]
m=gs/ks                  # scale
alf=asin(b1/m)*180/pi    # rotation
# calculate new points in X,Y system
for i in range(2,numx):
    X=np.append(X,a0+a1*x[i]-b1*y[i])
    Y=np.append(Y,b0+b1*x[i]+a1*y[i])
# create figure
fig = plt.figure(figsize=(5,5))
plt.subplot(1, 1, 1, aspect='equal')
# plot identical points in red
plt.plot((x[0],x[1]),(y[0],y[1]),'ro')
plt.plot((X[0],X[1]),(Y[0],Y[1]),'ro')
# plot situation in green
plt.plot(x ,y ,'g-',zorder=-1)
# plot situation
# after transformation in blue
plt.plot(X,Y,'b-',zorder=-1)
plt.ylabel('y-axis')
plt.xlabel('x-axis')
txt=("a0=%.2f, a1=%.2f, b0=%.2f,\
     b1=%.2f, m=%.2f, alfa=%.2f"
     %(a0,a1,b0,b1,m,alf))
plt.title('Plane coordinate \
transformation,\n'+txt,fontsize=8)
plt.savefig('pyfig31a.pdf'
            ,bbox_inches='tight')
plt.show()
```

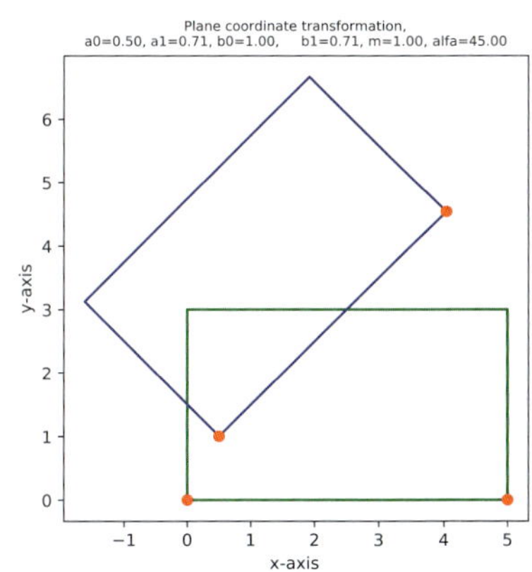

Ebene Ähnlichkeitstransformation mit Überbestimmung
mit n identischen Punkten

Plane similarity transformation with overdetermination
with n identical points

$$i = 1 \dots n$$

$$X' = a_0 + a_1 x - b_1 y \qquad X' = a_0 + k \cdot (x \cdot \cos\alpha - y \cdot \sin\alpha)$$

$$Y' = b_0 + b_1 x + a_1 y \qquad Y' = b_0 + k \cdot (x \cdot \sin\alpha + y \cdot \cos\alpha)$$

$$X_s = \frac{[X_i]}{n} \qquad Y_s = \frac{[Y_i]}{n} \qquad x_s = \frac{[x_i]}{n} \qquad y_s = \frac{[y_i]}{n}$$

$$\overline{X}_i = X_i - X_s \qquad \overline{Y}_i = Y_i - Y_s \qquad \overline{x}_i = x_i - x_s \qquad \overline{y}_i = y_i - y_s$$

$$a_1 = \frac{[\overline{x}_i \overline{X}_i] + [\overline{y}_i \overline{Y}_i]}{[\overline{x}_i^2 + \overline{y}_i^2]} \qquad b_1 = \frac{[\overline{x}_i \overline{Y}_i] - [\overline{y}_i \overline{X}_i]}{[\overline{x}_i^2 + \overline{y}_i^2]}$$

$$a_0 = X_s - a_1 x_s + b_1 y_s \qquad b_0 = Y_s - b_1 x_s + a_1 y_s$$

$$k = \sqrt{a_1^2 + b_1^2} \qquad \alpha = \arctan \frac{b_1}{a_1}$$

$$v_{xi} = X_i - X'_i$$
$$v_{yi} = Y_i - Y'_i$$

$$m_0 = \sqrt{\frac{[v_{xi}^2 + v_{yi}^2]}{2n - 4}} = m_x = m_y$$

$$m_p = m_0 \sqrt{2}$$

Ebene Affintransformation mit Überbestimmung
mit n identischen Punkten

Plane affine transformation with overdetermination
with n identical points

$$i = 1 \dots n$$

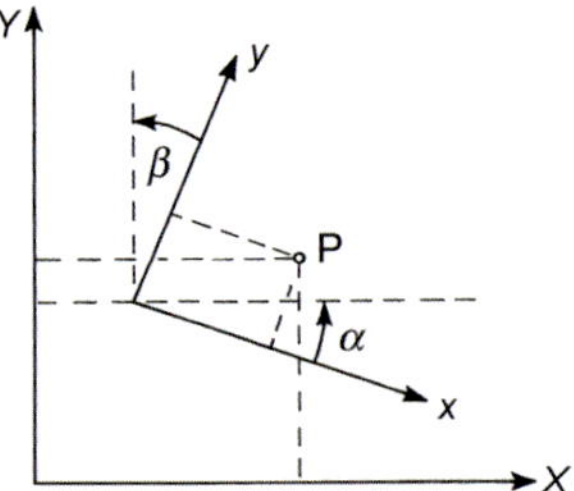

$$X' = a_0 + a_1 x + a_2 y$$
$$Y' = b_0 + b_1 x + b_2 y$$
$$X' = a_0 + k_x \cdot x \cdot \cos\alpha - k_y \cdot y \cdot \sin(\alpha + \beta)$$
$$Y' = b_0 + k_x \cdot x \cdot \sin\alpha + k_y \cdot y \cdot \cos(\alpha + \beta)$$

Liegen mehr als drei identische Punkte vor, so können die Unbekannten durch ein Ausgleichungsverfahren bestimmt werden.

If more than three identical points are available, the unknowns can be determined by an adjustment procedure.

Projektive Transformation
mit 4 identischen Punkten

Projective transformation
with 4 identical points

$$i = 1 \ldots 4$$

$$X = \frac{b_{11}\,x + b_{12}\,y + b_{13}}{b_{31}\,x + b_{32}\,y + 1} \qquad Y = \frac{b_{21}\,x + b_{22}\,y + b_{23}}{b_{31}\,x + b_{32}\,y + 1}$$

$$\begin{aligned} x_i\,b_{11} + y_i\,b_{12} + b_{13} - x_i\,X_i\,b_{31} - y_i\,X_i\,b_{32} &= X_i \\ x_i\,b_{21} + y_i\,b_{22} + b_{23} - x_i\,Y_i\,b_{31} - y_i\,Y_i\,b_{32} &= Y_i \end{aligned}$$

Die Koeffizienten $b_{11}, b_{12}, \ldots b_{32}$ können mithilfe von vier identischen Punkten $P(X,Y)$ und $P'(x,y)$ bestimmt werden, wobei keine drei auf einer gemeinsamen Geraden liegen dürfen.

The coefficients $b_{11}, b_{12}, \ldots b_{32}$ can be determined with the aid of four identical points $P(X,Y)$ and $P'(x,y)$, no three of which may lie on a common straight line.

Projektive Transformation ***Projective transformation***

```
# a2020-33
import matplotlib.pyplot as plt
import numpy as np
from PIL import Image                               # define four points in original image
cnt=0                                               # and on the map
pointssrc=[[181.0, 91.0], [417.0, 122.0], [340.0, 509.0], [103.0, 468.0]]
pointsdst=[[102.0, 131.0], [456.0, 131.0], [642.0, 372.0], [6.0, 388.0]]
def find_coeffs(pa, pb):                            # calculate 8 coefficients
    matrix = []                                     # for projective transformation
    for p1, p2 in zip(pa, pb):
        matrix.append([p1[0], p1[1], 1, 0, 0, 0, -p2[0]*p1[0], -p2[0]*p1[1]])
        matrix.append([0, 0, 0, p1[0], p1[1], 1, -p2[1]*p1[0], -p2[1]*p1[1]])
    A = np.matrix(matrix, dtype=np.float)
    B = np.array(pb).reshape(8)
    res = np.linalg.solve(A, B)
    return res
def gcp_define(pointlist):                          # define gcp arrays to plot
    gcpx=[]  ;     gcpy=[]
    for i in range(len(pointlist)):
        gcpx.append(pointlist[i][0])
        gcpy.append(pointlist[i][1])
    return gcpx,gcpy
def show_image(ifile,title):                        # show image with gcps on screen
    global cnt
    img = Image.open(ifile)
    plt.figure();     plt.imshow(img)
    for i in range(4):
        plt.plot(gcpx[i]   ,gcpy[i],c='b', marker='+')
        plt.text(gcpx[i]+8,gcpy[i],"P"+str(i+1),c='b')
    win_title=("%s: %s" % (title,ifile))
    plt.title(win_title)
    outfile=("pyfig33a%d.pdf" % cnt)                # save figure for documentation
    plt.savefig(outfile,bbox_inches='tight')
    plt.show()
    cnt=cnt+1
    return img
if __name__ == "__main__":                          # main programm
    gcpx, gcpy = gcp_define(pointssrc)
    img = show_image("herr.png","Reference map")
    gcpx, gcpy = gcp_define(pointsdst)
    img = show_image("gart.png","Original image")     ; width, height = img.size
    new_width  = width;      new_height = height+150
    coeffs = find_coeffs(pointssrc,pointsdst)    # calculate perspective transformation
    img=img.transform((new_width, new_height), Image.PERSPECTIVE, coeffs)
    img.save("out.png")                             # save output image
    gcpx, gcpy = gcp_define(pointssrc)
    img = show_image("out.png","Output image")
```

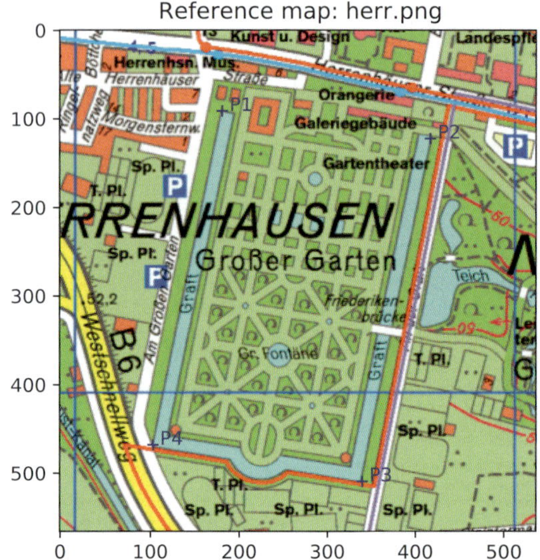
Reference map: herr.png
Kunst u. Design
Landespfle
Herrenhsn. Mus.
Herrenhauser
Straße
Orangerie
Galeriegebäude
Morgensternw.
Sp. Pl.
Gartentheater
T. Pl.
RRENHAUSEN
Sp. Pl.
Großer Garten
Teich
Graft
Friederiken-
brücke
B6
Westschnellweg
Am Großen Garten
Gr. Fontäne
T. Pl.
Sp. Pl.
T. Pl.
Sp. Pl.
Sp. Pl.
Sp. Pl.
P1
P2
P3
P4
0
100
200
300
400
500

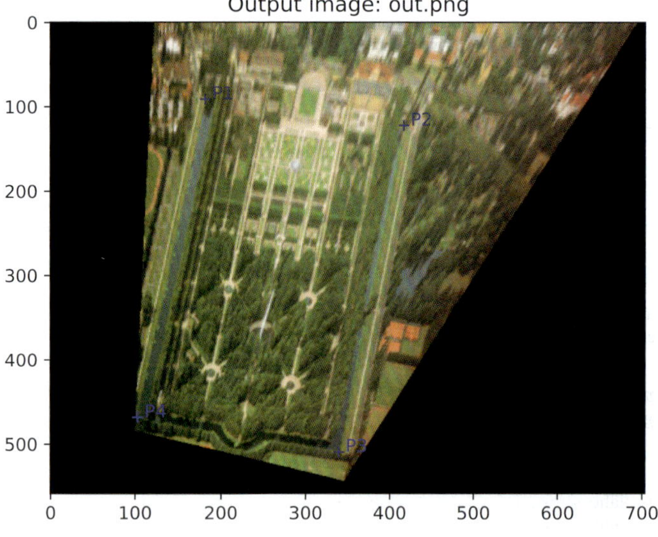
Output image: out.png
P1
P2
P3
P4
0
100
200
300
400
500
600
700

Interpolation mit Polynomen

Durch Interpolation soll die Funktion $y = f(x)$ im Bereich der Stützstellen $x_0, x_1, ... x_n$ durch eine einfache Funktion ersetzt werden, die sie in diesem Bereich möglichst gut approximiert.
Setzt man das Polynom

Polynomial interpolation

By polynomial interpolation, the function $y = f(x)$ shall be replaced in the region of the nodes $x_0, x_1, ... x_n$ by a simple function, which is a good approximation in this region.
If the polynomial

$$P_n(x) = a_0 + a_1 x_0 + a_2 {x_0}^2 + \ldots + a_n x^n$$

mit den unbekannten Koeffizienten $a_0, a_1, ... a_n$ an und fordert, dass es durch die Punkte $(x_0, y_0), (x_1, y_1), ... (x_n, y_n)$ verläuft, so müssen die folgenden Gleichungen erfüllt sein:

is estimated with the unknown coefficients $a_0, a_1, ... a_n$, and if it is required that the function passes through the points $(x_0, y_0), (x_1, y_1), ... (x_n, y_n)$, the following equations must be satisfied:

$$\begin{array}{ccccccccccc} y_0 & = & a_0 & + & a_1 x_0 & + & a_2 {x_0}^2 & + & \ldots & + & a_n {x_0}^n \\ y_1 & = & a_0 & + & a_1 x_1 & + & a_2 {x_1}^2 & + & \ldots & + & a_n {x_1}^n \\ \vdots & & \vdots & & \vdots & & \vdots & & & & \vdots \\ y_n & = & a_0 & + & a_1 x_n & + & a_2 {x_n}^2 & + & \ldots & + & a_n {x_n}^n \end{array}$$

Daraus können die unbekannten Koeffizienten eindeutig berechnet werden.

Hence, the unknown coefficients can be clearly determined.

Interpolation nach Lagrange

Man geht von dem Ansatz

Lagrange interpolation

One starts with the equation

$$y = f(x) \approx P_n(x) = L_0(x) y_0 + L_1(x) y_1 + \ldots + L_n(x) y_n$$

für das Näherungspolynom aus, in dem die Koeffizienten $L_i(x)$ der Stützwerte y_i Polynome n-ten Grades von x sind. Dann erhält man nach Lagrange:

for the approximation polynomial, where the coefficients $L_i(x)$ of the nodes y_i are polynomials of the nth degree of x. According to Lagrange, we get:

$$L_i(x) = \frac{(x - x_0)(x - x_1) \ldots (x - x_{i-1})(x - x_{i+1}) \ldots (x - x_n)}{(x_i - x_0)(x_i - x_1) \ldots (x_i - x_{i-1})(x_i - x_{i+1}) \ldots (x_i - x_n)}$$

Interpolationspolynom von Newton

Das Verfahren von Newton geht aus von dem Ansatz

Interpolation polynomial of Newton

The method from Newton starts with the equation

$$P_n(x) = b_0 + b_1(x-x_0) + b_2(x-x_0)(x-x_1) + \dots$$
$$\dots + b_n(x-x_0)(x-x_1)\dots(x-x_{n-1})$$

Dann ergibt sich als Interpolationspolynom

Then Newton's interpolation polynomial is given as

$$y = f(x) \approx y_0 + [x_1 x_0](x-x_0) + [x_2 x_1 x_0](x-x_0)(x-x_1) + \dots$$
$$\dots + [x_n x_{n-1} \dots x_2 x_1 x_0](x-x_0)(x-x_1)\dots(x-x_{n-1})$$

Interpolation mit Ausgleichspolynom

Wenn in dem Ansatz für die Näherungsfunktion weniger Parameter auftreten als Stützstellen zur Verfügung stehen, so ist nach der Methode der kleinsten Quadrate eine ausgleichende Funktion zu bestimmen.

Für die N Punkte

Interpolat. with balancing polynomial

If there are less parameters defined in the approach for the approximation function than the number of existing nodes, then a balancing polynomial function has to be determined by a least-squares-adjustment procedure.

For the N points

$$P_1(x_1, y_1),\ P_2(x_2, y_2),\ \dots P_N(x_N, y_N) \qquad n < (N-1)$$

wird ein Ausgleichspolynom P vom Grad n gesucht.

the balancing polynomial P of degree n can be determined.

$$P_n(x) = a_0 + a_1 x + a_2 x^2 + \dots + a_n x^n$$

Die Polynomkoeffizienten a_0 bis a_n ergeben sich als Lösungen des Normalgleichungssystems:

The polynomial coefficients a_0 to a_n result from the solution of the normal equation system:

$$\begin{array}{ccccccccccccc}
a_0 & + & [x]a_1 & + & [x^2]a_2 & +\dots+ & [x^n]a_n & - & [y] & = & 0 \\
[x]a_0 & + & [x^2]a_1 & + & [x^3]a_2 & +\dots+ & [x^{n+1}]a_n & - & [xy] & = & 0 \\
\dots & & \dots & & \dots & & \dots & & \dots & & \\
[x^n]a_0 & + & [x^{n+1}]a_1 & + & [x^{n+2}]a_2 & +\dots+ & [x^{2n}]a_n & - & [x^n y] & = & 0
\end{array}$$

Spline-Interpolation

Ein Spline n-ten Grades ist eine zusammengesetzte Interpolationskurve, deren Abschnitte Polynome n-ten Grades sind. An den Trennpunkten der Abschnitte sind die Ableitungen stetig. Die Kurve verläuft durch die Stützpunkte.

Eine Splinefunktion $p(x)$ lässt sich wie folgt ausdrücken:

Spline interpolation

A spline of the n-th degree is a combined interpolation curve, the sections of which are polynomials of the n-th degree. In the cutting points of the sections, the derivatives are consistent. The curve passes through the nodes.

A spline function $p(x)$ can be expressed as follows:

$$s_j(x) = y(x) = a_j + b_j(x-x_{j-1}) + c_j(x-x_{j-1})^2 + d_j(x-x_{j-1})^3$$

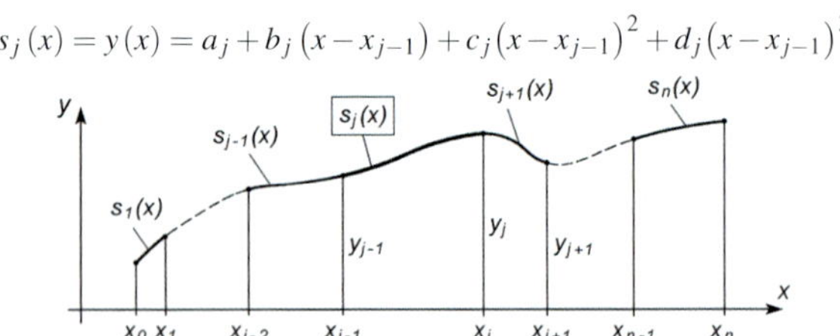

Schematische Darstellung zur Spline-Interpolation
Schematic diagram of the spline interpolation

Bézier-Interpolation

Ein Satz von n+1 Stützstellen $P_0, P_1, ..., P_n$, bildet ein Polygon (Bézier-Polygon genannt). Dann ergibt sich die zugehörige Bézier-Kurve aus

Bézier interpolation

A set of n+1 control points $P_0, P_1, ..., P_n$ is given, forming a polygon (called Bézier polygon). Then the corresponding Bézier curve is given by

$$C(t) = \sum_{i=0}^{n} P_i B_{i,n}(t)$$

Die Bézier-Kurve geht jeweils exakt durch die erste und letzte Stützstelle (auch Ankerpunkt genannt). Die Kurve wird durch die Tangenten P_0P_1 am Anfang und $P_{n-1}P_n$ am Ende bestimmt. Die Kurve kann an einem beliebigen Punkt in zwei oder mehr Teilkurven getrennt werden, die wiederum Bézier-Kurven sind.

The Bézier curve always passes through the first and the last control point (also called anchor points). The curve is defined by the tangents P_0P_1 at the beginning and $P_{n-1}P_n$ at the endpoint. The curve can be split at any point into two or more sub-curves, each of which is also a Bézier curve.

Eine lineare Bézier-Kurve ist die Gerade zwischen zwei Ankerpunkten. Quadratische Bézier-Kurven beruhen auf zwei Ankerpunkten und einem weiteren Punkt. Am wichtigsten sind die durch vier Stützstellen definierten kubischen Bézier-Kurven.

Linear Bézier curves are straight lines between two given anchor points. Quadratic Bézier curves are given by two anchor points and one additional control point. The most important case are cubic Bézier curves determined by four control points.

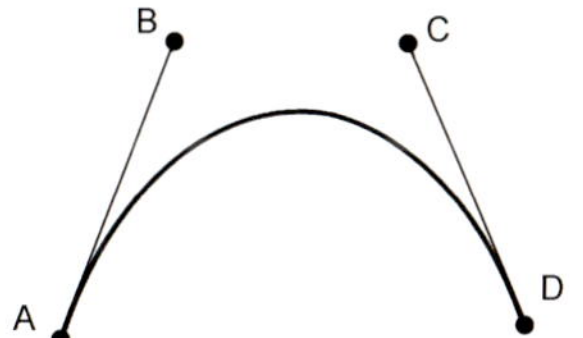

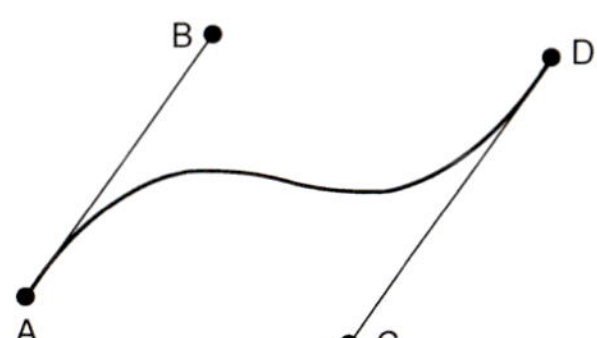

Zwei Beispiele von Bézier-Kurven mit 4 Stützstellen
Two examples of Bézier curves with 4 control points

Kubische Bézier-Kurven

Vier Punkte A, B, C und D in der Ebene oder im Raum definieren eine kubische Bézier-Kurve. Die Kurve beginnt am Ankerpunkt A in Richtung B und kommt am Ankerpunkt D aus der Richtung C kommend an. In der Regel geht sie nicht durch B oder C; diese Punkte dienen nur als ‚Griffe' um die Richtungsinformation zu geben. Der Abstand von A nach B bestimmt ‚wie weit' die Kurve in Richtung B verläuft, bevor sie nach D abbiegt.

Die parametrische Form der Kurve ist:

Cubic Bézier curves

Four points A, B, C and D in the plane or in three-dimensional space define a cubic Bézier curve. The curve starts at the anchor point A going toward B and arrives at the anchor point D coming from the direction of C. In general, it will not pass through B or C; these points are only used as 'handles' to provide directional information. The distance between A and B determines 'how long' the curve moves into direction B before turning towards D.

The parametric form of the curve is:

$$B(t) = A(1-t)^3 + 3Bt(1-t)^2 + 3Ct^2(1-t) + Dt^3$$

Kubische Bézier-Kurven *Cubic Bézier curves*

```
# a2020-38
import matplotlib.path as mpath
import matplotlib.patches as mpatches
import matplotlib.pyplot as plt

x=[0,2,3,5]                                          # define control points
y=[0,4,0,4]
# x=[0,2,3,5]                                        # alternative control point version
# y=[0,4,4,0]
Bx=[] ; By=[] ; num=10                               #  number of curve points

for i in range(num):                                 # calculate curve points
    t=i/num
    Bx.append(x[0]*(1-t)**3 + 3*x[1]*t*(1-t)**2 + 3*x[2]*t*t*(1-t) + x[3]*t**3)
    By.append(y[0]*(1-t)**3 + 3*y[1]*t*(1-t)**2 + 3*y[2]*t*t*(1-t) + y[3]*t**3)

txt=['A','B','C','D']
Path = mpath.Path                                    # create path definition
points = list(zip(x,y))
                                                     # use matplotlib function for spline curve
codes  = [Path.MOVETO, Path.CURVE4, Path.CURVE4, Path.CURVE4]

fig, ax = plt.subplots()                             # define plot window
pp1 = mpatches.PathPatch( Path(points, codes),
    fc="none",color='r', transform=ax.transData)

xmin=min(x)-0.5                                      # determine dimensions of figure
xmax=max(x)+0.5
ymin=min(y)-0.5
ymax=max(y)+0.5
ax.axis([xmin, xmax, ymin, ymax])
ax.add_patch(pp1)
ax.plot(Bx,By, 'b.')                                 # plot curve points
ax.plot((x[0],x[1]),(y[0],y[1]), 'go-')
ax.plot((x[2],x[3]),(y[2],y[3]), 'go-')
for i in range(4):
    ax.text(x[i]+0.2,y[i],txt[i], fontsize=12)
plt.title('B'+chr(233)+'zier curve with 4 control points',fontsize=12)
                                                     # save figure as PDF
plt.savefig('pyfig38a.pdf',bbox_inches='tight')
plt.show()
```

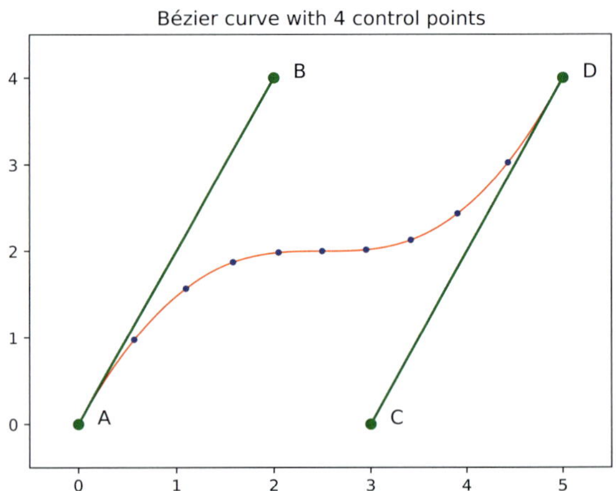

B-Spline-Interpolation

Ein B-Spline ist die Verallgemeinerung der Bézier-Kurve. Eingangswerte sind n eindimensionale Datenpunkte X_i und ein Knotenvektor **t** mit $n+6$ Knoten.

B-spline interpolation

A B-spline is a generalization of the Bézier curve. Input is a set of n one-dimensional data points X_i and a knot vector **t** containing $n+6$ knots.

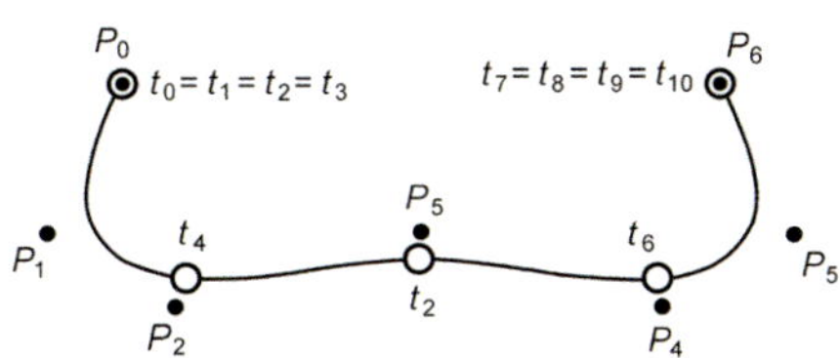

Beispiel für eine B-Spline-Interpolation
Example for B-spline interpolation

Eine Menge von $n+2$ Kontrollpunkten p_i wird so generiert, dass ein kubischer Spline durch die Kontrollpunkte verläuft. Für die Kontrollpunkte gilt: $p_0 = p_1$ und $p_{n+1} = p_{n+2}$.
Die Kurve zum Zeitpunkt u ergibt sich aus der gewichteten Summe der Kontrollpunkte.

A set of $n+2$ control points p_i is generated in such a way, that a cubic spline with those control points will fit the data.
The control points are such that $p_0 = p_1$ and $p_{n+1} = p_{n+2}$.
The curve at a certain moment u is determined by a weighted sum of the control points.

$$Q(u) = \sum_{i=0}^{n+2} p_i N_{1,4}(u)$$

mit/*with*

$$N_{i,1}(u) = \begin{cases} 1 & \text{wenn}/if \quad t_i \leq u < t_{i+1} \\ 0 & \text{sonst}/otherwise \end{cases}$$

$$N_{i,k}(u) = \frac{(u-t_i)\,N_{i,k-1}(u)}{t_{i+k-1}-t_i} + \frac{(t_{i+k}-u)\,N_{i+1,k+1}(u)}{t_{i+k}-t_{i+1}}$$

Nicht-uniforme rationale B-Splines

Nicht-uniforme rationale B-Splines (NURBS) sind mathematisch definierte Kurven oder Flächen, die beispielsweise im CAD-Bereich zur Modellierung beliebiger Formen verwendet werden.

Die Darstellung der geometrischen Information erfolgt über stückweise funktional definierte geometrische Elemente.

Im Prinzip kann jede technisch herstellbare oder in der Natur vorkommende Form mithilfe von NURBS dargestellt werden.

Non-uniform rational B-splines

Non-uniform rational B-splines (NURBS) are mathematically defined curves and surfaces, which are used e. g. in the field of CAD for the modelling of user-defined designs.

The representation of the geometric information is achieved with piece-wise functional geometric elements.

Generally any technically produced surface or any design existing in nature can be represented by NURBS.

Differentialrechnung

Die Differentialrechnung dient der Berechnung von lokalen Änderungen von Funktionen. Die Ableitung ist der Proportionalitätsfaktor zwischen differentiell kleinen Änderungen des Eingabewertes und den resultierenden ebenfalls differentiell kleinen Änderungen des Funktionswertes.

Differential calculus

The differential calculus determines the local changes of mathematical functions. The derivative is the factor of proportionality between differentially small changes of the entry value of a function and the resulting, also differentially small, changes of the variable.

$$y = f(x) \quad y' = f'(x) = \frac{dy}{dx} = \frac{d(f(x))}{dx} = \lim_{\Delta x \to 0} \frac{f(x+\Delta x) - f(x)}{\Delta x}$$

$$y = f(x) + g(x) \quad y' = f'(x) + g'(x)$$

Differentiationsregeln — ***Differentiation rules***

Produktregel — **Product rule**

$$y = uv \qquad y' = u'v + uv'$$

$$y = uvw \qquad y' = u'vw + uv'w + uvw'$$

Quotientenregel — **Quotient rule**

$$y = \frac{u}{v} \qquad y' = \frac{u'v - uv'}{v^2}$$

Kettenregel — **Chain rule**

$$\begin{aligned} y &= f(u) \\ u &= g(v) \quad y' = f'(u) \cdot g'(v) \cdot h'(x) \\ v &= h(x) \end{aligned}$$

Totales Differential — **Total differential**

$$z = f(x, y, \dots t)$$

$$dz = \frac{\partial z}{\partial x} dx + \frac{\partial z}{\partial y} dy + \dots + \frac{\partial z}{\partial t} dt$$

Fehlerfortpflanzungsgesetz — ***Law of error propagation***

– für lineare Funktionen — – for linear functions

$$\begin{array}{lcccccccccc} x & = & \alpha_1 l_1 & + & \alpha_2 l_2 & + & \alpha_3 l_3 & + & \dots & + & \alpha_n l_n \\ s(x)^2 & = & \alpha_1^2 s_1^2 & + & \alpha_2^2 s_2^2 & + & \alpha_3^2 s_3^2 & + & \cdots & + & \alpha_n^2 s_n^2 \end{array}$$

– für nichtlineare Funktionen — – for non-linear functions

$$x = f(l_1, l_2, l_3, \dots, l_n)$$

$$\sigma(x)^2 = \left(\frac{\partial f}{\partial l_1}\right)^2 \sigma_1^2 + \left(\frac{\partial f}{\partial l_2}\right)^2 \sigma_2^2 + \left(\frac{\partial f}{\partial l_3}\right)^2 \sigma_3^2 + \dots \left(\frac{\partial f}{\partial l_n}\right)^2 \sigma_n^2$$

Erste Ableitungen First derivatives

```
# a2020-41
# pip install sympy

from sympy import *                          # use functions for handling
                                             # of symbolic variables
y,fy,x,a,b,n =symbols('y,fy,x,a,b,n')        # define variables as symbols
                                             # define list with functions
f=[(a*x+b),1/x,sin(x),cos(x),tan(x)
   ,x**n,sqrt(x),asin(x),acos(x),atan(x)]
print("-------------|--------------------" )
print("     y       |         y'   " )
print("-------------|--------------------" )

for y in f:                                  # loop over all elements
    fy = diff(y,x)                           # get first derivatives
    print("%10s   | %s" % (y,fy))
print("-------------|--------------------" )

'''
-------------|--------------------
    y        |        y'
-------------|--------------------
   a*x + b   | a
       1/x   | -1/x**2
    sin(x)   | cos(x)
    cos(x)   | -sin(x)
    tan(x)   | tan(x)**2 + 1
      x**n   | n*x**n/x
   sqrt(x)   | 1/(2*sqrt(x))
   asin(x)   | 1/sqrt(1 - x**2)
   acos(x)   | -1/sqrt(1 - x**2)
   atan(x)   | 1/(x**2 + 1)
-------------|--------------------
'''
```

Direkte Lineare Transformation

Die Direkte Lineare Transformation (DLT) beschreibt die Transformation zwischen den Bildkoordinaten x, y und den Objektkoordinaten X, Y, Z in einem linearen Gleichungssystem. Das Verfahren basiert auf den Kollinearitätsgleichungen, die um eine Affintransformation der Bildkoordinaten erweitert werden.

Der Ansatz benutzt 11 Transformationsparameter. Deshalb werden mindestens sechs nicht in einer Ebene liegende Passpunkte benötigt. Näherungen für die Unbekannten sind nicht erforderlich.

Direct linear transformation

The direct linear transform (DLT) describes the transformation between an image coordinate system x, y and the object space coordinate system X, Y, Z in a system of linear functions. The method is based on the collinearity equations, in addition an affine transformation of the image coordinates is integrated.

The DLT approach uses 11 transformation parameters. Therefore a minimum of six non-coplanar control points is required for the linear solution. Approximate values for the unknowns are not necessary.

Bestimmung der DLT-Parameter / *Determination of the DLT parameters*

$$x = \frac{L_1X + L_2Y + L_3Z + L_4}{L_9X + L_{10}Y + L_{11}Z + 1} \qquad y = \frac{L_5X + L_6Y + L_7Z + L_8}{L_9X + L_{10}Y + L_{11}Z + 1}$$

Bildkoordinaten	x, y	Image coordinates
Passpunktkoordinaten	X, Y, Z	Control point coordinates
Transformationskonstanten	$L_1 \dots L_{11}$	Transformation constants

Lineare Gleichungssysteme und Designmatrix für die Ausgleichung

Linear equations and design matrix for the adjustment

$$L_1X + L_2Y + L_3Z + L_4 - xL_9X - xL_{10}Y - xL_{11}Z - x = 0$$
$$L_5X + L_6Y + L_7Z + L_8 - yL_9X - yL_{10}Y - yL_{11}Z - y = 0$$

mit / with

$$\mathbf{v} = \mathbf{A} \cdot \hat{\mathbf{x}} - \mathbf{l}$$

und / and

$$\underset{n,u}{\mathbf{A}} = \begin{bmatrix} X_1 & Y_1 & Z_1 & 1 & 0 & 0 & 0 & 0 & -x_1X_1 & -x_1Y_1 & -x_1Z_1 \\ 0 & 0 & 0 & 0 & X_1 & Y_1 & Z_1 & 1 & -y_1X_1 & -y_1Y_1 & -y_1Z_1 \\ X_2 & Y_2 & Z_2 & 1 & 0 & 0 & 0 & 0 & -x_2X_2 & -x_2Y_2 & -x_2Z_2 \\ 0 & 0 & 0 & 0 & X_2 & Y_2 & Z_2 & 1 & -y_2X_2 & -y_2Y_2 & -y_2Z_2 \\ . & . & . & . & . & . & . & . & . & . & . \\ . & . & . & . & . & . & . & . & . & . & . \\ X_n & Y_n & Z_n & 1 & 0 & 0 & 0 & 0 & -x_nX_n & -x_nY_n & -x_nZ_n \\ 0 & 0 & 0 & 0 & X_n & Y_n & Z_n & 1 & -y_nX_n & -y_nY_n & -y_nZ_n \end{bmatrix}$$

Weitere Parameter zur Korrektur systematischer Fehler können in die Transformation einzogen werden, dann ist die Lösung allerdings nicht mehr linear.

Additional parameters for the correction of systematic errors may be included as part of the transformation, however this makes the solution nonlinear.

Orientierungsparameter der Kamera
Die Daten der inneren und äußeren Orientierung des Bildes können aus den Transformationskonstanten L_1 bis L_{11} der DLT abgeleitet werden.

Orientation parameters of the camera
The parameters of the interior and exterior orientation of the image can be derived from the DLT transformation parameters L_1 through L_{11}.

$$L = \frac{-1}{\sqrt{L_9^2 + L_{10}^2 + L_{11}^2}}$$

Bestimmung der Parameter der inneren Orientierung
Koordinaten des Bildhauptpunktes

Determination of the parameters of the interior orientation
Principal point coordinates

$$\begin{aligned} x_0{}' &= L^2 \cdot (L_1 \cdot L_9 + L_2 \cdot L_{10} + L_3 \cdot L_{11}) \\ y_0{}' &= L^2 \cdot (L_5 \cdot L_9 + L_6 \cdot L_{10} + L_7 \cdot L_{11}) \end{aligned}$$

Kamerakonstante
(skaliert in x- und y-Richtung)

Calibrated focal length
(scaled in x und y direction)

$$\begin{aligned} c_x &= \sqrt{L^2 \cdot (L_1^2 + L_2^2 + L_3^2) - x_0{}'^2} \\ c_y &= \sqrt{L^2 \cdot (L_5^2 + L_6^2 + L_7^2) - y_0{}'^2} \end{aligned}$$

Bestimmung der Parameter der äußeren Orientierung
Elemente der Rotationsmatrix R

Determination of the parameters of the exterior orientation
Elements of rotation matrix R

$$r_{11} = \frac{L \cdot (x_0{}' \cdot L_9 - L_1)}{c_x} \qquad r_{12} = \frac{L \cdot (y_0{}' \cdot L_9 - L_5)}{c_y} \qquad r_{13} = L \cdot L_9$$

$$r_{21} = \frac{L \cdot (x_0{}' \cdot L_{10} - L_2)}{c_x} \qquad r_{22} = \frac{L \cdot (y_0{}' \cdot L_{10} - L_6)}{c_y} \qquad r_{23} = L \cdot L_{10}$$

$$r_{31} = \frac{L \cdot (x_0{}' \cdot L_{11} - L_3)}{c_x} \qquad r_{32} = \frac{L \cdot (y_0{}' \cdot L_{11} - L_7)}{c_y} \qquad r_{33} = L \cdot L_{11}$$

Koordinaten des Projektionszentrums

Coordinates of the projection center

$$\begin{bmatrix} X_0 \\ Y_0 \\ Z_0 \end{bmatrix} = - \begin{bmatrix} L_1 & L_2 & L_3 \\ L_5 & L_6 & L_7 \\ L_9 & L_{10} & L_{11} \end{bmatrix}^{-1} \cdot \begin{bmatrix} L_4 \\ L_8 \\ 1 \end{bmatrix}$$

Direkte Lineare Transformation *Direct linear transformation*

```
# a2020-56
from mpl_toolkits.mplot3d import Axes3D          # calculation of
                                                 # direct linear transformation
import math
import numpy as np
import numpy.linalg as npl
import matplotlib.pyplot as plt

plot=1
imagef ='biko1.txt'                              # measured image coordinates
gcpf   ='soll1.txt'                              # defined object coordinates of GCPs

nu=[] ; x_=[]; y_=[]                             # define empty arrays
NU=[] ; X =[]; Y =[]; Z =[]

f=open(imagef,'r')                               # read image coordinates
i=0
for line in f:
 string=line.rstrip()
 wert=string.split(" ")
 if  len(wert) >1:
   nu=np.append(nu,int(wert[0]))
   x_=np.append(x_,float(wert[1]))
   y_=np.append(y_,float(wert[2]))
   i=i+1
f.close()
print(" number of image points %d" %i)
anz=i

f=open(gcpf,'r')                                 # read GCPs
i=0
for line in f:
    string=line.rstrip()
    wert=string.split(" ")
    if  len(wert) >1:
        NU=np.append(NU,int(wert[0]))
        X=np.append(X,float(wert[1]))
        Y=np.append(Y,float(wert[2]))
        Z=np.append(Z,float(wert[3]))
        i=i+1
f.close()
print(" number of GCPs %d\n" %i)

                                                 # define observation vector and design matr
L=np.matrix(np.zeros((anz*2,1)))
A=np.matrix(np.zeros((anz*2,11)))

                                                 # fill observation vector
for i in range(anz):
  L[i*2]   = x_[i]
  L[i*2+1]= y_[i]
                                                 # fill design matrix
for i in range(anz):
    A[i*2,0]=X[i]
    A[i*2,1]=Y[i]
    A[i*2,2]=Z[i]
    A[i*2,3]=1
    A[i*2,4]=0
    A[i*2,5]=0
    A[i*2,6]=0
    A[i*2,7]=0
    A[i*2,8]=-x_[i]*X[i]
    A[i*2,9]=-x_[i]*Y[i]
    A[i*2,10]=-x_[i]*Z[i]

    if i*2+1 < 11:
        A[i*2+1,0]=0
        A[i*2+1,1]=0
        A[i*2+1,2]=0
        A[i*2+1,3]=0
        A[i*2+1,4]=X[i]
```

```
        A[i*2+1,5]=Y[i]
        A[i*2+1,6]=Z[i]
        A[i*2+1,7]=1
        A[i*2+1,8]=-y_[i]*X[i]
        A[i*2+1,9]=-y_[i]*Y[i]
        A[i*2+1,10]=-y_[i]*Z[i]
                                                # calculate adjustment
AT=A.T
N=AT.dot(A)
n=AT.dot(L)
Q=npl.inv(N)
K=Q.dot(n)
                                                # get DLT parameters
L1,L2,L3,L4,L5      = float(K[0]),float(K[1]),float(K[2]),float(K[3]),float(K[4])
L6,L7,L8,L9,L10,L11 = float(K[5]),float(K[6]),float(K[7]),float(K[8]),float(K[9]),float(K[10])
LL = -1/math.sqrt(L9*L9+L10*L10+L11*L11)

k1=L1*L9+L2*L10+L3*L11
k2=L5*L9+L6*L10+L7*L11
atb=L1*L5+L2*L6+L3*L7
k3=L1*L1+L2*L2+L3*L3
k4=L5*L5+L6*L6+L7*L7
abc=[ [L1,L2,L3],[L5,L6,L7],[L9,L10,L11]]
                                                # convert into photogrammetric parameters
                                                # interior orientation parameters
x0s=LL*LL*k1
y0s=LL*LL*k2
cx=math.sqrt((LL*LL*k3-x0s*x0s))
cy=math.sqrt((LL*LL*k4-y0s*y0s))

vec=[[L4],[L8],[1]]
pos=-npl.inv(abc)*np.matrix(vec)
                                                # rotation matrix elements
r13=L9*LL
r23=L10*LL
r33=L11*LL
r11=LL*(x0s*L9-L1)/cx
r21=LL*(x0s*L9-L2)/cx
r31=LL*(x0s*L10-L3)/cx
r12=LL*(y0s*L10-L5)/cy
r22=LL*(y0s*L11-L6)/cy
r32=LL*(y0s*L11-L7)/cy
                                                # exterior orientation parameters
X0,Y0,Z0=float(pos[0]),float(pos[1]),float(pos[2])
phi  = math.asin(r13)
omega= math.acos( r33/math.cos(phi))
kappa= math.acos( r11/math.cos(phi))
print(" Pkt  \t X \t Y \t Z \t x \t y")
for i in range(anz):
    print("%4d\t%6.2f\t%6.2f\t%6.2f\t%6.2f\t%6.2f" %(nu[i],X[i],Y[i],Z[i],x_[i],y_[i]))

print("\n r11,r12,r13 = %4.2f %4.2f %4.2f"   % (r11,r12,r13))
print(" r21,r22,r23 = %4.2f %4.2f %4.2f"   % (r21,r22,r23))
print(" r31,r32,r33 = %4.2f %4.2f %4.2f\n" % (r31,r32,r33))
print(" X0, Y0, Z0= %4.2f, %4.2f, %4.2f" % (X0,Y0,Z0))
print(" x0s y0s, cx cy= %4.2f %4.2f, %4.2f %4.2f" %(x0s ,y0s ,cx ,cy))
print(" phi,omega,kappa= %.2f %.2f %.2f" % (phi*180/math.pi,omega*180/math.pi,kappa*180/math.pi))

# plot 3D GCP coordinates and position of camera
if plot==1:
    fig = plt.figure('3D coordinates')
    ax = fig.add_subplot(111, projection='3d')
    for i in range(anz):
        label = '%d ' % (nu[i])
        ax.scatter(X[i],Y[i],Z[i], c='r', marker='^' )
        ax.text(X[i]+0.022,Y[i]+0.022,Z[i], label, None,fontsize=8)
    label = 'PZ'
    ax.scatter(X0,Y0,Z0, c='g', marker='o')
    ax.text(X0-0.022,Y0+0.022,Z0, label, None,fontsize=8)
    ax.tick_params(axis='x', labelsize=8)
    ax.tick_params(axis='y', labelsize=8)
    ax.tick_params(axis='z', labelsize=8)
    # mi=min(min(X),min(Y),min(Z),X0,Y0,Z0)
    # ma=max(max(X),max(Y),max(Z),X0,Y0,Z0)
```

```
    # ax.set_xlim3d(mi,ma)                         scale axes uniformly
    # ax.set_ylim3d(mi,ma)
    # ax.set_zlim3d(mi,ma)
    ax.set_xlabel('X ',fontsize=8)
    ax.set_ylabel('Y ',fontsize=8)
    ax.set_zlabel('Z ',fontsize=8)
    ax.view_init(elev=42., azim=-146.)
    # save figure for documentation
    plt.savefig('pyfig56a.pdf',bbox_inches='tight')
    plt.show()
# Output
'''
 Number of image points 15
 Number of GCPs 15

 Pkt     X        Y        Z       x       y
   1     0.00    -0.12    -0.00   2202.00 1719.00
   2     0.00    -0.06     0.00   2040.00 1542.00
   3     0.12     0.00    -0.00   2748.00 1305.00
   4     0.06     0.00    -0.00   2352.00 1347.00
   5     0.00     0.00     0.00   1916.33 1396.97
   6    -0.06     0.00     0.00   1449.89 1446.52
   7    -0.12     0.00     0.00   976.81  1498.07
   8    -0.00     0.06    -0.00   1809.06 1272.67
   9    -0.00     0.12     0.00   1719.91 1170.96
  10     0.16     0.08     0.24   2806.13 372.52
  11     0.17     0.06     0.18   2949.34 604.88
  12     0.10     0.05     0.14   2468.36 790.16
  13     0.06     0.09     0.21   2102.56 492.07
  14     0.06     0.09     0.14   2092.41 739.64
  15     0.10     0.05     0.21   2511.90 525.76

 r11,r12,r13 = 0.95 -0.43 -0.27
 r21,r22,r23 = -0.00 0.19 -0.86
 r31,r32,r33 = -0.69 -0.90 0.43

 X0, Y0, Z0= -0.13, -0.54, 0.16
 x0s y0s, cx cy= 2233.38 2158.69, 4286.41 4677.04
 phi,omega,kappa= -15.73 63.46 8.84

'''
```

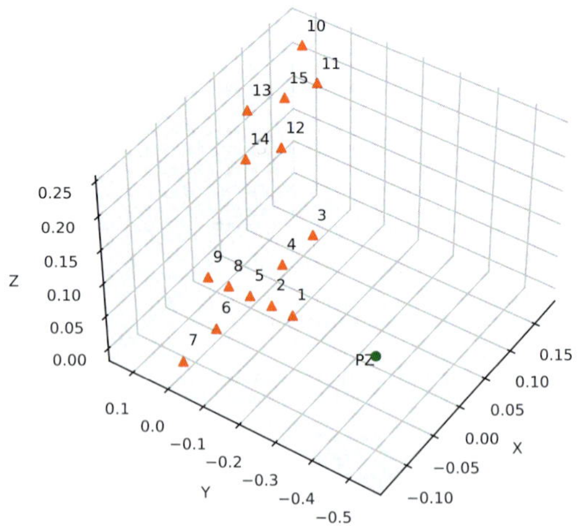

Homogene Koordinaten

Homogene Koordinaten dienen in der Computer-Graphik zur allgemeinen Behandlung der Zentralprojektion.

Homogeneous coordinates

Homogeneous coordinates are used for the general treatment of the central projection in computer graphics.

$$X_h = \begin{bmatrix} X_h \\ Y_h \\ Z_h \\ W \end{bmatrix} \qquad X = \begin{bmatrix} X_h/W \\ Y_h/W \\ Z_h/W \\ W/W \end{bmatrix} = \begin{bmatrix} x \\ y \\ z \\ 1 \end{bmatrix}$$

Homogene Koordinaten X_h, Y_h, Z_h, W Homogeneous coordinates

Kartesische Koordinaten x, y, z Cartesian coordinates

Skalierung der Koordinaten mit den Faktoren s_x, s_y, s_z

Scaling of the coordinates with the factors s_x, s_y, s_z

$$\mathbf{T}_S = \begin{bmatrix} s_x & 0 & 0 & 0 \\ 0 & s_y & 0 & 0 \\ 0 & 0 & s_z & 0 \\ 0 & 0 & 0 & W \end{bmatrix}$$

Drehung im Raum, Elemente der Drehmatrix r_{ij}

Rotation in space, elements of the rotation matrix r_{ij}

$$\mathbf{T}_R = \begin{bmatrix} r_{11} & r_{12} & r_{13} & 0 \\ r_{21} & r_{22} & r_{23} & 0 \\ r_{31} & r_{32} & r_{33} & 0 \\ 0 & 0 & 0 & 1 \end{bmatrix}$$

Translation um x_T, y_T, z_T

Translation of x_T, y_T, z_T

$$\mathbf{T}_T = \begin{bmatrix} 1 & 0 & 0 & x_T \\ 0 & 1 & 0 & y_T \\ 0 & 0 & 1 & z_T \\ 0 & 0 & 0 & 1 \end{bmatrix}$$

Kombination mehrerer Transformationen

Combining several transformations

$$\mathbf{X} = \mathbf{T} \cdot \mathbf{x} = \mathbf{T}_1 \cdot \ldots \cdot \mathbf{T}_n \cdot \mathbf{x}$$

Beispiel: Ähnlichkeitstransformation

Example: Similarity transformation

$$\mathbf{X} = \mathbf{T}_T \cdot \mathbf{T}_S \cdot \mathbf{T}_R \cdot \mathbf{x}$$

$$\begin{bmatrix} X \\ Y \\ Z \\ 1 \end{bmatrix} = \begin{bmatrix} 1 & 0 & 0 & X_0 \\ 0 & 1 & 0 & Y_0 \\ 0 & 0 & 1 & Z_0 \\ 0 & 0 & 0 & 1 \end{bmatrix} \begin{bmatrix} m & 0 & 0 & 0 \\ 0 & m & 0 & 0 \\ 0 & 0 & m & 0 \\ 0 & 0 & 0 & m \end{bmatrix} \begin{bmatrix} r_{11} & r_{12} & r_{13} & 0 \\ r_{21} & r_{22} & r_{23} & 0 \\ r_{31} & r_{32} & r_{33} & 0 \\ 0 & 0 & 0 & 1 \end{bmatrix} \begin{bmatrix} x \\ y \\ z \\ 1 \end{bmatrix}$$

$$= \begin{bmatrix} mr_{11} & mr_{12} & mr_{13} & X_0 \\ mr_{21} & mr_{22} & mr_{23} & Y_0 \\ mr_{31} & mr_{32} & mr_{33} & Z_0 \\ 0 & 0 & 0 & 1 \end{bmatrix} \cdot \begin{bmatrix} x \\ y \\ z \\ 1 \end{bmatrix}$$

Axonometrische Projektionen

Bei axonometrischen Projektionen wird das Objekt durch Parallelprojektion in eine ausgewählte Ebene abgebildet. Beispiele sind die Kavalier- und Militärprojektion und die isometrische Projektion.

Axonometric projections

For axonometric projections the object is projected onto a selected plane using a parallel projection. Examples are the so-called cavalier perspective and especially the isometric projection.

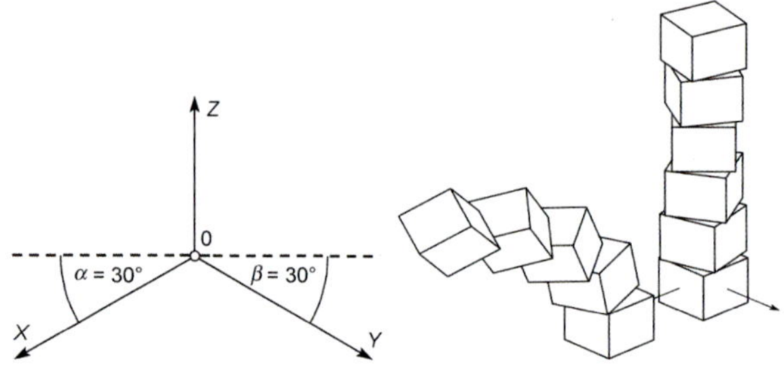

Isometrische Projektion – Isometric projection

Abbildungsmatrix für isometrische Projektion

Projection matrix for isometric projection

$$\mathbf{T}_I = \begin{bmatrix} -\cos 30^\circ & \cos 30^\circ & 0 & 0 \\ -\sin 30^\circ & \sin 30^\circ & 1 & 0 \\ 0 & 0 & 0 & 0 \\ 0 & 0 & 0 & 1 \end{bmatrix}$$

Zentralprojektive Abbildung

Für die zentralprojektive Abbildung gilt bei beliebiger äußerer Orientierung der Bildebene (Lage und Drehung im Raum) zur Transformation von Objektkoordinaten X, Y, Z in Bildkoordinaten x', y', z' folgende Matrizenmultiplikation:

Central projection

For central projection on an image plane with arbitrarily selected orientation (position and orientation in space) the transformation of object coordinates X, Y, Z into image coordinates x', y', z' can be achieved by the following matrix operation:

$$\mathbf{x}' = \mathbf{T}_S^{-1} \cdot \mathbf{T}_Z \cdot \mathbf{T}_R^{-1} \cdot \mathbf{T}_T^{-1} \cdot \mathbf{X}$$

$$\begin{bmatrix} x' \\ y' \\ z' \\ 1 \end{bmatrix} = \begin{bmatrix} \frac{r_{11}}{m} & \frac{r_{21}}{m} & \frac{r_{31}}{m} & \frac{-(r_{11}X_0+r_{21}Y_0+r_{31}Z_0)}{m} \\ \frac{r_{12}}{m} & \frac{r_{22}}{m} & \frac{r_{32}}{m} & \frac{-(r_{12}X_0+r_{22}Y_0+r_{32}Z_0)}{m} \\ \frac{r_{13}}{m} & \frac{r_{23}}{m} & \frac{r_{33}}{m} & \frac{-(r_{13}X_0+r_{23}X_0+r_{33}Z_0)}{m} \\ \frac{-r_{13}}{c \cdot m} & \frac{-r_{23}}{c \cdot m} & \frac{-r_{33}}{c \cdot m} & \frac{-(r_{13}X_0+r_{23}Y_0+r_{33}Z_0)}{c \cdot m} \end{bmatrix} \cdot \begin{bmatrix} X \\ Y \\ Z \\ 1 \end{bmatrix}$$

Kernstrahlengeometrie

Kernstrahlengeometrie beschreibt Beziehungen eines Objektpunkts P zu seinen Bildpunkten P', P'' in zwei perspektiven Bildern. Es gelten die Bezeichnungen:

- Die Kernpunkte sind die Schnitte der Geraden durch die Projektionszentren (Basis) mit den Bildebenen.
- Die Kernebene ist die durch die Projektionszentren O' und O'' und den Objektpunkt P definierte Ebene. Alle Kernebenen enthalten die Kernpunkte und die Kernachse.
- Die Kernachse ist die Gerade durch die beiden Projektionszentren und enthält die Basis.
- Die Kernstrahlen sind die Schnittgeraden zwischen der Kernebene mit den Bildebenen.

Epipolar geometry

Epipolar geometry describes the relations between a 3D object point P and its corresponding points P', P'' in two perspective images. The following terms are used:

- The epipoles are the intersections of the line through the projection centers (base line) with the image planes.
- The epipolar plane is the plane defined by the projection centers O' and O'' and the object point P. All epipolar planes contain the epipoles and have the epipolar axis in common.
- The epipolar axis is the line through the two projections centers and contains the base line.
- The epipolar lines are the intersections of the epipolar plane with the image planes.

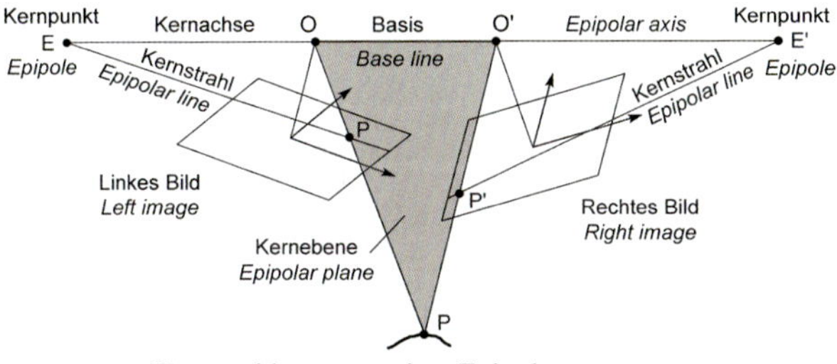

Kernstrahlengeometrie – Epipolar geometry

Die Bildpunkte P' und P'' eines Punktes P liegen auf einander entsprechenden (konjugierten) Kernstrahlen. Diese Linien können bei bekannter relativer Orientierung berechnet werden. Wenn ein Objektpunkt in einem Bild vorliegt, liegt er im anderen Bild auf dem konjugierten Kernstrahl.

Bildpaare können normalisiert werden, d. h. die Projektionszentren bleiben erhalten, aber ω, φ, κ werden so bestimmt, dass die Bildebenen zusammenfallen. Dann sind die Bildzeilen parallel zur Basis. Dies erleichtert die Bildzuordnung sehr, da man die Suche nach konjugierten Punkten auf einen Kernstrahl reduzieren kann.

The image points P' and P'' of a point P lie on two corresponding (conjugate) epipolar lines. These lines can be determined if the relative orientation of the images is provided. If an object point is imaged in one image, the same point will lie on the conjugate epipolar line in the other image.

Image pairs can be normalized, i. e. the centers of perspectivity are maintained but ω, φ, κ are chosen such that the image planes become parallel to each other. Then the rows are parallel to the base line. This makes image matching much easier because search for conjugate points can be restricted to one epipolar line.

Fundamentalmatrix	*Fundamental matrix*
Der Zusammenhang der Kernstrahlengeometrie kann ohne Kenntnis von Kameraparametern durch die Fundamentalmatrix **F** beschrieben werden. Zur Bestimmung der Fundamentalmatrix sind mindestens sieben homologe Punkte erforderlich.	The coplanarity constraints of the epipolar geometry can be described by the fundamental matrix **F** without any knowledge of camera parameters. A minimum of seven corresponding points is necessary to determine the fundamental matrix.

Unkalibrierte relative Orientierung aus der Fundamentalmatrix F		***Uncalibrated relative orientation using the fundamental matrix F***
F ist eine 3x3-Matrix in homogenen Koordinaten, singulär mit Rang 2.	$\mathbf{X} = (x, y, 1)^T$ $\mathbf{l} = (a, b, c)^T$	**F** is a 3x3 matrix in homogeneous coordinates, singular with rank 2.
Übertragen eines Punktes **x** eines Bildes zum Kernstrahl **l** im anderen Bild	$\mathbf{x} \mapsto \mathbf{l}'$	Map a point **x** in one image to its epipolar line **l** in the other image
Singularitätsbedingung Kernstrahlen treffen sich in einem Punkt	$det(\mathbf{F}) = 0$	*Singularity constraint* Epipolar rays meet at one point
Transponieren Übertragung in Gegenrichtung	$\mathbf{F}^T$ $\mathbf{x}' \mapsto \mathbf{l}$	*Transpose* Mapping in opposite direction
Kernpunkte Schnitte der Basislinie mit der Bildebene	$\mathbf{Fe} = 0$ $\mathbf{F}^T\mathbf{e}' = \mathbf{e}'^T\mathbf{F} = 0$	*Epipoles* Intersections of base line with the image plane
Kernstrahlen Schnitte der Kernebene mit der Bildebene	$\mathbf{l}' = \mathbf{Fx}$ $\mathbf{l} = \mathbf{F}^T\mathbf{x}'$	*Epipolar lines* Intersections of epipolar plane with image plane
Kernstrahlen-Bedingung Koplanaritätsbedingung Korrespondenzbedingung	$\mathbf{x}'^T\mathbf{Fx} = 0$	*Epipolar constraint* Coplanarity constraint Correspondence condition

Direkte lineare Berechnung von F mit n $\geq$ 8 homologen Bildpunkten		***Direct linear computation of F*** with n $\geq$ 8 corresponding image points
Konditionierung/Normalisierung		*Conditioning/normalization*
Schieben des Schwerpunktes aller Punkte zum Ursprung	$\hat{\mathbf{x}}_i = \mathbf{Tx}_i$	Translate the centroid of all image points to the origin
Lösungsvektor Lösen mit Singulärwertzerlegung (SVD), zeilenweise in Matrixform und Dekonditionierung	$\mathbf{F} = \mathbf{T}'^T \begin{bmatrix} F_1 & F_2 & F_3 \\ F_4 & F_5 & F_6 \\ F_7 & F_8 & F_9 \end{bmatrix} \mathbf{T}$	*Reshape solution vector* Solve with singular value decomposition (SVD), row-wise in matrix form and deconditioning
*Singuläre Matrix **F**'* die sehr ähnlich zu **F** ist (der kleinste Singulärwert wird null gesetzt)	$svd(\mathbf{F}) = \mathbf{U} \cdot diag(d_1, d_2, d_3) \cdot \mathbf{V}^T$ $\mathbf{F}' = \mathbf{U} \cdot diag(d_1, d_2, 0) \cdot \mathbf{V}^T$	*Singular matrix **F**'* is most similar to **F** (the smallest singular value is set to zero)

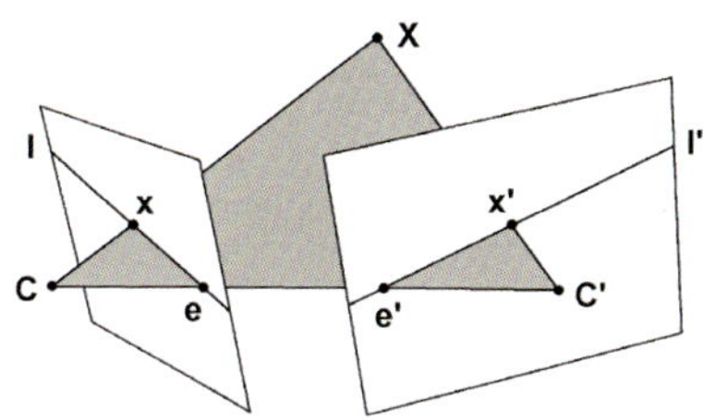

Wenn die Kamerakalibrierung gegeben ist, kann die Kernstrahlengeometrie durch die Elementarmatrix **E** beschrieben werden, was fünf homologe Punkte erfordert.

If the camera is calibrated the epipolar geometry can be described by the essential matrix **E** which requires five corresponding points.

Kalibrierte relative Orientierung aus der Elementarmatrix E

Räumliche Verschiebung und Drehung, weniger ein beliebiger Modellparameter

Calibrated relative orientation using the essential matrix E

Spatial translation and rotation, less than selectable model parameter

Epipolarbedingung
Koplanaritätsbedingung/ für normierte Koordinaten (**K** ist eine obere Dreiecksmatrix mit 5 inneren Parametern)

$$\hat{\mathbf{x}}'^T \mathbf{E} \hat{\mathbf{x}} = 0$$
$$\hat{\mathbf{x}}_i = \mathbf{K}^{-1} \mathbf{x}_i$$
$$\hat{\mathbf{x}}'_i = \mathbf{K}'^{-1} \mathbf{x}'_i$$

Epipolar constraint
Coplanarity constraint/ for normalized coordinates (**K** is an upper-triangular matrix with 5 intrinsic parameters)

Singularitätsbedingung
Alle Kernstrahlen treffen einen gemeinsamen Kernpunkt

$$\det(\mathbf{E}) = 0$$

Singularity constraint
All epipolar rays meet at a common epipol

Spurbedingung
Zwei Singulärwerte müssen identisch sein

$$2\mathbf{E}\mathbf{E}^T\mathbf{E} - trace(\mathbf{E}\mathbf{E}^T)\mathbf{E} = 0$$

Trace constraint
Two singular values must be identical

Berechnung der Elementarmatrix E aus der Fundamentalmatrix F

Computation of essential matrix E from fundamental matrix F

Ohne innere Orientierung (**K** ist eine obere Dreiecksmatrix mit 5 inneren Parametern)

$$\mathbf{E} = \mathbf{K}'^T \mathbf{F} \mathbf{K}$$

Without interior orientation (**K** is an upper-triangular matrix with 5 intrinsic parameters)

Erzwingen von Rang 2 mit zwei gleichen Singulärwerten

$$svd(\mathbf{E}) = \mathbf{U} \cdot diag(d_1, d_2, d_3) \cdot \mathbf{V}^T$$
$$\mathbf{E}' = \mathbf{U} \cdot diag(d, d, 0) \cdot \mathbf{V}^T$$
$$d = \frac{d_1 + d_2}{2}$$

Enforce rank 2 with two identical singular values

Berechnung von E aus der Drehmatrix R und Translation t

mit der schief-symmetrischen Matrix $[\mathbf{t}]_x$

Computation of E from rotation matrix R and translation t

with the skew-symmetric matrix $[\mathbf{t}]_x$

$$\mathbf{E} = [\mathbf{t}]_x \mathbf{R}$$

1.3 Fehlerlehre – Theory of errors

Fehlerlehre

Die Fehlerlehre unterscheidet zwischen verschiedenen Arten von Fehlern. Grobe Fehler sind grob fehlerhafte Messungen, die durch Kontrollmessungen entdeckt und ausgeschieden werden.

Systematische Fehler verfälschen ein Messergebnis stets in demselben Sinne. Sie können durch geeignete Beobachtungsverfahren vermieden oder durch besondere Parameter bei der Ausgleichung berücksichtigt werden.

Zufällige Fehler sind unvermeidbare, unregelmäßige Fehler mit positivem oder negativem Vorzeichen und überwiegend kleinen Beträgen. Sie stellen stochastisch unabhängige Veränderliche dar, die (genähert) eine Normalverteilung aufweisen.

Wahre Fehler sind die Differenz zwischen einem Messergebnis und dem (nicht bekannten) wahren Wert dieser Größe.

Theory of errors

The theory of errors distinguishes between different categories of errors. Blunders are mistakes resulting from carelessness, and can be discovered and eliminated by independent measurements.

Systematic errors follow some mathematical laws and accumulate. They can be avoided by appropriate methods of observation, or their influence can be compensated by additional parameters in adjustment procedures.

Random errors (accidental errors) are unavoidable, usually rather small errors that are as likely positive as negative. Due to their stochastic nature they show nearly normal distribution and must be dealt with according to the laws of probability.

True errors are the difference between a measurement and the (usually unknown) true value of the quantity.

Genauigkeitsmaße

Wenn wahre Werte X vorliegen, wird mit dem Beobachtungsvektor $\mathbf{l}$ der Vektor der wahren Abweichungen ε berechnet.

Accuracies

If true values X are given, the vector of the true errors ε is calculated using the vector of observations $\mathbf{l}$.

$$\varepsilon = \begin{bmatrix} \varepsilon_1 \\ \varepsilon_2 \\ \cdot \\ \varepsilon_n \end{bmatrix} = \mathbf{l} - \mathbf{e}\tilde{\mathbf{X}} = \begin{bmatrix} l_1 - \tilde{X} \\ l_2 - \tilde{X} \\ \dots \\ l_n - \tilde{X} \end{bmatrix}$$

Empirische Varianz einer Messung – Empirical variance of a measurement

$$s_0^2 = \frac{1}{n}\varepsilon^T\varepsilon = \frac{1}{n}\sum_{i=1}^{n}\varepsilon_i^2$$

Theoretische Varianz (für $n > \infty$) – Theoretical variance (for $n > \infty$)

$$\sigma_0^2 = \lim_{n\to\infty}\frac{1}{n}\sum_{i=1}^{n}\varepsilon_i^2$$

Wenn arithmetische Mittel $\bar{x}$ vorliegen, wird mit dem Beobachtungsvektor $\mathbf{l}$ der Vektor der Verbesserungen $\mathbf{v}$ berechnet.

If arithmetical means $\bar{x}$ are given, the vector of corrections $\mathbf{v}$ is calculated using the vector of observations $\mathbf{l}$.

$$\mathbf{v} = \begin{bmatrix} v_1 \\ v_2 \\ \cdot \\ v_n \end{bmatrix} = \mathbf{e}\tilde{\mathbf{X}} - \mathbf{l} = \begin{bmatrix} \bar{x} - l_1 \\ \bar{x} - l_1 \\ \dots \\ \bar{x} - l_n \end{bmatrix}$$

Empirische Varianz s_0 einer Messung (früher als mittlerer Fehler m bezeichnet) bei Vorliegen von $\mathbf{v}$

Empirical variance s_0 of a measurement (formerly it was called standard error m) if $\mathbf{v}$ is given

$$s_0^2 = \frac{1}{n-1}\mathbf{v}^T\mathbf{v} = \frac{1}{n-1}\sum_{i=1}^{n}v_i^2$$

Normalverteilung

Die Normalverteilung, auch Gauß-Verteilung genannt, ist eine stetige symmetrische Verteilung mit einem Maximum, die sich der x-Achse asymptotisch annähert. Sie hat die Dichtefunktion

Normal distribution

The normal distribution, also called the Gaussian distribution, is a continuous symmetric distribution with one maximum, approaching the x-axis asymptotically. It has the density function

$$f(x;\mu;\sigma) = \frac{1}{\sigma\sqrt{2\pi}} e^{-\frac{(x-\mu)^2}{2\sigma^2}}$$

Die Verteilung ist durch ihre Parameter μ (Erwartungswert) und σ (Standardabweichung) bestimmt. Arithmetisches Mittel, Median und häufigster Wert (Modus) fallen zusammen. Ihre Wendepunkte sind durch $\mu \pm \sigma$ gegeben.

The distribution is exactly defined by the parameters μ (average, expected value) and σ (standard deviation). Arithmetic mean, median and mode are identical. The turning points of the curve are given by $\mu \pm \sigma$.

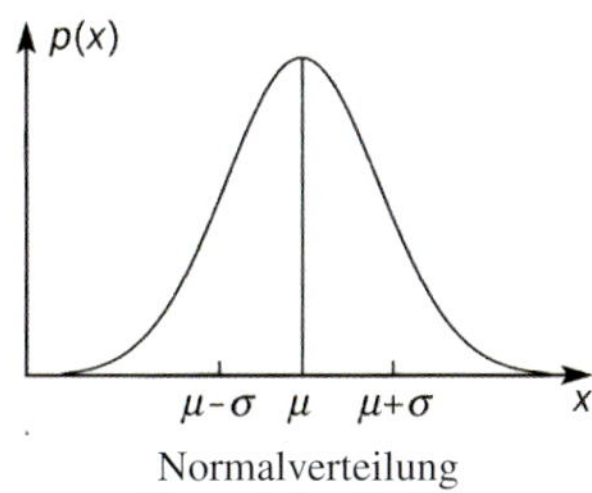

Normalverteilung
Normal distribution

Um die Wahrscheinlichkeit für ein bestimmtes Intervall zu berechnen, kann man jede Normalverteilung so transformieren, dass sie $\mu = 0$ und $\sigma = 1$ hat, d. h. die Standardnormalverteilung. Diese Standardisierung erfolgt mit der z-Transformation

To calculate the probability for a given interval, one can transform each normal distribution in such a way, that $\mu = 0$ and $\sigma = 1$, that is the standard normal distribution. This standardization is achieved by the z-transformation

$$z = \frac{X-\mu}{\sigma}$$

Die Wahrscheinlichkeit, dass ein konkreter Wert einer Stichprobe maximal um $\pm 1\sigma$ vom wahren Wert abweicht, ist gleich 0.6826.

The probability, that a specific value of a sample differs in maximum with $\pm 1\sigma$ from the true value is 0.6826.

Die Fläche unter der Normalkurve wächst auf 95.45 % bzw. 99.73 % an, wenn man den Vertrauensbereich auf $\pm 2\sigma$ bzw. $\pm 3\sigma$ ausdehnt. Die Unterschiede zwischen Fehleraussagen werden oft charakterisiert, indem man die Aussagen mit einem Signifikanzniveau von 1σ (Sicherheitsfaktor z = 1) oder einem Vertrauensniveau von 68.26 % bzw. einer Irrtumswahrscheinlichkeit von 31.74 % trifft.

The area below the normal curve increases to 95.45 % respectively 99.73 %, if the confidence interval is expanded to $\pm 2\sigma$ respectively $\pm 3\sigma$.

The differences between error statements are often characterized by combining the statements with a level of significance of $\pm 1\sigma$ (factor of safety z = 1) or a level of confidence of 68.26 % respectively a probability of error of 31.74 %.

Statistische Tests

Statistische Tests dienen dazu, auf Grund vorliegender Beobachtungen eine begründete Entscheidung über die Gültigkeit oder Ungültigkeit einer Hypothese zu treffen. Ein Test wird immer auf der Basis eines Signifikanzniveaus gemacht, wobei geprüft wird, ob eine Testgröße (Testfunktion) unterhalb oder oberhalb einer Schranke bleibt. Das Vorgehen nennt man auch Signifikanz- bzw. Hypothesentest.

Ein Hypothesentest arbeitet wie folgt:

- Formulierung einer Nullhypothese H_0 und einer Alternativhypothese H_A
- Bestimmung des Signifikanzniveaus α
- Berechnung einer Testgröße, die von der Verteilung abhängig ist
- Entscheidung darüber, ob die Hypothese zu verwerfen ist oder nicht.

Häufig verwendete Hypothesentests basieren auf unterschiedlichen Verteilungen.

Chi-Quadrat-Verteilung

Die Chi-Quadrat-Verteilung ist eine sogenannte ‚Stichprobenverteilung', die bei der Schätzung von Verteilungsparametern, beispielsweise der Varianz, Anwendung findet. Es ist die Verteilung der Summe unabhängiger quadrierter standardnormalverteilter Zufallsvariablen.

Der Chi-Quadrat-Test wird bei nominal unabhängigen Daten verwendet. Das bedeutet, dass man die Daten nicht durch eine gewisse Rangfolge festlegen kann.

Statistical tests

Statistical tests are used to find a reasonable decision for the validity or invalidity of a hypothesis based on existing observation data. In any case, a test is carried out on the base of a level of significance at which it is checked whether a test value or a test function remains below or above a threshold value. This method is also called significance test or hypothesis test.

A hypothesis test works as follows:

- Formulation of a null hypothesis H_0 and an alternative hypothesis H_A
- Determining the level of significance α
- Calculation of a test value, which depends on the distribution
- Decision whether or not the hypothesis is abandoned

Frequently applied hypothesis tests are based on different distributions.

Chi-square distribution

The chi-square distribution is a so-called 'sampling distribution' which is used for the estimation of distribution parameters, e. g. the variance. It is the distribution of the sum of independent squared random variables, which are standard-normally distributed.

The chi-square distribution is applied on nominally independent data sets. This means that the data cannot be arranged in a certain ranking.

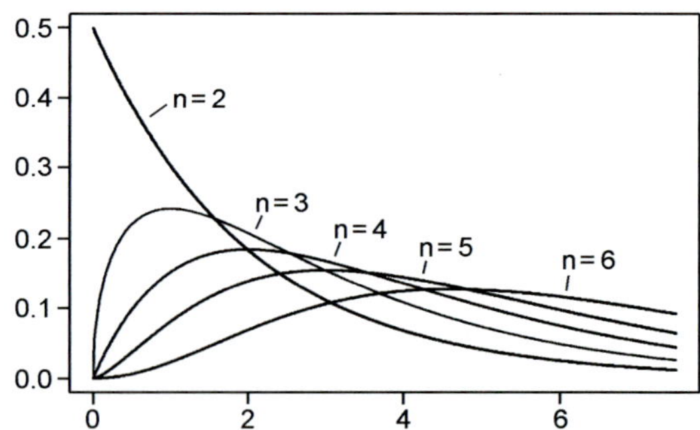

Dichten der Chi-Quadrat-Verteilung mit verschiedenen Freiheitsgraden n
Density of the chi-square distribution with various degrees of freedom n

F-Verteilung oder Fisherverteilung

Die F-Verteilung zeigt die Verteilung einer stetigen Zufallsvariablen an. Man verwendet sie häufig bei der Varianzanalyse, um zwei Stichproben zu vergleichen bzw. festzustellen, ob sie die gleiche Varianz haben. Der F-Test wird bei normalverteilten Daten verwendet, die unabhängig voneinander sind.

Bei Normalverteilung wird Hypothese H_0 angenommen, falls der Quantilwert kleiner bzw. gleich der Testgröße ist, ansonsten wird sie verworfen.

F-distribution or Fisher distribution

The f-distribution shows the distribution of a continuous random variable. It is often used for the variance analysis in order to compare two samples respectively to detect whether they have the same variance. The f-test is applied on normally distributed data sets which are independent from each other.

Under normal distribution, the H_0 hypothesis will be accepted if the quantil value is smaller than resp. equal to the test value; otherwise it is abandoned.

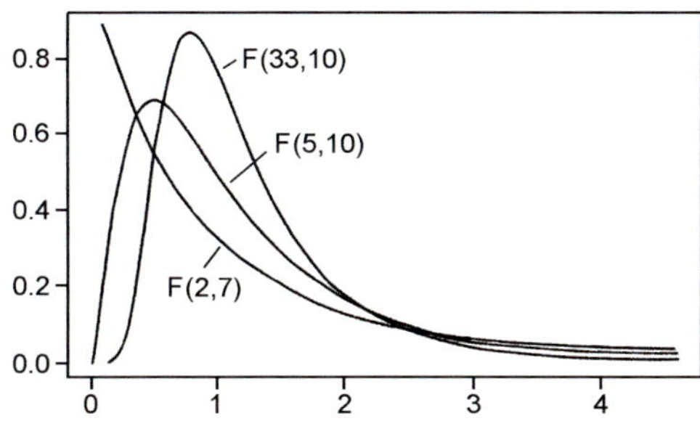

Dichtefunktion der F-Verteilung mit verschiedenen Freiheitsgraden m und n
Density function of the f-distribution with various degrees of freedom m and n

t-Verteilung (Studentsche Verteilung)

Bei der t-Verteilung wird davon ausgegangen, dass bei einer Normalverteilung nicht nur der Erwartungswert, sondern auch die Varianz σ^2 bzw. Standardabweichung σ bekannt ist. Dann ergibt sich für einen t-Test, dass die Daten normal verteilt, allerdings abhängig voneinander sind.

t-distribution (Student's distribution)

For the t-distribution it is assumed that under normal distribution, not only the expected value, but the variance σ^2 resp. the standard deviation σ are known as well. For a t-test follows, that the data sets are normally distributed but dependent from each other.

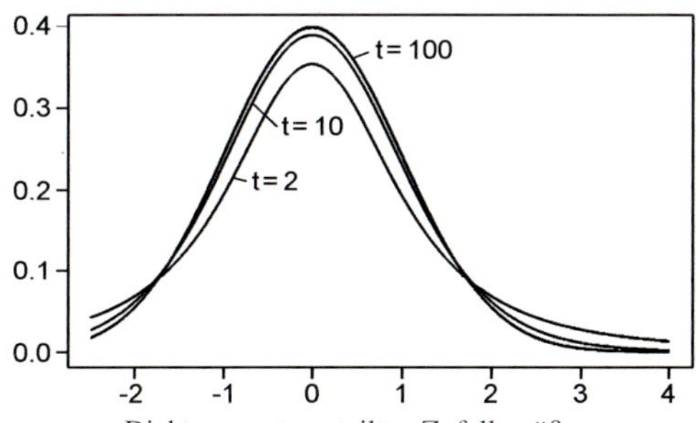

Dichten von t-verteilten Zufallsgrößen
Densities of random variables with t-distribution

1.4 Ausgleichsrechnung – Adjustment techniques

Ausgleichungsverfahren

Durch Ausgleichung soll aus einer Anzahl beobachteter Größen eine Anzahl unbekannter Parameter bestimmt werden, die in einem funktionalen Zusammenhang mit den Beobachtungen stehen.

Adjustment techniques

The task of adjustment techniques is to determine a number of unknown parameters from a number of observed (measured) values which have a functional relationship with each other.

n Beobachtungen bilden den Beobachtungsvektor **L**.

$$\mathbf{L} = (L_1, L_2, \ldots, L_n)^{\mathrm{T}}$$

A number of observations n form an observation vector **L**.

Es müssen *u* Parameter bestimmt werden, die den Unbekanntenvektor **X** bilden.

$$\mathbf{X} = (X_1, X_2, \ldots, X_u)^{\mathrm{T}}$$

A number *u* of parameters must be determined. These form the vector of unknowns **X**.

Das funktionale Modell beschreibt den Zusammenhang zwischen den ‚wahren‘ Beobachtungen $\tilde{\mathbf{L}}$ und den ‚wahren‘ Unbekannten $\tilde{\mathbf{X}}$. Der Vektor des funktionalen Modells drückt den Zusammenhang aus.

$$\tilde{\mathbf{L}} = \varphi\left(\tilde{\mathbf{X}}\right) = \begin{bmatrix} \varphi_1\left(\tilde{\mathbf{X}}\right) \\ \varphi_2\left(\tilde{\mathbf{X}}\right) \\ \vdots \\ \varphi_n\left(\tilde{\mathbf{X}}\right) \end{bmatrix}$$

The functional model describes the relation between the 'true' observation values $\tilde{\mathbf{L}}$ and the 'true' values of unknowns $\tilde{\mathbf{X}}$.
The relationship is expressed by the vector of the functional model.

Der Beobachtungsvektor wird durch die tatsächlichen Beobachtungen **L** mit kleinen Verbesserungen **v** und der Unbekanntenvektor durch die geschätzten Unbekannten **X** ersetzt. Es ergeben sich die nichtlinearen Verbesserungsgleichungen:

The observation vector is replaced by the measured observations **L** and associated small residuals **v**. The vector of unknowns is replaced by the estimated unknowns **X**. The non-linear correction equations are obtained:

Mit Näherungswerten $\mathbf{X}^0$ für die Unbekannten kann der Unbekanntenvektor als Summe dargestellt werden.

$$\hat{\mathbf{L}} = \mathbf{L} + \mathbf{v} = \varphi\left(\hat{\mathbf{X}}\right)$$
$$\hat{\mathbf{X}} = \mathbf{X}^0 + \hat{\mathbf{x}}$$

With approximate values $\mathbf{X}^0$ of the unknowns, the vector of unknowns can be expressed as a sum.

Aus $\mathbf{X}^0$ lassen sich Näherungswerte für die Beobachtungen berechnen. Es ergeben sich die gekürzten Beobachtungen.

$$\mathbf{L}^0 = \varphi\left(\mathbf{X}^0\right)$$
$$\mathbf{l} = \mathbf{L} - \mathbf{L}^0$$

From the values in $\mathbf{X}^0$ approximate values of the observations can be calculated. Reduced observations are obtained.

Bei hinreichend kleinen $\hat{\mathbf{x}}$ können die Verbesserungsgleichungen durch eine Reihenentwicklung nach Taylor an den Näherungswerten $\mathbf{X}^0$ beschrieben werden.

For sufficiently small values of $\hat{\mathbf{x}}$, the correction equations can be expanded into a Taylor series around the approximate values $\mathbf{X}^0$.

$$\mathbf{L} + \mathbf{v} = \varphi\left(\mathbf{X}^0\right) + \left(\frac{\partial \varphi_1(\mathbf{X})}{\partial \mathbf{X}_1}\right)_0 \left(\hat{\mathbf{X}} - \mathbf{X}^0\right) = \mathbf{L}^0 + \left(\frac{\partial \varphi_1(X)}{\partial X_1}\right)_0 \hat{\mathbf{x}}$$

Die *Designmatrix* **A** wird auch Modell, Koeffizienten- oder Jakobimatrix genannt.

The *Design matrix* **A** is also known as the model, coefficient or Jacobian matrix.

$$\underset{n,u}{\mathbf{A}} = \left(\frac{\partial \varphi(\mathbf{X})}{\partial X}\right)_0 = \begin{bmatrix} \left(\frac{\partial \varphi_1(\mathbf{X})}{\partial X_1}\right)_0 & \left(\frac{\partial \varphi_1(\mathbf{X})}{\partial X_2}\right)_0 & \cdots & \left(\frac{\partial \varphi_1(\mathbf{X})}{\partial X_u}\right)_0 \\ \left(\frac{\partial \varphi_2(\mathbf{X})}{\partial X_1}\right)_0 & \left(\frac{\partial \varphi_2(\mathbf{X})}{\partial X_2}\right)_0 & \cdots & \left(\frac{\partial \varphi_2(\mathbf{X})}{\partial X_u}\right)_0 \\ \vdots & \vdots & \ddots & \vdots \\ \left(\frac{\partial \varphi_n(\mathbf{X})}{\partial X_1}\right)_0 & \left(\frac{\partial \varphi_n(\mathbf{X})}{\partial X_2}\right)_0 & \cdots & \left(\frac{\partial \varphi_n(\mathbf{X})}{\partial X_u}\right)_0 \end{bmatrix}$$

Das Produkt der Designmatrix mit dem Unbekanntenvektor ergibt die linearisierten Verbesserungsgleichungen.

$$\underset{n,l}{\hat{\mathbf{l}}} = \underset{n,l}{\mathbf{l}} + \underset{n,l}{\mathbf{v}} = \underset{n,u}{\mathbf{A}}\,\underset{n,l}{\hat{\mathbf{x}}}$$

The product of design matrix and vector of unknowns forms the linearized correction equations.

Die stochastischen Eigenschaften der Beobachtungen **L** werden in der Kovarianzmatrix $\mathbf{K}_{ll}$ beschrieben.

The stochastic properties of the observations **L** are defined by the covariance matrix $\mathbf{K}_{ll}$.

$$\underset{n,n}{\mathbf{K}_{ll}} = \begin{bmatrix} \sigma_1^2 & \rho_{12}\,\sigma_1\,\sigma_2 & \cdots & \rho_{1n}\,\sigma_1\,\sigma_n \\ \rho_{21}\,\sigma_2\,\sigma_1 & \sigma_2^2 & \cdots & \rho_{2n}\,\sigma_2\,\sigma_n \\ \vdots & \vdots & \ddots & \vdots \\ \rho_{n1}\,\sigma_n\,\sigma_1 & & \cdots & \sigma_n^2 \end{bmatrix}$$

σ_i= Standardabweichung der Beobachtung L_i, $i = 1...n$
ρ_{ij} = Korrelationskoeffizient zwischen L_i und L_j, $i \neq j$

σ_i= Standard deviation of the observation L_i, $i = 1...n$
ρ_{ij} = Correlation coefficient between L_i and L_j, $i \neq j$

Durch Einführung der Multiplikationskonstanten σ_0^2 erhält man die Kofaktormatrix $\mathbf{Q}_{ll}$ der Beobachtungen.

$$\mathbf{Q}_{ll} = \frac{1}{\sigma_0^2}\mathbf{K}_{ll} = \mathbf{P}^{-1}$$

By introducing the multiplication factor σ_0^2 the cofactor matrix $\mathbf{Q}_{ll}$ of observations is obtained.

Bei unabhängigen Beobachtungen werden die Korrelationskoeffizienten zu Null und die Kovarianzmatrix wird zur Diagonalmatrix (Gewichtsmatrix).

In the case of independent observations, the correlation coefficients become zero and the covariance matrix is reduced to a diagonal matrix (weight matrix).

$$\underset{n,n}{\mathbf{P}} = \begin{bmatrix} \frac{\sigma_0^2}{\sigma_1^2} & & & \\ & \frac{\sigma_0^2}{\sigma_2^2} & & \\ & & \ddots & \\ & & & \frac{\sigma_0^2}{\sigma_n^2} \end{bmatrix} = \begin{bmatrix} p_1 & & & \\ & p_2 & & \\ & & \ddots & \\ & & & p_n \end{bmatrix}$$

Gewicht einer Beobachtung L_i mit Standardabweichung $\sigma_i = \sigma_0$

$$p_i = \frac{\sigma_0^2}{\sigma_i^2} = 1$$

Weight of an observation L_i with the standard deviation $\sigma_i = \sigma_0$

Methode der kleinsten Quadrate

Im Ausgleichungsmodell nach Gauß-Markow wird die Unbekannte mit maximaler Wahrscheinlichkeit bestimmt.

Least-squares method

The Gauss-Markow adjustment model estimates the unknown with maximum probability.

Forderung für die Verbesserungen

Condition for the residuals

$$\mathbf{v}^T \cdot \mathbf{P} \cdot \mathbf{v} \rightarrow min!$$

Reduktion für unabhängige Beobachtungen

Reduction for independent observations

$$\sum_{i=1}^{n} p_i v_i^2 = [p v v] \rightarrow min!$$

Das Ausgleichungsmodell wird als Methode der kleinsten Quadrate oder auch Minimierung nach der L2-Norm bezeichnet.

The adjustment model is known as a least squares adjustment or minimisation using the L2 norm.

Ausgleichung direkter Beobachtungen

Für Beobachtungen mit unterschiedlicher Genauigkeit werden die Gewichte aus den A-priori-Standardabweichungen der Beobachtungen s_i und der Gewichtseinheit s_0 abgeschätzt.

Adjustment of direct observations

For observations with individual accuracy, the corresponding weights are estimated from the a priori standard deviation of the original observations s_i and of the unit weight s_0.

$$p_i = \frac{s_0^2}{s_i^2}$$

Die zu schätzende Unbekannte ergibt sich als geometrisches (gewogenes) Mittel.

The estimated unknown is obtained by the geometric (weighted) average.

$$\hat{x} = \frac{p_1 l_1 + p_2 l_2 + \ldots + p_n l_n}{p_1 + p_2 + \ldots + p_n} = \frac{\sum_{i=1}^{n} p_i l_i}{\sum_{i=1}^{n} p_i}$$

Verbesserung einer Beobachtung

Residual of an observation

$$v_i = \hat{x} - l_i$$

Nach der Ausgleichung liegen die A-posteriori-Standardabweichungen der Gewichtseinheit vor.

After the adjustment, the a posteriori standard deviations of unit weight are given.

$$\hat{s}_0 = \sqrt{\frac{[p v v]}{n-1}} = \sqrt{\frac{\sum [p v^2]}{n-1}}$$

A-posteriori-Standardabweichung der ursprünglichen Beobachtung

A posteriori standard deviation of the original observation

$$\hat{s}_i = \frac{\hat{s}_0}{\sqrt{p_i}}$$

Standardabweichung des Mittelwertes

Standard deviation of the average value

$$\hat{s}_{\hat{x}} = \frac{\hat{s}_0}{\sqrt{p}}$$

Ausgleichung nach vermittelnden Beobachtungen — ***General least-squares adjustment***

Funktionales Modell — Functional model

$$\underset{n,1}{\hat{\mathbf{l}}} = \underset{n,1}{\mathbf{l}} + \underset{n,1}{\mathbf{v}} = \underset{n,u}{\mathbf{A}} \cdot \underset{n,1}{\hat{\mathbf{x}}}$$

Stochastisches Modell — Stochastic model

$$\mathbf{Q}_{ll} = \frac{1}{s_0^2}\mathbf{K}_{ll} = \mathbf{P}^{-1}$$

Gewicht einer Beobachtung i — Weight of observation i

$$p_i = \frac{s_0^2}{s_i^2}$$

Gewichtsmatrix — Weight matrix

$$\underset{n,n}{\mathbf{P}} = \underset{n,n}{\mathbf{Q}_{ll}^{-1}}$$

Normalgleichung — Normal equation

$$\underset{u,u}{\mathbf{N}} \cdot \underset{u,1}{\hat{\mathbf{x}}} - \underset{u,1}{\mathbf{n}} = 0$$

Normalgleichungsmatrix — Matrix of normal equation

$$\underset{u,u}{\mathbf{N}} = \underset{u,n}{\mathbf{A}^T} \cdot \underset{n,n}{\mathbf{P}} \cdot \underset{n,u}{\mathbf{A}}$$

Absolutglied — Absolute term

$$\underset{u,1}{\mathbf{n}} = \underset{u,n}{\mathbf{A}^T} \cdot \underset{n,n}{\mathbf{P}} \cdot \underset{n,1}{\mathbf{l}}$$

Auflösung der Normalgleichung — Solving the normal equation

$$\underset{u,1}{\hat{\mathbf{x}}} = \underset{u,u}{\mathbf{Q}} \cdot \underset{u,1}{\mathbf{n}} = \left(\underset{u,n}{\mathbf{A}^T} \cdot \underset{n,n}{\mathbf{P}} \cdot \underset{n,u}{\mathbf{A}}\right)^{-1} \underset{u,n}{\mathbf{A}^T} \cdot \underset{n,n}{\mathbf{P}} \cdot \underset{n,1}{\mathbf{l}}$$

Kofaktormatrix der Unbekannten — Cofactor matrix of unknowns

$$\underset{u,u}{\mathbf{Q}} = \underset{u,u}{\mathbf{N}^{-1}}$$

Verbesserungen — Residuals

$$\underset{u,1}{\mathbf{v}} = \underset{n,u}{\mathbf{A}} \cdot \underset{u,1}{\hat{\mathbf{x}}} - \underset{n,1}{\mathbf{l}}$$

Ausgeglichene Beobachtungen — Adjusted observations

$$\underset{n,1}{\hat{\mathbf{l}}} = \underset{n,1}{\mathbf{l}} + \underset{n,1}{\mathbf{v}}$$

$$\underset{n,1}{\hat{\mathbf{L}}} = \underset{n,1}{\mathbf{L}} + \underset{n,1}{\mathbf{v}}$$

Unbekanntenvektor — Vector of unknowns

$$\underset{u,1}{\hat{\mathbf{X}}} = \underset{u,1}{\hat{\mathbf{X}}^0} + \underset{u,1}{\hat{\mathbf{x}}}$$

Standardabweichung a posteriori — Standard deviation a posteriori

$$\hat{s}_0 = \sqrt{\frac{\mathbf{v}^T \cdot \mathbf{P} \cdot \mathbf{v}}{n-u}}$$

Varianz-Kovarianz-Matrix — Variance-covariance matrix

$$\underset{u,u}{\mathbf{K}} = \hat{s}_0^2 \underset{u,u}{\mathbf{Q}}$$

Schlussprobe — Final computing test

$$\underset{n,1}{\hat{\mathbf{L}}} = \varphi\left(\underset{n,1}{\mathbf{X}}\right)$$

Ausgleichung mit Bedingungen — ***Conditional adjustment***

Bedingungsgleichungen — Constraints

$$\psi\left(\tilde{\mathbf{X}}\right) = \begin{bmatrix} \psi_1\left(\tilde{\mathbf{X}}\right) \\ \psi_2\left(\tilde{\mathbf{X}}\right) \\ \vdots \\ \psi_{r'}\left(\tilde{\mathbf{X}}\right) \end{bmatrix} = 0$$

Linearisierte Bedingungsgleichungen — Linearized constraint equations

$$\underset{r',u}{\mathbf{B}} = \left(\frac{\partial \psi(\mathbf{X})}{\partial \mathbf{X}}\right)_0$$

Widerspruchsvektor — Vector of inconsistencies

$$\mathbf{B} \cdot \hat{\mathbf{x}} = -\mathbf{w}$$

Affintransformation Affine transformation

```
# a2020-50
import matplotlib                                  # equations for affine
import matplotlib.pyplot as plt                    # coordinate transformation
import numpy as np                                 # XQ[i]=a0+a1*x[i]+a2*y[i]
from numpy.linalg import inv                       # YQ[i]=b0+b1*x[i]+b2*y[i]
from math import *                                 # unknowns a0,a1,a2,b0,b1,b2
x = np.array([0,0,5,5,0,2.5,5])                    # define 7 point locations
y = np.array([3,0,0,3,3,4,3])                      # in x,y system
num=len(x)                                         # count number of points
X =np.zeros(num);  Y =np.zeros(num)
XQ=np.zeros(num);  YQ=np.zeros(num)
vx=np.zeros(num);  vy=np.zeros(num)
kx=1; ky=1; alf= 10*pi/180; bet=0*pi/180           # generate test values
a0=1;  b0=0.5
for i in range(num):
    X[i]=a0+kx*x[i]*cos(alf)-ky*y[i]*sin(alf+bet)
    Y[i]=b0+kx*x[i]*sin(alf)+ky*y[i]*cos(alf+bet)
X[2]=X[2]+0.5                                      # add random error in one point
A = np.zeros([2*num,6])                            # define design matrix
l = np.zeros(2*num)                                # define observation vector
p = np.eye(2*num)                                  # define weight matrix

for i in range(num):
    A[i*2,0]=1      ;    A[i*2+1,0]=0              # fill design matrix
    A[i*2,1]=x[i]   ;    A[i*2+1,1]=0              # with first derivatives
    A[i*2,2]=y[i]   ;    A[i*2+1,2]=0
    A[i*2,3]=0      ;    A[i*2+1,3]=1
    A[i*2,4]=0      ;    A[i*2+1,4]=x[i]
    A[i*2,5]=0      ;    A[i*2+1,5]=y[i]
    l[i*2]  =X[i]   ;    l[i*2+1]=Y[i]

N = np.dot(A.T,np.dot(p,A))
n = np.dot(A.T,np.dot(p,l))
Q = inv(N)
xd = np.dot(Q,n)                                   # vector of unknowns
v = np.dot(A,xd) -l                                # residuals
ld =l+v                                            # adjusted observations
so=sqrt(np.dot(v.T,np.dot(p,v))/(2*num-6))         # standard deviation a posteriori

a0,a1,a2,b0,b1,b2 = xd
# calculate rotation angles
alf=atan(b1/a1)*180/pi
bet=-(atan(b2/a2)*180/pi+alf)
# calculate scale factors
kx=sqrt(a1**2+b1**2)
ky=sqrt(a2**2+b2**2)
for i in range(num):
    XQ[i]=ld[i*2];  YQ[i]=ld[i*2+1]
    vx[i]=v[i*2] ;  vy[i]=v[i*2+1]
fig = plt.figure(figsize=(5,5))
# define equal scaled axes
plt.subplot(1,1,1,aspect='equal')
# plot new situation in blue
plt.plot((XQ-vx),(YQ-vy),'b-')
plt.plot((XQ-vx),(YQ-vy),'b-')
# plot situation in green
plt.plot(x ,y ,'g-',zorder=-1)
# plot adjusted situation
# after transformation in red
plt.plot(XQ,YQ,'r-')
# plt.plot(X,Y,'b-',zorder=-1)
plt.ylabel('y')
plt.xlabel('x')
txt1=("a0=%.2f, a1=%.2f, a2=%.2f, b0=%.2f, b1=%.2f, b2=%.2f \n" %(a0,a1,a2,b0,b1,b2))
plt.title('Plane affine transformation,\n'+txt1,fontsize=8)
# save figure as PDF
plt.savefig('pyfig50a.pdf',bbox_inches='tight')
plt.show()
```

Kalman-Filter

Das Kalman-Filter ist ein rekursiver Filter, das den Zustand eines dynamischen Systems aus lückenhaften und rauschbehafteten Messungen schätzt.

Kalman filter

The Kalman filter is a recursive filter that estimates the state of a dynamic system and gets feedback from incomplete and noisy measurements.

Verfahren

Das Kalman-Filter benutzt zwei Arten von Gleichungen. Aus theoretischen Überlegungen ergibt sich eine Systemgleichung, die die beschreibenden Zustandsvariablen enthält. Die messtechnische Überwachung des Systems (Messgleichung) dient der Kontrolle und Fortschreibung des Systemzustandes.

Method

The Kalman filter uses two sets of equations. From theoretical considerations there is a system equation that contains the descriptive state variables. The measurement-update equations adjust the projected estimate to an actual measurement.

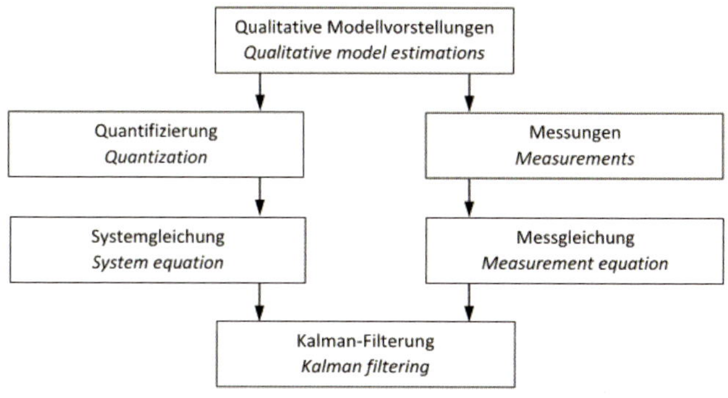

Schematische Darstellung der Kalman-Filterung
Schematic diagram of Kalman filter operations

Der Rechengang für jeden Schritt besteht aus Prädiktion, Filterung und Test der Innovation. Aus dem Systemzustand k zu Beginn wird mit der Systemgleichung der Zustand zur Folgeepoche $k+1$ prädiziert.

The calculation procedure for each time step is prediction, filtering and test of the innovation. The initial system state is projected ahead in time by the time-update equation from time step k to step $k+1$.

$$\hat{x}_{\overline{k}+1} = F_{k+1,k} \cdot \hat{x}_{\overline{k}} + B \cdot u_k + S \cdot w_k$$

Für diese Übertragung können in den Matrizen die Systemdynamik F, unkontrollierbare äußere Einflüsse B und kontrollierbare Stellgrößen S modelliert werden.

For this transition in related matrices, the systems dynamics F, uncontrollable exterior influences B and parameters under control S can be considered.

Den Zusammenhang zwischen Beobachtungen und Parametern stellt die Messgleichung her.

The interrelations between observations and parameters are given by the measurement equation.

$$l_{k+1} = A_{k+1} \cdot \hat{x}_{\overline{k}+1}$$

Die Differenz zwischen prädizierten und tatsächlichen Beobachtungen ergibt die Innovation mit ihrer Kofaktormatrix.

The difference between the predicted and the real observations yields the innovation and its covariance matrix.

$$i_{k+1} = l_{k+1} - A_{k+1} \cdot \hat{x}_{\bar{k}+1} \qquad Q_{ii,k+1} = Q_{ll,k+1} + A_{k+1} \cdot Q_{\hat{x}\hat{x},\bar{k}+1} \cdot A_{k+1}^T$$

Anhand der im stochastischen Modell mitgeführten Genauigkeitsbetrachtung wird die Innovation auf Signifikanz getestet. Dieser statistische Test überprüft die Verträglichkeit der Systemgleichung mit den aktuellen Beobachtungen.

Based on the stochastic model described in the updated covariance estimation, the significance of the innovation is tested. This statistical test checks for the compatibility of the time-update equation and the current observations.

$$T_{k+1} = \frac{i_{k+1}^T \cdot Q_{ii,k+1}^{-1} \cdot i_{k+1}}{\sigma_0^2} \sim \chi^2_{n_i,k+1}$$

Zeigt der Test nicht an, kann die Innovation als Ergebnis von Mess- und Systemrauschen aufgefasst werden. Der prädizierte Systemzustand wird unter Berücksichtigung der aktuellen Messwerte aufdatiert.

If the test is passed, the innovation can be interpreted as the result of measurement and system noise. By back-propagating, the predicted values are updated to improve the estimate for the next state.

$$\hat{x}_{k+1} = \hat{x}_{\bar{k}+1} + K_{k+1} \cdot i_{k+1}$$

Dabei wird der Einfluss der vorliegenden Beobachtungen mit der Kalman-Matrix gewichtet. Zeigt der Test eine signifikante Innovation an, sind System- und Messgleichung unverträglich. Dann ist nach groben Fehlern zu suchen oder die Modellannahmen sind zu überprüfen.

Thus, the impact of the actual observations is weighted with the Kalman matrix. If the test indicates a significant innovation, time-update and measurement-update equations are not in agreement. Then blunders may be detected or the model estimations should be improved.

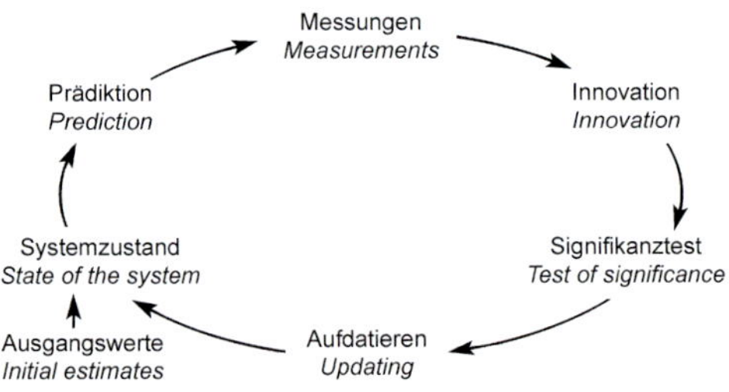

Der fortlaufende Kalman-Filter-Zyklus
The ongoing Kalman filter cycle

Die Kalman-Matrix bestimmt die Gewichtung zwischen System- und Messgleichung. Als Kofaktoren gehen die Genauigkeitsinformationen über Beobachtungen und Zustandsparameter ein.

The Kalman matrix defines the weighting between the time-update and the measurement-update equations. The cofactors are the accuracy information on measurements and state parameters.

$$K = Q_{\hat{x}\hat{x}} A^T \left(Q_{ll} + A Q_{\hat{x}\hat{x}} A^T \right)^{-1}$$

1.5 Fragen und Antworten – Questions and answers

- Wie kann der Flächeninhalt über die Seiten a, b und c in einem ungleichseitigen ebenen Dreieck berechnet werden?

Der Flächeninhalt im ungleichseitigen ebenen Dreieck berechnet sich über:

- How is the area of a scalene plane triangle calculated by the sides a, b and c?

The area of a scalene plane triangle can be calculated by:

$$F = \sqrt{s\,(s-a)\,(s-b)\,(s-c)}$$

- Welche Bedeutung haben die Parameter m und b in der folgenden Formel?

- Which meaning have the parameters m and b in the following equation?

$$y = m \cdot x + b$$

Die Größe m nennt man die Steigung der Geraden, b wird y-Achsenabschnitt genannt.

The value m is called the slope of the straight line, b is called the y intercept.

- Welche Bedingungen muss eine orthogonale Matrix erfüllen?

Die Inverse einer orthogonalen Matrix ist gleichzeitig ihre Transponierte.

- Which conditions have to be fulfilled by an orthogonal matrix?

The inverse matrix of an orthogonal matrix is at the same time its transposed one.

$$\mathbf{Q}^{-1} = \mathbf{Q}^{T}$$

Die Determinante einer orthogonalen Matrix nimmt entweder den Wert +1 oder -1 an. Das Produkt einer orthogonalen Matrix mit ihrer Transponierten ergibt die Einheitsmatrix.

The determinant of an orthogonal matrix takes either the value +1 or -1. The product of an orthogonal matrix with its transposed one results in its unity matrix.

$$\mathbf{Q} \cdot \mathbf{Q}^{T} = \mathbf{E}$$

- Wie können die Parameter der Rotationsmatrix R aus den Transformationskonstanten der DLT bestimmt werden?
- How can the parameters of the rotation matrix R be determined from the transformation parameters of the DLT?

Elemente der Rotationsmatrix R

Elements of rotation matrix R

$$r_{11} = \frac{L \cdot (x_0{}' \cdot L_9 - L_1)}{c_x} \qquad r_{12} = \frac{L \cdot (y_0{}' \cdot L_9 - L_5)}{c_y} \qquad r_{13} = L \cdot L_9$$

$$r_{21} = \frac{L \cdot (x_0{}' \cdot L_{10} - L_2)}{c_x} \qquad r_{22} = \frac{L \cdot (y_0{}' \cdot L_{10} - L_6)}{c_y} \qquad r_{23} = L \cdot L_{10}$$

$$r_{31} = \frac{L \cdot (x_0{}' \cdot L_{11} - L_3)}{c_x} \qquad r_{32} = \frac{L \cdot (y_0{}' \cdot L_{11} - L_7)}{c_y} \qquad r_{33} = L \cdot L_{11}$$

mit / *with*

$$L = \frac{-1}{\sqrt{L_9^2 + L_{10}^2 + L_{11}^2}}$$

- Wie ist die Matrix zur allgemeinen Zentralprojektion in homogenen Koordinaten für eine Skalierung der Koordinaten mit den Faktoren s_x, s_y, s_z definiert?
- How is the matrix for general central projection in homogeneous coordinates for a scaling of the coordinates with the factors s_x, s_y, s_z defined?

Skalierung der Koordinaten mit den Faktoren s_x, s_y, s_z

$$\mathbf{T}_S = \begin{bmatrix} s_x & 0 & 0 & 0 \\ 0 & s_y & 0 & 0 \\ 0 & 0 & s_z & 0 \\ 0 & 0 & 0 & W \end{bmatrix}$$

Scaling of the coordinates with the factors s_x, s_y, s_z

2 Photogrammetrie – Photogrammetry

2.1 Grundlagen – Basics

Reflexion und Brechung

Reflexion und Brechung treten auf, wenn Lichtstrahlen auf die Grenzfläche zwischen Medien mit verschiedenen Brechzahlen treffen. Dabei liegen der Einfallswinkel ε und die Reflexions- oder Brechungswinkel ε' (zwischen Strahlen und der Flächennormalen) in einer Ebene.

Reflection and refraction

Reflection and refraction are effects that occur if rays of light strike the interface between two media with different refraction coefficients. In any case the angle of incidence ε and the angles of reflection or refraction ε' (between the rays and the surface normal) lie in a common plane.

Brechzahl

Die Brechzahl n ist gleich dem Verhältnis der Lichtgeschwindigkeit im Vakuum zu der in einem Medium: $n = c/v$.

Index of refraction

The index of refraction n is defined as the speed of light in vacuum divided by the speed of light in the medium: $n = c/v$.

Reflexion an ebenen Spiegeln

Der Einfallswinkel ε ist gleich dem Reflexionswinkel ε'.

Reflection at plane mirrors

The angle of incidence ε is equal to the angle of reflection ε'.

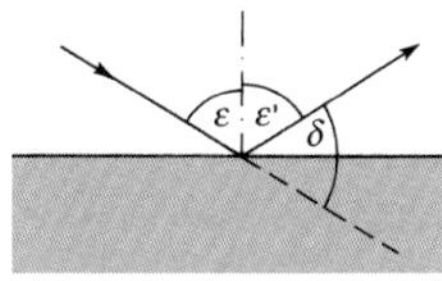

$$\varepsilon' = \varepsilon \qquad \delta = 180° - 2\varepsilon$$

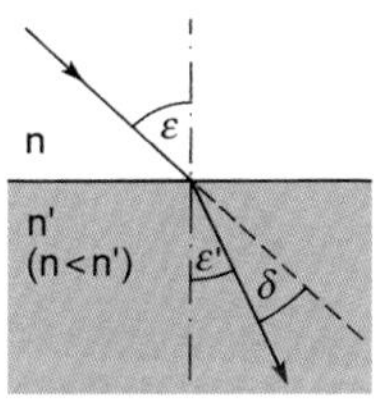

$$n \cdot \sin\varepsilon = n' \cdot \sin\varepsilon'$$

Brechung an ebenen Grenzflächen

Beim Übergang vom optisch dünneren zum dichteren Medium $(n < n')$ erfolgt die Brechung zum Lot hin und umgekehrt.

Refraction at plane interfaces

Rays passing from a low-index medium to a medium of higher index $(n < n')$ are refracted towards the normal and vice versa.

Totalreflexion

Strahlen, die von einem optisch dichteren Medium in ein optisch dünneres Medium übergehen $(n > n')$, werden außerdem teils reflektiert. Wenn der Einfallswinkel größer ist als der Grenzwinkel ε_t findet Totalreflexion statt.

Total internal reflection

Light rays passing from a high-index medium to a medium of lesser index of refraction $(n > n')$ are also partly reflected. For incident angles greater than the critical angle ε_t there will be total internal reflection.

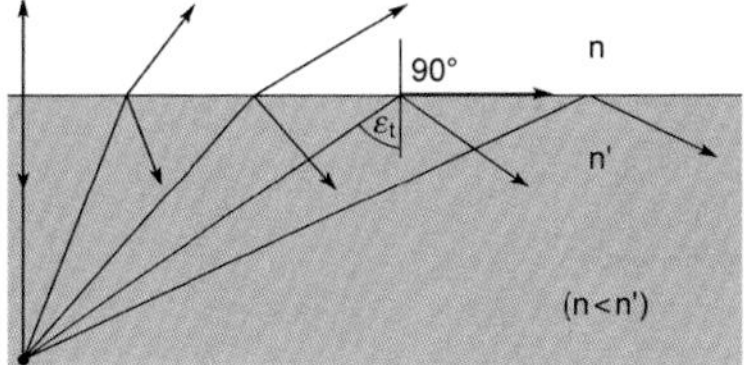

$$\sin\varepsilon_t = \frac{n'}{n}$$

Planparallele Platte

Beim Durchgang durch eine planparallele Platte erfährt ein Lichtstrahl keine Richtungsänderung, sondern eine Parallelverschiebung *e*.

Parallel-sided glass plate

Light passing a parallel-sided glass plate is displaced laterally by the distance *e*. The ray will emerge in the direction as the incident ray.

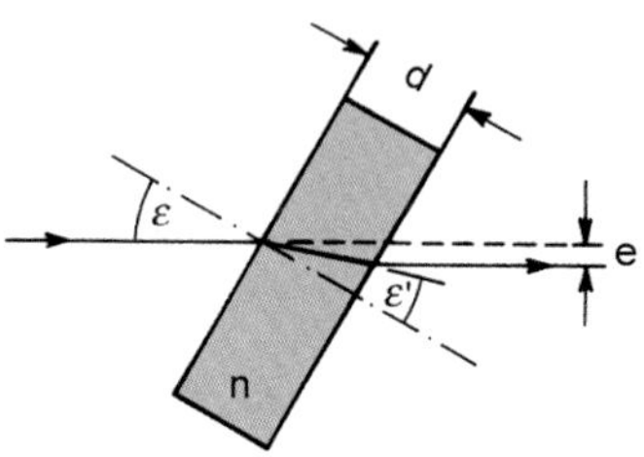

$$e = \frac{d \cdot \sin(\varepsilon - \varepsilon')}{\cos \varepsilon'}$$

$$e \approx \left(1 - \frac{1}{n}\right) \cdot d \cdot \sin \varepsilon$$

Ablenkung durch ein Prisma

Beim Durchgang durch ein Prisma wird ein Lichtstrahl zweimal von der brechenden Kante weg gebrochen.

Deflection by a prism

A light ray passing through a prism is twice deflected away from the so called refracting edge.

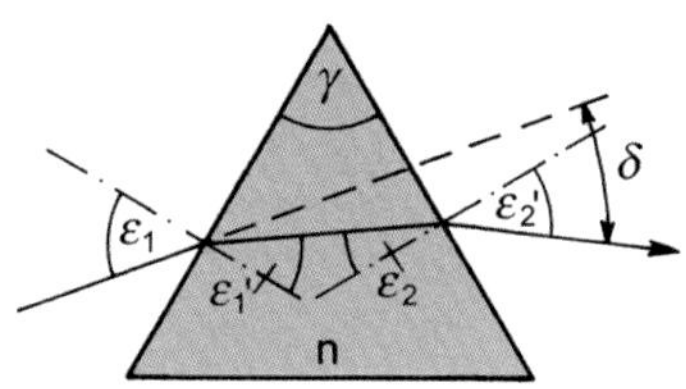

$$\sin \varepsilon_2' = \sin \gamma \cdot \sqrt{n^2 - \sin^2 \varepsilon_1} - \sin \varepsilon_1 \cdot \cos \gamma$$

$$\delta = \varepsilon_1 + \varepsilon_2' - \gamma$$

Für kleine Winkel gilt: $\delta = \gamma(n-1)$ For small angles we have:

Dispersion durch ein Prisma

Da die Brechzahl eine Funktion der Wellenlänge ist, kann weißes Licht mit einem Prisma in seine Komponenten, die Spektralfarben, zerlegt werden. Der Übergang von Farbe zu Farbe ist allmählich, die Einteilung des Spektrums ist willkürlich.

Dispersion by a prism

The index of refraction is a function of the wavelength. This is why a prism can be used to disperse light into its components, the spectral colors. The transition from one color to the other occurs gradually, the subdivision of the spectrum is arbitrary.

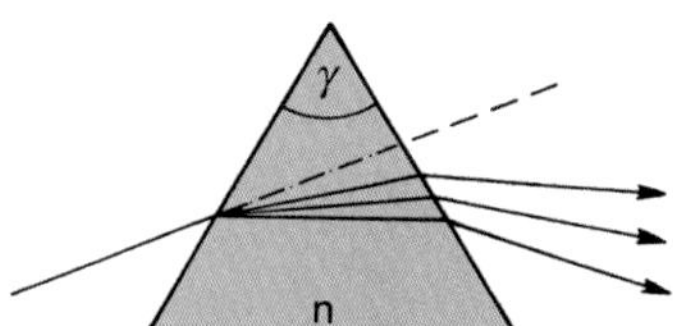

ultraviolett – violett – blau – grün – gelb – orange – rot – infrarot
390 – 430 – 490 – 570 – 600 – 710 – 770 nm
ultraviolet – violet – blue – green – yellow – orange – red – infrared

Eigenschaften von Linsen

Die Brennweiten f und Schnittweiten s einer Linse können aus den Krümmungsradien r_1 und r_2, der Linsendicke d und der Brechzahl n berechnet werden.

Properties of lenses

The focal lengths f and the focal distances s of a lens can be calculated from the radii r_1 and r_2 of the lens surfaces, the lens thickness d, and the index of refraction n.

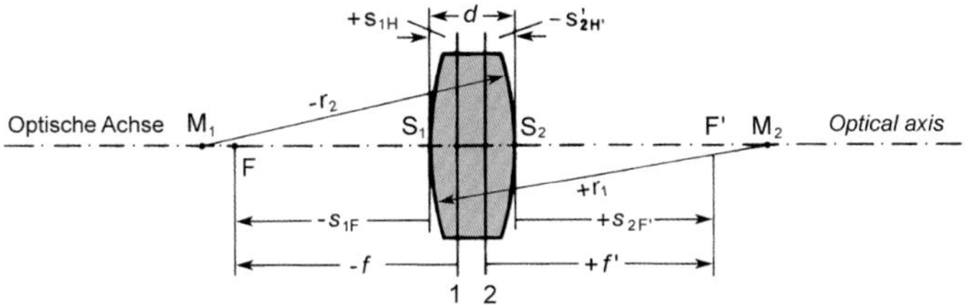

$$\frac{1}{f'} = (n-1)\cdot\left(\frac{1}{r_1}-\frac{1}{r_2}\right)+\frac{(n-1)^2\cdot d}{n\cdot r_1\cdot r_2}$$

$$s_{1F} = -f'\left(1+\frac{d}{n}\cdot\frac{n-1}{r_2}\right) \qquad s_{1F'} = +f'\left(1+\frac{d}{n}\cdot\frac{n-1}{r_1}\right)$$

$$s_{1H} = -f'\frac{(n-1)\cdot d}{n\cdot r_2} \qquad s'_{2H'} = -f'\frac{(n-1)\cdot d}{n\cdot r_1}$$

$$HH' = \frac{(r_1-r_2-d)\cdot(n-1)\cdot d}{n\cdot(r_1-r_2)-(n-1)\cdot d}$$

Für dünne Linsen ($d < r$) gilt:

For thin lenses ($d < r$) we have:

$$\frac{1}{f'} = (n-1)\cdot\left(\frac{1}{r_1}-\frac{1}{r_2}\right)$$

Abbildung durch Linsen

Linsengleichungen und Abbildungsmaßstab β

Images formed by a lens

Lens equations and image scale β

$$\frac{1}{a'}-\frac{1}{a}=\frac{1}{f} \qquad x\cdot x' = -f'^2 \qquad \beta = \frac{y'}{y}=\frac{a'}{a}=-\frac{x'}{f'}$$

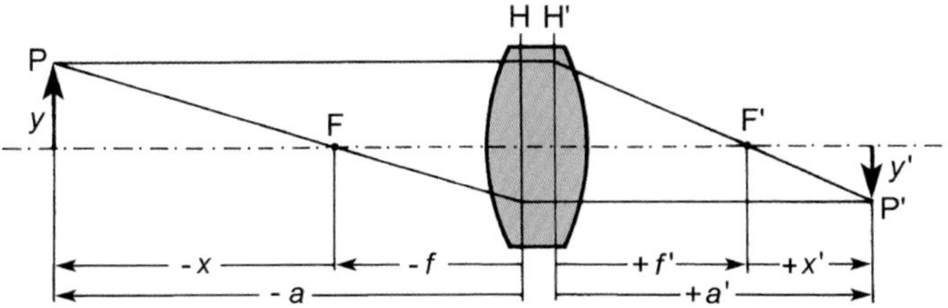

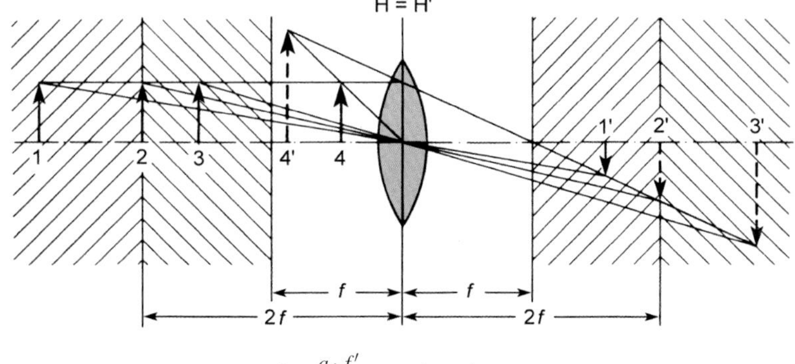

$$a' = \frac{a \cdot f'}{a + f} \qquad a' = f'(1 - b)$$

$$a' = \frac{-a' \cdot f'}{a' - f'} \qquad a' = -f'\left(1 - \frac{1}{b}\right)$$

Bei der Abbildung eines Objekts durch eine Linse sind vier Fälle zu unterscheiden:

- $1/1'$: Bild verkleinert und kopfstehend
- $2/2'$: Bild gleich groß und kopfstehend
- $3/3'$: Bild vergrößert und kopfstehend
- $4/4'$: Bild vergrößert und aufrecht, aber nur virtuell (Lupe)

When an object is imaged through a lens, four different cases must be considered:

- $1/1'$: Image smaller and upside down
- $2/2'$: Image same size and upside down
- $3/3'$: Image enlarged and upside down
- $4/4'$: Image enlarged and upright, but only virtual (magnifier)

Kombination von zwei Linsen

Die Brennweite des Gesamtsystems ändert sich mit dem Abstand *e* zwischen den beiden Linsen (Zoom-Optik).

Combination of two lenses

The focal length of the combined system is a function of the distance *e* between the lenses (zoom optics).

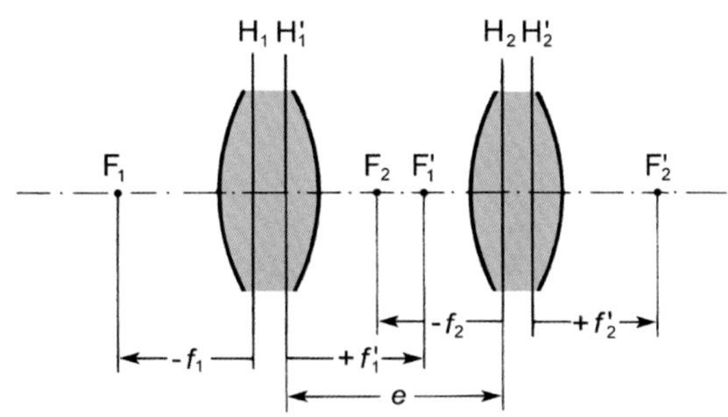

$$f' = \frac{f_1' \cdot f_2'}{f_1' + f_2' - e} \qquad H_1H = \frac{e \cdot f_1'}{f_1' + f_2' - e} \qquad H_2'H' = \frac{-e \cdot f_2'}{f_1' + f_2' - e}$$

Optische Achse
Die optische Achse einer Linse ist die gerade Linie, welche die Krümmungsmittelpunkte der Linsenflächen miteinander verbindet.

Optical axis
In a lens element, the optical axis (also principal axis) is the straight line which passes through the centers of curvature of lens surfaces.

Abbildungsfehler
Abbildungsfehler treten außerhalb des achsnahen Raumes einer Linse auf. Die Strahlen im Bildraum verlaufen nicht mehr genau durch dieselben Bildpunkte wie im achsnahen Raum.

Aberrations
Image aberrations occur off the axis of a lens. They are failures of an optical system to focus all light rays received from a point object to a single image point, as it is the case for paraxial images.

Chromatische Aberration
Bei üblichen optischen Materialien nimmt der Brechungsindex zu kürzeren Wellenlängen (blaues Ende des Spektrums) hin zu. Dies führt zu unterschiedlichen Bildgrößen für verschiedene Wellenlängen (chromatische Vergrößerungsdifferenz).

Chromatic aberration
All common optical materials show an increase of the refractive index toward shorter wavelengths (blue end of the spectrum). This causes changes in image size from one color to another, known as chromatic difference of magnification.

Sphärische Aberration
Bei der Abbildung durch eine Linse haben die Randstrahlen eine mit wachsender Öffnung immer kürzer werdende Brennweite im Vergleich zu achsnahen Strahlen. Der Schnitt mit der optischen Achse wird zur Linse hin verlagert.

Spherical aberration
Spherical aberration depends on the curvature of a lens. Light rays passing through its outer part bend too sharply to pass through the focal point. Instead the rays intersect the optical axis with a longitudinal displacement towards the lens.

Koma
Koma entsteht durch die sphärische Aberration schief einfallender Strahlenbündel außerhalb der Achse. Durch diesen Asymmetriefehler erscheinen Objektpunkte als kometenartige Bilder.

Coma
Coma results from different magnifications in the various lens zones. It occurs in parts of the image which are distant from the principal axis. Object points appear as short comet-like images.

Astigmatismus
Der schiefe Strahlendurchgang durch die brechenden Flächen einer Linse führt außerhalb der Achse in verschiedenen Richtungen zu unterschiedlichen Bildweiten.

Astigmatism
Astigmatism affects the sharpness of an image for objects off the axis. Rays passing through different meridians of the lens come to a focus in different planes.

Bildfeldwölbung
Durch die Bildfeldwölbung wird das Bild einer zur Achse vertikalen Ebene in eine (leicht) gewölbte Fläche abgebildet.

Curvature of field
This aberration causes a flat object surface (vertical to the axis) to be imaged onto a curved surface rather than a plane.

Verzeichnung
Verzeichnung nennt man die Abweichungen der Punktlagen in der Bildebene von denjenigen der idealen zentralperspektiven optischen Abbildung. Die Verzeichnung beeinflusst nicht die Qualität der Abbildung, sondern ihre Geometrie.

Distortion
Distortions are the deviations of the positions at the image plane from those given by an ideal optical system with perspective projection. The presence of distortion does not affect the quality of the image, only its geometry.

Helligkeitsabfall

Die Lichtverteilung in der Bildebene eines einfachen Objektives nimmt in Abhängigkeit vom Achsenwinkel τ mit $cos^4\tau$ ab. Bei mehrlinsigen Objektiven kann der Achsenwinkel in der Nähe der Blende verkleinert und damit der Helligkeitsabfall verringert werden.

Irradiance fall-off

The irradiance in the image plane of a simple lens decreases from the optical axis τ to the edges with the factor $cos^4\tau$. Through special design of more complex lens systems the axis angle can be reduced at the aperture, thus reducing the irradiance fall-off.

Schärfentiefe

Bei der optischen Abbildung werden nur die in der Objektweite a liegenden Punkte scharf abgebildet. Alle Objektpunkte davor oder dahinter bilden einen Zerstreuungskreis z'. Die Schärfentiefe t beschreibt die Ausdehnung des Objektraumes vor und hinter der Entfernung a, für den die entstehenden Zerstreuungskreise einen zulässigen Durchmesser nicht überschreiten. Sie ist die Voraussetzung für die Abbildung räumlicher Objekte in eine Bildebene.

z' hängt von der Brennweite f und vom Durchmesser der Austrittspupille d bzw. der Blendenzahl $B = 1/d$ ab.

Depth of field

Through optical imaging only object points located exactly in the distance a form a sharp image point. All object points in front or behind this distance result in a circle of confusion z'. The depth of field t describes the distance ranges closer than a or more far away, for which the generated circles of confusion do not exceed a tolerable diameter. Depth of field is the prerequisite for imaging three-dimensional objects in an image plane.

z' is a function of the focal length f and the diameter of the exit pupil d respectively the f-number $B = 1/d$.

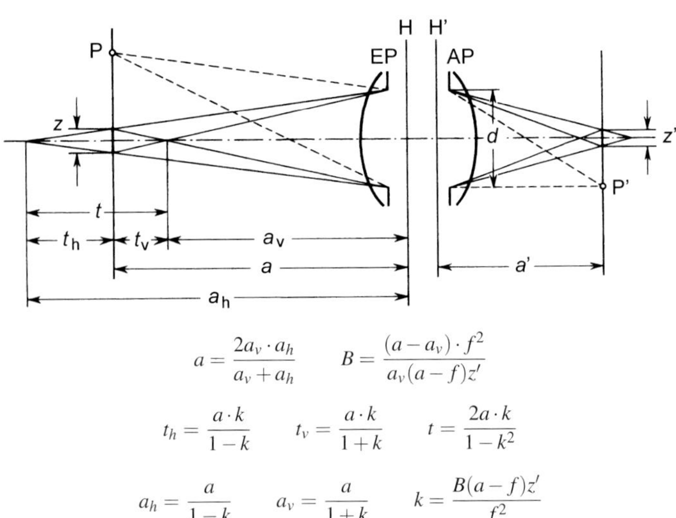

$$a = \frac{2a_v \cdot a_h}{a_v + a_h} \qquad B = \frac{(a - a_v) \cdot f^2}{a_v(a-f)z'}$$

$$t_h = \frac{a \cdot k}{1-k} \qquad t_v = \frac{a \cdot k}{1+k} \qquad t = \frac{2a \cdot k}{1-k^2}$$

$$a_h = \frac{a}{1-k} \qquad a_v = \frac{a}{1+k} \qquad k = \frac{B(a-f)z'}{f^2}$$

Die Naheinstellung auf Unendlich ist die Entfernungseinstellung a_∞, bei der a_h unendlich wird.

The hyperfocal distance is the focusing distance a_∞ at which a_h becomes infinity.

$$a_\infty \approx \frac{f^2}{B \cdot z'}$$

Perspektive
Das klassische Verständnis von Photogrammetrie beruht auf den geometrisch-optischen Abbildungsgesetzen. Zentren der Perspektive sind Punkte, von denen ein Strahlenbündel ausgeht oder in denen es endet. In einer Lochkamera sind die Perspektivbedingungen streng erfüllt. Das Loch stellt auf der Objektseite und auf der Bildseite das Projektionszentrum dar.

Perspectivity
The traditional understanding of photogrammetry makes use of the perspective properties of geometrical optics. A perspective center is the point of origin or termination of bundles of perspective rays. Perspective relationships are clearly obeyed in a pinhole camera. The pinhole serves as the center of projection for the object side and the image side as well.

Zentren der Perspektive
Bei einem realen Linsensystem gibt es zwei Zentren der Perspektive. Sie hängen von den Strahlenbündeln ab, die das Objektiv durchlaufen. Diese Bündel sind durch die Aperturblende begrenzt. Das äußere Projektionszentrum ist die Eintrittspupille EP, die Mitte der von der Objektseite gesehenen Blende. Das innere Projektionszentrum ist die Austrittspupille AP, die Mitte der von der Bildseite gesehenen Blende.

Perspective centers
In a real lens system two perspective centers must be considered. They depend on the image-forming bundles of rays passing through the lens. These bundles are limited by the aperture stop. The exterior perspective center is the entrance pupil EP, defined as the middle of the aperture stop as seen from the object. The interior perspective center is the exit pupil AP, defined as the middle of the aperture stop seen from the image side.

Verzeichnungsfreie Abbildung
In einem perfekten Objektiv bilden die Projektionsstrahlen vom inneren Projektionszentrum AP zu einem Bildpunkt P denselben Achsenwinkel t wie die entsprechenden Strahlen vom äußeren Projektionszentrum EP zum abgebildeten Objektpunkt P. Der Abstand zwischen AP und der Bildebene B ist die Kamerakonstante c_k.

Distortion-free image formation
In a perfect lens-camera system, perspective rays from the interior perspective center AP to the photographic image enclose the same angles t as do the corresponding rays from the exterior perspective center EP to the objects photographed. The distance between AP and the image plane B is the camera constant c_k or calibrated focal length.

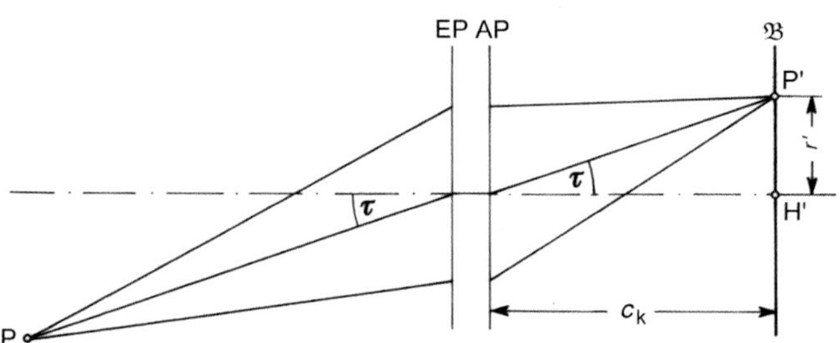

Schematische Darstellung einer verzeichnungsfreien Abbildung
Schematic diagram of distortion-free image formation

$$r' = F(\tau) = c_k \cdot \tan \tau$$

Abbildung mit Verzeichnung

In realen Objektiven sind der Achsenwinkel t auf der Objektseite und t' auf der Bildseite nicht identisch. Ihr Unterschied ist die Verzeichnung $\Delta r'$. Somit gilt:

Distorted image formation

In a real lens system the axis angle t on the object side and t' on the image side are not identical. Their difference results in the distortion $\Delta r'$. Thus we have:

$$r' = F(\tau) = c_k \cdot \tan\tau + \Delta r' \qquad \Delta r' = r' - c_k \cdot \tan\tau$$

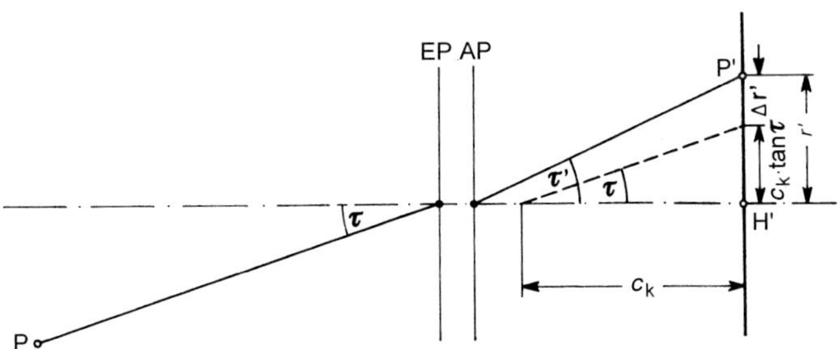

Schematische Darstellung einer Abbildung mit Verzeichnung
Schematic diagram of distorted image formation

Definition einer Kamerakonstanten

Aus praktischen Gründen sind kleine Beträge der Verzeichnungen $\Delta r'$ erwünscht. Dies erreicht man, wenn man c_k so wählt, dass $\Delta r'$ bei einem festen Radius $r_0{}'$ zu Null wird. Deshalb ist c_k eine numerische Konstante, kein physikalischer Parameter.

Definition of a calibrated focal length

For pragmatic reasons small values for the distortions $\Delta r'$ are desirable. This can be achieved by defining the value of c_k such that $\Delta r'$ equals zero at a given radial distance $r_0{}'$. Thus, the c_k is a numerical constant, not a physical parameter.

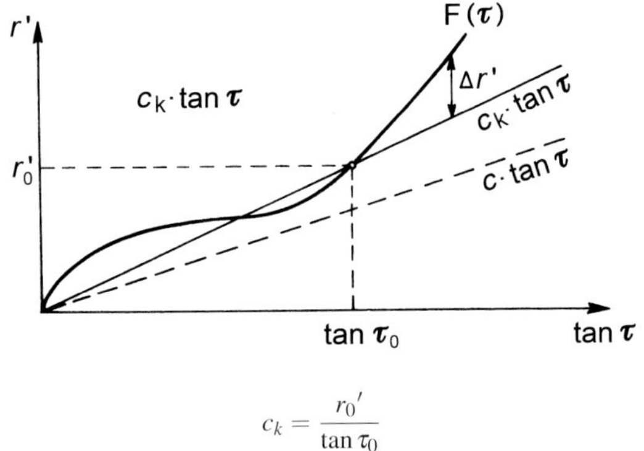

$$c_k = \frac{r_0{}'}{\tan\tau_0}$$

Verzeichnungskurve

Oft wird die Verzeichnung eines Objektivs als Verzeichnungskurve dargestellt. Die radialen Verzeichnungen $\Delta r'$ werden als Funktion über dem radialen Abstand von der optischen Achse aufgetragen.

Distortion curve

It is common to represent the linear distortion characteristics of a lens in a distortion curve. The radial displacements $\Delta r'$ are plotted as a function of the radial distances from the lens axis.

Verzeichnungskorrektur

Abweichungen von idealen zentralperspektiven Bildern können durch geometrische Funktionen korrigiert werden.

Diese gliedern sich hauptsächlich in folgende Funktionen:

Radial-symmetrische Verzeichnung

Dieser Verzeichnungseffekt hat den größten Anteil an den Abbildungsfehlern und entsteht durch Brechungsänderungen an den Linsenoberflächen. Er ist abhängig von Wellenlänge, Blende, Fokussierung und Entfernung zum Objekt.

Distortion correction

Deviations from ideal central-perspective images can be corrected by geometric functions.

These are mainly divided into the following functions:

Radial symmetrical distortion

This distortion effect accounts for the largest share of the aberrations and is caused by changes in refraction on the lens surfaces. It depends on the wavelength, aperture, focus and distance to the object.

$$\Delta r'_{rad} = A_1 r'(r'^2 - r_0^2) + A_2 r'(r'^4 - r_0^4) + A_3 r'(r'^6 - r_0^6)$$

Die Korrektur der Bildkoordinaten erfolgt nach:

The image coordinates are corrected according to:

$$\Delta x'_{rad} = x' \frac{\Delta r'_{rad}}{r'} \qquad \Delta y'_{rad} = y' \frac{\Delta r'_{rad}}{r'}$$

Radial-asymmetrische und tangentiale Verzeichnung

Diese Verzeichnung wird meistens durch Dezentrierung der Linsen verursacht.

Radial asymmetrical and tangential distortion

This distortion is mostly caused by decentering the lenses.

$$\Delta x'_{\tan} = B_1(r'^2 + 2x'^2) + 2B_2 x'y' \qquad \Delta y'_{\tan} = B_2(r'^2 + 2y'^2) + 2B_1 x'y'$$

Affinität und Scherung

Diese Parameter beschreiben Abweichungen von der Gleichmaßstäbigkeit und Orthogonalität der Bildkoordinatenachsen, wie sie bei gescannten analogen Bildern, Videobildern oder Bildsensoren mit Rolling Shutter entstehen.

Affinity and angular affinity

These parameters describe deviations from the uniformity and orthogonality of the image coordinate axes as they occur with scanned analog images, video images or image sensors with rolling shutters.

$$\Delta x'_{aff} = C_1 x' + C_2 y' \qquad \Delta y'_{aff} = 0$$

Die Gesamtkorrektur lautet dann:

The total correction is then:

$$\Delta x' = x'_{rad} + x'_{tan} + x'_{aff} \qquad \Delta y' = y'_{rad} + y'_{tan} + y'_{aff}$$

Die Parameter $A_1, A_2, A_3, B_1, B_2, C_1$ und C_2 werden innerhalb einer Blockausgleichung nach der Aufnahme von einer geeigneten Anzahl von konvergent aufgenommenen Bildern eines zwei- oder dreidimensionalen Testfeldes bestimmt (Kamerakalibrierung).

The parameters $A_1, A_2, A_3, B_1, B_2, C_1$ and C_2 are determined in a block adjustment after the acquisition of a suitable number of convergently recorded images of a two- or three-dimensional test field (camera calibration).

Verzeichnungskorrektur Distortion correction

```
# a2020-78
import matplotlib.pyplot as plt
import numpy as np
from math import *
cnt=0
sca=100                             # scale of distortion vectors
A1 =  3.77E-6                       # define radial distortion parameters
A2 = -5.6E-10
A3 = 0
r0 = 25                             # define r0 = circle of zero crossing

fig,ax = plt.subplots(1,1,figsize=(6,6))
for x in range(-30,35,5):
    for y in range(-30,35,5):
        ax.plot(x,y,marker='s',color='b')
        r=sqrt(x*x+y*y)             # calculate radius to image center
        if r!=0:                    # calculate correction for image position
            dr=A1*r*(r**2-r0**2)+A2*r*(r**4-r0**4)+A3*r*(r**6-r0**6)
            dx=x/r*dr
            dy=y/r*dr
            ax.plot((x,x+dx*sca),(y,y+dy*sca),color='r')
draw_circle = plt.Circle((0,0), r0,fill=False,linestyle='dashed')
ax.text(r0+0.5,1.5," r0")
ax.plot((0,0.05*sca),(-39,-39),color='r')
ax.text(0.05*sca+0.5,-39.7," = 0.05 mm")
ax.set_aspect(1)
ax.add_artist(draw_circle)
title="Radial Distortion: A1=%.2e, A2=%.2e,   scale=%d" % (A1,A2,sca)
ax.set_title(title, fontsize=10)
ax.set_xlabel("x' [mm] ",fontsize=8)
ax.set_ylabel("y' [mm] ",fontsize=8)
outfile="pyfig78a%d.pdf" % cnt
plt.savefig(outfile,bbox_inches='tight')
plt.show()
```

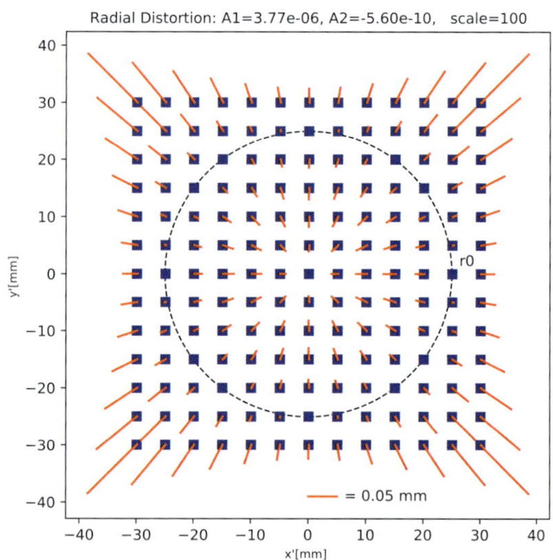

Räumliches Sehen

Die Welt wird räumlich gesehen. Objekte sind Körper in verschiedenen Richtungen und Entfernungen. Die Wahrnehmungspsychologie hat die Art der Informationen, die zur Wahrnehmung der räumlichen Welt führen, genau untersucht. Die wichtigen Eingangsinformationen sind entweder monokular (mit einem Auge) oder binokular (bei gleichzeitigem Sehen mit beiden Augen) wahrnehmbar.

Außer der Perspektive sind monokular vor allem Schattierungen, Texturgradienten und Bewegungsparallaxen wichtig.

Objekte sind meist so beleuchtet, dass die Lichtverteilung auf der Oberfläche nicht einheitlich ist. Da diese Schattierungen von den Objektformen abhängen, vermitteln die Helligkeitsunterschiede räumliche Informationen. In topographischen Karten werden damit Höheneindrücke erzeugt. Computer Vision simuliert den Effekt durch Shape-from-Shading.

Three-dimensional vision

The visual world is three-dimensional. Objects have depth, and they are located at various directions and distances. Psychology of perception studied in great detail the nature of information that leads to the perception of a three-dimensional world. The sources of relevant input information are classified in monocular (available to a single eye) and binocular (requiring the simultaneous activity of both eyes).

Besides linear perspectivity most important monocular sources are shading, texture gradients, and movement parallaxes.

Objects are normally illuminated such that the distribution of light on the surface is non-uniform. As this shading is a consequence of their shape, the distribution of light and shadow gives the appearance of three dimensions. This is used to provide depth information in topographic maps. Computer vision simulates the effect by shape from shading.

Raumwirkung von Schattierungen

Three-dimensional effect from shading

Wirkung von Texturgradienten (Dünen)

Effect of texture gradients (dunes)

Die meisten Objektoberflächen tragen Muster, die als Textur gesehen werden. Wegen der Objektformen entstehen Texturgradienten, die räumliche Information vermitteln. In der Computer Vision leitet man damit Form aus Texturen ab.

Bei jeder Bewegung verschieben sich Objektpunkte im Auge. Entstehende Bewegungsparallaxen hängen streng von der Räumlichkeit der Szene ab, enthalten also Rauminformationen. Ihre Nutzung kann als optischer Fluss behandelt werden.
Beidäugiges Sehen im Raum führt auf der Netzhaut zu Objektpunktdifferenzen, die stereoskopisches Sehen ermöglichen.

Most object surfaces are covered with patterns that are seen as texture. Due to the shape of the surfaces such textures show gradients providing three-dimensional information. Computer vision makes use of it by shape from texture.

If an observer moves, displacements of object points occur in his eye. Such movement parallaxes are strongly controlled by the three-dimensionality of the scene, providing effective spatial information. The effect is also treated as optical flow. Binocular vision in space provides retinal disparities of object points which is the basis for stereoscopic vision.

Stereoskopisches Sehen

Stereoskopisches Sehen ist die Fähigkeit des Menschen, Parallaxen zwischen den Bildern im linken und im rechten Auge als Entfernungen wahrzunehmen.

Stereoscopic vision

Stereoscopic vision is the capability of the human visual system to perceive depth from the parallaxes (or disparities) between the images of the left and right eye.

Natürliches Stereosehen

Beim Sehen mit beiden Augen konvergieren die Sehstrahlen zu Objektpunkten unter den parallaktischen Winkeln γ. Im Sehvorgang wird aufgrund der Differenz zweier parallaktischer Winkel $\delta\gamma = \gamma_A - \gamma_B$ unmittelbar ein Entfernungsunterschied δy wahrgenommen.

Natural stereo vision

During binocular vision the lines of sight to object points converge and form the parallactic angles γ. Let an observer look at two points with a parallactic angle difference $\delta\gamma = \gamma_A - \gamma_B$. In the visual process he directly perceives a distance difference δy between the two points.

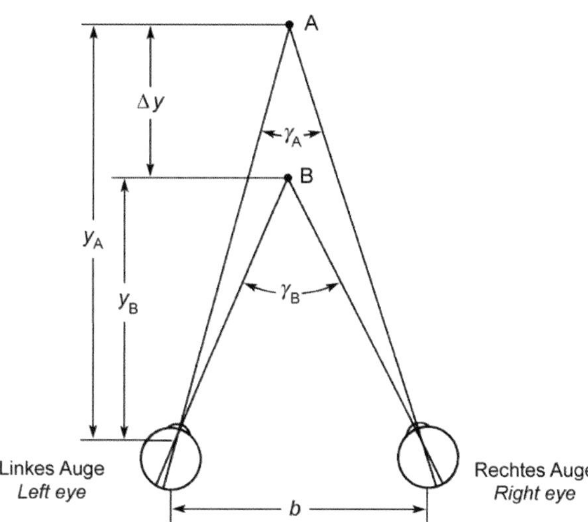

Beim Menschen ist die Augenbasis b etwa 65 mm. Da γ ein sehr kleiner Winkel ist, gilt $\gamma \approx b/y$ sowie

The human eye base b is approximately 65 mm. Because γ is a very small angle, we have $\gamma \approx b/y$, and

$$d\gamma \approx -\frac{b}{y^2}dy$$

Das stereoskopische Sehvermögen nimmt also mit dem Quadrat der Entfernung ab. Der kleinste wahrnehmbare parallaktische Winkel ist etwa 15". Damit ergibt sich bei der deutlichen Sehweite von 25 cm eine stereoskopische Sehschärfe von etwa 0.07 mm. Daraus folgt, dass in 25 cm Entfernung die Sehschärfe in allen drei Raumkoordinaten etwa gleich groß ist.

Thus stereoscopic vision diminishes with the distance squared. The smallest parallax that can be perceived is about 15". From these data it can be derived that for the comfortable viewing distance of 25 cm the stereoscopic acuity is about 0.07 mm. Thus, at a distance of 25 cm visual acuity is approximately equal in all three coordinates.

Prüftafel für Stereosehen

Nicht alle Menschen können stereoskopisch sehen. Diese Prüftafel ist geeignet, die Fähigkeit zu testen.

Stereoscopic vision test chart

For various reasons not everybody is able to see stereoscopically. This test chart can be used to make a test.

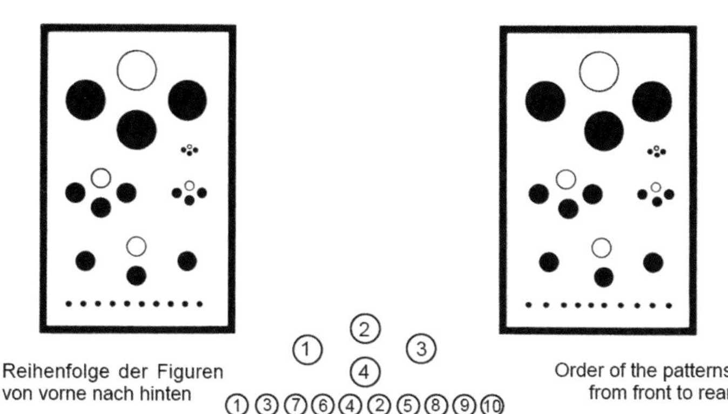

Künstliches Stereosehen

Die räumliche Wahrnehmung kommt auch dann zustande, wenn ein Objekt nicht direkt gesehen wird, sondern den Augen geeignete Bilder dargeboten werden.

Bei richtiger Lage der Bilder schneiden sich die beiden Sehstrahlen (homologen Strahlen) zu einander entsprechenden Bildpunkten (homologen Punkten) und formen ein räumliches Modell des Objektes. Dazu müssen die folgenden drei Bedingungen erfüllt sein.

Artificial stereo vision

The mental impression of seeing a three-dimensional object can also be achieved, if an observer does not directly look at the object, but at two appropriate images.

If the images are correctly oriented, the two (homologue) rays to corresponding image points (homologue points) come to intersection and form a three-dimensional model of the object. In order to generate this effect, the following three requirements must be met.

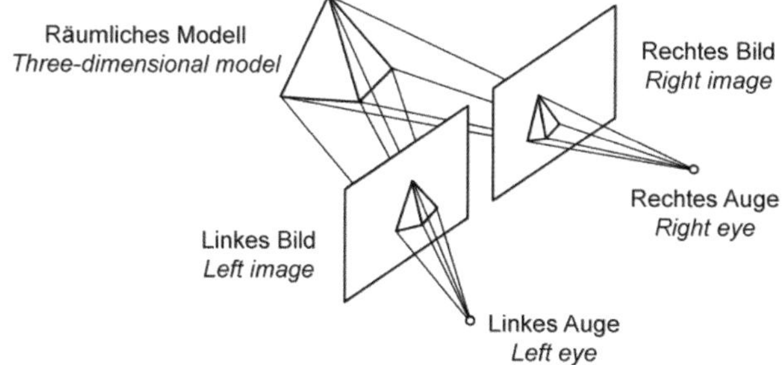

Bedingungen für Stereosehen

1. Bilder müssen ein Objekt von verschiedenen Orten in etwa gleichem Maßstab zeigen und Parallaxen aufweisen.
2. Den beiden Augen müssen die ihnen zugeordneten Bilder getrennt, aber (praktisch) gleichzeitig dargeboten werden.
3. Bilder müssen so orientiert sein, dass sich Sehstrahlen nach einem Objektpunkt schneiden, also in einer Ebene liegen.

Beim Betrachten von Stereobildern sollte die maximale Parallaxendifferenz 70‘ nicht übersteigen (dies entspricht etwa 5 mm in der deutlichen Sehweite von 25 cm). Obwohl geeignete Bildpaare auch freiäugig stereoskopisch gesehen werden können, benutzt man zur Erleichterung meist technische Hilfsmittel.

Requirements for stereo vision

1. Images must show an object in different perspective views in approximately same scale and thus provide parallaxes.
2. The left and right image must be displayed to the left and right eye separately, but (quasi) simultaneously.
3. Images must be oriented in such a way, that the lines of sight to an object point intersect (i. e. lie in one plane).

The ability to fuse stereo images is limited. The range of the parallactic angles should not exceed 70‘ (corresponding to 5 mm in a viewing distance of 25 cm).

Although appropriate images can be directly observed stereoscopically, it is more convenient to make use of technical equipment.

Stereoskope

Ein Stereoskop ist ein binokulares optisches Instrument, das einem Beobachter die stereoskopische Betrachtung von zwei richtig orientierten Bildern erleichtert.

Stereoscopes

A stereoscope is a binocular optical instrument for assisting the observer to view two properly oriented images stereoscopically.

Anaglyphen

Anaglyphen sind in komplementären Farben (meist rot und grün) übereinander gedruckte oder projizierte Stereobilder. Bei Betrachtung durch geeignete Filter sieht jedes Auge das ihm zugehörige Bild.

Anaglyphs

Anaglyphs are stereo images printed or projected superimposed in complementary colors, usually red and green. By viewing through appropriate filter spectacles each eye sees only the related image.

Polarisationsfilter

Die gleiche Wirkung wird erzielt, wenn linkes und rechtes Bild in senkrecht zueinander polarisiertem Licht gezeigt und mit passenden Filterbrillen betrachtet werden.

Polarization filters

The same effect is achieved by spectacle lenses polarized in orthogonal planes with the left and the right image presented through corresponding filters.

Zeitliche Bildtrennung

Stereoskopisches Sehen ist auch möglich durch Präsentation des linken und rechten Bildes in rasch alternierender Folge. Dies ist durch mechanische oder elektronische Wechselblenden möglich.

Temporal image separation

Stereoscopic viewing is also possible if the left and right image is presented to the eyes in quickly alternating succession. This can be realized by mechanical or electronical shutter devices.

Pseudoskopische Betrachtung

Die pseudoskopische Betrachtung (mit Vertauschung des linken und rechten Bildes) kehrt den Stereoeffekt um, sodass z. B. Täler als Berge und umgekehrt erscheinen.

Pseudoscopic viewing

The pseudoscopic view (with the left and right image interchanged) is the reversal of the normal stereoscopic effect, causing e. g. valleys to appear as ridges and ridges as valleys.

Analytische Auswertegeräte

Die analytischen Auswertegeräte führten die Vorteile der Digitaltechnik in die Stereophotogrammetrie ein. Die Beziehungen zwischen Bildkoordinaten x', y', x'', y'' und Modellkoordinaten X, Y, Z wurden in Echtzeit durch Digitalrechner realisiert, die innere, relative und absolute Orientierung eingeschlossen. Bei der Auswertung folgte das System den Positionsvorgaben des Operateurs und zeigte stets ein parallaxenfreies Stereomodell. Physikalische Drehungen oder Einstellungen von Basiskomponenten waren nicht erforderlich.

Analytical plotters

The analytical stereoplotters brought the advantages of digital techniques into the formation and application of stereo photogrammetric models. The interrelations between image coordinates x', y', x'', y'' and model coordinates X, Y, Z were realized by a real-time digital computer program. This includes inner, relative and absolute orientation parameters. During operation the system tracked the operator's position requests and maintained a parallax-free stereo view. No physical rotations or base-component motions were needed.

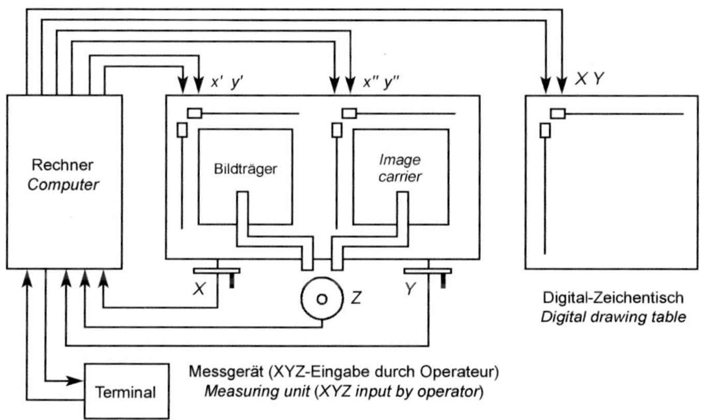

Schematische Darstellung der Systemkomponenten eines analytischen Auswertegerätes
Schematic diagram of the system components of an analytical plotter

Die analytischen Auswertegeräte boten viel mehr Flexibilität als traditionelle optische oder mechanische Systeme. Dies war möglich, weil das gesamte Sensormodell Teil des Echtzeit-Programms war, das die Bildträgerpositionen kontrollierte. Dadurch konnten Bilder verschiedener Geometrien und Orientierungen ausgewertet werden. Diese Flexibilität war vor allem für Nahbereichsanwendungen mit kleinformatigen oder Nichtmess-Kameras nützlich. Inzwischen wurden diese Geräte in den meisten Fällen durch digitale Arbeitsstationen abgelöst.

The analytical plotters offered much more flexibility than the traditional optical or mechanical systems. This was due to the fact that the complete sensor model was part of the real-time computer program which controlled the image-stage positions. Thus, images of various geometric properties and orientations could be treated. This new flexibility was especially useful for close-range applications with small-format or non-metric cameras.
In most cases, these devices have now been replaced by digital workstations.

Photogrammetrische Arbeitsstationen

In digitalen photogrammetrischen Arbeitsstationen (auch Photogrammetrische Workstations) werden die Bilddaten in digitaler Form gespeichert und ausgewertet.

Photogrammetric workstations

In digital photogrammetric workstations (also called softcopy workstations), the image data is stored and processed completely in digital form.

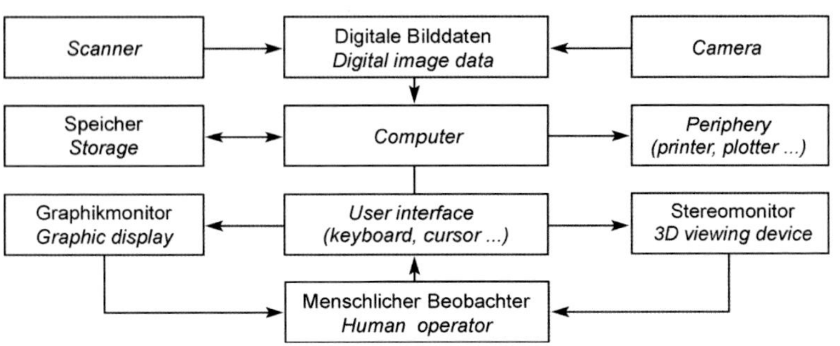

Schema einer digitalen photogrammetrischen Arbeitsstation
Schematic diagram of a digital photogrammetric workstation

Komponenten einer Arbeitsstation

Eingabe-Einheiten

Die Eingabe von digitalen Bilddaten erfolgt entweder offline oder online. Bei Datenaufnahme mit digitalen Kameras wird Echtzeit-Photogrammetrie möglich.

Graphisches System

Die Aufgabe des graphischen Systems ist es, Rasterdaten und Vektordaten anzuzeigen. Das System zeigt auch die Mauseingabe und den Cursor an.

Stereobetrachtung

Durch Stereobetrachtung kann der Beobachter ein Raummodell sehen. Um linkes und rechtes Bild zu trennen, können verschiedene Techniken eingesetzt werden.

Stereomesseinrichtung

Zur räumlichen Messung in einem Modell dient die wandernde Marke. Sie besteht in der Regel aus zwei Marken, die den Bildern überlagert werden und vom Beobachter stereoskopisch gesehen werden.

Nutzerschnittstellen

Der Beobachter benötigt Schnittstellen wie Tastatur, Maus usw. zur Eingabe von x,y,z und für andere Operationen.

Components of a workstation

Input devices

Input are digital image data, either offline or online. If data acquisition is carried out through digital cameras real-time photogrammetry becomes possible.

Graphics system

The purpose of the graphics system is to display raster data and vector data. The display also handles the mouse input and the cursor.

Stereo viewing device

The stereo viewing device allows the operator to see a stereo model. In order to view left and right image separately several stereoscopic techniques can be applied.

Stereo measuring device

The means for three-dimensional measurements in a stereo model is the floating mark. It is normally generated by two marks, superimposed on the images and seen in stereo by the operator.

User interfaces

The operator needs interfaces like keyboard, mouse, etc. for x,y,z inputs and other control operations.

Stereobetrachtungssysteme
In stereophotogrammetrischen Arbeitsstationen werden digitale Bilder an einem Stereomonitor dargestellt. Für die Stereobetrachtung wird meist eine der folgenden technischen Lösungen gewählt.

Monitorteilung (Split Screen)
Beide Bilder werden nebeneinander auf einem Monitor dargestellt. Zur Beobachtung dient ein Linsen- oder Spiegelstereoskop, das vor dem Monitor angebracht ist. Ein Nachteil ist, dass die Bildauflösung in der Horizontalen nur die Hälfte der Monitorauflösung beträgt.

Anaglyphenverfahren
Die beiden Bilder werden in roter und grüner Farbe übereinander projiziert. Die Betrachtung ist mit einer Filterbrille leicht möglich.

Polarisationsverfahren
Linkes und rechtes Bild werden nacheinander auf dem Monitor dargestellt. Vor dem Bildschirm wird ein Filter montiert, das das Licht in der Frequenz des Bildwechsels verschieden polarisiert. Der Beobachter trägt eine entsprechend polarisierende Brille, so dass jedes Auge nur das ihm zugeordnete Bild wahrnimmt.

Zeitliche Bildtrennung
Linkes und rechtes Bild werden ebenfalls in schneller Folge auf dem Monitor gezeigt. Der Operateur benutzt eine elektronisch gesteuerte Brille, die jedem Auge jeweils das ihm zugehörige Bild freigibt. Die Synchronisation von Monitor und Brille erfolgt über ein Infrarotsignal, das vom Monitor ausgesandt wird.

Lentikularverfahren
Die beiden Bilder werden in vertikaler Richtung zerlegt und zu einem spaltenweise verschachtelten Bild kombiniert. Auf der Monitoroberfläche befindet sich ein vertikales Feld zylinderförmiger Mikrolinsen. Diese lenken die Bildspalten so ab, dass den Augen immer nur die vom jeweiligen Bild stammenden vertikalen Bildspalten sichtbar werden. Die horizontale Bildauflösung wird auf die Hälfte reduziert.

Stereoscopic viewing techniques
In stereo photogrammetric workstations the digital images are displayed on a stereo monitor. For stereo viewing by the operator mostly one of the following techniques is applied.

Split screen
The images are displayed side by side on one screen. Stereo observation is possible through a lens or a mirror stereoscope mounted in front of the screen. It is a disadvantage of this approach that the horizontal resolution is only half of the screen resolution.

Anaglyphic method
The images are projected in red and green color on one screen. Observation can easily be achieved with appropriate filter spectacles.

Polarization technique
Left and right images are alternatively displayed on the screen. A polarization screen (active modulating panel) is mounted in front of the monitor. It polarizes the emitted light in two directions in synchronization with the display. The operator wears appropriately polarized eye glasses to decode left and right image.

Temporal image separation
The two images are displayed on the monitor in quick succession. The operator uses an active eyeware unit containing electronically controlled shutters, transmitting at any time the relevant image for each eye. Synchronization between monitor and eye glasses is achieved by means of infrared signals, originating from the monitor.

Lenticular method
Both images are vertically subdivided in columns and afterwards re-arranged to an interlaced combined image. The surface of the monitor is equipped with a vertical system of cylindrical micro-lenses. These elements project the individual columns in such a way that both eyes perceive only columns derived from the related image. The image resolution in horizontal direction is only half of the screen's resolution.

Optische Datenaufnahme

Zur optischen Datenaufnahme stehen sehr viele Systeme zur Verfügung. Die Terminologie ist entsprechend vielfältig. Folgende Aussagen gelten allgemein.

Radiometrie und Geometrie

Alle Systeme erfassen zwei Arten von Daten: Radiometrie und Geometrie. Radiometrische Informationen beschreiben den Charakter und die Intensität der Strahlung. Um diese Daten zu nutzen, muss das System kalibriert werden. Geometrische Informationen beschreiben die räumliche Richtung, aus der die Strahlung kommt. Die Definition dieser Informationen verlangt zwei Arten von Orientierungsparametern.

Die *innere Orientierung* bezieht sich auf die geometrischen Eigenschaften des Sensors, sie wird durch Kalibrierung bestimmt.

Die *äußere Orientierung* definiert die Sensorlage im Raum bei der Datenaufnahme. Diese Parameter können entweder direkt gemessen oder indirekt mit Passpunkten bestimmt werden.
Passpunkte sind in den Bilddaten gut identifizierbare Objektpunkte. Sie verknüpfen die internen Sensor-Koordinaten mit dem allgemeinen räumlichen Referenzsystem.

Kameras und scannende Systeme

In Kameras wird die von Objekten abgegebene Strahlung durch ein Objektiv zur Abbildung in dessen Brennebene erfasst. Im Allgemeinen kann die innere Orientierung kalibriert werden und bleibt stabil. Scannende Systeme verwenden Detektoren mit einem engen Gesichtsfeld, das eine Szene überstreicht, um ein Bild zu erzeugen. Meist gibt es keine innere Orientierung (im Sinne der Photogrammetrie).

Sensorträger

Systeme zur Datenaufnahme können nach den Sensorträgern eingeteilt werden:

- Nahbereichssysteme (in der Regel von festen Standpunkten aus betrieben)
- Systeme in Flugzeugen
- Satellitensysteme

Die folgenden Abschnitte folgen dieser Gliederung.

Optical data acquisition

A great variety of systems for optical data acquisition is available. The terminology is as manifold as the systems. The following statements are general.

Radiometry and geometry

All data acquisition systems measure two types of data, radiometry and geometry. Radiometric information describes the character and the intensity of the radiation observed. In order to use this information, the system must be calibrated. Geometric information describes the direction in space where the radiation comes from. The definition of this information requires two types of orientation parameters.

The *inner orientation* refers to the geometric properties of the sensor system, which is determined by sensor calibration.

The *exterior orientation* defines its position in space during data acquisition. These parameters can either be determined directly during the operations or indirectly by means of control points.
Control points are object points that can be clearly identified in the image data. They link the internal sensor coordinate system to the general spatial reference system.

Cameras and scanning systems

In cameras, the radiation emanating from an object is collected by the lens to form an image in the focal plane. Usually, the inner orientation can be calibrated and remains stable. Scanning systems use detectors with a narrow field of view which sweeps across a scene to produce an image. In most cases, there is no inner orientation (in the photogrammetric sense).

Sensor platforms

Data acquisition systems can be divided according to the sensor platforms:

- Close-range systems (usually operated on fixed stations)
- Systems on airplanes
- Satellite systems

The following sections are grouped into these categories.

Sensoren

Ein Sensor ist ein technisches System, das elektromagnetische Strahlung so erfasst und speichert, dass Informationen über die Umwelt gewonnen werden können. Photogrammetrie und Fernerkundung arbeiten mit Sensordaten, die entweder als Bild vorliegen oder die man in Bildform wiedergeben kann.

Man unterscheidet nach der Quelle der elektromagnetischen Strahlung passive und aktive Sensoren. Nach dem Ort des Sensors kann man ferner unterscheiden zwischen Nahbereichssystemen, Flugzeugsystemen und Satellitensystemen.

Passive Sensoren

Passive Sensoren, wie z. B. Photographie, Thermalsensoren oder Mikrowellensysteme, benutzen die in der Natur vorhandene Strahlung, die von der Erdoberfläche oder vom beobachteten Objekt ausgeht.

Aktive Sensoren

Aktive Sensoren wie Radarsysteme und Lidarsysteme, senden selbst künstlich erzeugte Strahlung auf ein Gelände und erfassen den reflektierten Anteil.

Multispektral-Sensoren

Jeder Sensor ist für Strahlung in einem bestimmten Bereich des elektromagnetischen Spektrums empfindlich. Für die meisten Fernerkundungsanwendungen sind Daten mehrerer Spektralbereiche nützlicher als die nur eines Bereichs. Daher werden verschiedene Techniken angewandt, um mit einem Multispektral-Sensor Daten gleichzeitig in mehreren Spektralbereichen zu erfassen.

Bildsensoren

Bildsensoren (Kameras) nehmen ein Bild gleichzeitig auf. Das Bild entsteht in der Fokalebene eines Objektivs und wird auf photographischem Film oder durch ein Flächenarray von Detektoren erfasst.

Scannende Sensoren

Scannende Sensoren nutzen einen Detektor (oder eine Detektorzeile), um Daten in einem dynamischen Vorgang aufzunehmen. Solche Daten können anschließend zu einem Bild zusammengefügt werden.

Sensors

Any device which gathers electromagnetic radiation and presents it in a form suitable for obtaining information about the environment, may be called a sensor. Photogrammetry and remote sensing deal with sensor data that have the form of an image or can be converted to image formats.

According to the source of electromagnetic radiation we have passive and active sensor systems. Furthermore, according to the location of the sensor we distinguish between close-range systems, airborne systems and satellite systems.

Passive sensors

Passive sensors, such as photography, thermal infrared sensors, and microwave sensors, utilize electromagnetic radiation emanating naturally from the Earth's surface or the object being sensed.

Active sensors

Active sensors, such as radar systems and lidar systems, beam their own artificially produced energy to a target and record the reflected component.

Multispectral sensors

Any sensor is sensitive to radiation in a certain region of the electromagnetic spectrum, also called spectral band. For most remote sensing applications data from several spectral regions are more valuable than data from only a single region. Therefore a variety of techniques is applied to record sensor data simultaneously in several spectral regions by multispectral sensors (or multiband sensors).

Framing sensors

Framing systems (cameras) acquire an image simultaneously. The image is formed at the focal plane of a lens and recorded on photographic film or through an array of sensor elements.

Scanning sensors

Scanning systems employ single detectors (or linear detector arrays) to acquire data in a dynamic process. Such data can be used to form a contiguous image in subsequent processing.

Detektoren

Ein Detektor ist ein Element, das aufgrund einfallender Strahlung ein nutzbares elektrisches Signal abgibt. Die meisten Detektoren der Fernerkundung sind Photodetektoren. Sie reagieren auf Änderungen des einfallenden Photonenflusses.

Vom Ultraviolett bis zum nahen Infrarot (≈ 1 µm) werden Silikon-Photodioden benutzt. Zwischen 1-12 µm sind es andere Materialien, z. B. PbS (Bleisulfid), InSb (Indium-Antimonid), HgCdTe (Quecksilber-Cadmium-Tellurid).

Typische Photodetektoren werden photovoltaisch (PV = Spannungsänderungen) oder photokonduktiv (PC = Widerstandsänderungen) genutzt. Jeder Photodetektor reagiert auf Strahlung eines bestimmten Wellenlängenbereichs.

Photodetektoren für den nahen oder thermalen Infrarotbereich (> 1 µm) müssen zur Reduktion des Eigenrauschens gekühlt werden. Je länger die Wellenlängen, desto kälter muss der Detektor sein.

Thermaldetektoren reagieren auf Temperaturänderungen, meist ist der elektrische Widerstand eine Funktion ihrer Temperatur.

Detectors

A detector can be any device that provides an electrical output as a useful measure for incident radiation. Most detectors for remote sensing purposes are photo detectors. They are sensitive to changes in the photon flux incident on it.

From ultraviolet to near infrared (≈ 1 µm) silicon photodiodes are in use. Between 1-12 µm other detector materials are common, e. g. PbS (lead sulfide), InSb (indium antimonide) and HgCdTe (mercury cadmium telluride).

Typical photo detectors are either applied in photovoltaic mode (PV = voltage changes) or in photoconductive mode (PC = conductivity changes). Each photo detector responses to incoming radiation of a certain wavelength band.

Photo detectors that are operated in near or thermal infrared wavelengths (> 1 µm) require cooling to reduce internal noise. The longer the wavelength to be measured the colder the detector must be.

Thermal detectors are sensitive to temperature changes. In most cases its electrical resistance is a function of its temperature.

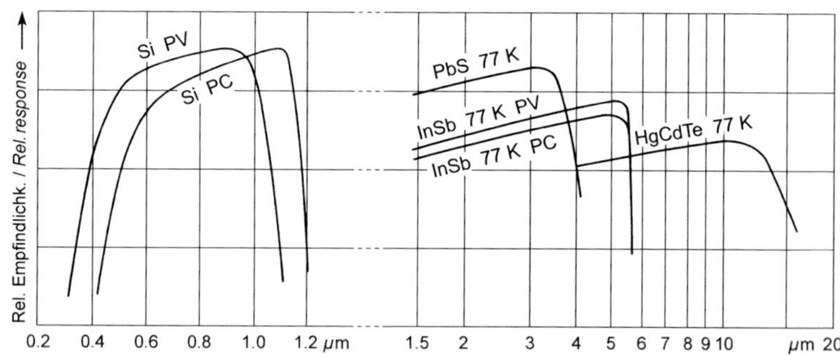

Relative spektrale Empfindlichkeit verschiedener Detektoren (einige auf 77 K gekühlt)
Relative spectral response of various detectors (some of them cooled to 77 K)

Detektoren werden auch nach ihrer geometrischen Anordnung unterschieden. Es gibt Einzel-Detektoren, Detektoren in Zeilen sowie in flächenhafter Anordnung.

Detectors are also classified according to their arrangement. There are single detectors, detectors in line arrays, and in two-dimensional arrays.

Charge-Coupled Device (CCD)

CCDs sind lichtempfindliche Halbleiter-Elemente, deren Ladung proportional zur Intensität des einfallenden Lichts ist. Sie sind die Grundlage für viele solid-state Bildsensoren. Die Erfassung der flächigen Verteilung von Licht erfordert CCD-Elemente (Pixel) in geordneter Form.

In Frame-Transfer-CCDs dient eine CCD-Fläche (Register A) zur Konversion von Photonen in Ladungen bei der Belichtung sowie zur Speicherung dieser Photoladungen in den Pixeln. Diese flächige Ladungsverteilung wird anschließend in eine andere CCD-Fläche (Register B) verschoben, welche durch eine opake Metallschicht verdeckt ist. Vom B-Register wird jeweils eine Bildzeile in eine CCD-Zeile (Register C) geschoben, welche die Photoladungen seitlich zu einem Ausgangsverstärker transportiert, sodass der Inhalt der Bildzeile nacheinander verfügbar wird.

Charge-coupled device (CCD)

CCDs are light-sensitive semiconductor elements whose charge is proportional to the intensity of incident light. They are the basic component of many solid-state imaging sensors. The acquisition of two-dimensional distributions of light requires arrays of CCD elements (pixels).

In Frame-Transfer CCDs one CCD area (register A) is used for the conversion of photons into photo charge during the exposure time and for the storage of this photocharge in the pixels. This two-dimensional photo-charge distribution is subsequently shifted down into another CCD area (register B), which is covered with an opaque metal layer. From the B register, an image row at a time is shifted down into a CCD line (register C), which transports the photo charges laterally to the output amplifier, so that the content of this image row can be accessed sequentially.

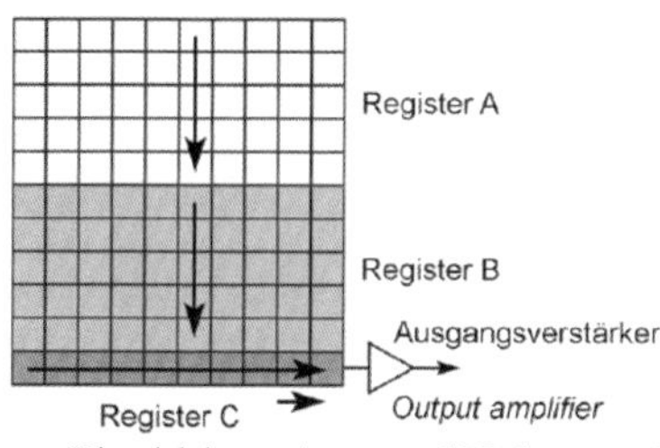

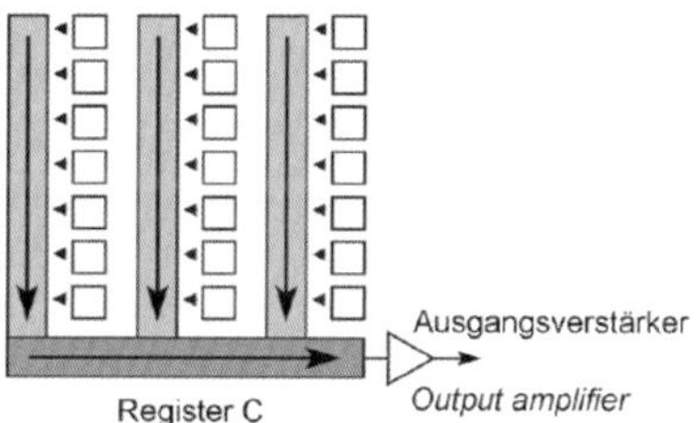

Die wichtigsten Arten von CCD-Sensoren: Frame-Transfer-CCD mit drei Registern (links); Interline-Transfer-CCD mit Spalten von abgedeckten Zwischenspeicherzellen (rechts)
Most important types of CCD sensors: Frame-Transfer CCD with its three registers (left); Interline-Transfer CCD with column light shields for vertical charge transfer (right)

Mit dem Interline-Transfer-CCD wird die Photoladung in einzelnen Pixeln angesammelt. Nach der Belichtungszeit wird die Photoladung über das Pixel-Transferregister in die entsprechende vertikale CCD-Spalte übertragen. Diese CCD-Spalten sind durch eine opake Metallschicht vor Licht geschützt. Eine flächige Verteilung von Ladungen kann dann zeilenweise in das horizontale Register C verschoben werden, von dem die Pakete von Photoladungen nacheinander ausgelesen werden.

With the Interline-Transfer CCD photo charge is collected in the individual pixels, and after the exposure time the photo charge is transferred via the pixels' transfer register into a corresponding vertical CCD column. These CCD columns are shielded from light with an opaque metal layer. A two-dimensional photo-charge distribution can then be shifted downwards, one row at a time, into the horizontal output register, from where the photo-charge packets are read out sequentially.

CMOS-Bildsensoren

CMOS-Sensoren (complementary metal oxide semi-conductor) haben gegenüber der CCD-Technologie folgende Vorteile:

- geringere Herstellungskosten
- geringerer Energieverbrauch als CCD-Sensoren
- direkt adressierbare Sensorelemente
- hohe Bildfrequenzen mit mehr als 2000 Bildern pro Sekunde
- hoher Dynamikumfang und geringeres Bildrauschen

CMOS image sensors

CMOS sensors (complementary metal oxide semi-conductor) have the following advantages over CCD technology:

- lower manufacturing costs
- lower energy consumption than CCD sensors
- directly addressable sensor elements
- high frame rates with more than 2000 frames per second
- high dynamic range and lower image noise

Elektronische Verschlüsse

Bei digitalen Bildsensoren wird der Integrations- und Ausleseprozess als elektronischer Verschluss bezeichnet. Dieser wird je nach Kamera und Sensortyp (CCD, CMOS) auch mit mechanischen Verschlüssen kombiniert, um den Lichteinfall kontrolliert steuern und die Bildinformation korrekt speichern zu können. Grundsätzlich werden zwei elektronische Verschlussarten unterschieden:

Rolling Shutter

Normale CMOS-Sensoren arbeiten nach dem Rolling-Shutter-Prinzip. Das Rückstellen wird zeilenweise mit einem Zeilenversatz ausgeführt, welcher der Auslesedauer der Zeile entspricht. Jede Zeile wird also zu einem anderen Zeitpunkt belichtet. Die gesamte Belichtungszeit eines digitalen Bildes ist damit größer als die eigentlich eingestellte Belichtungszeit. Durch das zeilenweise Auslesen der Bildinformation werden relativ zur Kamera bewegte Objekte verzerrt dargestellt.

Global Shutter

Alle Sensorelemente werden gleichzeitig gelöscht. Der Belichtungsvorgang startet für alle Bildelemente zum selben Zeitpunkt. Die gewählte Belichtungszeit entspricht dann auch der tatsächlichen Integrationszeit. Der Global Shutter ist vergleichbar dem mechanischen Zentralverschluss und ist für dynamische Anwendungen vorrangig einzusetzen. Bei bewegten Objekten kommt es dann nicht zu Verzerrungen im Bild durch verzögert ausgelesene Sensorelemente.

Electronic shutters

In the case of digital image sensors, the integration and readout process is called electronic shutter. Depending on the camera and sensor type (CCD, CMOS) it is in most cases also combined with mechanical shutters in order to control collected light and to be able to correctly store the collected image information.
There are basically two types of electronic shutters:

Rolling shutter

Normal CMOS sensors work on the rolling shutter principle. The reset is carried out line by line with a line offset which corresponds to the readout duration of the line. Each line is exposed at a different moment. The entire exposure time of a digital image is thus greater than the exposure time actually set. By reading out the image information line by line, objects moving relative to the camera are displayed in a distorted manner.

Global shutter

All sensor elements are deleted at the same time by a global reset. The exposure process starts for all image elements at the same time. The selected exposure time also corresponds to the actual integration time. In this case the global shutter is comparable to the mechanical central shutter and is primarily used for dynamic applications. In the case of moving objects, there is no distortion in the image due to delayed readout of sensor elements.

Rolling Shutter Simulation *Rolling shutter simulation*

```
# a2020-91
from PIL import Image
import matplotlib.pyplot as plt
import numpy as np
img = Image.open("warot.png").convert('L')  # load image as grey-scale image
cols,rows=img.size
data1= np.zeros((rows,cols))                # define array for frame buffer
speed=1/1                                   # 1/1 ... 1/5   variation of rotation speed
cnt=0
rot=['slow','fast']
if speed >= 1/3 :
    cnt=1
for i in range(rows):                       # read frame buffer lines between t0 and t1
    trans1 = img.rotate(-i*speed, fillcolor = 255)
    data = np.asarray(trans1)
    data1[i,:]=data[i,:]                    # copy image information to image line
fig, (ax1,ax2,ax3) = plt.subplots(1,3,figsize=(8,3)) # show figures and save result
title='Shutter Simulation: clockwise rotating object (%s) ' % rot[cnt]
fig.suptitle(title)
ax1.imshow(img,cmap=plt.cm.gray)
ax1.set_title('global shutter at t0',fontsize=8)
ax1.axis('off')
ax3.imshow(trans1,cmap=plt.cm.gray)
ax3.set_title('global shutter at t1',fontsize=8)
ax3.axis('off')
ax2.imshow(data1,cmap=plt.cm.gray)
ax2.set_title('rolling shutter from t0 to t1',fontsize=8)
ax2.axis('off')
outfile="pyfig91%d.pdf" % cnt
plt.savefig(outfile,bbox_inches='tight')
plt.show()
```

Rolling-Shutter-Simulation: Langsame Rotation (oben), schnelle Rotation (unten)
Rolling shutter simulation: Slow rotation (above), fast rotation (below)

Detektor-Kenngrößen

Quantenwirkungsgrad
Der Quantenwirkungsgrad kennzeichnet die Zahl der einfallenden Photonen zur Zahl der freigesetzten Elektronen. Er berücksichtigt alle Photonenverluste durch Absorption des Detektormaterials, Streuung usw. Der Quantenwirkungsgrad ist stets kleiner eins und wird meist in Prozent angegeben.

Empfindlichkeit
Die Detektor-Empfindlichkeit ist das elektrische Ausgangssignal dividiert durch den eintretenden Strahlungsfluss. Die ideale Empfindlichkeit eines Photodetektors ist proportional zum Produkt von Quantenwirkungsgrad und Wellenlänge. Ein idealer Detektor zeigt einen linearen Anstieg der Empfindlichkeit mit der Wellenlänge bis zu einer Grenze, wo sie plötzlich abfällt. Reale Detektoren weichen davon ab.

Rauschäquivalente Strahlungsleistung
Die rauschäquivalente Strahlungsleistung NEP gibt das Rauschen am Detektorausgang an, wenn keine Strahlung einfällt. Um erkannt zu werden, muss das vom Detektor erzeugte Signal über dem Rauschpegel am Detektorausgang liegen. NEP ist die Signalleistung, die einer Ausgangsspannung V bei einem mittleren (rms-) Rauschen σ_n entspricht:

Detector figures of merit

Quantum efficiency
Quantum efficiency relates the number of photons incident on a detector to the number of independent electrons generated. It takes into account all processes related to photon losses, such as absorption of the detector material, scattering, etc. The quantum efficiency is always smaller than one and is mostly expressed in percent.

Responsivity
The responsivity R of a detector is defined as the electrical output signal divided by the input radiative flux. The ideal spectral responsivity of a photo detector is proportional to the product of the quantum efficiency and the wavelength. An ideal photo detector shows a linear increase in the responsivity with wavelength up to its cutoff wavelength, where it drops to zero. Real detectors show typical deviations.

Noise-equivalent power
The noise-equivalent power NEP quantifies the detector noise output in the absence of incident flux. To be detected the signal output produced by the detector must be above the noise level of the detector output. NEP is defined as the signal power, that is radiative flux, which corresponds to an output voltage V given by the root mean-square (rms) noise output, σ_n:

$$NEP = \frac{\sigma_n}{R}$$

NEP definiert somit die einfallende Strahlungsleistung, die zum Signal-Rausch-Verhältnis eins führt. Dies gibt die untere Grenze der messbaren Strahlung an.

Die Detektivität D eines Detektors ist der Kehrwert der NEP. Es ist zweckmäßig, die Detektorfläche und die rauschäquivalente Bandbreite δf einzubeziehen.
Dies ergibt die normalisierte Detektivität $D*$:

In other words, NEP defines the incident radiant power that yields a signal-to-noise ratio of unity. It indicates the lower limit on the flux level that can be measured.

The detectivity D of a detector is the reciprocal of the NEP. It is useful to incorporate the detector area and the noise-equivalent bandwidth δf.
Thus, the normalized detectivity $D*$ is defined as:

$$D* = \frac{\sqrt{A \cdot \Delta f}}{NEP} \quad [cm\, Hz^{1/2}\, W^{-1}]$$

$D*$ kann man als SNR eines Detektors interpretieren, wenn 1 W Strahlungsleistung auf eine Fläche von $A = 1\ \mathrm{cm}^2$ fällt.

$D*$ can be interpreted as the SNR of a detector when 1 W of radiative power is incident on an area of $A = 1\ \mathrm{cm}^2$.

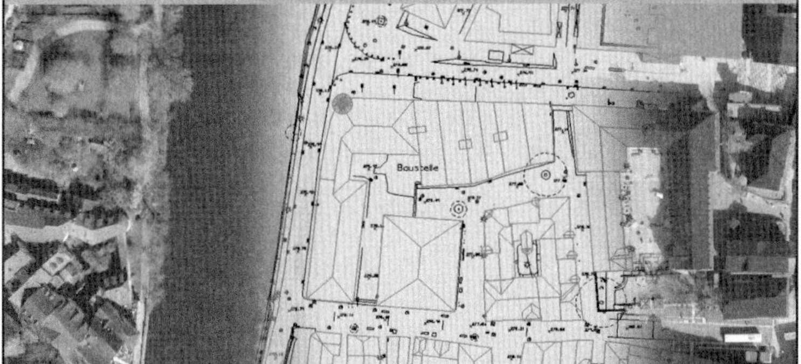

Signal und Rauschen
Der Begriff Rauschen beschreibt zufällige Änderungen in einem Signal oder einem Bild, die beim Erfassen des Signals oder einer Szene und der Umwandlung in eine computergerechte Form entstehen. Rauschen bezieht sich nicht auf das erfasste Objekt und enthält keine Information.

Das Signal-Rausch-Verhältnis (SNR) ist das Verhältnis des informationstragenden Signals zum Rauschanteil. Das maximale SNR eines Systems wird Dynamikbereich genannt. In der Bildverarbeitung wird das SNR meist als Verhältnis der mittleren Pixelwerte zur Varianz der Pixelwerte definiert. Je höher das SNR eines Systems ist, desto höher ist die Signalqualität für Auswertung und Interpretation. CCD-Sensoren können ein SNR von etwa 1000:1 oder noch besser haben.

Signal and noise
The term noise describes random variations in a signal or an image, caused by the processes and transformations that are applied in sensing the signal or scene and converting it to a computer-usable form. Noise is not related to the sensed object and does not carry information.

The Signal-to-Noise Ratio (SNR) is the ratio of the level of information-bearing signal power to the level of noise power. The maximum SNR of a system is called the dynamic range. In image processing, the SNR is usually defined as the ratio of the mean pixel value to the standard deviation of the pixel values. The higher the SNR of a system, the better the signal quality for recognition and interpretation. CCD sensors can have a SNR of about 1000:1 or even better.

Auflösung
Der Begriff Auflösung wird in Photogrammetrie und Fernerkundung häufig mit sehr unterschiedlichen Bedeutungen benutzt:

Resolution
In photogrammetry and remote sensing resolution is a general term which is used in very different senses:

Bildauflösung
Bildauflösung (auch räumliche Auflösung oder geometrische Auflösung) beschreibt, wie gut ein abbildendes System eng benachbarte Objekte wiedergibt.

Image resolution
Image resolution (also spatial resolution or geometric resolution) characterizes how well an imaging system reproduces closely spaced objects.

Radiometrische Auflösung
Die radiometrische Auflösung kennzeichnet das Vermögen eines Sensors, kleine Strahlungsdifferenzen zu messen. Sie wird oft auf die Zahl der möglichen Grauwerte eines Sensors bezogen. Dann wird sie durch die Zahl der Bits angegeben, mit denen die Strahlung pro Pixel erfasst wird.

Radiometric resolution
The radiometric resolution describes the ability of a sensor to measure small differences of radiation. It is often referred to the number of possible data file values in each band of a sensor. Then it is indicated by the number of bits by which the measured energy of a pixel is recorded.

Spektrale Auflösung
Die spektrale Auflösung gibt an, in wie vielen Spektralkanälen ein Sensor gleichzeitig Daten aufnehmen kann.
Außerdem kann sie die Wellenlängenintervalle im Spektrum angeben, die ein Sensor erfasst.

Spectral resolution
Spectral resolution indicates in how many spectral bands a sensor can record data simultaneously.
Furthermore it may refer to the specific wavelength intervals in the spectrum that a sensor can record.

Zeitliche Auflösung
Die zeitliche Auflösung gibt an, wie oft oder in welchen Zeitabständen ein Sensor ein bestimmtes Gebiet aufnehmen kann.

Temporal resolution
Temporal resolution indicates how often or at which time intervals a sensor can obtain imagery of a particular area.

Auflösung

Die Auflösung kennzeichnet die Fähigkeit eines optischen Systems, feine Objektstrukturen scharf wiederzugeben. Die Auflösung kann auf verschiedene Weise gemessen werden.

Resolution

Resolution describes the ability of an optical system to render a sharply defined image of small object structures. The resolution may be measured and expressed in different ways.

Auflösungsvermögen

Das Auflösungsvermögen wird meist zur Qualitätsbewertung photographischer Systeme benutzt. Dazu wird eine Testtafel unter kontrollierten Bedingungen photographiert. Ein Auflösungstest besteht aus einer Serie von immer kleineren Strichmustern. Jedes Muster zeigt weiße und schwarze Striche gleicher Breite.

Resolving power

The resolving power is mainly used to characterize the quality of photographic systems. It is determined by photographing a resolution test chart under controlled conditions. A resolution test target consists of a series of progressively smaller bar patterns. Each pattern shows standardized white and black bars of equal width.

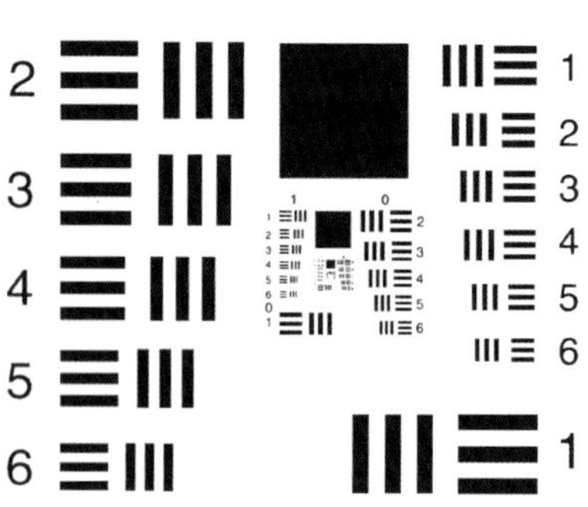

Typische Testtafel für Drei-Linientest (links) und Siemens-Stern (rechts)
Typical tri-bar resolution test chart (left) and Siemens star (right)

Das Auflösungsvermögen erhält man durch Analyse der Testbilder. Die Auflösung ist der Kehrwert des Abstandes der Strichmitten (in Millimetern) der im Bild gerade noch erkennbaren Linien. Wenn z. B. die Gesamtbreite eines schwarzen und eines weißen Striches 0.02 mm ist, dann beträgt das Auflösungsvermögen 50 Linien/mm (auch als Linienpaare bezeichnet).

Resolving power values result from the study of resolution chart images. The value is the reciprocal of the center-to-center distance (in millimeters) of the lines that are just distinguishable in the image. If, e. g., the combined width of a black and white bar was found to be 0.02 mm, the resolving power of the image would be 50 lines/mm (also referred to as line pairs).

Eine andere gebräuchliche Testtafel ist der Siemens-Stern. Er zeigt eine kreisförmige Anordnung von 72 weißen und schwarzen Sektoren (36 Sektorenpaare). Wenn in einem Bild der nicht mehr aufgelöste innere Kreis einen Durchmesser d hat, ist das Auflösungsvermögen in L/mm:

Another common resolution test chart is the Siemens star. It consists of a circular arrangement of 72 black-and-white sectors (36 pairs of sectors). If in an image of this chart the unresolved circle in the center has the diameter d, then the resolving power in lines/mm is defined as:

$$\frac{36}{\pi \cdot d}$$

Das so ermittelte Auflösungsvermögen hängt von der individuellen Bewertung durch einen menschlichen Beobachter ab. Außerdem ist die Auflösung in starkem Maße durch den Objektkontrast bestimmt. Da die meisten Oberflächenmaterialien im Gelände relativ geringe Kontraste aufweisen, sind für die Fernerkundung vor allem Auflösungswerte mit Testtafeln geringer Kontraste geeignet.

The resolving power determined by these procedures depends on the individual estimation of the human observer. Furthermore, resolution is very much dependent upon the contrast of the targets. As most surface materials in the terrain show relatively low contrast, resolution values derived from low-contrast test charts are best suited for the purposes of remote sensing.

Momentanes Gesichtsfeld

Das Momentane Gesichtsfeld (IFOV) ist die Fläche, die von einem einzelnen Detektor eines scannenden Systems zu einem bestimmten Zeitpunkt erfasst wird. Das IFOV kann entweder als kleiner Winkel oder als Fläche beschrieben werden.

Winkelwerte (in mrad oder µrad) beschreiben technische Parameter eines Sensors und sind unabhängig von der Flughöhe oder Umlaufbahn. Sie werden vor allem von der Größe des empfindlichen Elements und der effektiven Brennweite des Systems bestimmt. In manchen Systemen ist das IFOV auch von Betriebsparametern abhängig (z. B. Fluggeschwindigkeit).

Das IFOV im Gelände (also die Geländeauflösungszelle) beschreibt die Fläche, von der Strahlung für eine Messung empfangen wird. Es ist direkt abhängig vom Winkel-IFOV und der Flughöhe. Beispielsweise ist für ein IFOV von 2.5 milliradians die erfasste Fläche im Gelände 2.5 m x 2.5 m, wenn der Sensor 1000 m über Grund fliegt. Die Geländeauflösung ist besonders populär, um das Potenzial von Satelliten-Fernerkundungssystemen zu beschreiben. Auf jeden Fall ist das IFOV unabhängig vom Objektkontrast.

Auflösungsvermögen und Momentanes Gesichtsfeld beschreiben die Sensor-Auflösung. Aber sie können nicht einfach miteinander verglichen werden. Die Definitionen sind grundlegend verschieden. Dennoch wird für grobe Schätzungen der Kell-Faktor angenommen, nach dem ein IFOV von 10 m etwa einer Auflösung von 28 m pro Linienpaar entspricht.

Instantaneous field of view

The instantaneous field of view (IFOV) is a measure of the area viewed by a single detector on a scanning system at a given instant in time. The IFOV may be expressed in two ways, either as a small angle or as a unit area.

Angular values (in mrad or µrad) describe technical specifications of a sensor and are independent of the flying height or orbital altitude. They are primarily determined by the size of the sensitive element and the effective focal length of a sensor system. In some systems the IFOV is also dependent on the type of operation parameters (e. g. flight velocity).

The IFOV on the ground (also ground resolution cell) describes the area from which radiation is collected for one measurement. It is directly related to the angular IFOV and the sensor altitude. For example in the case of an IFOV of 2.5 milliradians, the detected area on the ground will be 2.5 m x 2.5 m, if the altitude of the sensor is 1000 m above ground. The ground resolution cell is especially very popular to describe the potential of satellite remote sensing systems. In any case the IFOV is independent from object contrasts.

Although resolving power and instantaneous field of view (IFOV) both describe sensor resolution, they cannot simply be compared to each other. The basic definitions are totally different. Nevertheless the Kell Factor is assumed for rough estimations stating that an IFOV of 10 m corresponds to a resolution of about 28 m per line pair.

Punktverwaschungsfunktion

Durch die Punktverwaschungsfunktion (PSF) lässt sich ein optisches System als lineare Überlagerung von Bildern einzelner Objektpunkte beschreiben. Sie stellt die Reaktion eines abbildenden Systems auf eine Punktlichtquelle dar. Der Grad der Verwaschung (Streuung) eines Punktes ist ein Maß für die Qualität des Systems.

Theoretisch wird jeder Objektpunkt als Punkt in die Bildebene projiziert, wenn das optische System keine Aberrationen aufweist. Aber durch Beugung wird das Bild eines Punktes zu einem Kreis, der Airy-Scheibchen genannt wird. Sein Radius entspricht etwa der Wellenlänge des Lichtes. Deshalb besteht eine Grenze zur Auflösung des Abstandes zweier Punkte, auch wenn es keine Aberration gibt.

Point spread function

The point spread function (PSF) allows the description of a complex optical system as a linear superposition of images of single spot sources. It describes the response of an imaging system to a point source or point object. The degree of spreading (blurring) of a point object is a measure for the quality of the imaging system.

Theoretically an object point will be projected as a point on an image plane if the optical system has no aberration. However, because of diffraction the image of a point will be a circle with a radius of about one wavelength of light, which is called the Airy pattern (or Airy disk). Therefore there exists a limit to resolve the distance between two points even though there is no aberration.

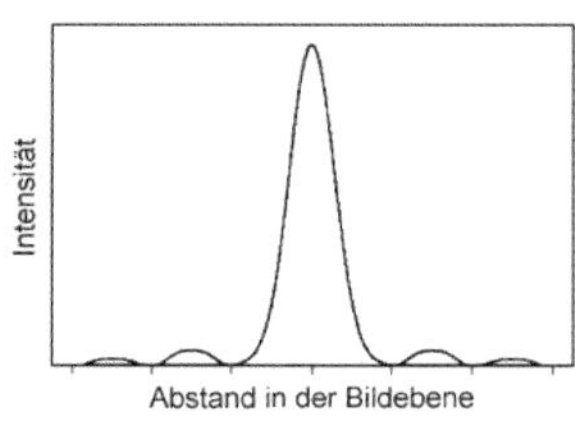

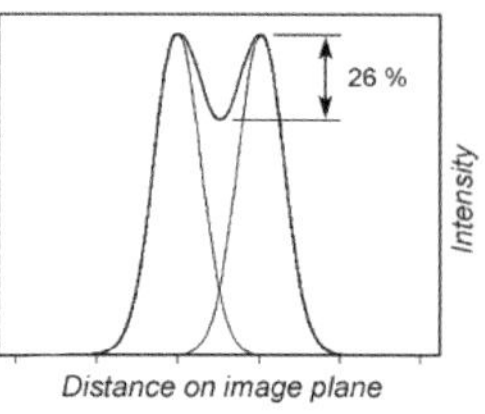

Punktverwaschungsfunktion und Auflösungsgrenze (ohne Aberrationen):
Airy-Scheibchen (links), PSF (Mitte) und Mindestabstand zweier Punktbilder (rechts)
Point spread function and resolving limit (with no aberrations):
Airy pattern (left), PSF (center) and minimum distance between two point images (right)

Das Airy-Scheibchen zeigt eine Reihe heller und dunkler Ringe. Bei der Wellenlänge λ, der Brennweite f und dem Blendendurchmesser d des optischen Systems hat der zentrale Ring den Radius r

The Airy disk consists of a series of bright and dark rings. If λ is the wavelength, f the focal length and d the diameter of the aperture of the optical system, the central ring has a radius r

$$r = \frac{1.22 \cdot \lambda \cdot f}{d}$$

In inkohärenten abbildenden Systemen verläuft der Abbildungsprozess linear nach der linearen Systemtheorie. Wenn demnach zwei Objektpunkte zugleich abgebildet werden, ist das Ergebnis gleich der Summe der Einzelabbildungen. Nach Rayleigh können zwei Punkte als solche erkannt werden, wenn ihre Maxima mindestens den Abstand r aufweisen.

In incoherent imaging systems the image formation process is linear and described by linear system theory. This means that if two object points are imaged simultaneously, the result is equal to the sum of the independently imaged points. Rayleigh found that two object points can be recognized as such if their maxima are at least the distance r apart.

2.2 Definitionen – Definitions

Maschinelles Sehen
Maschinelles Sehen (Computer Vision) ist die rechnerische Analyse von einem oder mehreren Bildern oder einer Bildfolge und umfasst Bildverarbeitung, Mustererkennung, Merkmalsextraktion und Methoden der Künstlichen Intelligenz. Die Analyse erkennt wichtige abgebildete Objekte und bestimmt deren Position und Raumlage in unserer dreidimensionalen Umgebung und liefert eine ausreichend detaillierte symbolische Beschreibung von ihnen.

Computer vision
Computer vision comprises computer analysis of one or more images or an image sequence, combining image processing, pattern recognition, feature extraction, and artificial intelligence methods. The analysis recognizes and locates the position and orientation, and provides a sufficiently detailed symbolic description or recognition of those imaged objects deemed to be of interest in the three-dimensional environment.

Bildverarbeitung
Bildverarbeitung nennt man die Veränderungen von Bildern durch Computer. Eine große Zahl von Operationen kann auf ein Bild angewandt werden, um Störungen zu beseitigen, das Aussehen zu verändern, Objektmerkmale zu extrahieren und zu klassifizieren, die Daten zur Speicherung und Übertragung zu komprimieren usw.

Image processing
Image processing summarizes the manipulation of images by computers. A wide variation of operations can be applied to an image in order to restore degradations, to change its appearance, to extract features for object recognition and classification, to compress it for storage and transmission, etc.

Mustererkennung
Die Mustererkennung behandelt die Identifizierung von Objekten aufgrund ihrer Merkmale. In der statistischen Mustererkennung benutzt man mehrdimensionale Merkmalsvektoren. In der syntaktischen Mustererkennung haben die Merkmale die Form von Sätzen einer Sprache in Phrasenstrukturgrammatik. Die strukturelle Mustererkennung beschreibt ein Objekt durch seine Teile und deren Beziehungen zueinander und ihre Eigenschaften.

Pattern recognition
Pattern recognition deals with the identification of objects on the basis of their features. In statistical pattern recognition, the features are multi-dimensional feature vectors. In syntactic pattern recognition, they have the form of sentences from the language of a phrase structure grammar. In structural pattern recognition, the object being measured is encoded in terms of its parts and the relationships as well as properties of the parts.

Merkmalsextraktion
Die Merkmalsextraktion ist jener Teil der Bildverarbeitung, in dem Messungen verarbeitet werden, um dadurch Bereiche und Objekte sowie geeignete Informationen aus Bildern abzuleiten.

Feature extraction
Feature extraction is an approach in image processing in which measurements are processed to find and to locate areas and objects and to derive useful information from images.

Künstliche Intelligenz
Künstliche Intelligenz (KI) ist ein interdisziplinäres Forschungsgebiet, das Problemlösungen anstrebt, so wie ein Mensch eine bestimmte Aufgabe auf intelligente Weise löst. Da das Sehen eine komplexe Wahrnehmungsaufgabe ist, stellt es ein zentrales Problem der KI dar. Wichtige Teile sind Beschreibung, Wiederfinden und Erweiterung (Lernen) des Wissens.

Artificial intelligence
Artificial intelligence (AI) is an interdisciplinary research area that aims at 'intelligent' in the sense that a human being can solve a given task in an intelligent way. Since vision is the most complex recognition system it is an important issue and field of application in AI. An important aspect of AI is the representation, retrieval, and expansion (learning) of knowledge.

2.3 Aufnahme im Nahbereich – Close-range data acquisition

Innere Orientierung
Die innere Orientierung definiert die Kamera-Parameter, die erforderlich sind, um von den entsprechenden Bildpunkten das Strahlenbündel im Objektraum zu rekonstruieren. Dies sind für traditionelle Rahmen-Kameras die Parameter Kamerakonstante (Bildweite) sowie Lage des Hauptpunktes in der Bildebene. Außerdem sind die Abweichungen vom idealen Sensormodell (z. B. Verzeichnung) Teil der inneren Orientierung.

Inner (interior) orientation
The inner orientation defines the camera parameters required for the reconstruction of the bundle of rays in the object space from the corresponding image points. In traditional frame cameras, these parameters include the calibrated focal length (principal distance) and the position of the principal point in the image plane. Furthermore, the deviations from the ideal sensor model (e. g. distortion) are part of the inner orientation.

Bildkoordinatensystem
Die Festlegung der inneren Orientierung verlangt ein klar definiertes Koordinatensystem in der Bildebene. Zu diesem Zweck werden drei Methoden eingesetzt.

Image coordinate system
The definition of the inner orientation requires the use of a well defined coordinate system in the image plane. Three approaches are common for this purpose.

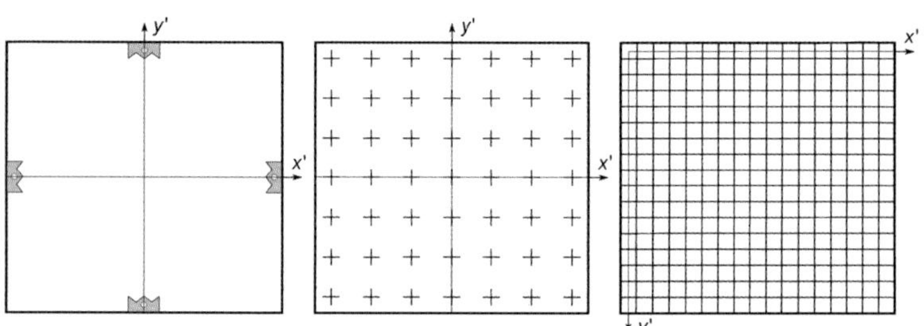

Verschiedene Formen von Bildkoordinatensystemen:
Rahmenmarken (links), Réseau (Mitte), Bildmatrix (rechts)
Different types of image coordinate systems:
Fiducial marks (left), réseau (center), image matrix (right)

Rahmenmarken
Traditionell werden vier (manchmal acht) Rahmenmarken am Rahmen der Kamera angebracht, die bei der Aufnahme automatisch auf das Bild übertragen werden.

Fiducial marks
Traditionally, four (sometimes eight) fiducial marks are mounted in the camera frame, and are automatically transferred to the image during photography.

Réseau
Manche Kameras sind mit einem Réseau ausgestattet. Das ist ein kalibriertes regelmäßiges Gitter, das direkt auf das photographische Bild übertragen wird.

Réseau
Some cameras are equipped with a réseau. These are calibrated markings on a regular grid which are transferred directly onto the photographic image.

Bildmatrix
In digitalen Kameras kann die Pixel-Matrix des Sensor-Arrays als Referenzsystem für Bildkoordinaten dienen. Deshalb sind keine weiteren Markierungen erforderlich.

Image matrix
In digital cameras, the pixel matrix of the sensor array can serve as a coordinate reference system in the image. Thus, no additional markings are necessary.

Parameter der inneren Orientierung

Hauptpunkt

Der Hauptpunkt H‘ ist der Schnittpunkt des Lotes vom Projektionszentrum O’ mit der Bildebene. Wenn die Kamera sauber justiert ist, fällt der Hauptpunkt in guter Näherung mit dem Ursprung des Bildkoordinatensystems zusammen.

Inner orientation parameters

Principal point

The principal point H‘ is the point of intersection of the perpendicular from the image perspective center O’ with the image plane. When the camera is properly adjusted, the principal point is close to the origin of the image coordinate system.

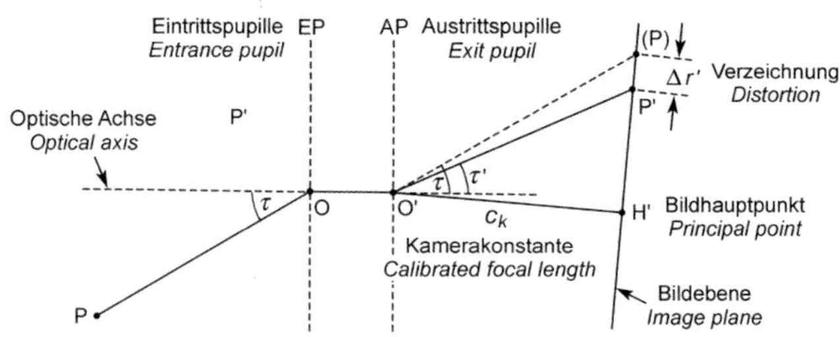

Schematische Darstellung der Parameter der inneren Orientierung
Schematic sketch of the inner (interior) orientation parameters

Kamerakonstante

Die Kamerakonstante c_k ist der Abstand des Projektionszentrums O’ von der Bildebene. Wenn die Kamera auf Unendlich fokussiert ist, entspricht dieser Abstand genähert der Brennweite des Objektivs. Aus praktischen Gründen wird die Kamerakonstante so definiert, dass die Verzeichnungsbeträge klein sind.
Dann ist c_k keine physikalische Größe, sondern ein Maßstabsfaktor.

Calibrated focal length

The calibrated focal length c_k is the distance of the projection center O’ from the image plane.
If the camera is focused at infinity, this distance is approximately the focal length. For practical reasons it is common to define and to use a calibrated focal length such that distortion values are reduced. Then c_k is not a physical parameter but a mathematical scale factor.

Verzeichnungen

Objektivverzeichnung $\Delta r'$ liegt vor, wenn der reale Strahl im Bildraum (O’P’) nicht parallel zu dem entsprechenden Strahl im Objektraum (OP) ist. Der Hauptanteil der Verzeichnung verläuft radial, aber auch tangentiale Komponenten treten auf. Außerdem können Filmunebenheiten und andere Abweichungen vorkommen.
Einige dieser Parameter kann man durch Kalibrierungsmessungen unter Laborbedingungen bestimmen. Bei ausreichender Redundanz und geeigneter Aufnahmekonfiguration können sie aber auch durch eine Blockausgleichung mit Selbstkalibrierung ermittelt werden.

Distortions

Lens distortion $\Delta r'$ is present when the actual ray in the image space (O’P’) is not parallel to the corresponding ray in the object space (OP).
The main distortion component is of radial structure, but also tangential components may occur. Furthermore, deviations from film flatness and other distortions may occur. Some of these parameters may be determined under laboratory conditions by precise camera calibration measurements. However, with sufficient redundancy and proper layout of the imaging configuration they may be estimated during block adjustment by self-calibration.

Aufnahmeanordnungen

In der Nahbereichsphotogrammetrie unterscheidet man die folgenden Aufnahmeanordnungen:

- Einzelbildaufnahme, meist zur Erstellung von Entzerrungen
- Stereobildaufnahme mit den Konfigurationen Normalfall, Konvergent- und Verschwenkungsfall
- Mehrbildaufnahme zur Erfassung eines Objektes in mehr als zwei Bildern

Imaging configurations

In close-range photogrammetry, the following imaging configurations are common:

- Single-image acquisition, usually for the generation of rectified images
- Stereo-image acquisition in the configurations normal case, convergent case, and shifted case
- Multi-image acquisition for recording of an object in more than two images

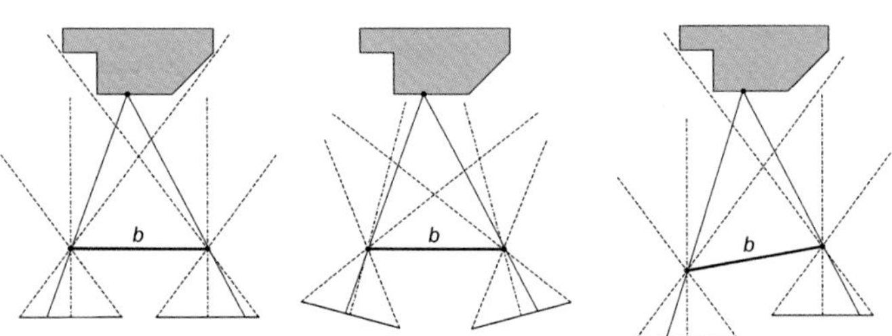

Aufnahmeanordnungen in der Nahbereichsphotogrammetrie:
Normalfall (links), Konvergentfall (Mitte) und Verschwenkungsfall (rechts)
Imaging configurations in close-range photogrammetry:
normal case (left), convergent case (center), and shifted case (right)

Die Mehrbildkonfiguration gilt als Standardfall der Nahbereichsphotogrammetrie. Das Objekt wird in mehreren Bildern in beliebiger Anordnung erfasst, sodass sich günstige Schnittwinkel der Strahlen zur Bestimmung von Objektpunkten ergeben. Oft ist ein Rundum-Verband vorteilhaft.

The multi-image configuration is considered as a standard in close-range photogrammetry. The object is recorded in several images, arranged in such a way that the intersection of rays is suitable to determine object points. Often, an all-round configuration is advantageous.

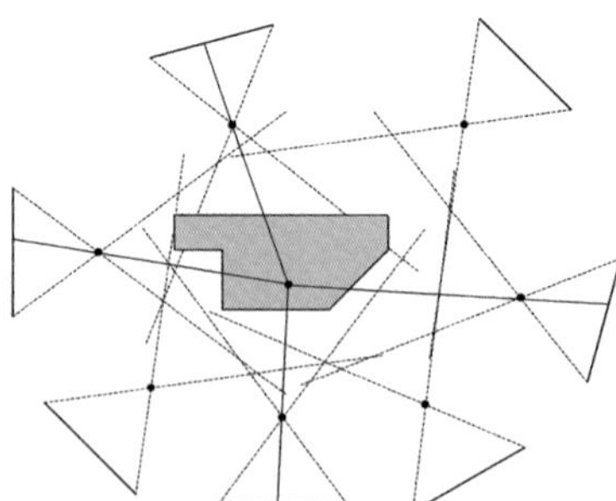

Schematische Darstellung eines Rundum-Verbandes zur Aufnahme eines Objekts
Schematic sketch of an all-around configuration for imaging of an object

Kameras

Der Begriff Messkamera bezeichnet eine photogrammetrische Kamera mit stabilem optisch-mechanischem Aufbau. Die Parameter der inneren Orientierung sind im Labor kalibrierbar und bleiben für einen längeren Zeitraum konstant.

Bei einer Teilmesskamera ist die innere Orientierung nicht vollständig bekannt. Sie kann durch ein Réseaugitter ergänzt werden. Dies ist eine stabile Glasplatte mit kalibrierten kreuzförmigen Punktmarken.

Bei photographischen Kameras können diese Marken auf jedes einzelne Bild belichtet werden. Man kann das Bild in Segmenten digitalisieren und anschließend in ein hoch aufgelöstes digitales Bild transformieren.

Cameras

A metric camera is a photogrammetric camera with stable optical-mechanical design.

The parameters of the interior orientation can be calibrated in a laboratory and remain constant over a longer period of time.

For a semi-metric camera, the interior orientation is not completely known. The camera can be completed with a réseau grid. This is usually a stable glass plate with calibrated crosses as point markers.

In the case of photographic cameras, the crosses are included in every image.

The image can be digitized in segments and afterwards transformed to one digital image of high resolution.

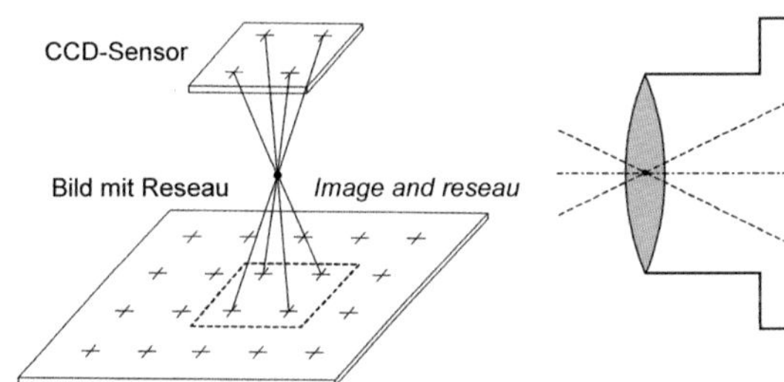

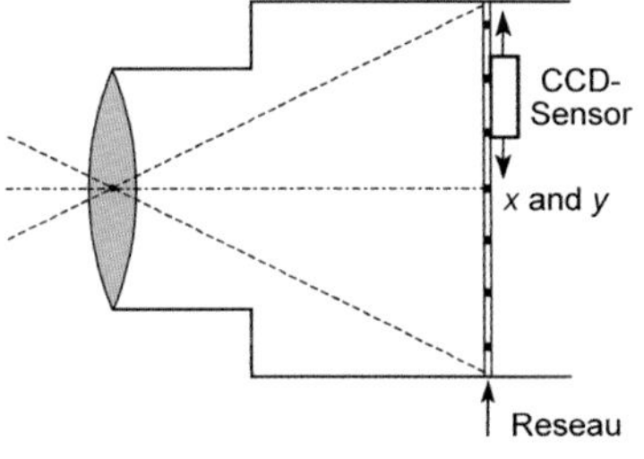

Prinzip von Réseaukameras für die Nahbereichsphotogrammetrie:
Digitalisierung eines Bildes (links), direkte digitale Aufnahme (rechts)
Principles of réseau cameras for close-range photogrammetry:
Digitizing of an image (left), direct digital data acquisition (right)

Digitale Kameras, welche die Bildfläche sequentiell abtasten, verwenden ebenfalls ein Réseau. Durch Transformation kann ein Gesamtbild mit hoher Auflösung gewonnen werden. Während der Aufnahme sind aber keine Bewegungen zulässig.

Bei Kameras mit einem einzigen CCD-Flächensensor bildet die Sensoroberfläche die Bildebene. Dadurch kann die innere Orientierung im klassischen Sinne bestimmt werden und man kann von digitalen Messkameras sprechen. Kameras dieser Art eignen sich zur Echtzeitphotogrammetrie, wenn Aufnahme und Auswertung einen Online-Prozess bilden.

Some digital cameras scan the field of view sequentially. In this case also a réseau is applied. Through transformation a complete image of high resolution can be generated. However, during data acquisition, no movements are tolerated.

If a camera has a single CCD area sensor array, the surface of the sensor forms the image plane. Thus, the inner orientation can be determined in the classical sense, and the term metric camera is appropriate. Cameras of this type can be used for real-time photogrammetry, if data acquisition and restitution form an online process.

Scannende Kameras

Prinzip einer Zeilenscanner-Kamera

Digitale Zeilenkameras erzeugen in jedem Moment eine Bildzeile. Um eine Bildmatrix zu erhalten, wird ein CCD-Zeilensensor über das Bildfeld bewegt, der Daten nacheinander aufzeichnet. Die Bildgeometrie hängt direkt von der Bewegung der Sensorzeile ab. Zwei Kameratypen sind üblich: Zeilensensoren mit einer geradlinigen Bewegung und Rotationssysteme.

Geradlinig bewegte Zeilensensoren

Der Sensor bewegt sich in der Bildebene senkrecht zur CCD-Zeile und zur Aufnahmerichtung mit konstanter Geschwindigkeit. Die Geometrie entspricht der eines ‚Pushbroom'-Scanners (d. h. Zentralprojektion längs der Scanzeile, Parallelprojektion in der Richtung der Sensorbewegung). Die Auflösung hängt vom Zeilensensor ab bzw. von den Schrittintervallen der mechanischen Bewegung.

Scanning cameras

Principle of line scanning cameras

Digital line cameras generate one image line at a time. In order to obtain an image array, a CCD line sensor is moved across the image field and data are collected consecutively. The image geometry fully depends on the motion of the sensor line. Two camera designs are common, the line sensor with a straight path and rotating systems.

Straight path line sensors

The sensor moves in the focal plane perpendicular to the CCD line and to the viewing direction at a constant velocity. The geometry corresponds to that of a pushbroom scanner (i. e. central projection along the scan line and parallel projection in the direction of sensor movement).

Resolution depends on the line sensor array and/or on the recording increments of the mechanical movement.

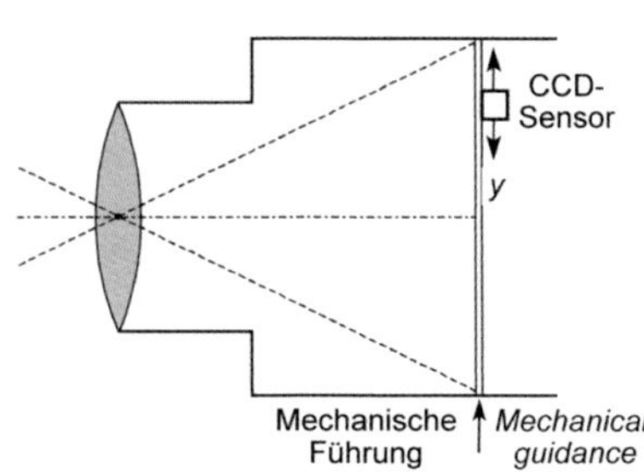

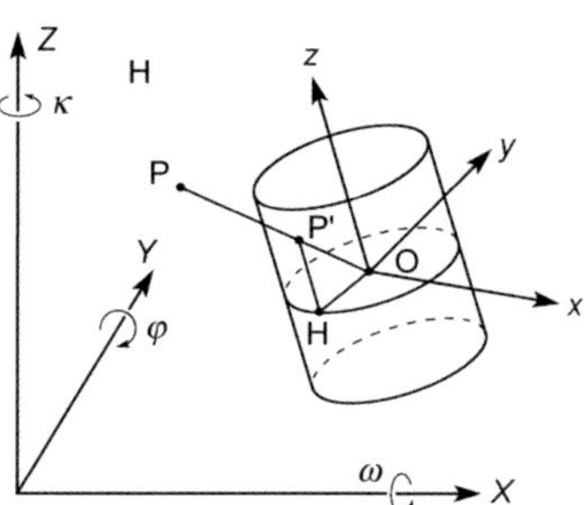

Schematische Darstellung von Zeilen-Kameras:
Scannende CCD-Zeile in der Bildebene (links), Rotationssystem (rechts)
Schematic sketch of line scanning cameras:
Scanning CCD line in the focal plane (left), rotating sensor (right)

Rotierender Zeilensensor

Eine rotierende Zeilenkamera eignet sich zur Erzeugung von Panoramabildern. Wenn die Drehachse durch das Projektionszentrum verläuft und zur Scanzeile parallel ist, dann ergibt sich eine perspektive Abbildung auf einen Zylinder. Allgemein liegt zwischen dem Projektionszentrum und der Drehachse eine Exzentrizität, die durch Kalibrierung zu bestimmen ist.

Rotating line sensor

A rotating line camera can be used to generate panoramic images.

If the rotation axis passes through the projection center and is parallel to the scan line, then perspective mapping onto a cylinder results.

Generally, between the projection center and the rotation axis an eccentricity occurs, which must be determined by calibration.

Strukturierte Beleuchtung

Beim Lichtschnittverfahren wird eine Lichtebene auf die zu vermessenden Objekte projiziert. Der Schnitt der Lichtebene mit den Objektoberflächen ist als Lichtstreifen im Bild sichtbar. Die Raumkoordinaten der beleuchteten Objektpunkte können aus den Bildkoordinaten und den bekannten Parametern der inneren und äußeren Orientierung der Kamera abgeleitet werden.

Structured lighting

The light stripe projection technique projects a light plane into the object scene. The intersection of the light-plane with the object surface is visible as a light stripe in the image. The spatial coordinates of the illuminated object points in the scene can be derived from image coordinates and the known interior and exterior orientation parameters of the camera.

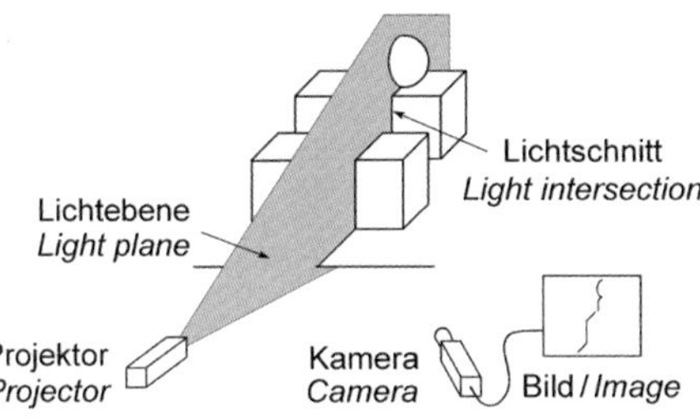

Es können auch mehrere Lichtebenen gleichzeitig auf die zu erfassenden Objekte projiziert werden. Die Anzahl der aufzunehmenden Bilder wird dadurch reduziert. Die Lichtebenen sind aber nicht parallel zueinander. In der Praxis treten vielfach Mehrdeutigkeiten auf, vor allem an unstetigen Oberflächen.

Instead of using single light planes, also several planes can be projected simultaneously on the examined object surfaces. This method reduces the number of images. However, the light planes are not parallel to each other. Practical applications often suffer from ambiguities, especially for discontinuous surfaces.

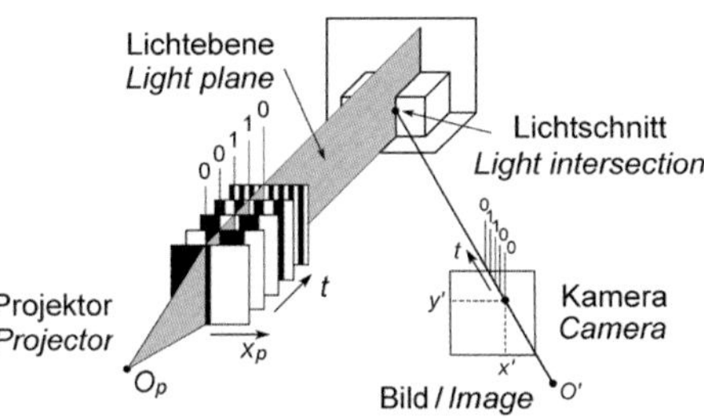

Bei der binär codierten Lichtschnitt-Technik werden nacheinander mehrere Lichtebenen auf die Messobjekte projiziert. Die einzelnen Ebenen werden als binär codierte Lichtmuster erzeugt. Diese führen zu einer eindeutigen Kennung jeder Ebene und verringern Mehrdeutigkeiten. Zusätzlich kann man das Gitter seitlich verschieben (Phasen-Schiebe-Methode).

For the binary encoded light stripe projection technique a set of light planes is projected onto the examined objects. The individual light planes are indexed by an encoding scheme for the light patterns. These light patterns lead to a unique code for every plane and reduce ambiguity problems. In addition, a moving pattern can also be used (phase shift measurement).

Projektion von Zufallsmustern

Texturlose Objekte können mit einem auf die Oberfläche projizierten Zufallsmuster vermessen werden. Zur Punktbestimmung dienen Bilder von zwei Kameras. Objektpunkte werden durch Zuordnung von kleinen Bildausschnitten unter Benutzung der Kernstrahlengeometrie definiert.

Random dot pattern projection

Objects without texture can be measured by using a projected random dot pattern on the surface. Triangulation is carried out with images from two cameras. Point detection is based on the epipolar geometry considering the random dot pattern for matching of small image patches.

Taktile Antastung

Photogrammetrische Online-Systeme ermöglichen die direkte Messung der Raumkoordinaten von Objektpunkten. Zur Datenerfassung dienen mindestens zwei synchronisierte digitale Kameras mit bekannter innerer Orientierung und vorbestimmter äußerer Orientierung.

Die Messung erfolgt interaktiv durch einen Operateur mit einem Taststift. Dieser Stift enthält einen Messpunkt in einem genau bekannten Abstand von einem Feld von Referenzpunkten. Die Lage und Orientierung des Taststiftes werden in dem Moment photogrammetrisch bestimmt, da der Operateur die Kameras auslöst.

Die Referenzpunkte werden automatisch bestimmt und ihre Raumlage wird durch Vorwärtsschnitte berechnet. Die Messpunkte werden dann aus der Lage der Referenzpunkte und ihrem Abstand zum Tastpunkt abgeleitet.

Tactile probing

Photogrammetric online systems enable the direct measurement of 3D object coordinates. It is common to use at least two synchronized digital cameras for image acquisition. The interior orientation parameters must be known, and the exterior orientation is pre-determined.

Measurement is done interactively by an operator using a tactile probe. Such a device contains a measuring point located at a precisely known offset relative to a set of attached targets. The spatial position and orientation of the probe are determined photogrammetrically at the moment the operator activates the cameras.

The targets are automatically located by the system and their positions are calculated by intersection. The coordinates of the measurement tip are then derived from the targets positions and the known offset between the targets and the probe.

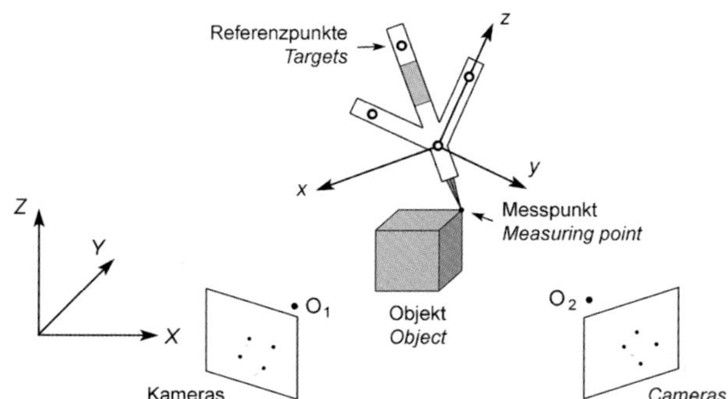

Prinzip eines photogrammetrischen Online-Systems mit taktiler Antastung
Principle of a photogrammetric online system with tactile probing

Mehrmedienphotogrammetrie

In der Regel verläuft ein Strahl vom Objekt zum Objektiv einer Kamera in Luft, d. h. in einem einzigen Medium. Dann beruht die photogrammetrische Modellierung auf der Zentralperspektive. Wenn der Strahl vom Objekt zur Kamera mehrere Medien mit verschiedenen Brechungsindizes durchläuft, spricht man von Mehrmedienphotogrammetrie. Die photogrammetrische Auswertung erfordert dann die Modellierung der Strahlenbrechung an jeder Grenzfläche. Besonders wichtig sind Fälle, bei denen sich das Objekt im Wasser befindet (Unterwasserphotogrammetrie).

Multi-media photogrammetry

Usually, the beam from an object to the lens of a camera passes through air, i. e. one single medium. In these cases photogrammetric modeling is based on perspectivity. Photogrammetric applications where the beam from an object point to the camera passes through several optical media with different refractive indices are called multimedia photogrammetry. Photogrammetric restitution requires modeling of the bending of rays at each boundary face between two media. Of special importance is the case where an object is submerged in water (underwater photogrammetry).

Aufnahmefälle

Die folgenden Beispiele zeigen verschiedene Fälle von Unterwasserphotogrammetrie. Links befindet sich das Wasser, die Bildebene ist rechts hinter dem Objektiv.

Imaging arrangements

Different types of underwater photogrammetry are possible. Some examples follow (the water is on the left side, the image plane to the right behind the lens).

Die Kamera ist hinter einer planparallelen Platte angeordnet. Dieser Fall ist wie eine radiale Verzeichnung zu behandeln.

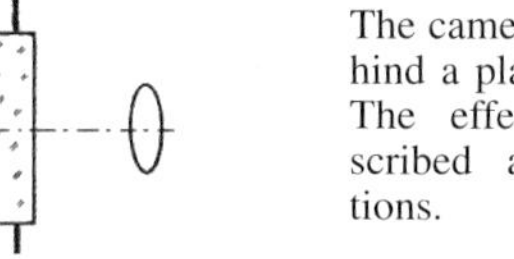

The camera is arranged behind a plane parallel plate. The effects can be described as radial distortions.

Die Kamera wird in einem kugelförmigen Dom montiert. In diesem Fall tritt keine Deformation des Hauptstrahlenbündels auf, vorausgesetzt, dass sich die Eintrittspupille im Kugelmittelpunkt befindet.

The camera is mounted under a spherical dome. In this case no deformation of the photogrammetric bundle of rays will occur provided that the entrance pupil is placed in the center of the sphere.

Mit speziell entwickelten Vorsatzlinsen kann man die durch die zwei Medien verursachten Verzeichnungen kompensieren.

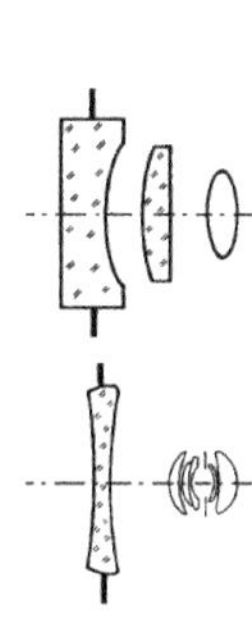

Especially developed ancillary lenses can be applied to correct for the distortions caused by the two media.

Speziell entwickelte Objektive können für die Unterwasserphotographie eingesetzt werden. Die normale Photographie in Luft ist damit aber nicht möglich.

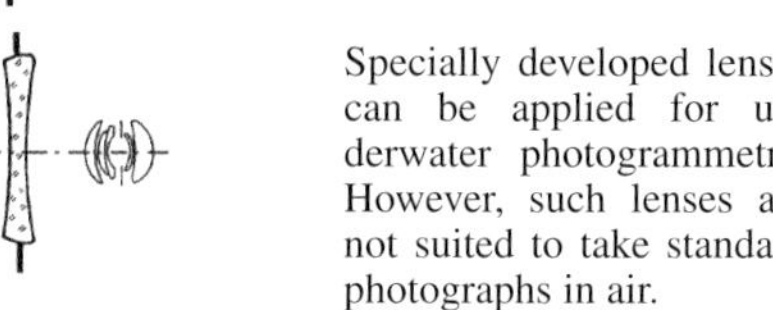

Specially developed lenses can be applied for underwater photogrammetry. However, such lenses are not suited to take standard photographs in air.

Photogrammetrische Auswertung
Der einfachste und häufigste Fall liegt vor, wenn die Bildebene parallel zu einer ebenen Grenzfläche zwischen zwei Medien liegt. Die Brechungsindizes n_1 und n_2 der Medien müssen bekannt sein.
Dann kann der Lageversatz eines Punktes P nach einem Kollinearitätsmodell mit radialen Verzeichnungen $\Delta r'$ bestimmt werden. Die Gleichung ist nur iterativ lösbar.

Photogrammetric restitution
The simplest and most important case is given if the image plane is parallel to a plane boundary between two media.
The refractive indices n_1 and n_2 of the media must be known.
Then the displacement of an object point P can be treated like a collinearity model with radial distortions $\Delta r'$. The equation can only be solved in an iterative procedure.

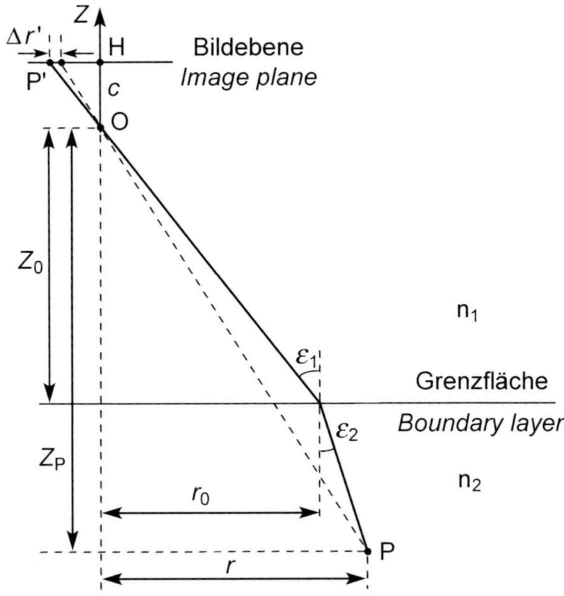

Dieses Vorgehen kann auch auf mehrere Grenzflächen erweitert werden, wenn diese eben und parallel zueinander sind.
Dies ist z. B. der Fall, wenn die Strahlen eine planparallele Platte durchlaufen.

This approach can also be expanded for several boundary layers as long as they are plane and parallel to each other. This is e. g. the case if the imaging rays pass through a parallel-sided glass plate.

Allgemeine Lösung
Im allgemeinen Fall sind die Grenzflächen beliebig gelagert und geformt.
Dann müssen die brechenden Flächen mathematisch beschrieben werden und jeder Abbildungsstrahl ist durch ‚Strahlverfolgung' nach den Brechungsgesetzen durchzurechnen.

General solution
In general, the interfaces between different media are arbitrarily oriented and irregularly shaped. In this cases the refracting layers need to be described in mathematical terms and ‚ray tracing' must be applied considering the refraction laws for each imaging ray.

Mikrophotogrammetrie

Mit Lichtmikroskopen gewonnene Bilder haben nur geringe Schärfentiefe und sind deshalb für dreidimensionale photogrammetrische Verfahren kaum geeignet.
In der Mikrophotogrammetrie benutzt man deshalb Bilder, die mit Rasterelektronenmikroskopen aufgenommen werden und eine große Schärfentiefe aufweisen.

Micro-photogrammetry

Images acquired by optical microscopes show only a very small depth of focus. Therefore, they are less useful for three-dimensional photogrammetric methods.
This is why micro-photogrammetry makes use of imagery taken by electron microscopes. Such images show a relatively large depth of focus.

Rasterelektronenmikroskope

Im Rasterelektronenmikroskop (REM) wird ein Objekt durch einen systematisch abgelenkten Elektronenstrahl von 0.5 bis 10 nm Durchmesser abgetastet. Die dabei erzeugten Sekundärelektronen (SE) werden detektiert, verstärkt und als digitales Bild registriert.

Scanning electron microscopes

A scanning electron microscope (SEM) uses the effect of electron beam deflection to scan a beam of electrons (0.5 to 10 nm in diameter) to scan a small object. The emitted secondary electrons (SE) are detected, amplified, and recorded to form a digital image.

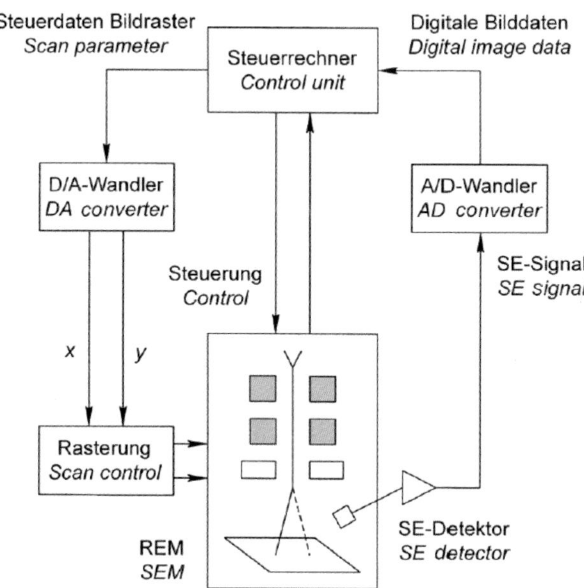

Schema der rechnergesteuerten Bildaufnahme mit dem REM
Diagram of computer-controlled image acquisition with the SEM

Die Abbildungsgeometrie des REM kann bei geringen Vergrößerungen als Zentralprojektion mit extrem langer Brennweite (Bildkonstante) beschrieben werden. Mit stärkerer Vergrößerung (ab etwa 500:1) geht sie in eine Parallelprojektion über.

For low magnifications the imaging geometry of a SEM can be treated as central perspectives with extremely large focal lengths (image constant). If magnification increases (about 500:1 and more), the geometry approaches parallel projection.

Aufnahme von Stereobildern

Um mit dem REM Stereobilder aufnehmen zu können, wird das Messobjekt auf einem kippbaren Träger montiert, mit dem man die Einfallsrichtung des Elektronenstrahls auf die Oberfläche einstellen kann. Durch Kippen können unterschiedlich konvergierende Stereobilder gewonnen werden.

Acquisition of stereo images

In order to acquire SEM stereo images the object to be surveyed is mounted on a small stage, which can be tilted to adjust the incident angle of the electron beam relative to the surface. This tilting capability allows the acquisition of stereo images under different angles of convergence.

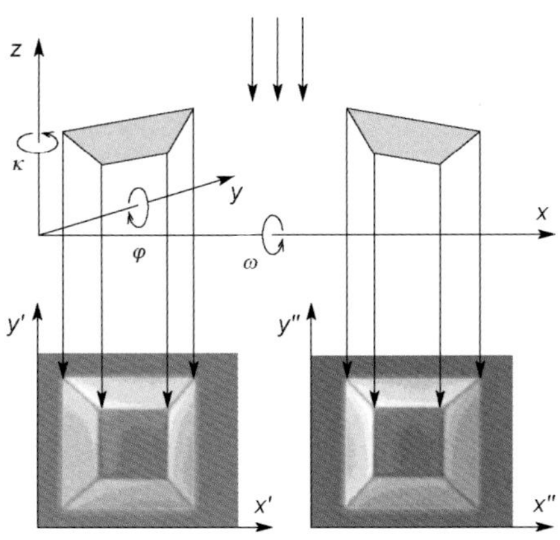

Auswertung von Stereobildern

Die Auswertung von konvergenten REM-Bildern benutzt die Parallelprojektion als geometrisches Modell. Die verbleibenden perspektiven Anteile können wie Verzeichnungen behandelt werden (ähnlich der Objektivverzeichnung in optischen Bildern).

Photogrammetric processing

For photogrammetric processing, convergent SEM images can be modeled as parallel projections. The residual perspective effects can be treated as distortions (similar to the correction of lens distortion in optical imagery).

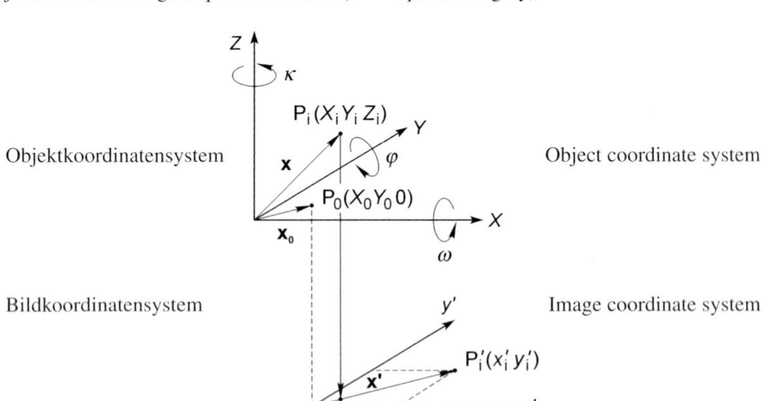

Auswertung von REM-Bildern

Statt der Brennweite (Bildkonstante) ist ein Maßstabsfaktor als Unbekannte einzuführen. Der Ansatz für die Berechnung der Orientierungsparameter lautet:

Processing of SEM images

Instead of the focal length (image constant), a scale factor is introduced as an unknown parameter. Thus, the determination of the orientation parameters follows:

$$\mathbf{x}' = m \cdot \mathbf{A} \cdot (\mathbf{x} - \mathbf{x_0})$$

Bildkoordinatenvektor (x_i', y_i', z_i')	**x'**	Vector image coordinates (x_i', y_i', z_i')
Objektkoordinatenvektor (X_i, Y_i, Z_i)	**x**	Vector object coordinates (X_i, Y_i, Z_i)
Rotationsmatrix mit den Elementen $a_1, a_2, ...a_9$	**A**	Rotation matrix with the elements $a_1, a_2, ...a_9$
Translationsvektor (X_0, Y_0, Z_0)	$\mathbf{x_0}$	Translation vector (X_0, Y_0, Z_0)
Maßstabsfaktor	m	Scale factor

$$\mathbf{x_i}' = m_x\{a_1 \cdot (X_i - X_0) + a_2 \cdot (Y_i - Y_0) + a_3 \cdot Z_i\}$$
$$\mathbf{y_i}' = m_y\{a_4 \cdot (X_i - X_0) + a_5 \cdot (Y_i - Y_0) + a_6 \cdot Z_i\}$$

Gemeinsame Berechnung von Orientierungsparametern und Neupunkten durch Blockausgleichung:

Simultaneous computation of orientation parameters and some object points by means of block adjustment:

$$\mathbf{v}_{x',y'} = \mathbf{K}_1 \cdot \mathbf{o} + \mathbf{K}_2 \cdot \mathbf{p} + \mathbf{K}_3 \cdot \mathbf{q} - \mathbf{l}_{x',y'}$$

$$\mathbf{v}_{X,Y,Z} = \mathbf{E} \cdot \mathbf{p} - \mathbf{l}_{X,Y,Z}$$

Orientierungsparameter	**o**	Orientation parameters
Passpunktkoordinaten	**p**	Control point coordinates
Neupunktkoordinaten	**q**	Coordinates of new points
Koeffi. der Orientierungsparameter	$\mathbf{K_1}$	Coefficients of orientation parameters
Koeffi. der Passpunktkoordinaten	$\mathbf{K_2}$	Coefficients of control point coord.
Koeffi. der Neupunktkoordinaten	$\mathbf{K_3}$	Coefficients of new point coordinates
Einheitsmatrix	**E**	Unitary matrix

Koordinaten X_i, Y_i, Z_i von weiteren Objektpunkten können durch Vorwärtsschnitte bestimmt werden:

The coordinates X_i, Y_i, Z_i of any other object point can be determined by spatial resection:

$$\mathbf{v}_{x',y'} = \mathbf{K}_3 \cdot \mathbf{q} - \mathbf{l}_{x',y'}$$

Berechnung der Näherungswerte

Determination of approximate values

$$\mathbf{x} = \mathbf{x_0} + \frac{1}{m} \cdot \mathbf{A}^{-1}\mathbf{x}'$$

$$X_i = X_0 + \frac{a_1' \cdot x_i'}{m_x} + \frac{a_2' \cdot y_i'}{m_y} \qquad Y_i = Y_0 + \frac{a_4' \cdot x_i'}{m_x} + \frac{a_5' \cdot y_i'}{m_y}$$

$$Z_i = Z_0 + \frac{a_7' \cdot x_i'}{m_x} + \frac{a_8' \cdot y_i'}{m_y}$$

2.4 Aufnahme von Flugzeugen – Acquisition from airplanes

Fluglageparameter

Die drei Fluglageparameter der Sensororientierung sind Drehungen um die drei Koordinatenachsen eines Flugzeugs. Die x-Achse zeigt in Richtung der Längsachse, die y-Achse zur linken Tragfläche des Flugzeugs, die z-Achse verläuft vertikal.

Flight attitude parameters

The three flight parameters to describe the sensor orientation are rotations in three dimensions around the coordinate system of an aircraft. The x-axis points along the longitudinal axis, the y-axis goes to the left wing of the aircraft, the z-axis is vertical.

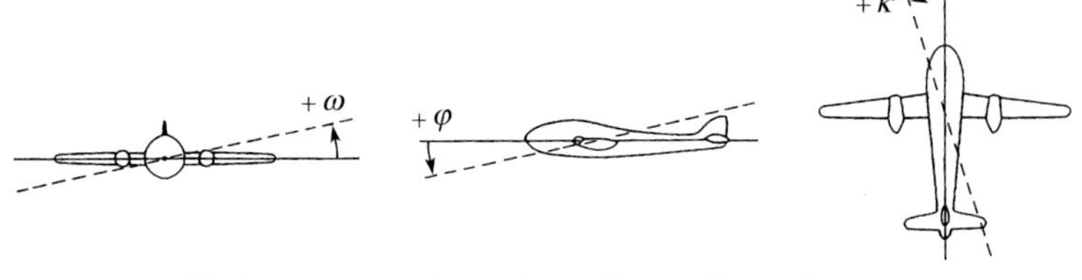

Fluglageparameter: Querneigung, Längsneigung, Kantung
Flight parameters: Roll, pitch and yaw

Querneigung, Längsneigung, Kantung

Die Photogrammetrie benutzt die Winkel Querneigung, Längsneigung und Kantung, um die absolute Lage eines Flugzeugs in einem ortsfesten Koordinatensystem zu definieren. Die Flugdynamik bezeichnet damit Lageänderungen relativ zur ausgeglichenen Flugzeuglage.

Querneigung ist die Drehung eines Flugzeugs um seine Längsachse (Bewegung eines Flügels nach oben oder unten). In der Photogrammetrie ist es die Drehung der Kamera oder des Bild-Koordinatensystems um die x-Achse des Bildes oder die äußere X-Achse; auch Querneigung ω.

Längsneigung ist die Drehung eines Flugzeugs um die horizontale Achse senkrecht zur Längsachse, wobei die Flugzeugnase gehoben oder gesenkt wird. In der Photogrammetrie ist es die Drehung einer Kamera oder des Bild-Koordinatensystems um die y-Achse des Bildes oder die äußere Y-Achse; auch Kippung φ.

Die *Kantung* ist die Drehung eines Flugzeugs um seine vertikale Achse, so wie bei einer Kursänderung. In der Photogrammetrie ist es die Drehung der Kamera oder des Bild-Koordinatensystems um die z-Achse des Bildes oder die äußere Z-Achse; auch Schwenkung κ.

Roll, pitch and yaw

In photogrammetry the angles roll, pitch and yaw are used to define an aircraft's absolute attitude, measured against a fixed coordinate system. However, in flight dynamics the angles roll, pitch and yaw measure changes in attitude, relative to the equilibrium orientation of the aircraft.

Roll is the rotation of an aircraft around its longitudinal axis, like a wing-up or wing-down attitude. In photogrammetry, it is the rotation of a camera or of a photograph-coordinate system about either the photograph x-axis or the exterior X-axis; also lateral tilt ω.

Pitch is the rotation of an aircraft around the horizontal axis normal to its longitudinal axis, like a nose-up or nose-down attitude. In photogrammetry it is the rotation of a camera or of a photograph-coordinate system about either the photograph y-axis or the exterior Y-axis; also tip or tilt φ.

Yaw is the rotation of an aircraft about its vertical axis, like the aircraft's deviation from the flight line (also crab). In photogrammetry it is the rotation of a camera or of a photograph-coordinate system about either the photograph z-axis or the exterior Z-axis; also swing κ.

Abdrift und ihre Wirkung

Flugrichtung und Flugweg beschreiben Wege eines Flugzeugs über der Erdoberfläche. Die Flugrichtung ist die geplante, der Flugweg die tatsächliche Route. Durch Einfluss von Seitenwind kann der Flugweg von der geplanten Flugrichtung abweichen. Die durch den Seitenwind verursachte horizontale Abweichung eines Flugzeugs heißt Abdrift. Der Abdriftwinkel ist der Winkelunterschied zwischen der Flugzeugachse und dem tatsächlichen Flugweg.

Drift and crab effect

Course and track describe paths of an aircraft above the surface of the Earth. The course is the path which is planned, the track is the path which is actually taken. Due to wind forces, the direction of movement of the aircraft, the track (also flight line), may be not the same as the course. The horizontal displacement of an aircraft, caused by the force of wind, is called drift. The angle of drift is the angular difference between the true heading of the aircraft and its ground track (crab angle).

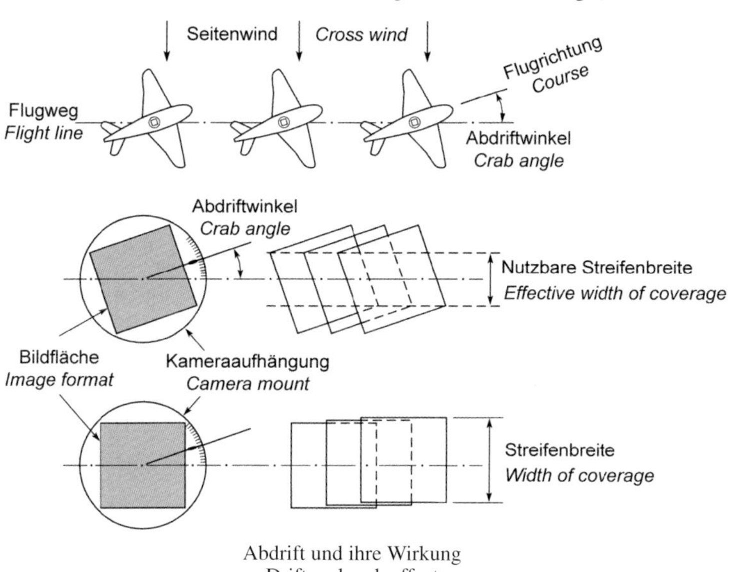

Abdrift und ihre Wirkung
Drift and crab effect

Wenn während der Luftbildaufnahme das Flugzeug von der vorgesehenen Fluglinie abdriftet und die Aufnahme in der vorausberechneten Orientierung fortgesetzt wird, tritt ein Verkantungseffekt auf. Dadurch wird die nutzbare Streifenbreite des aufgenommenen Bildstreifens verringert. Den Verkantungseffekt kann man vermeiden, indem man die Kamera entsprechend um ihre vertikale Achse dreht.

When during acquisition of aerial photographs one continues to make exposures oriented to the predetermined line of flight while the aircraft is drifting from that line, a crab effect occurs. This effect reduces the effective width of coverage of the photo strip. Crabbing can be corrected by rotation of the camera about its vertical axis in the camera mount.

Aufnahme von Senkrechtluftbildern
Die folgenden Formeln und Tabellen gelten für die Aufnahme von Senkrechtluftbildern mit einer (historischen) Reihenmesskamera.

Acquisition of vertical aerial photos
The following formulae and tables are valid for the acquisition of vertical aerial photographs with a (historical) framing camera.

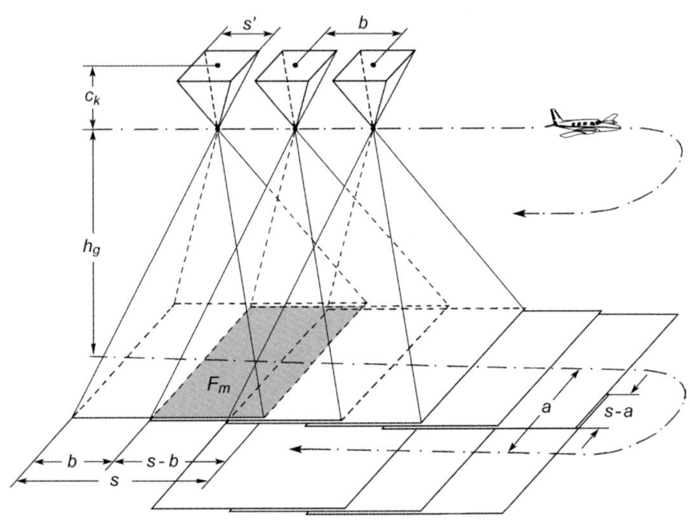

Überdeckung bei der Luftbildaufnahme
Overlapping of aerial photographs

Bildformatseite	s'	Image format size
Kamerakonstante	c_k	Calibrated focal length
Flughöhe über Grund	h_g	Flying height above ground
Fluggeschwindigkeit	v_g	Flying speed
Fläche des Aufnahmegebietes	F_a	Ground area to be covered
Flugstreifenlänge	l_p	Length of flight strips
Breite des Aufnahmegebietes	l_q	Width of area to be covered
Längsüberdeckung	$p(\%) = \frac{s-b}{s} \cdot 100$	Forward overlap

Querüberdeckung $$q\,(\%) = \frac{s-a}{s} \cdot 100$$ Side overlap

Geländestrecke $$s = s' \cdot m_b = \frac{h_g}{c_k} \cdot s'$$ Ground distance

Geländefläche eines Bildes $$F_g = s^2 = s'^2 \cdot m_b^2$$ Area covered by a single photograph

Basislänge bei p % Längsüberdeckung $$b = s\left(1 - \frac{p}{100}\right)$$ Length of base with p % end lap

Streifenabstand bei q % Querüberdeckung $$a = s\left(1 - \frac{q}{100}\right)$$ Distance between flight lines with q % side lap

Bildmaßstab $$m_b = \frac{h_g}{c_k} = \frac{s}{s'}$$ Photo scale

Bildmaßstabszahl $$M_b = 1 : m_b = \frac{c_k}{h_g} = \frac{s'}{s}$$ Photo scale figure

Flughöhe über Grund $$h_g = c_k \cdot m_b = \frac{s}{s'} \cdot c_k$$ Flying height above ground

Basisverhältnis $$\vartheta = \frac{b}{h_g}$$ Base-height ratio

Anzahl der Bilder $$n_p = \frac{l_p}{b} + 1$$ Number of photographs

Anzahl der Bilder $$n_p = \frac{l_p}{b} + 1$$ Number of photographs

Streifenanzahl $$n_q = \frac{l_q - s}{a} + 1$$ Number of strips

Modellfläche $$F_m = (s-b) \cdot s$$ Model area

Neufläche pro Modell $$F_n = a \cdot b$$ New area per model

$$= s^2\left(1 - \frac{p}{100}\right) \cdot \left(1 - \frac{q}{100}\right)$$

Erforderliche Bildanzahl $$F_n \approx \frac{F_a}{F_n} \quad F_a = 100\,km^2$$ Number of photographs

Bildfolgezeit $$\Delta t = \frac{b}{v_g} = \frac{s' \cdot m_b}{v_g}\left(1 - \frac{p}{100}\right)$$ Exposure interval

Bildmaßstab 1: m_b für Kartenmaßstab 1: m_k (topographische Kartierung) $$m_b \approx 300\sqrt{m_k}$$ Photo scale 1: m_b for the map scale 1: m_k (topographic mapping)

Flugparameter *Flight parameters*

```
# a2020-113                                          # define parameters

s_b = 0.23                                           # image format in [m]
p   = 60                                             # 60%  Forward Overlap
q   = 30                                             # 30% Side Overlap
pel =0.007                                           # pixel size in [mm]
start =1000
end   =11000
step  =1000

print("|----------|-------|------|-------|------|------|-----|-------------|-----|")
print("|    Mb    |   s   |  b   |   a   |  Fg  |  Fm  |     |     hg      | gsd |")
print("|          |       | 60%  |  30%  |      |      |  n  |    [km]     |     |")
print("| 1: mb    |  [km] | [km] |  [km] |[km^2]|[km^2]|     | 153mm|305mm |[mm] |")
print("|----------|-------|------|-------|------|------|-----|-------------|-----|")

for m_b in range(start,end,step):
    s    = m_b * s_b / 1000
    b    = s * ( 1 - p/100 )
    a    = s * ( 1 - q/100 )
    F_g =  s * s
    F_m = ( s - b ) * s
    F_n = a * b
    n    = 100 / F_n
    hg153= 0.153 * m_b / 1000
    hg305= 0.305 * m_b / 1000
    gsd = m_b * pel
    print("| 1:%6d |%6.3f |%4.3f |%6.3f |%5.2f |%5.2f |%5d|%5.2f |%5.2f | %3.0f |"
          %  (m_b  ,s     ,b     ,a     ,F_g   ,F_m   , n   , hg153, hg305, gsd) )

print("|----------|-------|------|-------|------|-----|------|-------------|-----|" )
```

Mb 1: mb	s [km]	b 60% [km]	a 30% [km]	Fg [km^2]	Fm [km^2]	n	hg [km] 153mm	hg [km] 305mm	gsd [mm]
1: 1000	0.230	0.092	0.161	0.05	0.03	6751	0.15	0.30	7
1: 2000	0.460	0.184	0.322	0.21	0.13	1687	0.31	0.61	14
1: 3000	0.690	0.276	0.483	0.48	0.29	750	0.46	0.92	21
1: 4000	0.920	0.368	0.644	0.85	0.51	421	0.61	1.22	28
1: 5000	1.150	0.460	0.805	1.32	0.79	270	0.77	1.52	35
1: 6000	1.380	0.552	0.966	1.90	1.14	187	0.92	1.83	42
1: 7000	1.610	0.644	1.127	2.59	1.56	137	1.07	2.13	49
1: 8000	1.840	0.736	1.288	3.39	2.03	105	1.22	2.44	56
1: 9000	2.070	0.828	1.449	4.28	2.57	83	1.38	2.75	63
1: 10000	2.300	0.920	1.610	5.29	3.17	67	1.53	3.05	70

Satelliten-Positionierungssysteme

Globale Satelliten-Positionierungssysteme (GNSS) ermöglichen es, die Lage eines beliebigen Punktes auf der Erde jederzeit und unabhängig vom Wetter zu bestimmen. Sie wurden ursprünglich für militärische Zwecke entwickelt, dienten aber bald zur Navigation, Vermessung, Forschung usw.

Satellite positioning systems

The Global Navigation Satellite Systems (GNSS) allow to determine a position everywhere on Earth at any time and independent of the weather. They were originally designed for military purposes, but were soon generally adopted for navigation, surveying, scientific research, etc.

Global Positioning System (GPS)

Das GPS-System benutzt drei oder vier Satelliten in sechs Umlaufebenen. Diese Ebenen sind um 55 Grad gegen den Äquator geneigt. Die Satelliten umfliegen die Erde in 20000 km Höhe in einer Umlaufzeit von 12 Stunden. Durch diese Konfiguration kann jeder Punkt der Erde mindestens vier Satelliten erfassen. Jeder Satellit sendet Navigationsdaten aus, die die genaue Zeit und Bahnelemente enthalten, sodass die Satellitenposition berechnet werden kann. Die Zeitkoordination zwischen den ausgesandten Signalen verlangt sehr hohe Genauigkeit.

Global Positioning System (GPS)

The GPS system comprises three to four satellites in each of six orbital planes. These planes are inclined 55 degrees to the equator, and the satellites orbit the Earth in a height of 20000 km with a nominal 12 hour orbit. This configuration enables any point on the Earth to view at least four satellites. Each satellite transmits navigation messages containing exact time and orbital elements which can be converted into the satellite's position. Time coordination between the transmitted signals must be achieved with very high accuracy.

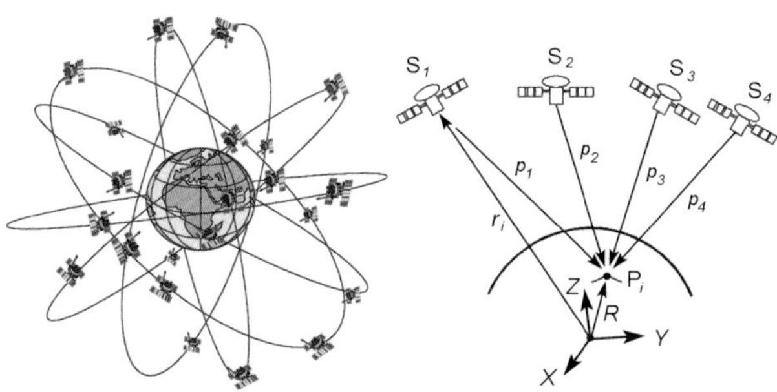

Umlaufbahnen der GPS-Satelliten (links) und Distanzmessung zu vier Satelliten (rechts)
Orbits of the GPS satellites and distance measurement to four satellites

Die Punktbestimmung mit GPS basiert auf den Schnitten der Abstände zu mindestens vier Satelliten. Die Abstände werden aus den Zeitdifferenzen zwischen ausgesandten und empfangenen Signalen abgeleitet. Da die Uhr im Empfänger einen eigenen Zeit-Offset hat, erhält man nur ‚Pseudoabstände'. Aber mit vier Beobachtungen kann der Zeitfehler eliminiert werden.

Point determination with GPS is based on intersecting the ranges to at least four satellites. The ranges are calculated from the time offsets between the transmitted and the received signals. Because the clock in the receiver has its own time offset, only 'pseudo-ranges' can be derived. However, from four observations the clock error can be eliminated.

GPS liefert geozentrische Koordinaten im System WGS84. Diese Daten sind in beliebige Koordinatensysteme mit identischen Punkten zu transformieren,
Zwei Methoden werden zur Punktbestimmung benutzt: Einzelpunktmessung und relative Positionierung.
Die Einzelpunktmessung bestimmt die Koordinaten mit einem einzelnen GPS-Empfänger. Die erreichbare geodätische Genauigkeit ist relativ gering. Die relative Positionierung misst die relative Lage zwischen einem bekannten Bezugspunkt und dem zu bestimmenden unbekannten Punkt. In diesem Fall sind mindestens zwei GPS-Empfänger erforderlich. Diese Methode ist allgemein üblich zur Navigation von Flugzeugen, auch für Photogrammetrie und Fernerkundung.
Für hohe Genauigkeit werden nationale Präzisions-GPS-Dienste betrieben. Diese Dienste unterhalten ein Netzwerk von Referenzstationen, die Benutzern Korrekturdaten zur Verfügung stellen. Durch diese differentiellen GPS-Methoden werden Genauigkeiten von 1-2 cm in der Lage und 2-3 cm in der Höhe erreicht.

GPS provides geocentric coordinates in the system WGS84. These data can be converted to any other reference system, mostly based on identical points.
Two methods can be used for positioning: Single point positioning and relative positioning.
Single point positioning determines the coordinates with the use of a single GPS receiver. The geodetic accuracy achieved is relatively low. The relative positioning method determines the relative relationship between a known reference point and an unknown point to be measured.
In this case, at least two GPS receivers are required. The approach is commonly used to navigate aircraft also for photogrammetry and remote sensing.
For high accuracy many national precise GPS positioning services are operated. These services maintain a network of ground GPS reference stations and compute corrections to be provided for users. By such differential GPS methods, accuracies up to 1-2 cm in planimetry and 2-3 cm in height can be achieved.

GLONASS

GLONASS ist ein von Russland errichtetes GNSS, das jetzt gemeinsam mit Indien betrieben wird. Es ermöglicht dreidimensionale Positionierung, Geschwindigkeits- und Zeitmessungen für zivile und militärische Zwecke. GLONASS besteht aus drei Umlaufebenen, die Winkel von 120° bilden. In jeder Ebene fliegen acht gleichmäßig verteilte Satelliten. Die Bahninklination beträgt 65°, die Höhe 19100 km, die Umlaufzeit etwa 11 Stunden 15 Minuten.

GLONASS is a global navigation satellite system established by Russia and now maintained in cooperation with India. It provides three-dimensional locations, velocity, and time measurements for both civilian and military applications. GLONASS consists of three orbital planes, separated by 120°, with each plane containing eight equally spaced satellites. The orbit inclination is 65°, the altitude 19100 km, and the orbital period about 11 hours, 15 minutes.

Galileo-System

Von der Europäischen Union wird das System Galileo zur Positionierung und Navigation aufgebaut. Es besteht aus 30 Satelliten in drei Ebenen, mit einer Flughöhe von 23200 km und einer Inklination von 56°. Das System ist mit GPS und GLONASS kompatibel.

System Galileo

The European Union uses the satellite system Galileo for positioning and navigation. It consists of 30 satellites in three planes with an orbit altitude of 23200 km, and an inclination of 56°. The system is interoperable with GPS and GLONASS.

Inertialnavigationssysteme (INS)

Inertialnavigationssysteme (INS) ermitteln die Lage, Geschwindigkeit, Orientierung und Winkelgeschwindigkeit eines Flugzeuges durch Messung der Beschleunigungen in einem inertialen Bezugssystem. Sie enthalten zwei Komponenten, die inertiale Messeinheit (IMU), eine Kombination aus Kreiseln und Beschleunigungsmessern und dem Navigationsrechner (NP). Kreisel messen die Winkelgeschwindigkeit des Systems im inertialen Bezugssystem. Ausgehend von der ursprünglichen Orientierung des Systems als Anfangswert, wird durch Integration der Winkelgeschwindigkeiten zu jedem Zeitpunkt die Systemorientierung bestimmt. Beschleunigungsmesser ermitteln die lineare Systembeschleunigung im inertialen Bezugssystem, bezogen auf das sich bewegende System. Durch Integration der Mess-Signale von drei orthogonalen Beschleunigungsmessern kann man Geschwindigkeit und Lage bestimmen.

Inertial navigation systems (INS)

Inertial navigation systems (INS) provide the position, velocity, orientation, and angular velocity of an aircraft by measuring its accelerations in an inertial reference frame. It comprises two components, the inertial measuring unit (IMU), which is a combination of gyroscopes and accelerometers, and the navigation processor (NP) for the computations involved. Gyroscopes measure the angular velocity of the system in the inertial reference frame. By using the original orientation of the system in the inertial reference frame as the initial condition and integrating the angular velocity, the system‘s current orientation is known at all times. Accelerometers measure the linear acceleration of the system in the inertial reference frame, in directions that are measured relative to the moving system. Integrating the output signals from the three orthogonal accelerometers gives estimates of velocity and position.

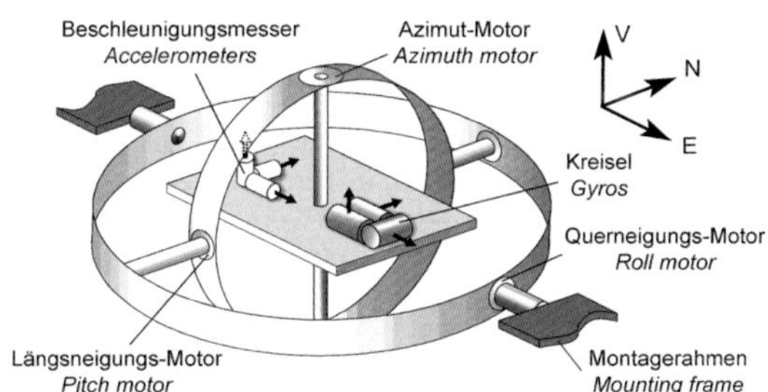

Schematische Skizze einer Navigationsplattform in Kardanaufhängung
Schematic sketch of a gimballed navigation platform

Frühe Inertialnavigationssysteme nutzten Kardanaufhängungen. Dabei behält das innerste Element seine räumliche Lage bei. Heute verwendet man Systeme, bei denen Beschleunigungsmesser und Kreisel fest am INS-Rahmen befestigt sind. Ihre Lage verändert sich mit dem Flugzeug und sie melden Beschleunigungen und Winkelgrößen an den Navigationsrechner.

Early inertial navigation systems were based on ‘gimballed’ platforms. The innermost gimbal maintains its orientation in inertial space. Today strapdown systems are in use, i. e. accelerometers and gyros are strapped down to the INS case. Thus its attitudes change with the aircraft, and they report accelerations and angular rates to the navigation processor.

Inertialsysteme weisen zeitliche Drift auf. Fehler wachsen an, je länger das System betrieben wird. Das kommt vor allem daher, dass kleine Messfehler von Beschleunigung und Winkelgeschwindigkeit zu immer größeren Fehlern integriert werden. Informationen von zusätzlichen Sensoren können dieses Problem überwinden.

Inertial systems tend to drift over time, with the errors increasing the longer the system has been operating. This is mainly because small errors in the measurement of acceleration and angular velocity are integrated into progressively larger errors. Information from additional sensors can overcome the problem.

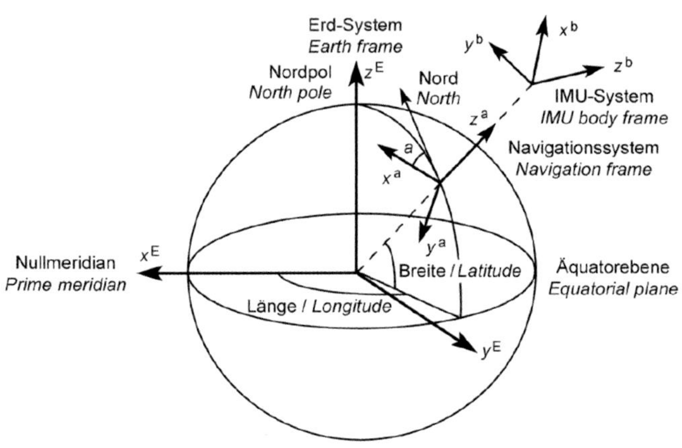

In der Inertialnavigation verwendete Bezugssysteme
Reference frames used in inertial navigation

Der häufigste zusätzliche Sensor ist GPS. Um INS- und GPS-Informationen zu integrieren, wird allgemeine Messtheorie und vor allem Kalman-Filterung eingesetzt. Diese Kombination bietet wichtige Vorteile gegenüber der Nutzung eines einzelnen Systems. Da das INS fortlaufend Lagedaten liefert und GPS in diskreten Zeitintervallen arbeitet, kann das INS zufällige Fehler glätten. Das INS dient auch als Back-up-System, falls das Satellitensignal durch Flugzeugmanöver verloren geht, denn seine Drift ist während einer kurzen Zeit unerheblich. Die GPS/INS-Integration ermöglicht es, die äußere Orientierung von Luftbildern ohne Passpunkte zu bestimmen. Ferner ist sie für die Anwendung von zeilenorientiert arbeitenden Flugzeugsensoren unentbehrlich.

The most common additional sensor is GPS. To integrate INS and GPS information, control theory in general and Kalman filtering in particular are applied. This combination offers important advantages over the use of either system alone. Since the INS provides continuous positioning, while the GPS is read at discrete intervals, the INS acts to smooth out random errors. The INS also serves as a backup system in case the satellite signal is lost due to the aircraft maneuvers, since its drift will not be significant over short periods of time. The GPS/INS integration makes it possible to determine the exterior orientation of aerial photographs without the use of ground control points. Furthermore, it is essential for the application of line-oriented airborne sensors.

Direkte Georeferenzierung

Von Flugzeugen aufgenommene Photogrammetrie- und Fernerkundungsdaten kann man mit GPS- und INS-Messungen direkt georeferenzieren. Dazu dient in der Regel ein integriertes GPS/INS-System mit einem oder mehreren abbildenden Sensoren. Solche Sensoren sind z. B. Filmkamera, Digitalkamera, Multispektral-Scanner, Hyperspektral-Scanner, Laseraltimeter, Laserscanner oder Synthetic-Aperture-Radar (SAR).

Direct georeferencing

Airborne photogrammetric and remote sensing data can be directly geo-referenced by means of integrated GPS and INS measurements. An integrated system typically consists of a GPS/INS system and one or more imaging sensors. Such sensors can e. g. be an aerial film camera, a digital camera, a multispectral scanner, a hyperspectral scanner, a laser profiler or scanner, or a synthetic aperture radar (SAR).

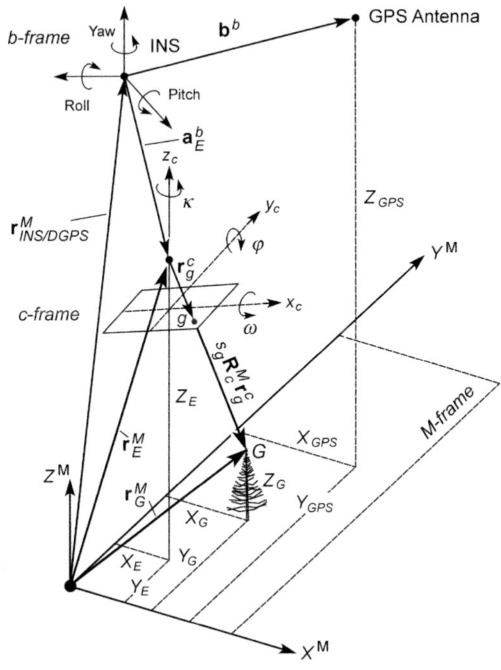

Schema der direkten Georeferenzierung von Daten abbildender Sensoren durch Integration von GPS/INS-Messungen

Concept for direct georeferencing of data from imaging systems through integration with GPS/INS measurements

NMEA-Format

NMEA ist ein Standard für die Kommunikation zwischen Navigationsgeräten auf Schiffen, der von der National Marine Electronics Association (NMEA) definiert wurde und auch für die Kommunikation zwischen GPS-Empfänger und PCs sowie mobilen Endgeräten genutzt wird.

NMEA format

NMEA is a standard for communication between navigation devices on ships that was defined by the National Marine Electronics Association (NMEA) and is also used for communication between GPS receivers and PCs and mobile devices.

Lese NMEA-Format ***Read NMEA format***

```
# a2020-119
# if not installed, use: pip install pynmea2
#

import pynmea2

nfile="garten2.txt"                                         # NMEA demo file
#nfile="demofile1.ubx"                                      # NMEA ublox file
lati=[]
loni=[]
qual=[" - ","Single","DGPS","-","RTK FIX","RTK Float"]  # define GPS quality
res=" "

try:
        ser = open(nfile, "rb")                             # open input file binary
                                                            # to enable also reading
                                                            # ublox data
        count=0
except:
        print("File %s not found " % nfile)                 # exit if not found
        exit()

while count>=0:
        line = str(ser.readline())                          # read NMEA line by line

        if len(line) <= 3 :                                 # EOF
                count=-1
                break

        if len(line)>9:                                     # check whether it is NMEA
                code=(line[2:-9])
                if code[0:6]=="$GNGLL" or code[0:6]=="$GNGGA":
                        msg=pynmea2.parse(code)
                        count=count+1
                        if code[0:6]=="$GNGLL":
                                res=("Lat:%f, Lon: %f"%
                                         (msg.latitude,msg.longitude))
                                print(res)

                        if code[0:6]=="$GNGGA":
                                res=("Lat:%f, Lon:%f, Alt:%f,Qual:%s,Sat: %s"%
                                (msg.latitude,msg.longitude,msg.altitude,
                                                 qual[msg.gps_qual],msg.num_sats))

                                print(res)
'''
Lat:52.388939, Lon:9.692944, Alt:48.400000,Qual:RTK FIX,Sat: 12
Lat:52.388939, Lon: 9.692944
Lat:52.388939, Lon:9.692944, Alt:48.400000,Qual:RTK FIX,Sat: 12
Lat:52.388939, Lon: 9.692944
Lat:52.388939, Lon:9.692944, Alt:48.400000,Qual:RTK FIX,Sat: 12
Lat:52.388939, Lon: 9.692944
Lat:52.388939, Lon:9.692944, Alt:48.400000,Qual:RTK FIX,Sat: 12
Lat:52.388939, Lon: 9.692944
Lat:52.388938, Lon:9.692948, Alt:48.400000,Qual:RTK FIX,Sat: 12
'''
```

Luftbildkameras
Zur Aufnahme von Luftbildern sind verschiedenartige Kameras entwickelt worden: u. a. Konvergent-, Panorama-, Streifen- und Mehrfachkameras. Am wichtigsten waren die Reihenmesskameras. Inzwischen wurden Filmkameras in den meisten Fällen durch digitale Flächenkameras ersetzt.

Cameras for aerial photography
Different types of cameras have been developed for acquisition of aerial photographs: e. g. convergent, panoramic, multilens or strip cameras. The most important type was the frame mapping camera.In the meantime, film cameras have been replaced in most cases by digital area cameras.

Reihenmesskameras
Die Hauptkomponenten von Reihenmesskameras waren Kamerakörper, Objektivkonus, Filmmagazin, Aufhängung und Überdeckungsregler. In digitalen Kameras entfallen das Filmmagazin und die Transportmechanik.

Frame aerial mapping cameras
The main components of standard frame mapping cameras were camera body, lens cone assembly, film magazine, camera mount, and camera control. In digital cameras, the film magazine and the transport mechanism are omitted.

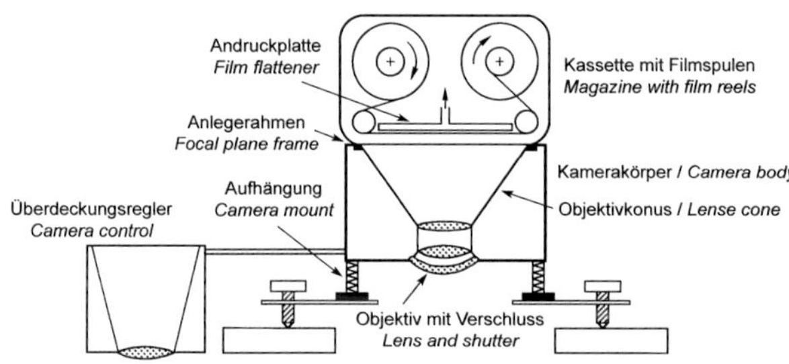

Kamerakörper
Der Kamerakörper enthält den Motor und andere Komponenten für den Filmtransport. Er dient auch dazu, das System an der Kameraaufhängung zu befestigen.

Camera body
The body houses the motor and other components for film advancing, shutter operation, etc. It is also prepared to attach the system to the camera mount.

Objektivkonus
Der Objektivkonus enthielt das Objektiv, Filter, Verschluss usw. sowie den Bildrahmen mit den Rahmenmarken in fester relativer Anordnung. Er bestimmte die innere Orientierung der Kamera und musste deshalb kalibriert werden. Das Standard- Bildformat war 23 cm x 23 cm. Die meisten Objektive hatten Brennweiten von ≈ 150 mm (Weitwinkel) und ≈ 300 mm (Normalwinkel). Die Bildebene enthielt auch Anzeigen, um Aufnahmezeit, Datum, Kameranummer u. Ä. bei der Belichtung auf jedem einzelnen Bild zu registrieren.

Lens cone assembly
The lens cone assembly contained lens, filter, shutter, etc., and also the focal plane frame with the fiducial marks in a fixed relative position. Thus, it defined the interior orientation of the camera and was therefore subject to calibration. The standard image format was 23 cm x 23 cm. Most common lenses had focal lengths of ≈ 150 mm (wide angle) and ≈ 300 mm (normal angle). Usually the focal plane also contained a data strip, a device to record time, date, camera serial number, etc. on each individual photograph during exposure.

Filmmagazin

Das Magazin enthielt die Filmspulen, die Mechanik für den Filmtransport und eine Einrichtung zur Verebnung des Films, sodass die photographische Schicht bei der Belichtung in der Bildebene lag. Bei manchen Kameras diente das Magazin auch zur Bildwanderungskompensation.

Film magazine

The magazine contained the film reels, the mechanics for film transport, and a system for film flattening to ensure that the photographic emulsion was positioned in the focal plane during exposure. In some cameras, the magazine also provided image forward motion compensation.

Kameraaufhängung

Durch die Aufhängung ist die Kamera am Flugzeug befestigt. Dabei müssen Vibrationen des Flugzeugs aufgefangen werden und die Kamera muss im Azimut drehbar sein, um Abdrift zu kompensieren.

Camera mount

Through the mount the camera is attached to the aircraft. The mount has to prevent aircraft vibrations from the camera body, and it must be rotatable in azimuth to correct for crab.

Überdeckungsregler

Die Lage der Aufnahmepunkte muss geregelt werden, um die richtige Überdeckung der aufeinanderfolgenden Bilder zu erhalten. Dies wurde mit Überdeckungsreglern erreicht. Jetzt werden Kamera-Kontrollsysteme mit GPS-Interface benutzt.

Camera control

The positions of the exposure stations must be controlled to obtain proper overlap between consecutive images. This has been achieved by a viewfinder (intervalometer). Now camera control systems with GPS interfaces are in use.

Panoramakameras

Als Panoramakamera werden verschiedene Kameratypen bezeichnet, die der großflächigen Geländeaufnahme dienen. Einige Systeme sind als mehrlinsige Kameras für die Photogrammetrie gebaut worden. Spezialgeräte waren erforderlich, um einzelne Bilder zu Weitwinkelbildern zu vereinigen, die man in photogrammetrischen Geräten auswerten konnte. Eine andere Gruppe von Panoramakameras wurde speziell für Aufklärungszwecke entwickelt, mit großer Flächendeckung und hoher Auflösung. Es sind dynamische Systeme, die das Gelände quer zur Flugrichtung scannen. Dazu wird entweder das Objektiv gedreht oder ein rotierendes Prisma vor dem Objektiv benutzt. Die Geometrie der sich damit ergebenden Bilder ist recht kompliziert.

Panoramic cameras

The term panoramic is applied to a variety of different camera types designed for extended terrain coverage. Some systems have been constructed as multi-lens cameras for photogrammetric applications. Special instrumentation was necessary to mosaic individual images to a wide-angle image which could be compiled in photogrammetric plotters. Another family of panoramic cameras was developed especially for reconnaissance applications, providing wide coverage and high resolution. These are dynamic systems, scanning the terrain perpendicular to the flight line. For this purpose, either the camera lens is rotated or the scan is achieved by a rotating prism in front of the lens. The geometry of the resulting images is rather complicated.

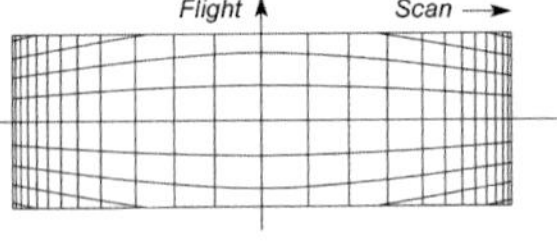

Bildverzeichnung in Panoramakameras durch Scannen (Kamerabewegung ist nicht berücksichtigt)

Image distortion in panoramic cameras due to scanning (camera motion is not considered)

Passpunkte

Als Passpunkte für die Photogrammetrie eignen sich Objektpunkte, die in einem Bild identifiziert werden können und deren Koordinaten im Objektraum bekannt sind. Man unterscheidet allgemein Vollpasspunkte (alle drei Koordinaten sind bekannt), Lagepasspunkte (die horizontale Lage im Objektraum ist bekannt) und Höhenpasspunkte (die Punkthöhe ist im Höhenbezugssystem gegeben).

Ground control points

For photogrammetric control any object point can be used, if it can be identified in an image and its position in an object space reference system is known. Control is generally classified as 3D control (three coordinates given), horizontal control (the position in object space is known with respect to a horizontal datum), or vertical control (the height of the point is known with respect to a vertical datum).

Natürliche und künstliche Passpunkte

In einem Gebiet mit geeigneten Strukturen und bei passendem Bildmaßstab können natürliche Punkte als Passpunkte dienen (z. B. Gebäudeecken, Zaunecken, einzelne Felsen, Wegekreuzungen usw.). In anderen Gebieten wie Wiesen, Wälder, Wüsten usw. mag es keine geeigneten Merkmale geben. In diesem Fall sind künstliche Signale als Passpunkte erforderlich. Solche Signale sind vor der Bildaufnahme zu platzieren. Man kann sie z. B. auf Straßen durch Farbe markieren oder andere Materialien am Boden befestigen. Hoher Kontrast zur Umgebung und symmetrische Formen sind nötig. Meist wird das mittlere Signal mit z. B. vier Balken ergänzt, die für die Punktidentifikation in den Bildern sehr hilfreich sind.

Natural and artificial targets

If there are suitable features in an area and the image scale is appropriate, natural points can serve for control (e. g. corners of buildings, fence corners, isolated rocks, intersections of trails, etc.). In other areas like prairies, forests, deserts, etc. useful features may not exist. In this case artificial targeting is necessary to establish control. Such targets must be placed on the ground prior to taking the aerial images. They can be simply painted on roads etc., or some other material is placed on the ground. High contrast against the surrounding ground and a symmetrical shape is essential. Usually the center panel is surrounded by e. g. four 'legs' that are very helpful for identification of targets in the image.

Empfehlenswerte Form für die Signalisierung von Passpunkten. Die geeignete Größe für D hängt vor allem vom Bildmaßstab ab. Als Faustregel kann gelten:

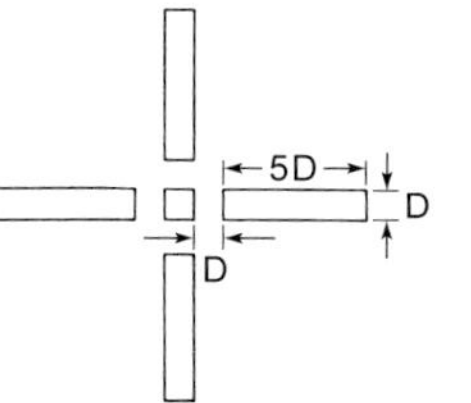

Recommendable shape for targeting artificial control points. The size D is primarily a factor of the intended image scale. The numbers are useful approximations.

1:6 000 D ≈ 0.2 m 1:10 000 D ≈ 0.3 m
1:20 000 D ≈ 0.7 m 1:50 000 D ≈ 1.5 m

Bestimmung von Passpunkten

Alle Instrumente und Verfahren der traditionellen Vermessungstechnik können genutzt werden, um die Koordinaten von Passpunkten in einem Bezugssystem nach Lage und Höhe zu bestimmen. Ein besonders effektives Verfahren wird aber der Einsatz von GPS-Empfängern sein.

Measuring ground control points

Any instrument and technique for traditional field surveying can be applied to determine the coordinates of control points in the general reference system (horizontal and vertical datum). However, the most effective way will be the use of GPS receivers (in relative positioning mode).

Bildwanderung

Die Aufnahme von einer bewegten Plattform ergibt wegen der endlichen Be--lichtungs- oder Integrationszeit verwaschene Bilder. Zwei Bewegungen kommen vor. Vorwärtsbewegung ist die Bewegung der Plattform in Flugrichtung. Bei Aufnahme eines Senkrechtluftbildes mit der Kamerakonstanten c [mm], der Flughöhe h_g [m], der Geschwindigkeit v [km/h] mit Belichtungszeit Δt, beträgt die Vorwärtsbewegung

Image motion

Imaging from a moving platform results in blurred images due to the finite exposure or integration time. Two types of platform movements have to be distinguished. Forward motion occurs from the movement of the platform in flight direction. For a vertical photograph taken with calibrated focal length c [mm] at an altitude h_g [m], a velocity v [km/h] and an exposure time Δt, the forward motion is

$$\Delta x'[\mu m] \approx 140 \cdot c \cdot \Delta t \cdot \frac{v}{h_g}$$

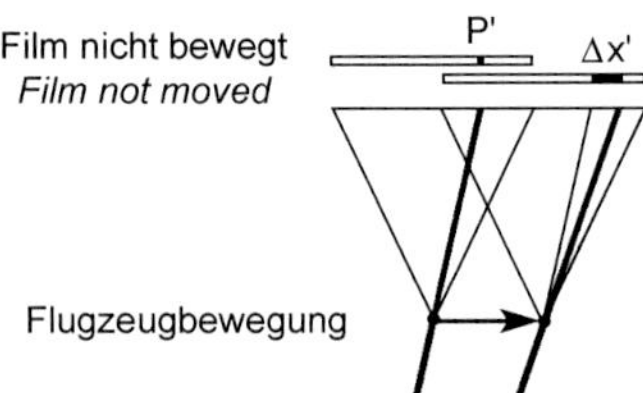

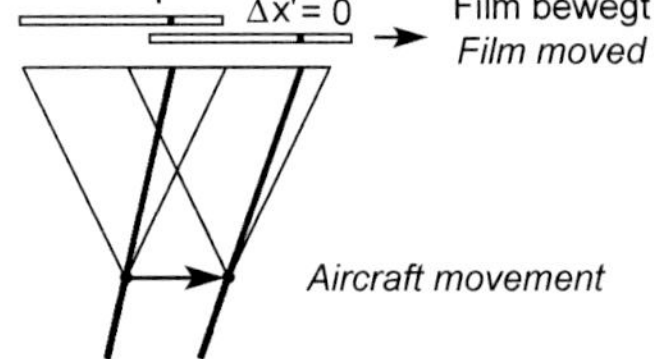

Die Wirkung ist für die ganze Bildfläche gleich. Man kann sie kompensieren, indem man den Film während der Belichtung so bewegt, dass sich Film und Bild gleich bewegen. Dies ist als Forward Motion Compensation (FMC) bekannt.

Winkelbewegungen entstehen durch zufällige Drehbewegungen des Flugzeugs oder der Kamera. Der Einfluss ist für die Achsen ω, φ und κ unterscheidlich. Zur Verringerung des Effekts sollte die Kamera eine kreiselstabilisierte Aufhängung haben. Bei digitalen Kameras mit Flächensensoren kann die Bildwanderung durch die Vorwärtsbewegung des Flugzeuges mit elektronischen Mitteln korrigiert werden. Die Kameras sind mit Time Delay and Integration (TDI) ausgestattet. Die Ladungszustände benachbarter Zeilen werden so miteinander kombiniert, dass sich die Auswirkung der Bildwanderung kompensiert. Die TDI-Technik kann auf Zeilenscanner nicht direkt angewandt werden.

The effect is the same for all parts of the image. Therefore it can be compensated by moving the film during exposure so that film and image move together, thereby preventing image blur. This is known as forward motion compensation (FMC).

Angular motion effects result from random angular movements of the aircraft resp. the camera. Their influences vary for the three axes ω, φ and κ. In order to reduce the effects the camera should be operated on a gyro-stabilized suspension mount. In digital cameras with array sensors, forward motion effects can be compensated by electronic means. The cameras are equipped with a Time Delay and Integration (TDI) function. The charge generated in the CCD sensor elements by the exposure can be shifted in one direction to the neighbored CCD elements and combined in such a way, that the forward motion is corrected. The TDI approach is not directly applicable to line scanners or three-line cameras.

Optisch-mechanische Scanner

Ein optisch-mechanischer Scanner erfasst einen Streifen quer zur Eigenbewegung mit einem rotierenden oder schwingenden ebenen Spiegel. Dieser kann verschiedene Abtastmuster erzeugen. Weit verbreitet ist der Zeilenscanner. Der Spiegel leitet die empfangene Strahlung zu einem Detektor, der ein elektrisches Signal erzeugt. In jedem Moment wird die Strahlung aus einem kleinen Raumwinkel, dem momentanen Gesichtsfeld, aufgezeichnet. Während des Fluges werden wiederholt Messungen entlang einer Zeile durchgeführt, sodass ein zweidimensionales Bild erzeugt werden kann. Wenn sich das System mit der Geschwindigkeit v in der Höhe h_g bewegt, kann ein Verhältnis v/h_g bestimmt werden, bei dem die Zeilen am Nadir unmittelbar benachbart sind.

Opto-mechanical scanners

An opto-mechanical scanner (or scanning radiometer) scans a path normal to its movement by use of a rotating or oscillating plane mirror. The plane mirror may generate various scanning patterns, most popular is the line scanner. The mirror directs the incoming radiation to a detector, which converts it into an electric signal. At any moment the radiation coming from a small solid angle, the instantaneous field of view is under observation and recorded. As the aircraft moves forward repeated measurements along scan lines are taken, thus a two-dimensional image can be generated. If the system moves at velocity v in an altitude h_g, a suitable ratio v/h_g may be established, so that consecutive scan lines are just adjacent to each other at the nadir.

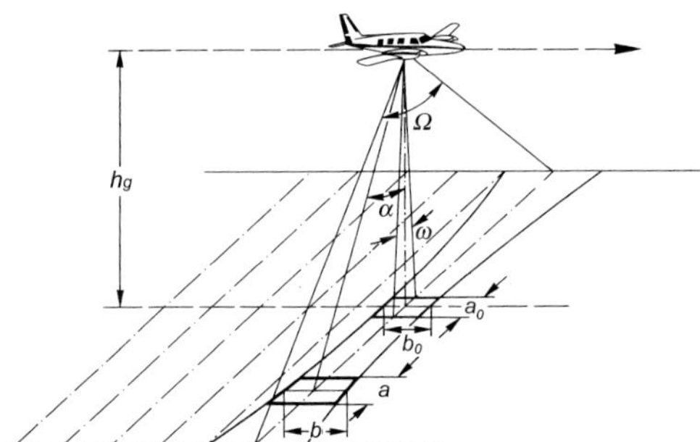

Geometrische Beziehungen bei optisch-mechanischen Scannern
Geometric relations in opto-mechanical line scanning

Flughöhe über Grund	h_g	Flying height above ground
Öffnungswinkel	ω	Instantaneous field of view
Gesamtöffnungswinkel	Ω	Total field of view
Abtastfrequenz	f	Scan rate
Abtastfläche (Pixel)	$a = \dfrac{\omega \cdot h_g}{\cos^2\alpha} \quad b = \dfrac{\omega \cdot h_g}{\cos\alpha}$	Size of scan area (pixel)
Fluggeschwindigkeit	v	Flight velocity
Verhältnis Geschwindigkeit/Höhe	$v/h_g = \omega \cdot f$	Speed to height ratio

Multispektral-Scanner

Optomechanische Scanner, die Daten in einzelnen Spektralkanälen aufnehmen können, heißen Multispektral-Scanner. Die ankommende Strahlung wird mit technischen Mitteln (z. B. Prismen, Gitter, dichroitische Spiegel) getrennt und geeigneten Detektoren zugeleitet. So können Daten in den Bereichen nahes UV, sichtbares Licht, reflektiertes IR und thermales IR des Spektrums erfasst werden.

Multispectral scanners

Opto-mechanical scanners that are capable of recording data in individual spectral bands are multispectral scanners. The incoming radiation is split down by spectrum-separation devices (e. g. prisms, gratings, dichroic mirrors) and directed to appropriate detector elements. Thus, data from the near UV, visible, reflected IR and thermal IR regions of the spectrum can be recorded.

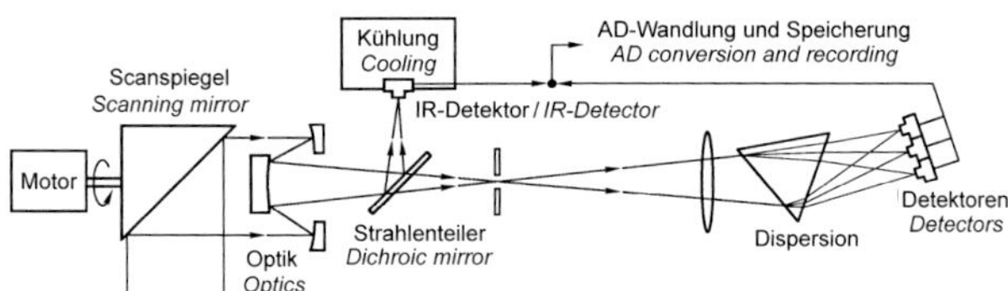

Schematische Darstellung von Komponenten eines Multispektral-Scanners
Schematic diagram of components used in a multispectral scanner

Whiskbroom-Scanner

Ein ‚Whiskbroom'-Scanner hat mehrere Detektoren, um mit einer Scanbewegung mehrere Zeilen aufzunehmen. Das bekannteste System ist der Landsat MSS.

Whiskbroom scanner

A whiskbroom scanner has several detectors, allowing the sensor to take several lines of data during one scan. The best known system is the Landsat MSS.

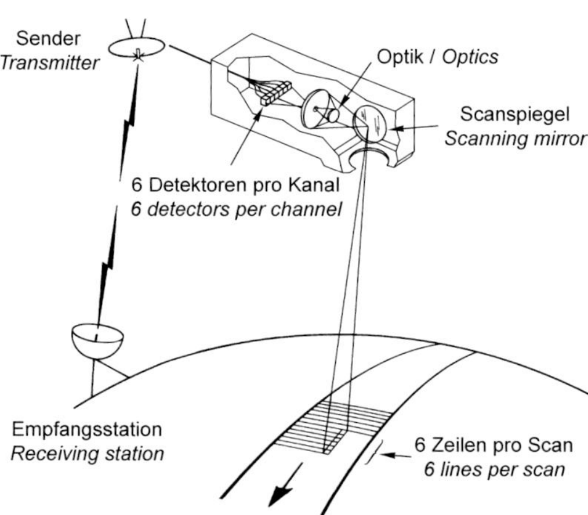

Prinzip eines ‚Whiskbroom'-Scanners (Landsat Multispektral-Scanner MSS)
Principle of a whiskbroom scanner (Landsat multispectral scanner MSS)

Optoelektronische Scanner

Optoelektronische Scanner (auch Zeilen-Scanner oder ‚Pushbroom'-Scanner genannt) benutzen in der Bildebene eines Objektivs linear quer zur Flugrichtung angeordnete CCD-Detektoren. Damit kann eine ganze Zeile von Bilddaten simultan erfasst werden. Durch die Bewegung der Plattform scannt und speichert das System eine Szene zeilenweise, sodass ein komplettes digitales Bild entsteht. Für eine Pixelgröße a' eines Sensorelements ist die Bodenpixelgröße a eine Funktion der Kamerakonstanten c und der Flughöhe über Grund h_g.

Optoelectronic scanners

Optoelectronic scanners (also line scanners or pushbroom scanners) use a linear array of CCD detectors, mounted in the focal plane of a camera lens. The line is oriented perpendicular to the flight direction. This enables to collect a complete line of image data simultaneously. Due to the forward motion of the platform, the system scans and records a scene line by line, providing a complete digital image. For a given pixel size a' of the sensor elements, the ground pixel size a is a function of the calibrated focal length c and the flying height above ground h_g.

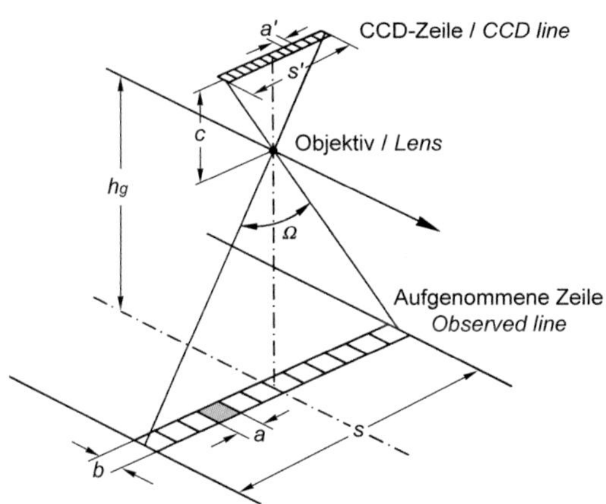

Prinzip und Geometrie eines ‚Pushbroom'-Scanners
Principle and geometry of a pushbroom scanner

Flughöhe über Grund	h_g	Flying height above ground
Kamerakonstante	c	Calibrated focal length
Größe eines Detektorelements	a'	Size of a detector element
Belichtungszeit	Δt	Dwell time
Fluggeschwindigkeit	v	Flight velocity
Abtastfläche (Pixel)	$a = a' \cdot h_g / c$ $b = v \cdot \Delta t$	Size of scan area (pixel)
Länge der Detektorzeile	s'	Length of detector array
Länge einer aufgenommenen Zeile	s	Length of observed line
Gesamtöffnungswinkel	Ω	Total field of view

Optoelektronische Kameras

Allgemein werden für photogrammetrische Zwecke zwei Typen von optoelektronischen Kameras unterschieden: Dreizeilen-Kameras und Flächen-Kameras.

Optoelectronic cameras

Usually, two types of optoelectronic cameras for photogrammetric purposes are distinguished: three-line cameras and array cameras.

Dreizeilen-Kameras

Dreizeilen-Kameras benutzen drei lineare Anordnungen von CCD-Detektoren, die in der Bildebene eines Objektivs liegen. Eine Zeile blickt vorwärts, eine liegt zentral und eine blickt rückwärts. Mit dieser Konfiguration wird die dreifache Aufnahme eines Geländestreifens erreicht, sodass Stereophotogrammetrie möglich wird. Um kontinuierliche Geländebilder zu erhalten, müssen alle Systemparameter, die Flughöhe und die Geschwindigkeit aufeinander abgestimmt sein. Im Prinzip ist jede einzelne Zeile ein perspektives Bild mit einem eigenen Satz von Orientierungsparametern. Die Nutzung dieser Technik erfordert die Unterstützung mit GPS/INS-Messungen.

Three-line cameras

Three-line cameras use three linear arrays of CCD detectors, which are mounted in the focal plane of a lens system. One line is looking forward, one is in the center, and one looking backwards. With this configuration, triple coverage of the terrain surface is obtained, enabling to apply stereo photogrammetric approaches. In order to get continuous terrain coverage, the system parameters, flight altitude and velocity must be balanced, so that consecutive scan lines are observed. In principle, each scan line is a perspective image with its own set of exterior orientation elements. The application of this technique requires the use of GPS/INS orientation support.

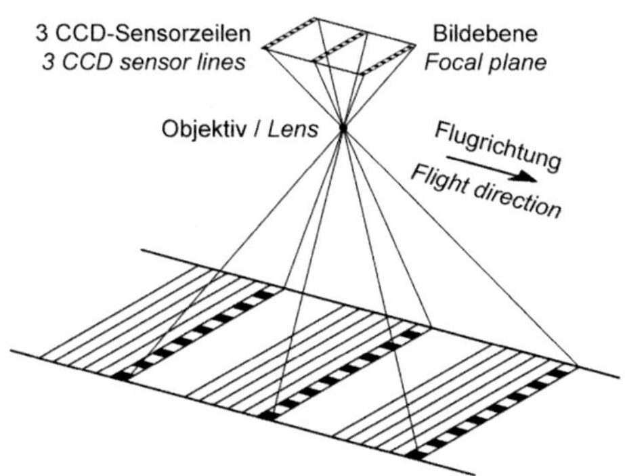

Schema der Datenaufnahme mit einer Dreizeilen-Kamera
Principle of data acquisition with a three-line camera

Grundsätzlich führt das Dreizeilen-Konzept zu schwarzweißen Stereobilddaten. Um Farbdaten aufzunehmen, werden weitere CCD-Zeilen mit entsprechender spektraler Empfindlichkeit in die Kamera integriert. Meist benutzt man vier Farbkanäle (rot, grün, blau und nahes Infrarot).

Basically, the three-line concept provides black-and-white stereo-image data. In order to acquire color information, additional CCD lines with appropriate spectral sensitivity are integrated in the camera system. It is common to apply four color channels (red, green, blue and near infrared).

Flächenkameras

Flächenkameras (auch Matrixkameras genannt) arbeiten ähnlich wie photographische Systeme, jedoch ersetzt ein in der Bildebene der Kamera eingebauter Festkörpersensor den Film. Nach den traditionellen Filmkameras zur Luftbildaufnahme sind sogenannte digitale Mittelformatkameras entwickelt worden. Sie arbeiten mit einem CCD-Flächensensor. Zur Erfassung von Farbinformationen ist es üblich, die CCD-Pixel mit roten, grünen und blauen Filtern in einem schachbrettartigen Muster zu beschichten.

Grüne Filter nehmen die weißen Felder des Brettes ein, die schwarzen Felder erhalten wechselweise rote und blaue Filter. Diese Anordnung, Bayer-Muster genannt, erlaubt die Aufzeichnung einer Farbe mit jedem Pixel.

Im Ergebnis erfassen 50 % der Pixel grünes, 25 % rotes und 25 % blaues Licht. Wichtig ist dabei, dass die durch die CCD-Pixel definierte Auflösung damit verringert wird.

Array cameras

Array cameras (also called matrix cameras) operate in a similar way as photographic systems, but a solid-state sensor, installed in the focal plane of the camera, replaces the film. Following the formats of the conventional film cameras for aerial surveys, so called medium-format digital cameras have been developed. They operate with one CCD sensor array. A common method to achieve color information with such cameras is to cover the CCD pixels by red, green, and blue filter layers in a chessboard pattern.

Green filters are in the white positions of the board, the black positions are alternately covered by red and blue filters. This arrangement, called Bayer pattern, allows the recording of only one color for each pixel.

As a result 50 % of the pixels capture green, 25 % red, and 25 % blue light. It should be noted that the spatial resolution as determined by the CCD pixel size is reduced by this approach.

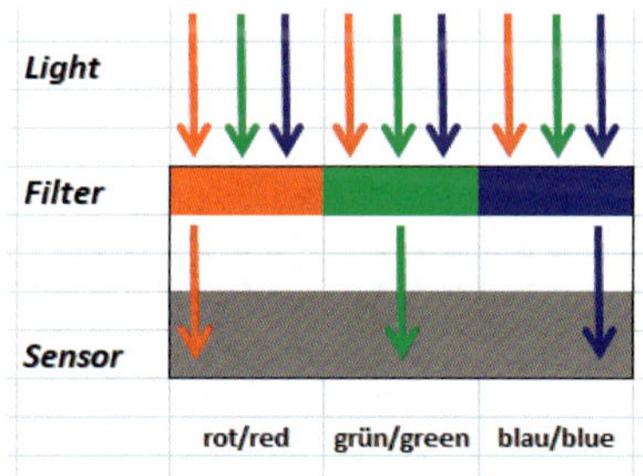

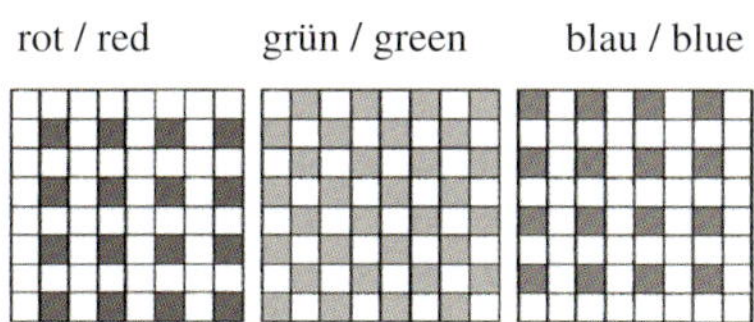

Prinzip des Bayer-Farbfilter-Musters für digitale Kameras:
Das Mosaikbild enthält 50 % Grünpixel und nur je 25 % Rot- und Blaupixel.
Principle of the Bayer color filter pattern for digital color cameras:
The resulting mosaic image contains 50 % green pixels and only 25 % in red and blue.

RGB-Farbtrennung RGB color separation

```
# a2020-129

from PIL import Image
from PIL.ImageOps  import invert
import matplotlib.pyplot as plt
import numpy as np
img  = Image.open("bayer.jpg")                          # load 24-bit image
iimg = invert(img)                                      # invert for presentation
red,grn,blu=iimg.split()
cols,rows=img.size                                      # separate into R,G,B bands
x=[0,cols,cols,0,0]
y=[0,0,rows,rows,0]
fig,  (ax1,ax2,ax3,ax4) = plt.subplots(1,4,figsize=(16,4))# show figures and save result
title='Bayer pattern color filtering: '
fig.suptitle(title,fontsize=12)
ax1.imshow(img,cmap=plt.cm.gray)
ax1.plot(x,y)
ax1.set_title('Color pattern',fontsize=8)
ax1.axis('off')
ax2.imshow(red,cmap=plt.cm.gray)
ax2.plot(x,y)
ax2.set_title('red band',fontsize=10)
ax2.axis('off')
ax3.imshow(grn,cmap=plt.cm.gray)
ax3.plot(x,y)
ax3.set_title('green band',fontsize=10)
ax3.axis('off')
ax4.imshow(blu,cmap=plt.cm.gray)
ax4.plot(x,y)
ax4.set_title('blue band',fontsize=10)
ax4.axis('off')
outfile="pyfig129a.pdf"
plt.savefig(outfile,bbox_inches='tight')
plt.show()
```

Bayer pattern color filtering:

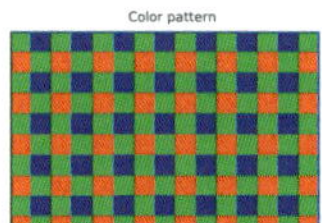

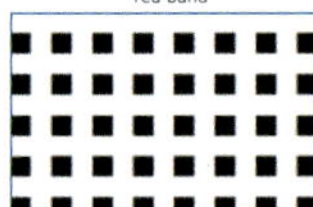

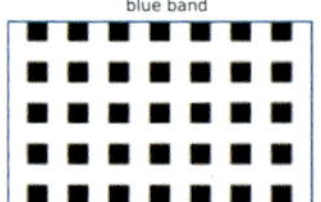

Großformatige digitale Kameras

Um große Flächendeckung für die Stereophotogrammetrie zu erzielen, müssen Daten von mehreren CCD-Flächensensoren zu großformatigen digitalen Kameras kombiniert werden. Dies verlangt mehrere Objektive und genaue Synchronisation der einzelnen Komponenten.

Die bei der Aufnahme gewonnenen Bildmatrizen werden digital transformiert, um ein vollständiges Messbild zu erhalten, das grundsätzlich wie ein digitalisiertes photographisches Luftbild genutzt werden kann.

Large-format digital cameras

In order to achieve large ground coverage as needed for aerial stereo photogrammetry, data from several CCD arrays must be combined in largeformat digital frame cameras. This requires a multilens design for the camera and precise synchronization of the individual components.

The image matrices achieved during data acquisition are merged by digital transformation in order to generate a complete metric image, which can principally be treated like a digitized photographic aerial image.

Zur großflächigen Bodenabdeckung eignen sich verschiedene Anordnungen von CCD-Flächensensoren. Zwei Möglichkeiten zeigen die folgenden Beispiele.

Various arrangements of CCD arrays and lenses can be applied to achieve large ground coverage. The following examples make use of different concepts.

Digital Modular Camera (DMC)
Die DMC (hergestellt von Z/I Imaging) gewinnt hochauflösende panchromatische Abbildungen mit vier kombinierten Kameras. Diese sind leicht geneigt und nehmen benachbarte Gebiete auf. Die Datenaufnahme ist so synchronisiert, dass durch spezielle Verarbeitung der Bilddaten ein großformatiges virtuelles Bild gewonnen werden kann. Zusätzliche Kanäle zeichnen multispektrale Daten auf.

Digital Modular Camera (DMC)
The DMC (manufactured by Z/I Imaging) operates with four camera heads for high resolution panchromatic imaging, each one with its own optics. The cameras are slightly tilted to cover a distinct ground area. Image acquisition is synchronized, thus a large-format virtual image can be derived by special digital image processing techniques. Additional channels acquire multispectral data.

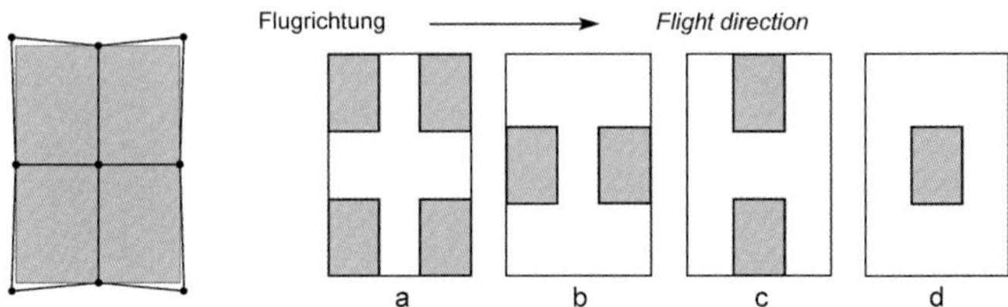

Abdeckung der hochauflösenden Kameras: DMC (links) und UltraCam-D (rechts)
Coverage of the high resolution cameras: DMC (left) and UltraCam-D (right)

UltraCam digital camera
Die UltraCam benutzt auch mehrere Kameraköpfe. Aber durch die Objektive wird eine gemeinsame Bildebene erzeugt. Das großformatige Bild entsteht aus Einzelbildern durch Mosaikbildung. Eine Hauptkamera definiert das Bildkoordinatensystem für das ganze, zunächst noch lückenhafte Bild (a). Die Lücken werden durch ‚Hilfskameras' (b), (c) und (d) geschlossen. In beiden Fällen kann das großformatige Bild durch spezielle Bildverarbeitungstechnik gewonnen werden. Das schließt die Anwendung von kameraspezifischen zusätzlichen Parametern zur Verzeichnungskorrektur ein. Außerdem ist den Kameras gemeinsam, dass sie hochauflösende Schwarzweiß-Bilder bevorzugen und für Farbinformationen getrennte Aufnahmen geringer Auflösung verwenden.

UltraCam digital camera
The UltraCam is also a multi-camera-head design. But the lenses of each component are focused in one common plane. The large-image format is achieved by combining the individual images through mosaic formation. A 'master cone' provides the image coordinate system and the full but incomplete image (a). The holes are filled by 'slave cones' (b), (c), and (d). In both cases the large-format image is derived by special digital image processing approaches. This comprises the application of camera-specific additional parameters for distortion correction. Furthermore, both cameras have in common that they emphasize high resolution for black-and-white and use separate recording of color information at reduced resolution.

Abbildende Spektrometer

Ein Spektrometer ist ein Gerät, das es ermöglicht, die spektrale Zusammensetzung ankommender Strahlung zu bestimmen. Ein abbildendes Spektrometer ist ein Instrument, das die Aufnahme von Bilddaten mit der Messung der spektralen Zusammensetzung der Strahlung verbindet. Der Aufbau ist optisch-mechanischen oder optoelektronischen Scannern ähnlich.

Imaging spectrometers

A device that is designed to detect and to measure the spectral content of incident radiation is called a spectrometer. An imaging spectrometer is an instrument that combines the spatial capabilities of an imaging sensor with the spectral capabilities of a spectrometer. The basic scheme is almost the same as in opto-mechanical or opto-electronical scanners.

Systemeigenschaften

Es ist eine Vielzahl von Systemen entwickelt worden. Bei allen werden viele schmale Spektralbänder beobachtet (meist mehrere Hundert), wobei die spektrale Auflösung bei etwa 10 nm liegt. Von den vielen spektralen Messungen kann dann für jedes Pixel des Bildes ein (quasi) vollständiges Spektrum erzeugt werden. Deshalb werden solche Systeme auch Hyperspektralscanner genannt. In jedem Fall dient die zentrale Komponente des Systems der Spektralzerlegung der Strahlung. Meist wird dazu die Dispersionswirkung von Gittern oder Prismen genutzt.

System characteristics

A variety of different systems has been designed. They all have in common that a great number of narrow spectral bands is observed (usually several hundred), and the spectral resolution is in the range of 10 nm. Thus, from the many spectral observations a (quasi) complete spectrum can be produced for every pixel of the image. Therefore, such systems are also called hyper-spectral scanners. In any case the main component of the system is its spectral device. In most cases, gratings or prisms are applied to disperse the radiation for spectral discrimination.

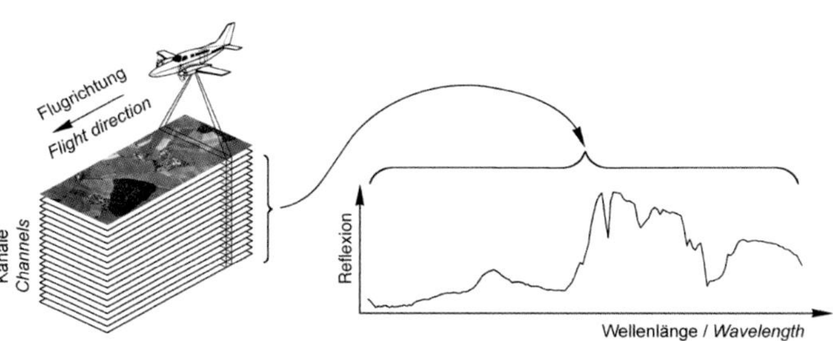

Schematische Darstellung der Datengewinnung durch abbildende Spektrometer
Schematic diagram of data acquisition with imaging spectrometers

Datenwürfel

Um die Zusammenhänge zwischen dem Bild und seinen spektralen Variationen zu veranschaulichen, wird oft ein Datenwürfel (auch Hyperspektralwürfel) benutzt. Dieser wird durch die Lagekoordinaten x und y mit der Wellenlänge λ als Höhe gebildet.

Data cube

In order to visualize the relationship between the image and its spectral variations, it is often referred to a data cube (also called image cube or hyper-spectral cube). This is formed by the spatial dimensions x and y, and the wavelength λ as height.

2.5 Aufnahme von Satelliten – Acquisition from satellites

Typen von Satellitenbahnen

Für die Photogrammetrie und Fernerkundung werden Satelliten meist in eine etwa kreisförmige Umlaufbahn gebracht. Man unterscheidet folgende Bahntypen.

Types of satellite orbits

Usually, satellites for photogrammetry and remote sensing purposes are launched into nearly circular orbits. The following orbit types are discriminated.

Geostationäre Bahnen

Satelliten in einer geostationären Bahn umkreisen die Erde über dem Äquator von West nach Ost in etwa 36000 km Höhe. Da sie der Erddrehung folgen, scheinen solche Satelliten ‚stationär' über einer festen Position zu stehen. Ihre Geschwindigkeit ist etwa 3 km pro Sekunde. Von Satelliten in solchen Umlaufbahnen kann ein großer Teil der Erde kontinuierlich beobachtet werden. Deshalb sind diese Bahnen ideal für die kontinentweite Beobachtung des Wetters und der Umwelt sowie für die Telekommunikation. Sie sparen auch Kosten, da die Satelliten nicht von Bodenstationen verfolgt werden müssen. Mit drei (oder mehr) gleichmäßig verteilten Satelliten kann man die gesamte Erde außer den Polarregionen erfassen.

Geostationary orbit

Satellites in a geostationary orbit circle the Earth above the equator from west to east at a height of nearly 36000 km. As they follow the Earth's rotation, satellites in a geostationary orbit appear to be 'stationary' over a fixed position. Their speed is about 3 km per second. From satellites in such orbits a very large portion of the Earth can be continuously observed. This makes the orbit ideal for monitoring continent-wide weather patterns and environmental conditions, and for telecommunication purposes as well. It also decreases costs as ground stations do not need to track the satellite. A combination of three (or more) equally spaced satellites can provide full coverage of the Earth, except for the polar regions.

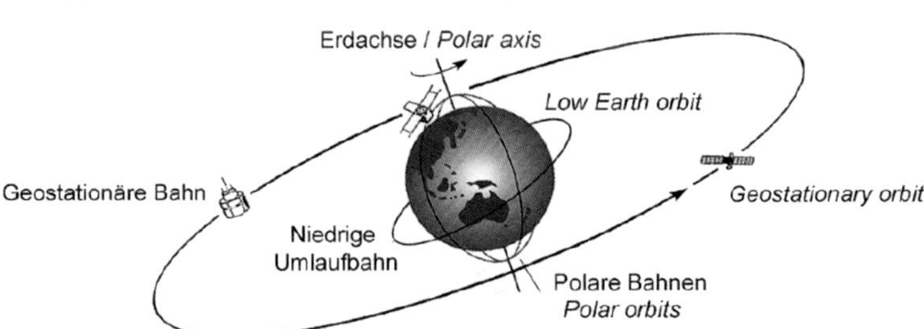

Niedrige Umlaufbahnen

Eine niedrige Umlaufbahn liegt unter 1000 km Höhe und kann bis zu 160 km Höhe heruntergehen. Satelliten in solchen kreisförmigen Bahnen fliegen etwa 7.8 km pro Sekunde. Bei dieser Geschwindigkeit benötigt ein Satellit etwa 100 Minuten für eine Erdumrundung. Allgemein dienen solche Bahnen der Fernerkundung, da sie für Abbildungen nahe der Erdoberfläche sind und die kurzen Umlaufperioden rasche Wiederholungen ermöglichen. Die International Space Station ist in niedriger Umlaufbahn.

Low Earth orbits

A low Earth orbit is normally at an altitude of less than 1000 km and could be as low as 160 km above the Earth. Satellites in such circular orbits travel at a speed of around 7.8 km per second. At this speed, a satellite takes approximately 100 minutes to circle the Earth. In general, these orbits are used for remote sensing as they offer close proximity to the Earth's surface for imaging and the short orbital periods allow for rapid revisits. The International Space Station is in low Earth orbit.

Polare Bahnen

Satelliten in polaren Bahnen überfliegen die polaren Regionen der Erde. Satelliten müssen die Pole nicht exakt überfliegen, wenn ihre Bahnen polar genannt werden. Solche Bahnen werden meist für niedrige Flughöhen zwischen 200 und 1000 km gewählt. Satelliten in polaren Bahnen können die ganze Erdoberfläche beobachten und mehrmals am Tage die Nord- und Südpolregionen überfliegen. Polare Bahnen dienen meist zur Erdbeobachtung. Ein in etwa 800 km Höhe polar fliegender Satellit hat eine Geschwindigkeit von etwa 7.5 km pro Sekunde.

Polar orbits

Satellites in polar orbits pass over the Earth's polar regions. The orbital track of the satellite does not have to cross the poles exactly for an orbit to be called polar. These orbits mainly take place at low altitudes of between 200 to 1000 km. Satellites in polar orbits look down on the Earth's entire surface and can pass over the North and South Poles several times a day. Polar orbits are extremely useful for Earth observation. If a satellite is in polar orbit at an altitude of around 800 km, its travelling speed is about 7.5 km per second.

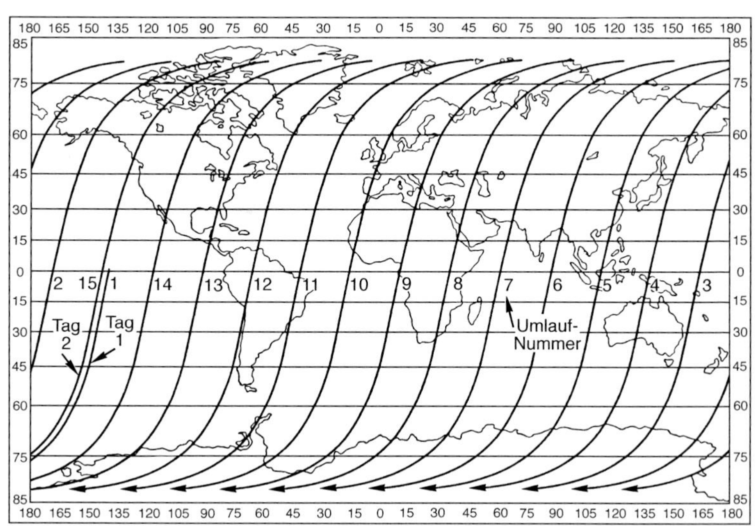

Tägliche Bahnen für Landsat 1-3, Prototyp für sonnensynchrone Fernerkundungssatelliten
Daily ground tracks for Landsat 1-3, prototype of a sun-synchronous remote sensing orbit

Sonnensynchrone Bahnen

Sonnensynchrone Bahnen liegen meist in Höhen zwischen etwa 600 und 800 km. Allgemein dienen diese Bahnen zur Erdbeobachtung, für Sonnenstudien, zu Wettervorhersagen usw. Bodenbeobachtungen werden dadurch verbessert, dass die Erde bei der Aufnahme von der Sonne immer im gleichen Winkel beleuchtet wird.

Sun-synchronous orbits

Satellites in a sun-synchronous orbit would usually be at an altitude of between 600 to 800 km. Generally these orbits are used for Earth observation, solar studies, weather forecasting, etc. This is because ground observation is improved when the surface is always illuminated by the sun at the same angle when viewed from the satellite.

Keplersche Bahnelemente

Obwohl Fernerkundungssatelliten meist in eine ‚kreisförmige' Bahn gestartet werden, sind ihre Bahnen immer elliptisch und folgen den Keplerschen Gesetzen. Genau genommen gelten diese Gesetze nur, wenn es keine Störungen durch andere Planeten oder sonstige Einflüsse gibt. Sechs unabhängige Parameter beschreiben eine elliptische Umlaufbahn. In der Regel werden sechs Elemente benutzt, die man Keplersche Bahnelemente nennt.

- Die Große Halbachse a definiert die Größe der Bahnellipse.
- Die Exzentrizität e beschreibt die Form der Bahnellipse.
- Die Inklination i ist der Winkel zwischen der Ebene der Umlaufbahn und der Äquatorebene (Ekliptik).
- Der Winkel des aufsteigenden Knotens W legt den aufsteigenden Knoten relativ zum Widderpunkt fest.
- Das Argument des Perigäums w legt die Ellipse in der Bahnebene fest.
- Die Mittlere Anomalie M ist der Winkel, der einen Punkt der Ellipse festlegt.

Keplerian orbit elements

Although remote sensing satellites are mostly launched into a 'circular' orbit, their orbits are always more or less elliptical and follow the laws found by Kepler. Strictly, this laws only apply in the absence of perturbations by other planets and by other sources. Six independent numerical values are necessary to describe an elliptical orbit. Usually the following six orbital elements, called Keplerian elements, are applied.

- The semi-major axis a defines the size of the orbit ellipse.
- The eccentricity e describes the shape of the orbit ellipse.
- The inclination i is the angle between the orbital plane (plane of the ellipse) and the equatorial plane (ecliptic).
- The longitude of the ascending node W orients the ascending node with respect to the vernal point.
- The argument of perigee w orients the orbit ellipse in the orbital plane.
- The mean anomaly M is the angle which fixes a point on the ellipse.

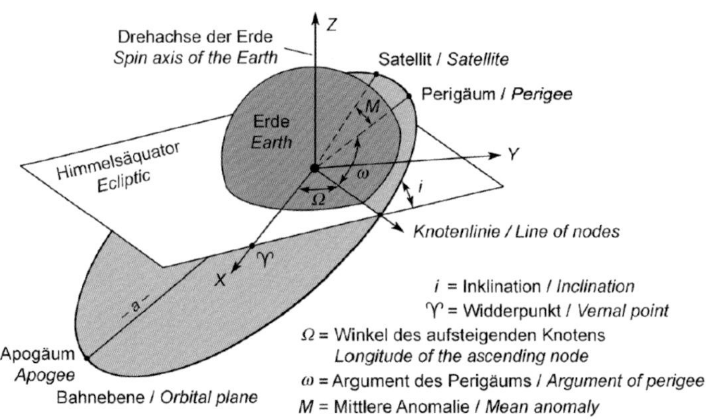

Die Kepler-Elemente einer Satellitenbahn
The Keplerian elements of a satellite orbit

Fernerkundungssatelliten

In den vergangenen Jahrzehnten ist eine große Zahl von Fernerkundungssatelliten mit verschiedenartigen Sensoren zur Beobachtung der Erdoberfläche gestartet worden. Manche sind sehr bekannt geworden und ihre Daten wurden und werden vielfältig genutzt. Die große Bedeutung der Fernerkundungssatelliten wächst immer mehr an, für Meteorologie, Wissenschaft, Exploration, Ressourcen- und Katastrophenmanagement, Umweltbeobachtung usw. Einige andere Satelliten waren nur vorübergehend von Interesse. Außerdem waren einige speziellen Fragen gewidmet und deshalb nur für eine kleinere wissenschaftliche Disziplin wichtig. Für die folgenden Tabellen wurden aktuelle Systeme ausgewählt sowie solche, deren Daten langfristig Bedeutung erlangt haben. Die Darstellung von Einzelheiten übersteigt die Möglichkeiten dieses Buches. Die Daten von Fernerkundungssatelliten werden über nationale und internationale Vertriebsnetze angeboten. Es gibt verschiedene Stufen der Verarbeitung. Die Daten unterliegen einem Copyright. Entsprechende Informationen können dem Internet entnommen werden.

Die wichtigsten Erdbeobachtungssatelliten sind:

Remote sensing satellites

A great number of remote sensing satellites with a variety of sensors for Earth observation have been launched during past decades. Some of them became very popular, and their data were and are used in many different ways. The great importance of remote sensing satellites is still increasing for meteorology, scientific purposes, exploration, natural resources management, environmental monitoring, natural disaster control, etc. Some other satellites have been of interest only for a short period of time. Furthermore some were dedicated to special purposes and therefore only a relatively small scientific community was concerned. For the following list some actual systems have been selected as well as such systems that became important for a long time. The presentation of detailed information is beyond the scope of this book. The data acquired by remote sensing satellites are distributed through national or international networks. Different processing levels are in the market. All data are copyrighted. Related information can be checked out in the Internet.

The most important remote sensing satellites are:

- Envisat (ESA, Europa/Europe)
- ERS (ESA, Europa/Europe)
- Landsat (NASA, USA)
- SPOT (CNES, Frankreich/France)
- IRS (ISRO, Indien/India)
- Earth Observing System (EOS) (NASA, USA)
- TerraSAR-X (DLR, Deutschland/Germany)
- TanDEM-X (DLR, Deutschland/Germany)
- Sentinel (ESA, Europa/Europe)

2.6 Einzelbildauswertung – Single-image processing

Koordinatensysteme

Photogrammetrie erfordert immer Koordinatensysteme, um die Zusammenhänge zwischen Bild- und Objektraum beschreiben zu können.

Coordinate systems

Photogrammetry always requires the use of coordinate systems in order to describe the relations between the image and the object space.

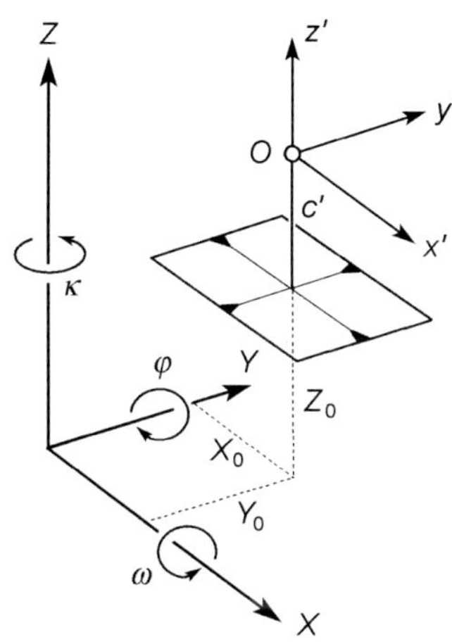

Allgemeines Koordinatensystem für beliebige Bilder
General coordinate system for any image

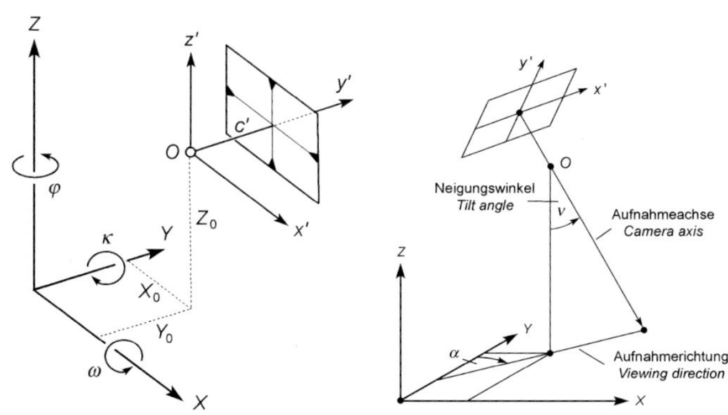

Standard-Koordinatensysteme für terrestrische Photogrammetrie (links)
und für die Luftbild-Photogrammetrie (rechts)
Standard coordinate systems for terrestrial photogrammetry (left)
and for aerial photogrammetry (right)

Bildkoordinatenmessung

Sämtliche numerische Verarbeitungsschritte der Photogrammetrie beziehen sich auf im Bild gemessene rechtwinklige Koordinaten. Während die Messung in analogen Bildern noch mechanisch-optische Hilfsmittel erforderlich machte, um Koordinaten zu messen, ermöglichen digitale Bilder und heutige Softwarelösungen eine schnelle und sehr einfache Messung der Koordinaten.

Das folgende Python-Skript demonstriert diese Funktion anschaulich.

Measurement of image coordinates

All numerical processing steps in photogrammetry relate to rectangular coordinates measured in the image. While the measurement in analog photos still required mechanical-optical equipment to measure coordinates, digital images and today's software solutions enable quick and very simple measurement of coordinates.

The following Python script clearly demonstrates this function.

Bildkoordinatenmessung ***Image coordinate measurement***

```
# a2020-137
# if not installed, use
# pip install numpy
# pip install pillow
# see also: https://matplotlib.org/users/event_handling.html
import numpy as np
import matplotlib.pyplot as plt
from PIL import Image

cnt=0
ifile='ipi24.jpg'
# import 24-bit color image

def onclick(event):
    # function to handle mouse events
    global ix, iy, cnt
    ix, iy = event.xdata,event.ydata
    # get position of mouse cursor
    if ix and iy :
        cnt=cnt+1
        col1=ima[int(iy),int(ix)]
    # get RGB values or index of colormap
        print ('P%d: x = %.2f, y = %.2f   %s'
               % ( cnt ,ix, iy, str(col1)))
        ax.plot(ix,iy,marker='+',color='r')
        ax.text(ix+3,iy,'P'+str(cnt), color='r')
        plt.show()

im = Image.open(ifile)
ima=np.array(im)                        # store in array for color access
# print(ima.shape)
text="Image= "+ifile
fig = plt.figure()
ax = fig.add_subplot(111)
plt.imshow(im, plt.cm.gray)             # click with left mouse button inside image
plt.title(text)                         # to measure and mark point
fig.canvas.mpl_connect('button_press_event', onclick)
plt.show()

''''
'
P1: x = 328.94, y = 197.26   [170 177 195]
P2: x = 295.45, y = 236.65   [167 175 188]
P3: x = 269.85, y = 435.59   [37 42 64]
P4: x = 334.85, y = 496.65   [196 191 197]
'
'''
```

Äußere Orientierung

Die äußere Orientierung beschreibt die Position und räumliche Lage eines Bildstrahlenbündels relativ zu einem Objektkoordinatensystem. Jedes Bündel benötigt sechs unabhängige Orientierungsparameter: drei Translationen für die Lage des Projektionszentrums O und drei für die Winkelorientierung des Bündels. Zur Definition der drei Drehwinkel werden verschiedene Konventionen benutzt. In der Aerophotogrammetrie ist es üblich, ein rechtshändiges Koordinatensystem anzunehmen mit der x-Achse nahe der Flugrichtung. Dann ergibt sich:

- *Querneigung* ω, Drehung um die x-Achse.
- *Längsneigung* φ, Drehung um die y-Achse.
- *Kantung* κ, Drehung um die z-Achse.

Dann ist die äußere Orientierung eines Bildes gegeben durch den Vektor $\mathbf{X}_0$ und die Drehmatrix $\mathbf{R}$ (mit aufeinander folgenden Drehungen ω, φ, κ).

Exterior orientation

The exterior orientation establishes the position and attitude of a bundle of rays of an image relative to an object space coordinate system. Each bundle requires six independent orientation parameters, three translations for the position of the projection center O and three for angular orientation of the bundle. Different conventions are in use to define the three rotation angles. In aerial photogrammetry it is most common to assume a right-handed coordinate system with the x-axis close to the direction of the flight line.
Then we have:

- *Transversal tilt* ω, rotation about the x-axis.
- *Longitudinal tilt* φ, rotation about the y-axis.
- *Swing* κ, rotation about the z-axis.

Thus, the exterior orientation of a photographic image is given by the vector $\mathbf{X}_0$ and the rotation matrix $\mathbf{R}$ (with sequential rotations ω, φ, κ).

$$\mathbf{R} = \mathbf{R}_\omega \cdot \mathbf{R}_\varphi \cdot \mathbf{R}_\kappa$$

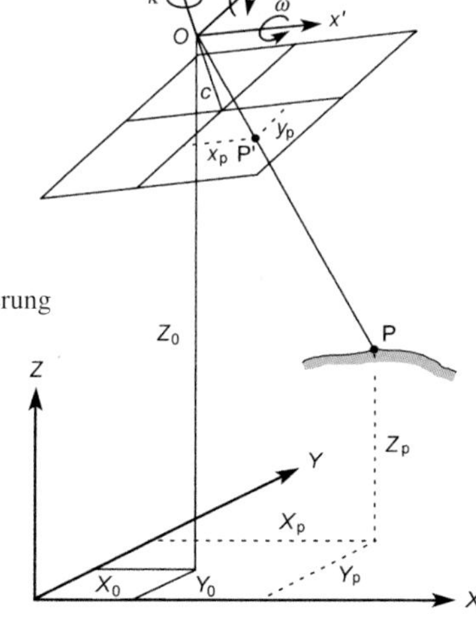

Elemente der äußeren Orientierung

Elements of the exterior orientation

Kollinearitätsgleichungen

Es ist charakteristisch für photogrammetrische Abbildungen, dass das Projektionszentrum O, der Objektpunkt P und der Bildpunkt P' auf einer Geraden im Raum liegen. Deshalb sind die Vektoren von O nach P und von O nach P' kollinear. Das wird mit folgenden Formeln beschrieben.

Collinearity equations

It is a fundamental characteristic of photogrammetric imaging that the perspective center O, the object point P and the image point P' all lie on a straight line in space. Thus, the two vectors from O to P and from O to P' are collinear. This can be expressed in the following formulae.

$$\mathbf{X}_P = \mathbf{X}_0 + k \cdot \mathbf{R} \cdot (\mathbf{x}'_P - \mathbf{x}'_0)$$

$$\begin{bmatrix} X_p \\ Y_p \\ Z_P \end{bmatrix} = \begin{bmatrix} X_0 \\ Y_0 \\ Z_0 \end{bmatrix} + k \cdot \begin{bmatrix} r_{11} & r_{12} & r_{13} \\ r_{21} & r_{22} & r_{23} \\ r_{31} & r_{32} & r_{33} \end{bmatrix} \begin{bmatrix} x'_p - x'_0 \\ y'_p - y'_0 \\ -c_k \end{bmatrix}$$

$$\mathbf{x}'_P - \mathbf{x}'_0 = \frac{1}{k} \cdot \mathbf{R}^{-1} \cdot (\mathbf{X}_P - \mathbf{X}_0)$$

$$\begin{bmatrix} x'_P - x'_0 \\ y'_P - y'_0 \\ -c_k \end{bmatrix} = \frac{1}{k} \cdot \begin{bmatrix} r_{11} & r_{12} & r_{13} \\ r_{21} & r_{22} & ,r_{23} \\ r_{31} & r_{32} & r_{33} \end{bmatrix} \cdot \begin{bmatrix} X_p - X_0 \\ Y_p - Y_0 \\ Z_P - Z_0 \end{bmatrix}$$

Koordinaten des Objektpunktes P	X_P, Y_P, Z_P	Coordinates of the object point P
Koordinaten des Projektionszentrums O	X_0, Y_0, Z_0	Coordinates of the projection center O
Elemente der Rotationsmatrix	$r_{11} \ldots r_{33}$	Elements of the rotation matrix
Maßstabsfaktor	k	Scale factor
Kamerakonstante	c_k	Calibrated focal length of the camera
Bildkoordinaten des Hauptpunktes H'	x'_0, y'_0	Image coordinates of the principal point H'
Bildkoordinaten des Objektpunktes P'	x'_P, y'_P	Image coordinates of the object point P'

Durch Eliminieren des Maßstabsfaktors erhält man die allgemeine Form der Kollinearitätsgleichungen.

The elimination of the scale factor yields the most common form of the collinearity condition equations.

$$x'_P - x'_0 = -c_k \frac{r_{11} \cdot (X_p - X_0) + r_{21} \cdot (Y_p - Y_0) + r_{31} \cdot (Z_p - Z_0)}{r_{13} \cdot (X_p - X_0) + r_{23} \cdot (Y_p - Y_0) + r_{33} \cdot (Z_p - Z_0)}$$

$$y'_P - y'_0 = -c_k \frac{r_{12} \cdot (X_p - X_0) + r_{22} \cdot (Y_p - Y_0) + r_{32} \cdot (Z_p - Z_0)}{r_{13} \cdot (X_p - X_0) + r_{23} \cdot (Y_p - Y_0) + r_{33} \cdot (Z_p - Z_0)}$$

Die Kollinearitätsgleichungen werden zum räumlichen Rückwärtsschnitt, zur relativen Orientierung usw. genutzt.

The collinearity condition equations are used for space resection, space intersection, relative orientation or other tasks.

Arten zentralperspektiver Bilder

In Abhängigkeit von der räumlichen Orientierung der Kamera unterscheidet man verschiedene Arten von Bildern.

- *Senkrechtbilder:* Die Bildebene ist genähert horizontal, die Aufnahmerichtung genähert vertikal; dies ist typisch für photogrammetrische Luftbilder.
- *Nadirbilder:* Die Bildebene liegt exakt horizontal, die Aufnahmerichtung zeigt genau zum Nadir.
- *Schrägbilder:* Die Bildebene ist deutlich geneigt, die Aufnahmerichtung ist ebenfalls schräg.
- *Horizontalbilder:* Die Bildebene steht vertikal, die Aufnahmerichtung horizontal; dies ist typisch für die traditionelle terrestrische Photogrammetrie.

Stets wird angenommen, dass die Abbildungsstrahlen Geraden sind und sich in einem Punkt schneiden: dem Projektionszentrum O. Der Bezug zwischen einem Objektpunkt P und dem Bildpunkt P' wird durch die Kollinearitätsgleichungen beschrieben. Dazu werden die innere Orientierung und die äußere Orientierung des Bildes benötigt.

Types of perspective images

Depending on the spatial orientation of the camera, different types of perspective images are distinguished.

- *Vertical images:* The image plane is approximately horizontal, the viewing direction approximately vertical; this is typical for aerial photogrammetry.
- *Nadir images:* The image plane is exactly horizontal, the viewing direction is strictly to the nadir.
- *Oblique images:* The image plane is significantly tilted, and the viewing direction is also oblique.
- *Horizontal images:* The image plane is vertical, the viewing direction horizontal; this is typical for traditional terrestrial photogrammetry.

It is assumed that the imaging rays are straight and that they intersect in one point, the projection center O. The relations between an object point P and its image point P' are described in collinearity equations. This requires the interior orientation and the exterior orientation of the image.

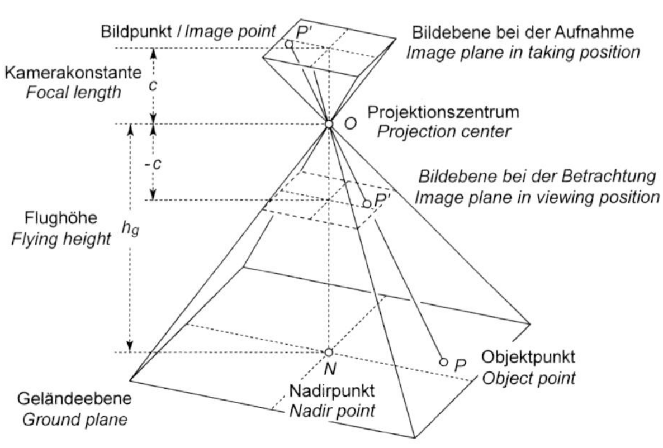

Wichtige Bezeichnungen in Senkrechtbildern
Basic terms in vertical images

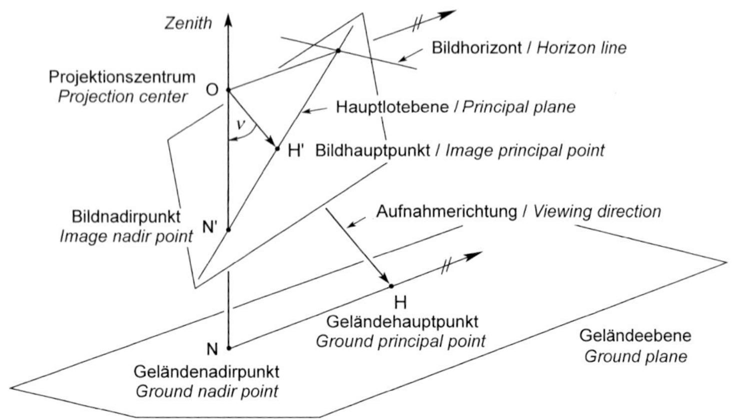

Wichtige Bezeichnungen in Schrägbildern
Basic terms in oblique images

Hauptpunkt
Der Hauptpunkt H' ist der Fußpunkt des Lotes vom Projektionszentrum auf die Ebene des photographischen Bildes.

Principal point
The principal point H' is the foot of the perpendicular from the perspective center to the plane of the photograph.

Nadirpunkt
Der Nadir N ist der Punkt im Bild oder im Gelände, der senkrecht unter dem Projektionszentrum liegt.

Nadir point
The nadir N is the point in the image or on the ground vertically beneath the perspective center of a camera lens.

Hauptlotebene
Die Hauptlotebene ist die senkrechte Ebene, die die optische Achse der Kamera, das Projektionszentrum O, den Hauptpunkt H' und den Nadir N enthält.

Principal plane
The principal plane is the vertical plane which contains the optical axis of the camera. It also contains the projection center O, the principal point H' and the nadir N.

Hauptsenkrechte
Die Hauptsenkrechte ist die Linie der größten Neigung im Bild, die durch den Hauptpunkt H' und den Nadir N' geht.

Principal line
The principal line is the line of maximum slope in the image plane, passing through the principal point H' and the nadir N'.

Bildhorizont
Der Bildhorizont ist der Schnitt der horizontalen Ebene durch das Projektionszentrum O mit der Bildebene.

Horizon line
The horizon line is the intersection of the horizontal plane through the projection center O and the image plane.

Neigungswinkel
Der Neigungswinkel v liegt zwischen Aufnahmerichtung OH' und Lotrichtung ON'.

Tilt angle
The tilt angle v is the angle between the viewing direction OH' and the plumb line ON'.

Fluchtpunkte
Fluchtpunkte sind Punkte auf der Horizontlinie, in denen sich parallele, horizontale Linien des Objektraumes schneiden.

Vanishing points
Vanishing points are points on the horizon line where parallel, horizontal lines of the object space converge.

Räumlicher Rückwärtsschnitt

Durch den räumlichen Rückwärtsschnitt werden die Lage- und Orientierungsparameter eines Bildes, bezogen auf ein Objektkoordinatensystem, bestimmt.

Gegeben sind die Koordinaten X_i, Y_i, Z_i von $n\ (n \geq 3)$ Passpunkten, die zugehörigen Bildkoordinaten x_i, y_i sowie Näherungswerte für die Orientierungselemente $X_0, Y_0, Z_0, \varphi, \omega, \kappa$. Gesucht sind die Orientierungselemente $X_0, Y_0, Z_0, \varphi, \omega, \kappa$.

Resection in space

Resection in space is the determination of an image's position and orientation parameters with respect to an object space coordinate system.

Given are the coordinates X_i, Y_i, Z_i of $n\ (n \geq 3)$ ground control points, and their image coordinates x_i, y_i, furthermore approximate values for the orientation elements $X_0, Y_0, Z_0, \varphi, \omega, \kappa$. Required are the orientation elements $X_0, Y_0, Z_0, \varphi, \omega, \kappa$.

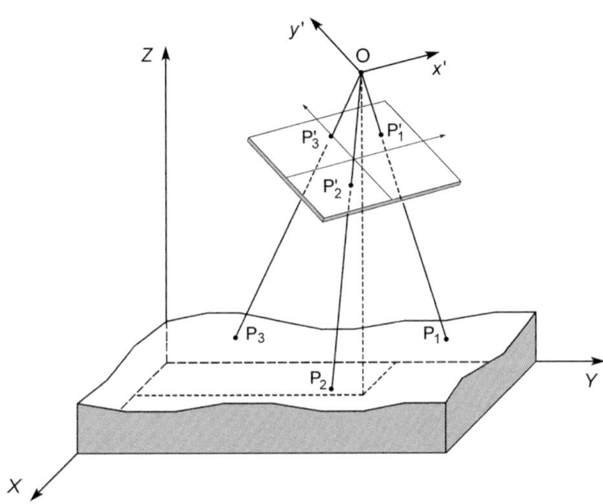

Rechengang

Calculating procedure

$$
\begin{aligned}
a_{11} &= \cos\varphi \cdot \cos\kappa \\
a_{12} &= -\cos\varphi \cdot \sin\kappa \\
a_{13} &= \sin\varphi \\
a_{21} &= \cos\omega \cdot \sin\kappa + \sin\omega \cdot \sin\varphi \cdot \cos\kappa \\
a_{22} &= \cos\omega \cdot \cos\kappa - \sin\omega \cdot \sin\varphi \cdot \sin\kappa \\
a_{23} &= -\sin\omega \cdot \cos\varphi \\
a_{31} &= \sin\omega \cdot \sin\kappa - \cos\omega \cdot \sin\varphi \cdot \cos\kappa \\
a_{32} &= \sin\omega \cdot \cos\kappa + \cos\omega \cdot \sin\varphi \cdot \sin\kappa \\
a_{33} &= \cos\omega \cdot \cos\varphi
\end{aligned}
$$

$$x_i' = c_k \frac{a_{11} \cdot (X_i - X_0) + a_{21} \cdot (Y_i - Y_0) + a_{31} \cdot (Z_i - Z_0)}{a_{13} \cdot (X_i - X_0) + a_{23} \cdot (Y_i - Y_0) + a_{33} \cdot (Z_i - Z_0)}$$

$$y_i' = c_k \frac{a_{12} \cdot (X_i - X_0) + a_{22} \cdot (Y_i - Y_0) + a_{32} \cdot (Z_i - Z_0)}{a_{13} \cdot (X_i - X_0) + a_{23} \cdot (Y_i - Y_0) + a_{33} \cdot (Z_i - Z_0)}$$

$$\lambda_i = \frac{Z_i - Z_o}{a_{31}\, x'_i + a_{32}\, y'_i + a_{33}\, z'}$$

$$\frac{\partial x'_i}{\partial X_0} = \frac{a_{13}\, x'_i - a_{11}\, z'}{z'\, \lambda_i} \qquad \frac{\partial x'_i}{\partial Y_0} = \frac{a_{23}\, x'_i - a_{21}\, z'}{z'\, \lambda_i} \qquad \frac{\partial x'_i}{\partial Z_0} = \frac{a_{33}\, x'_i - a_{31}\, z'}{z'\, \lambda_i}$$

$$\frac{\partial y'_i}{\partial X_0} = \frac{a_{13}\, y'_i - a_{12}\, z'}{z'\, \lambda_i} \qquad \frac{\partial y'_i}{\partial Y_0} = \frac{a_{23}\, x'_i - a_{22}\, z'}{z'\, \lambda_i} \qquad \frac{\partial y'_i}{\partial Z_0} = \frac{a_{33}\, y'_i - a_{32}\, z'}{z'\, \lambda_i}$$

$$\frac{\partial x'_i}{\partial \omega} = \quad y'_i \sin\varphi + \left[\frac{x'_i}{z'}\, (x'_i \sin\kappa + y'_i \cos\kappa) + z' \sin\kappa\right] \cos\varphi$$

$$\frac{\partial y'_i}{\partial \omega} = -\, x'_i \sin\varphi + \left[\frac{y'_i}{z'}\, (x'_i \sin\kappa + y'_i \cos\kappa) + z' \cos\kappa\right] \cos\varphi$$

$$\frac{\partial x'_i}{\partial \varphi} = -\, z'_i \cos\kappa - \frac{x'_i}{z'}\, (x'_i \cos\kappa - y'_i \sin\kappa) \qquad \frac{\partial x'_i}{\partial \kappa} = \quad y'_i$$

$$\frac{\partial y'_i}{\partial \varphi} = \quad z'_i \sin\kappa - \frac{y'_i}{z'}\, (x'_i \cos\kappa - y'_i \sin\kappa) \qquad \frac{\partial y'_i}{\partial \kappa} = -\, x'_\mathrm{i}$$

$$v'_{xi} = \frac{\partial x'_i}{\partial X_0}\, dX_0 + \frac{\partial x'_i}{\partial Y_0}\, dY_0 + \frac{\partial x'_i}{\partial Z_0}\, dZ_0 + \\ + \frac{\partial x'_i}{\partial \omega}\, d\omega + \frac{\partial x'_i}{\partial \varphi}\, d\varphi + \frac{\partial x'_i}{\partial \kappa}\, d\kappa + x'_i - x'$$

$$v'_{yi} = \frac{\partial y'_i}{\partial X_0}\, dX_0 + \frac{\partial y'_i}{\partial Y_0}\, dY_0 + \frac{\partial y'_i}{\partial Z_0}\, dZ_0 + \\ + \frac{\partial y'_i}{\partial \omega}\, d\omega + \frac{\partial y'_i}{\partial \varphi}\, d\varphi + \frac{\partial y'_i}{\partial \kappa}\, d\kappa + y'_i - y'_\mathrm{i}$$

Aufstellen der Fehlergleichungen für $n \geq 5$ homologe Punktepaare

Establishing the error equations for $n \geq 5$ pairs of homologous points

$$X_0^{k+1} = X_0^k + dX_0 \qquad \omega^{k+1} = \omega^k + d\omega$$

$$Y_0^{k+1} = Y_0^k + dY_0 \qquad \varphi^{k+1} = \varphi^k + d\varphi$$

$$Z_0^{k+1} = Z_0^k + dZ_0 \qquad \kappa^{k+1} = \kappa^k + d\kappa$$

$$m_0 = \sqrt{\frac{[vv]}{2n-6}} = m'_x = m'_y$$

Fehlergleichungen für Senkrechtbilder mit $\omega \approx \varphi \approx \kappa \approx 0$

Error equations for vertical images with $\omega \approx \varphi \approx \kappa \approx 0$

$$v'_{xi} = \frac{-\, z'}{Z_i - Z_0}\, dX_0 + \frac{x'_i}{Z_i - Z_0}\, dZ_0 + \frac{x'_i\, y'_i}{z'}\, d\omega - z' \left(1 + \frac{x'^2_i}{z'^2}\right) d\varphi + y'_i\, d\kappa + x'_i - x'_i$$

$$v'_{yi} = \frac{-\, z'_i}{Z_i - Z_0}\, dY_0 + \frac{y'_i}{Z_i - Z_0}\, dZ_0 + z' \left(1 + \frac{y'^2_i}{z'^2}\right) d\omega - \frac{x'_i\, y'_i}{z'}\, d\varphi - x'_i\, d\kappa + y'_i - y'_i$$

Entzerrung eines Bildes

Als Entzerrung bezeichnet man die projektive Transformation eines Bildes auf eine ausgezeichnete Ebene des Objektraumes z. B. bei Luftbildern auf die Grundrissebene, bei Architekturbildern auf eine Aufrissebene.

Rectification of an image

Rectification is the projective transformation of an image onto a particular plane in the object space, such as a horizontal plane in the case of aerial photographs or a vertical plane in the case of architectural images.

Invarianten der projektiven Geometrie

Die Entzerrung macht von der projektiven Verwandtschaft zwischen dem Bild und der Objektebene Gebrauch. Es bestehen folgende Invarianten:

1. Geraden bleiben erhalten.
2. Geradenschnitte bleiben erhalten.
3. Doppelverhältnisse λ bleiben erhalten.

Die projektiven Beziehungen zwischen zwei Ebenen können durch vier Punkte bestimmt werden (von denen keine drei auf einer Geraden liegen dürfen). Das Doppelverhältnis λ für vier Punkte ist:

Invariants of projective geometry

Rectification is based on the projective relations between an image and a plane in the object space.

The following invariants are valid:

1. Straight lines remain straight.
2. Line intersections are preserved.
3. The cross ratio λ remains constant.

The projective relations between two planes can be determined by four points (not three of them may lie on a straight line). The cross ratio λ of four points is defined as:

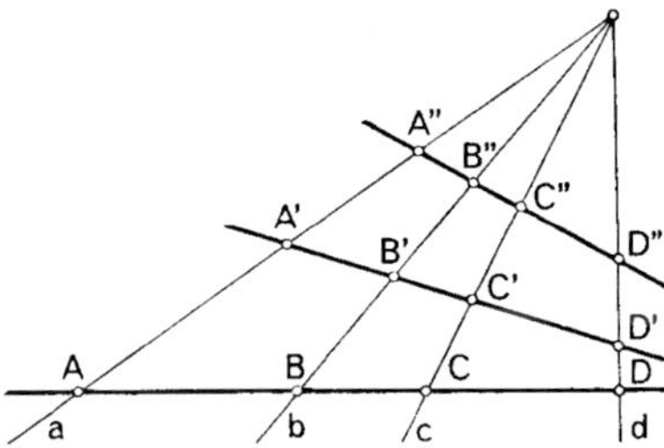

Graphische Entzerrung

Mit der sog. Papierstreifenmethode kann ein Bildpunkt P‘ vom Bild in die Objektebene nach P übertragen werden.

Graphical rectification

The so-called paper strip construction serves to transfer an image point P‘ graphically to the point P in the object plane.

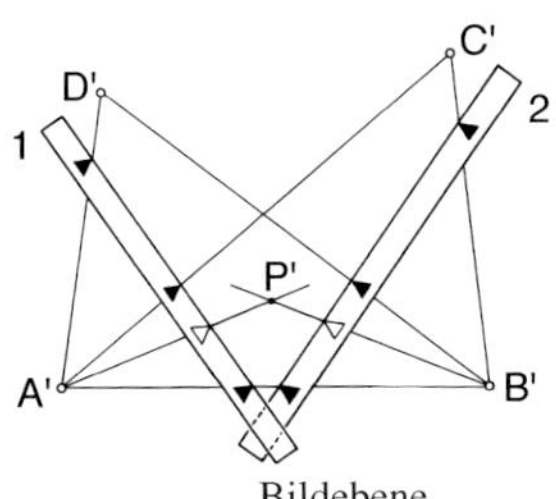

Bildebene
Image plane

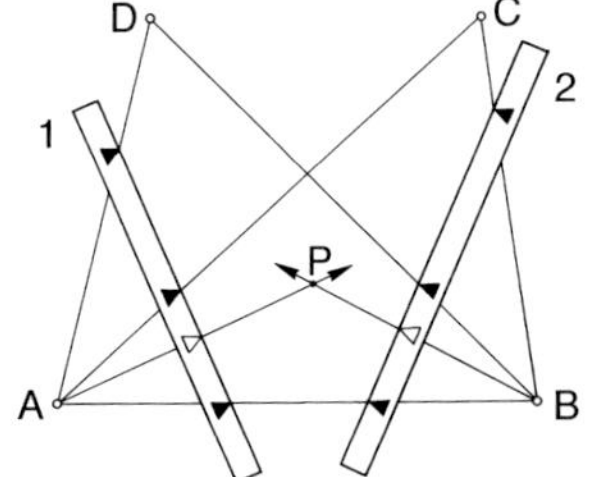

Objektebene (z. B. Karte)
Object plane (e. g. map)

Projektive Netze

Ein projektives Netz, das einer Photographie überlagert ist, stellt die Perspektive eines systematischen Liniennetzes im Grundriss (oder in einer anderen Bezugsebene) dar. Es kann dazu dienen, Details aus einem Bild visuell in eine Karte zu übertragen, wobei man sich an einander entsprechenden Linien orientiert.

Projective grids

A projective grid, drawn or superimposed on a photograph, represents the perspective of a systematic network of lines on the ground (or another reference plane). It can be used to transfer details from a photo to a map visually, the latter being guided by the corresponding lines of the map grid and its perspective.

Bildebene
Image plane

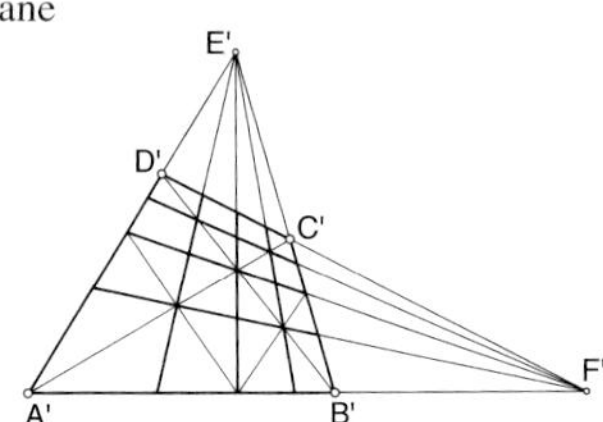

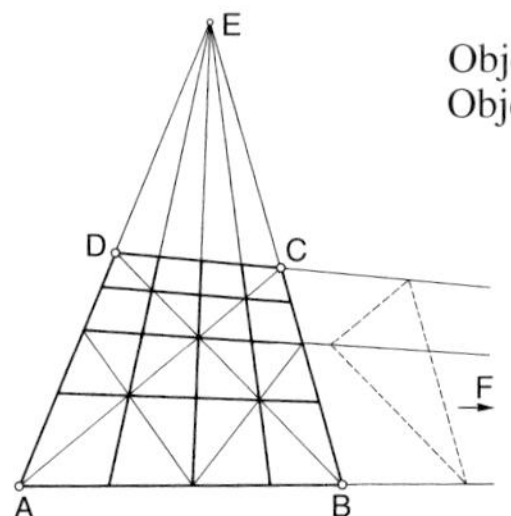

Objektebene
Object plane

Optisch-photographische Entzerrung

Durch die Entzerrung mit einem Entzerrungsgerät können alle Details eines Bildes gleichzeitig transformiert und in der Projektionsebene photographisch aufgezeichnet werden.

Damit die ganze Bildfläche scharf wiedergegeben wird, müssen sich Bildebene, Objektivmittelebene und Projektionsebene in einer Geraden S schneiden (Scheimpflug-Bedingung).

Die photographische Entzerrung ist inzwischen von der digitalen rechnerischen Entzerrung abgelöst worden.

Optical-photographic rectification

Through rectification by means of a rectifier, the full information content of an image can be transformed simultaneously and recorded in the projection plane photographically.

In order to get sharp focus throughout the projection plane, the image plane, the lens plane and the projection plane must intersect along a common line S (Scheimpflug condition).

The photographic rectification has now been replaced by the digital numerical rectification.

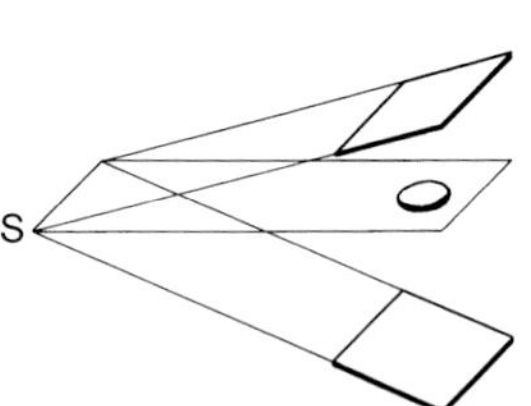

Bildebene
Image plane

Objektivmittelebene
Principal plane of the lens

Projektionsebene
Projection plane

Schematische Darstellung der Scheimpflug-Bedingung
Schematic sketch of the Scheimpflug condition

Rechnerische Entzerrung

Ein beliebiger Bildpunkt $P(x,y)$ kann mit den folgenden Formeln der projektiven Transformation in den Punkt $P(X,Y)$ der Objektebene transformiert werden.

Numerical rectification

Any image point $P(x,y)$ can be transformed into the point $P(X,Y)$ of the object plane by means of a projective transformation.

$$X = \frac{b_{11}x' + b_{12}y' + b_{13}}{b_{31}x' + b_{32}y' + 1}$$

$$Y = \frac{b_{21}x' + b_{22}y' + b_{23}}{b_{31}x' + b_{32}y' + 1}$$

Bedingung:
Condition:

$$\begin{vmatrix} b_{11} & b_{12} & b_{13} \\ b_{21} & b_{22} & b_{23} \\ b_{31} & b_{32} & b_{33} \end{vmatrix} \neq 0$$

Die Koeffizienten $b_{11} \ldots b_{32}$ können aus vier (oder mehr) zweckmäßig verteilten identischen Punkten abgeleitet werden.

Wenn die Daten der inneren und äußeren Orientierung eines Bildes bekannt sind, können beliebige Bildpunkte $P'(x',y')$ mittels der Kollinearitätsgleichungen in die Punkte $P(X,Y)$ der Objektebene (Z = const.) transformiert werden.

The coefficients $b_{11} \ldots b_{32}$ can be derived from four (or more) appropriately distributed control points.

If the data of the interior and the exterior orientation of a photograph are known, the rectification of any image point $P'(x',y')$ into the point $P(X,Y)$ of the object plane (Z = const.) can be achieved by means of the collinearity equations.

$$X = X_0 + (Z - Z_0)\frac{a_{11}x' + a_{12}y' + a_{13}z'}{a_{31}x' + a_{32}y' + a_{33}z}$$

$$Y = Y_0 + (Z - Z_0)\frac{a_{21}x' + a_{22}y' + a_{23}z'}{a_{31}x' + a_{32}y' + a_{33}z}$$

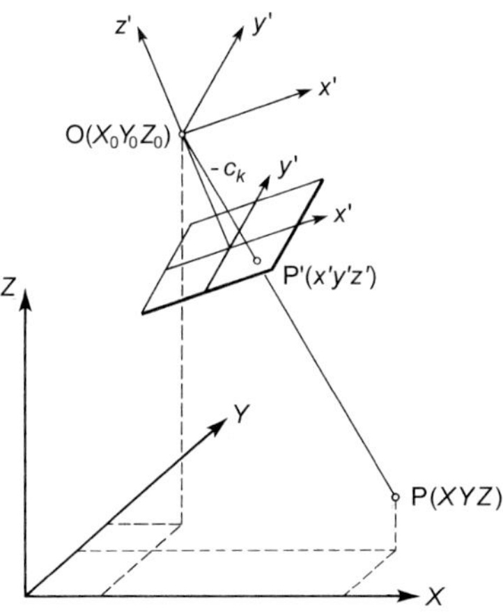

Die Koeffizienten $a_{11} \ldots a_{33}$ sind die Koeffizienten der Drehmatrix.

The coefficients $a_{11} \ldots a_{33}$ are the coefficients of the rotation matrix.

Entzerrung mit Polynomen

Bildentzerrung mit Transformationspolynomen ist eine sehr pragmatische Methode. Sie benutzt die mathematischen Beziehungen zwischen den Adressen x, y von Punkten im digitalen Bild und den Koordinaten X, Y entsprechender Punkte im Gelände oder in einer geeigneten Karte (Passpunkte). Diese Beziehungen können dazu dienen, die Bildgeometrie ohne Kenntnis der Arten und Ursachen der Verzerrungen zu korrigieren. Der Vorgang wird allgemein mit den folgenden Gleichungen beschrieben:

Polynomial rectification

Image correction by use of transformation polynomials is a very pragmatic approach. It is based on mathematical relationships between the addresses x, y of points in a digital image and the corresponding coordinates X, Y of identified points on the terrain (ground control points) or in a reference map. These relationships can be used to correct the image geometry without knowledge of the source and type of the distortion. The procedure is generally described by the formulae:

$$X = \sum_{j=0}^{n} \sum_{i=0}^{j} a_{ji} \cdot x^{j-i} \cdot y^{i} \qquad Y = \sum_{j=0}^{n} \sum_{i=0}^{j} b_{ji} \cdot x^{j-i} \cdot y^{i}$$

Der Grad n der Polynome hängt von der Zahl der verfügbaren Passpunkte und auch von den Eigenschaften der Bilddaten ab, die entzerrt werden sollen. Im Fall des zweiten Grades lautet das Polynom:

The degree n of the polynomials depends on the number of control points available and also on the nature of the image data to be rectified. In case of second degree we get the polynomials:

$$X = a_0 + a_1 x + a_2 y + a_3 xy + a_4 x^2 + a_5 y^2$$

$$Y = b_0 + b_1 x + b_2 y + b_3 xy + b_4 x^2 + b_5 y^2$$

Wenn mehr Passpunkte vorliegen, können die Koeffizienten a und b in einer Kleinste-Quadrate-Ausgleichung berechnet werden. Die Transformation kann mit der direkten oder mit der indirekten Methode erfolgen. In jedem Fall wird für das Resampling der transformierten Bilddaten eine Interpolation erforderlich sein.

Das Verfahren ist leicht zu implementieren und kann prinzipiell für jede Art von Bilddaten angewandt werden, unabhängig vom Sensor und der Sensorplattform. Ein weiterer Vorteil ist, dass verschiedene Arten von Verzerrungen (z. B. Sensorgeometrie, Erdkrümmung, teils auch Geländerelief) gleichzeitig korrigiert werden.

Die mit dieser Methode erreichbare Genauigkeit ist begrenzt. Sie wirkt am besten, wenn die zu korrigierenden Verzerrungen niedrige Frequenzen aufweisen. Dies ist oft bei Satellitenbilddaten der Fall. Deshalb findet man die meisten Anwendungen in der Satellitenfernerkundung.

If more control points are given, the coefficients a and b can be determined by least squares adjustment. To perform the transformation, either the direct or the indirect method can be applied. In any case some kind of interpolation will be necessary for resampling of the transformed image data.

The method is easy to implement, and can principally be applied to any kind of image data, independent from the sensor and the platform.

Another advantage is that different types of distortions (e. g. due to sensor geometry, Earth curvature, partly also terrain relief, etc.) are corrected simultaneously.

The accuracy, which can be achieved by this method, is limited. It works best, if the distortions to be corrected are of very low frequency. This is very often the case for images from Earth observation satellites. Thus, most applications are in the field of satellite remote sensing.

Differentialentzerrung

Die Entzerrung von Bildebenen in die Objektebenen eliminiert die Wirkungen der Kameraneigung. Es verbleiben aber durch das Geländerelief erzeugte Lagefehler. Durch eine Differentialentzerrung wird das Geländerelief berücksichtigt, sodass ein Orthobild (eine Parallelprojektion) mit den geometrischen Eigenschaften einer Karte entsteht. Für diesen Vorgang werden die Orientierungsparameter des Bildes sowie ein DGM (Digitales Geländemodell) benötigt.

Differential rectification

The rectification from image planes to object planes eliminates the effects of camera tilt. However, a rectified image still contains displacements due to the terrain relief. Through differential rectification the terrain relief is considered in such a way, that an ortho image (i. e. a view from infinity) is generated, providing the geometric properties of a map. This procedure requires the orientation parameters of the image as well as a DTM (Digital Terrain Model).

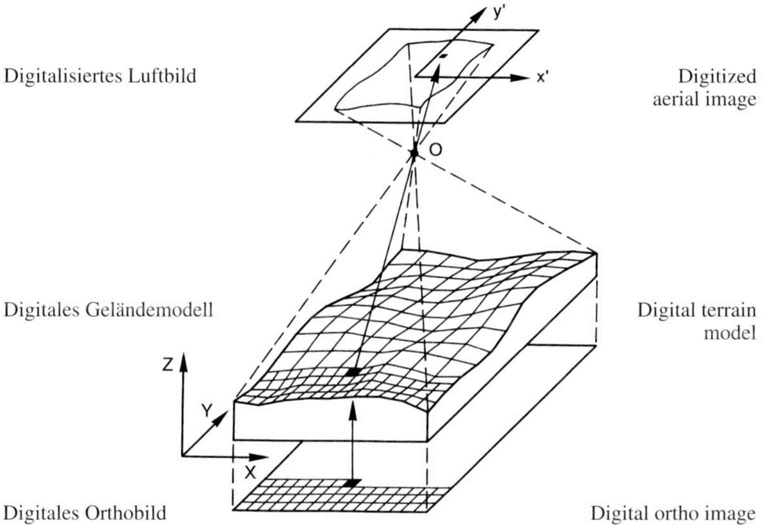

Schematische Darstellung der Differentialentzerrung eines Luftbildes in ein Orthobild
Schematic sketch of differential rectification of an aerial image into an ortho image

Orthobilder können durch digitale Bildverarbeitung entweder mit Vorwärtsprojektion (direkte Transformation) oder mit Rückwärtsprojektion (indirekte Transformation) erzeugt werden. Aus praktischen Gründen wird Rückwärtsprojektion (wie oben skizziert) bevorzugt. Der Vorgang erfordert die drei folgenden Schritte.

Ortho images can be generated through digital image processing either by forward projection (direct transformation) or by backward projection (indirect transformation). For practical reasons, backward projection (as sketched above) is usually preferred. This results in three steps of operation as described in the following.

1. Für jedes Pixel an der Stelle X,Y des digitalen Orthobildes wird durch Interpolation im DGM die Höhe Z berechnet.
2. Die Raumkoordinaten X,Y,Z werden mithilfe der Orientierungsparameter und der Kollinearitätsgleichungen in die originalen Bilddaten (das digitalisierte Luftbild) projiziert.
3. Für die errechneten Bildkoordinaten x',y' ist ein Grauwert zu bestimmen. Diese Koordinaten werden aber nicht genau in das Zentrum eines Pixels des digitalen Bildes fallen. Es muss also eine Interpolation (Resampling) durchgeführt werden, um einen brauchbaren Grauwert (oder Farbwerte) zu erhalten. Diese Werte werden in die Matrix des zu erzeugenden digitalen Orthobildes eingetragen. Im Prinzip kann der Vorgang auch angewandt werden, wenn es sich nicht um Luftbilder, sondern um andere Bilder handelt, z. B. Bilder einer Architekturfassade.

1. For any pixel-position X,Y in the final ortho image the elevation Z is calculated by interpolation in the DTM raster.
2. The X,Y,Z space coordinates are projected into the original set of image data (the digitized aerial photograph), making use of the image orientation parameters and collinearity equations.
3. For the resulting image coordinates x',y' a gray value must be determined. The projected object space coordinates will not fall exactly on a pixel center of the digitized image. Therefore an interpolation (resampling) must be carried out in order to derive an appropriate gray value (or color values). These values are written into the matrix of the digital ortho image to be generated.
In principle the same approach can be applied if not aerial but other images are concerned, e. g. images of a facade in architectural photogrammetry.

Echte Orthobilder

Da in einem DGM Gebäude, Brücken usw. nicht modelliert werden, verbleiben an solchen Objekten Lagefehler. Diese können eliminiert werden, wenn die Differenzialentzerrung mit einem Digitalen Oberflächenmodell (DOM) durchgeführt wird. Das Ergebnis wird dann echtes Orthobild genannt.

True ortho images

As a DTM does not model buildings, bridges, etc., displacement errors remain at such objects. These effects can be eliminated if a digital surface model (DSM), which accurately describes the visible surface, is applied for differential rectification. For the resulting image the term true ortho image has been coined.

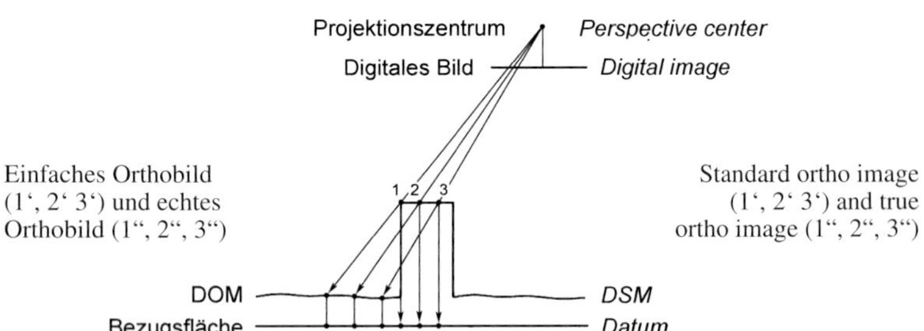

Wegen der Verdeckungen im perspektiven Luftbild verbleiben im Ergebnis Lücken, die aufwendig durch Teile anderer Bilder geschlossen werden müssen.

Due to the perspectivity of the image, there occur hidden areas without image data. Such holes must be closed by segments from other images by costly procedures.

Mosaikbildung

Häufig sind zwei oder mehr sich überlappende Bilder zusammenzufügen, um ein einheitliches Geländebild zu erhalten. Zur Erstellung eines Bildmosaiks sind zwei Aspekte zu beachten. Erstens: Alle beteiligten Bilder müssen geometrisch in ein gemeinsames Bezugssystem transformiert sein und die Mehrfachinformationen in den Überlappungsbereichen sind zu eliminieren. Zweitens: Da wegen vieler Einflüsse Farb- und Kontrastunterschiede bestehen, muss auch eine radiometrische Transformation (Ausgleichung) erfolgen.

Image mosaicking

It is common to merge two or more overlapping images to an image mosaic, a continuous pictorial terrain representation. For the generation of image mosaics two aspects must be considered. Firstly, all the images involved must be geometrically transformed to a common reference system and the multiple information in the overlapping areas has to be eliminated. Secondly, because a variety of effects give rise to color and contrast variations, also a radiometric transformation (adjustment) must be additionally carried out.

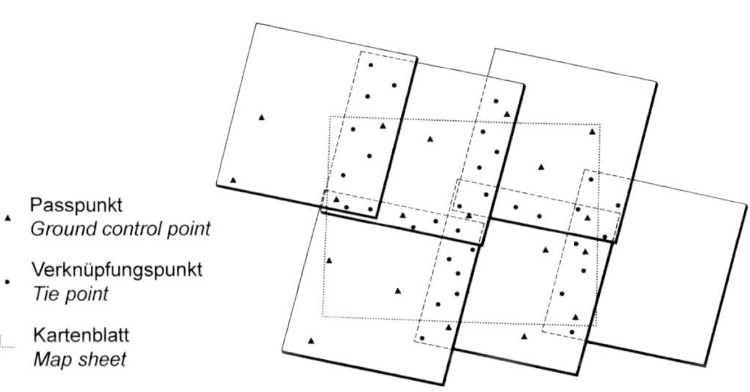

Schematisches Beispiel zur geometrischen Mosaikbildung für ein Kartenblatt
Schematic example for geometrical mosaicking of images for a map sheet

Geometrische Mosaikbildung

Benachbarte und sich überlappende Bilder werden mit Pass- und Verknüpfungspunkten geometrisch zusammengefügt und in ein geodätisches System transformiert. In den Überlappungsbereichen werden Verknüpfungspunkte (ohne geodätische Koordinaten) bestimmt. Für die Entzerrung eignen sich Polynominterpolationen.

Radiometrische Mosaikbildung

Um radiometrische Differenzen zwischen Einzelbildern auszugleichen, ist radiometrische Mosaikbildung nötig. Die Überlappungen enthalten Mehrfachinformationen. Von diesen Redundanzen gewinnt man Unbekannte zur Korrektur. Günstig sind Histogramm-Anpassungen, vor allem Angleichung von Summen-Histogrammen.

Geometrical mosaicking

Adjacent and overlapping images are geometrically registered to each other and to a geodetic reference system by recognizing ground control points and tie points. Tie points are selected in the overlapping regions, ground coordinates are not required. The rectification may be performed by polynomial interpolation.

Radiometrical mosaicking

To smooth radiometric unevenness among input images radiometrical mosaicking is necessary. The overlapping regions contain multiple image information. From these redundancies unknowns for radiometrical corrections can be deduced. Histogram adaptation, especially matching of cumulative histograms, is very effective.

2.7 Stereoauswertung – Stereo-image processing

Terrestrische Stereophotogrammetrie
Die klassischen Verfahren der terrestrischen Stereophotogrammetrie benutzen Bildpaare, die mit Stereomesskameras oder einzelnen Kameras in Stereo- oder Konvergentanordnung aufgenommen wurden. Meist sind die Bildebenen vertikal, die Aufnahmeachsen horizontal angeordnet. Zwischen den Standpunkten liegt die Basis b, die Standpunkte müssen jedoch nicht gleich hoch liegen. Dann sind zwei wichtige Formen möglich: der Normalfall und der Schwenkungsfall.

Terrestrial stereo photogrammetry
The traditional methods of terrestrial stereo photogrammetry make use of image pairs, that are taken with stereometric cameras or single cameras in normal case or tilted arrangements. In most cases the image plane is in a vertical position, and the camera axes are horizontal. The distance between the camera stations is b, however it is not necessary that these points have the same height. Two approaches are important, the normal case and the case of longitudinal tilt.

Schwenkungsfall
Beim Schwenkungsfall der terrestrischen Stereophotogrammetrie schließen die Aufnahmerichtungen mit der Basisnormalen den Schwenkungswinkel φ ein.

Case of longitudinal tilt
In the case of longitudinal tilt in terrestrial stereo photogrammetry the camera axis makes the angle φ with the normal to the base.

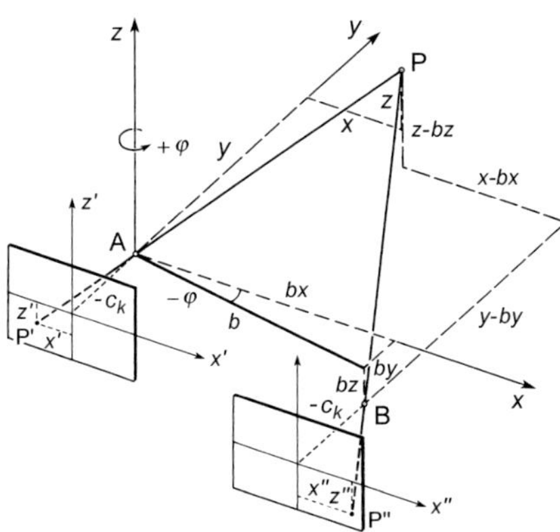

Bestimmung der Koordinaten eines Punktes $P(x,y,z)$

Calculation of coordinates of a point $P(x,y,z)$

$$y = c_k \frac{b}{px}\left(\cos\varphi + \frac{x''}{c_k}\sin\varphi\right) \qquad px = x' - x''$$

$$x = x' \frac{b}{px}\left(\cos\varphi + \frac{x''}{c_k}\sin\varphi\right) \qquad = x' \frac{y}{c_k}$$

$$z_1 = z' \frac{b}{px}\left(\cos\varphi + \frac{x''}{c_k}\sin\varphi\right) \qquad = z' \frac{y}{c_k}$$

$$z_2 = z'' \frac{b}{px}\left(\cos\varphi + \frac{x''}{c_k}\sin\varphi\right) + bz \qquad = z'' \frac{y - by}{c_k} + bz$$

Normalfall

Beim Normalfall der terrestrischen Stereophotogrammetrie stehen die beiden Aufnahmerichtungen senkrecht zur Basis b und sind parallel zueinander.
Bestimmung der Koordinaten eines Punktes $P(x,y,z)$

Normal case

In the normal case of terrestrial stereo photogrammetry, the camera axes are oriented normal to the base b and parallel to each other.
Calculation of coordinates of a point $P(x,y,z)$

$$y = c_k \frac{b}{px} \qquad px = x' - x'' \qquad x = x' \frac{b}{px} = x' \frac{y}{c_k}$$

$$z = z' \frac{b}{px} = z' \frac{y}{c_k}$$

Normalfallberechnung *Normal case calculation*

```
# a2020-152
import numpy as np
import json
import matplotlib.pyplot as plt
import matplotlib.image as image
cnt=0

def draw2D(anz,xs,ys,nu,axb1,axb2,axh1,axh2,name,flag):
    global cnt
    fig1=plt.figure(name)                        # define plot window
    ax1 = fig1.add_subplot(111)
    ax1.tick_params(axis='x', labelsize=8)       # define axis
    ax1.tick_params(axis='y', labelsize=8)
    off0=0
    if flag == 1:
        img = image.imread(name)                 # load image if wanted
        plt.imshow(img)
    #  plot all points in red with round marker
    plt.plot(xs,ys,color='r',marker='o',markersize=2,linestyle='None')
    plt.grid(True)                               # show grid
    plt.axis([axb2, axb1, axh2, axh1])
    t1 = [axb2, axb1]
    t2 = [  0,   0]
    plt.plot( t1, t2, 'r--')
    t1 = [ 0,0]
    t2 = [ axb2, axb1]
    plt.plot( t1, t2, 'r--')
    offs=0.3
    for i in range(anz):                         # draw text (point number)
        xs1 = xs[i]
        ys1 = ys[i]
        ii1 = nu[i]
        label = '%d ' % (ii1)
        plt.text(xs1+offs,ys1+offs,label,fontsize=8)
    outfile=("pyfig152a%d.pdf" % cnt)            # save figure for documentation
    plt.savefig(outfile,bbox_inches='tight')
    cnt=cnt+1
    plt.show()
    return

def draw3D(anz,X,Y,Z,nu):
    global cnt
    fig = plt.figure('3D coordinates')
    ax = fig.add_subplot(111, projection='3d')
    c='r';   zdir='None'
    for i in range(anz):
        label = '%d ' % (nu[i])
        ax.scatter(X[i],Y[i],Z[i], c=c, marker='.' )
        # ax.scatter(X[i],Y[i],Z[i], c=c, marker='^' )
        ax.text(X[i]+0.022,Y[i]+0.022,Z[i], label, None,fontsize=8)
```

```
    ax.tick_params(axis='x', labelsize=8)
    ax.tick_params(axis='y', labelsize=8)
    ax.tick_params(axis='z', labelsize=8)
    ax.set_xlabel('X',fontsize=8)
    ax.set_ylabel('Y',fontsize=8)
    ax.set_zlabel('Z',fontsize=8)
    ax.view_init(elev=25., azim=-133.)
    outfile=("pyfig152a%d.pdf" % cnt)          # save figure for documentation
    plt.savefig(outfile,bbox_inches='tight')
    cnt=cnt+1
    plt.show()
    return()

filename1 ='left.json'                         # measured
filename2 ='right.json'                        # image coordinates stored on file
filename1i='left1.jpg'                         # corresponding images
filename2i='right1.jpg'

anz1=0; pu1=[]; kx1=[]; ky1=[]                 # initializing arrays for
anz2=0; pu2=[]; kx2=[]; ky2=[]                 # point number and coordinates


with open(filename1,'r') as file_object:       # load coordinates left image
                pu1,kx1,ky1 =json.load(file_object)
                anz1=len(kx1)
with open(filename2,'r') as file_object:       # load coordinates right image
                pu2,kx2,ky2 =json.load(file_object)
                anz2=len(kx2)
                                               # values for testing
B = 222                                        # base in mm
c = 18                                         # focal length in mm
pel = 0.007                                    # pixel size
fh = 1504                                      # sensor height
fw = 2256                                      # sensor width
# initializing arrays for metric coordinates
xs1=np.zeros(anz1)
ys1=np.zeros(anz1)
xs2=np.zeros(anz1)
ys2=np.zeros(anz1)
# initializing arrays for output 3d coordinates
X=np.zeros(anz1)
Y=np.zeros(anz1)
Z=np.zeros(anz1)
# transform image coordinates to photogrammetric (metric) coordinates
for i in range(anz1):
    xs1[i] =  (kx1[i]-fw/2)*pel
    ys1[i] =  (fh/2-ky1[i])*pel
    xs2[i] =  (kx2[i]-fw/2)*pel
    ys2[i] =  (fh/2-ky2[i])*pel
    xss    =  (kx2[i]-fw/2)*pel
    xs=xs1[i]
    ys=ys1[i]
    px=xs-xss     # parallax in mm

    Z[i]=-B*c/px  # X,Y,Z  coordinates in mm
    X[i]=-Z[i]*xs/c
    Y[i]=-Z[i]*ys/c

# plot coordinates
lu = -fw * pel/2   # define canvas borders left upper corner
ru =  fw * pel/2
ll = -fh * pel/2
rl =  fh * pel/2
# plot image coordinates for left and right image
draw2D(anz1,xs1,ys1,pu1,ru,lu,rl,ll,filename1,0)
draw2D(anz1,xs2,ys2,pu1,ru,lu,rl,ll,filename2,0)
# plot image coordinates for right and left image
draw2D(anz1,kx1,ky1,pu1,fw,0,0,fh,filename1i,1) # with image overlay
draw2D(anz1,kx2,ky2,pu2,fw,0,0,fh,filename2i,1)
# plot 3d coordinates
draw3D(anz1,X,Y,Z,pu1)
```

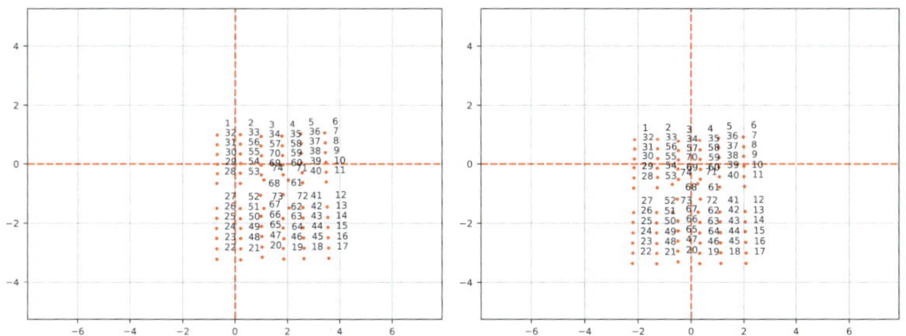

Stereobildpaar mit photogrammetrischen Bildkoordinaten
Stereo-image pair with photogrammetric image coordinates

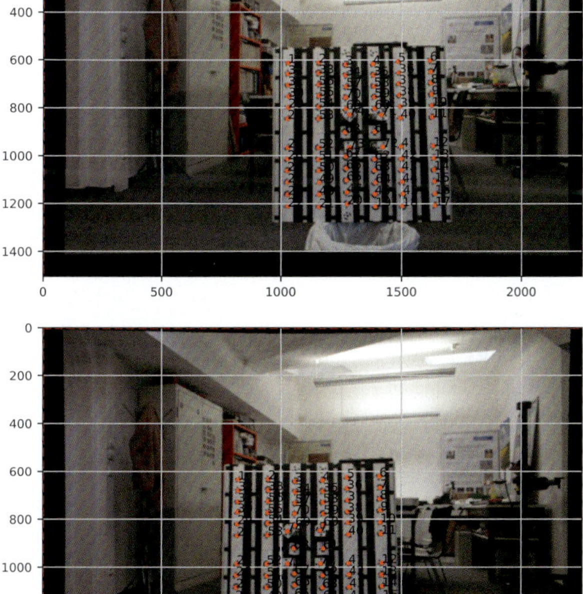

Überlagerung mit gemessenen Bildpunkten
Overlay with measured image points

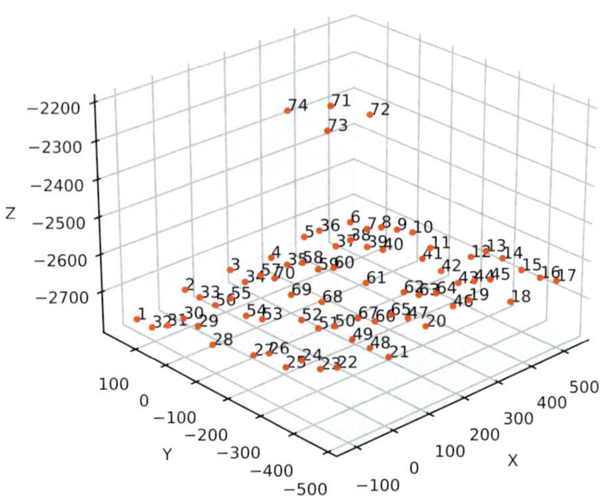

Triangulierte 3D-Punkte
Triangulated 3D points

Fehlereinflüsse

Beim Normalfall ergeben sich die folgenden Einflüsse von Fehlern der inneren und äußeren Orientierung auf die Bildkoordinaten x‘ und y‘:

Error influences

In the normal case some errors of the interior and exterior orientation result in the following errors of the image coordinates x‘ und y‘:

	dx'	dz'
Fehler der Kamerakonstanten Error of the calibrated focal length	$+\frac{x}{c_k}dc_k$	$+\frac{z}{c_k}dc_k$
Verschiebungen des Hauptpunktes Principal point displacements	$+dx'_0$	$+dz'_0$
Kantungsfehler Swing error	$-zd\kappa$	$+xd\kappa$
Neigungsfehler Tilt error	$\frac{xz}{c_k}d\omega$	$-c_k(1+\frac{z^2}{c_k^2})d\omega$
Schwenkungsfehler Rotation error	$-c_k(1+\frac{x^2}{c_k^2})d\varphi$	$-\frac{xz}{c_k}d\varphi$

Hinsichtlich der Genauigkeit der Objektpunktkoordinaten ist der Entfernungsfehler in der y-Richtung der kritische Faktor.

With regard to the accuracy of object point coordinates, the distance error in y direction is the critical factor.

$$dy = \frac{y}{b}\cdot db + \frac{y}{c_k}\cdot dc_k - \frac{y^2}{bc_k}dpx \qquad m_y = \pm\frac{y}{bc_k}\cdot\sqrt{c_k^2 m_b^2 + b^2 m_c^2 + y^2 m_{px}^2}$$

Genauigkeit eines Objektpunktes

Die erreichbare Punktgenauigkeit eines Objektpunktes, der im Normalfall trianguliert wurde, wird mit Basis b und y-Blickrichtung über folgende Formeln berechnet:

Accuracy of an object point

The achievable point accuracy of the object point that was triangulated in the normal case is calculated with the base b and y-viewing direction using the following formulae:

$$s_y = \frac{y}{c_k}\frac{y}{b}s_{px'} \qquad s_x = s_z = \frac{y}{c_k}s_{x'}$$

Die Parallaxenmessgenauigkeit $s_{px'}$ resultiert aus der erreichten Bildkoordinatenmessgenauigkeit $s_{x'}$:

The parallax measurement accuracy $s_{px'}$ results from the achieved image coordinate measurement accuracy $s_{x'}$:

$$s_{px'} = s_{x'}\sqrt{2}$$

Instrumentelle Orientierung

Die folgenden Abschnitte skizzieren die konventionelle Arbeitsweise, die für die stereophotogrammetrische Auswertung in Analoggeräten entwickelt und Jahrzehnte lang erfolgreich angewandt wurde. Neuere rechnerische Lösungen folgen teilweise diesem traditionellen Vorgehen.

Orientation in analog instruments

The following sections shortly describe the conventional procedures developed for the stereo photogrammetric restitution in analog instruments and successfully applied for many decades. More modern digital techniques partly follow these traditional approaches.

Innere Orientierung

Die Aufgabe der inneren Orientierung ist es, die Geometrie der Strahlen wieder herzustellen, durch die das Bild entstanden ist. Dazu müssen die Kamerakonstante und die Lage des Bildhauptpunktes im Koordinatensystem der digitalen Arbeitsstation definiert werden. In analogen Messbildern war die Lage des Bildhauptpunktes durch Rahmenmarken im Bild definiert. In digitalen Kameras wird er im Rahmen der *Kamerakalibrierung* im Sensorkoordinatensystem bestimmt.

Interior orientation

The purpose of interior (or inner) orientation is to recreate the geometry of the projected rays that formed the image. This requires the establishment of the principal distance and the position of the principal point of the image in the coordinate system of the digital workstation. In analog images, the position of the principal point was through fiducial marks defined in the image. In digital cameras it is determined as part of the *camera calibration* in the sensor coordinate system.

Relative Orientierung

Die relative Orientierung bringt die Bilder in die richtige gegenseitige Raumlage zueinander. Dabei schneiden sich einander entsprechende Abbildungsstrahlen in einem dreidimensionalen Objektpunkt. In herkömmlichen analogen Verfahren wurden y-Parallaxen systematisch beseitigt, und zwar an 6 ausgewählten wie in der folgenden Skizze verteilten Orientierungspunkten.Heute werden in den digitalen Softwarelösungen erheblich mehr korrespondierende Punkte mittels merkmalsbasierter Zuordnungsverfahren (z. B. SIFT) gefunden und für die automatische relative Orientierung genutzt.

Relative orientation

Relative orientation is needed to bring the images in the correct position and attitude relative to each other, so that corresponding light rays intersect in one three-dimensional object point. In conventional analog processes y-parallaxes were systematically eliminated at 6 selected orientation points distributed as shown in the following sketch. Today, significantly more corresponding points are found in the digital software solutions by means of feature-based matching processes (e. g. SIFT) and used for automatic relative orientation.

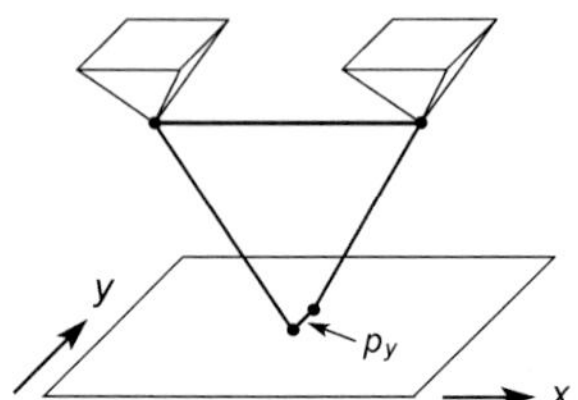

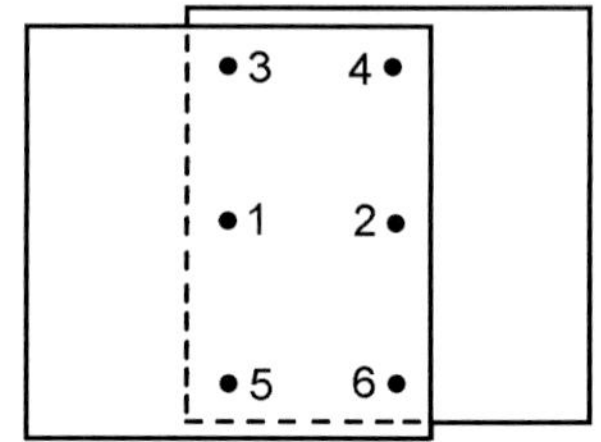

Y-Parallaxen und die Lage der Orientierungspunkte (Gruber-Punkte genannt)
Y-parallaxes and the distribution of orientation points (called Gruber points)

Absolute Orientierung

Das durch relative Orientierung erzeugte Raummodell muss einen bestimmten Maßstab und die richtige Lage zum geodätischen Bezugssystem erhalten.
Der Modellmaßstab wird durch eine Korrektur der Auswertebasis b' eingeführt.
Der Korrekturfaktor μ ergibt sich als Verhältnis einer Sollstrecke s zu einer Iststrecke s'.
Zur Horizontierung ist das Modell um zwei zueinander senkrechte Achsen ξ und η zu kippen.
Zur Bestimmung der Winkel sind mindestens drei Höhenpunkte erforderlich.

Absolute orientation

The three-dimensional model obtained by relative orientation has to be scaled and properly positioned in relation to the geodetic reference system.
The desired model scale is introduced by a correction of the instruments base b'.
The correction factor μ results from the ratio of a nominal distance s to the actual distance s'.
For leveling, the scaled model has to be tilted about two mutually perpendicular axes ξ and η.
At least three spot heights are needed to determine the tilt angles.

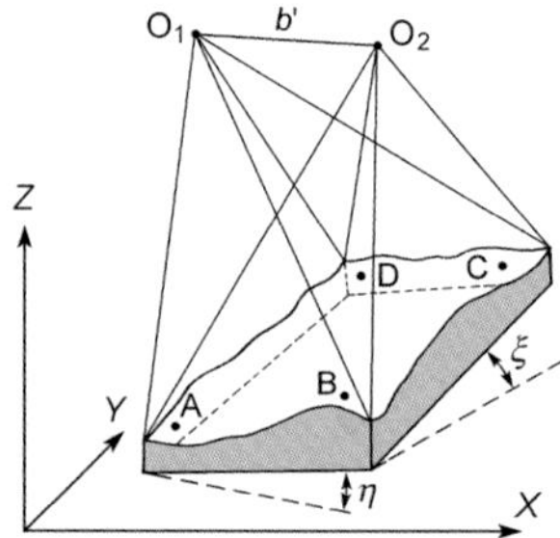

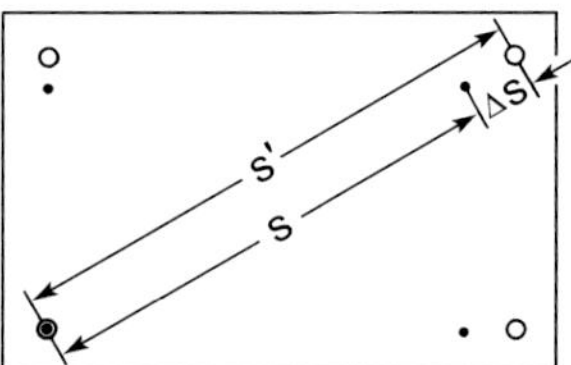

Absolute Orientierung des Raummodells über Passpunkte
Absolute orientation of the three-dimensional model via ground control points

Gefährliche Flächen

Bei der relativen Orientierung von Bildpaaren kann es zu unsicheren Lösungen kommen, wenn die Orientierungspunkte 1 bis 6 in der Nähe eines gefährlichen Zylinders liegen. Dies kann in gebirgigen Gegenden vorkommen, wenn die Flugrichtung symmetrisch in einem Tal liegt. Die Voraussetzungen hängen vom Objektivtyp der Kamera ab.

Critical surfaces

During the relative orientation of pairs of aerial images it is possible that uncertain solutions occur. This can be the case if the orientation points 1 through 6 are situated close to the critical cylinder. Such cases may happen in mountainous terrain if the flight line is located symmetrically in a valley. The conditions depend on the lens type of the camera.

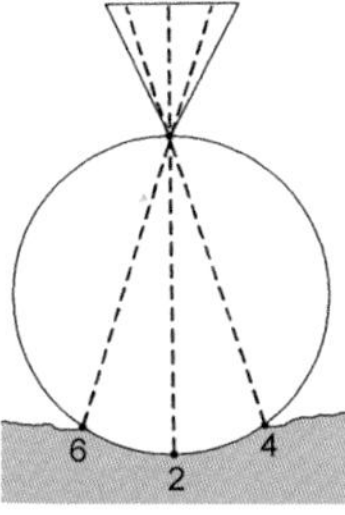

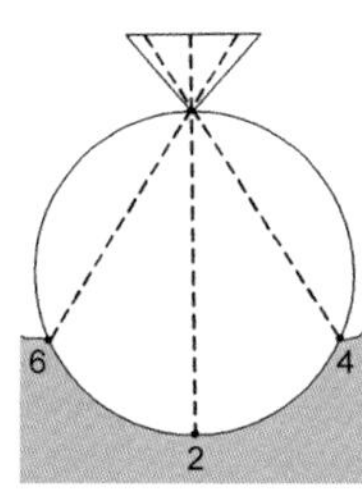

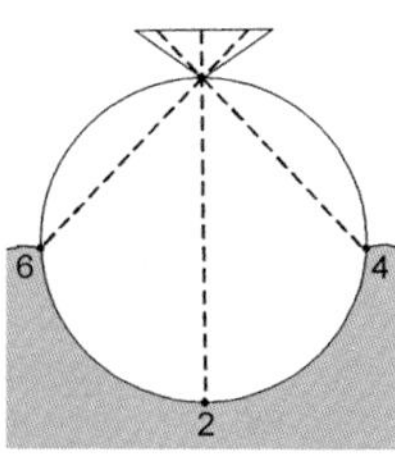

Gefährliche Flächen bei Normalwinkel-, Weitwinkel- oder Überweitwinkelkameras
Critical surfaces in the case of narrow-angle, wide-angle or super-wide-angle lenses

Einfluss der Erdkrümmung

Photogrammetrisch bestimmte Höhen beziehen sich auf eine Ebene, die durch x- und y-Achsen des photogrammetrischen Systems definiert ist. Geodätische Höhenmessungen beziehen sich dagegen auf die etwa kugelförmige Bezugsfläche.

Effect of Earth curvature

Elevations determined by photogrammetry generally refer to a plane which is defined by the x- and y-axes of a stereo photogrammetric system. But elevations determined by geodetic surveying refer to the roughly spherical surface of the mean sea level.

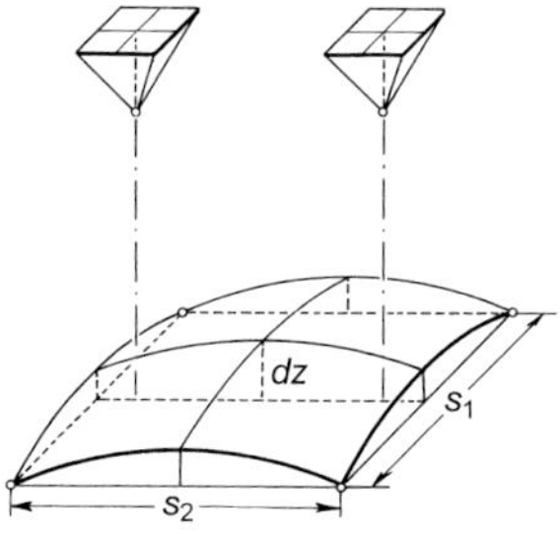

$$dz = \frac{s_1^2 + s_2^2}{8R}$$

Wenn zur absoluten Orientierung vier Passpunkte in den Modellecken verwendet werden, treten die maximalen Höhenfehler dz in der Modellmitte auf.

If four control points located in the corners of the model are used for absolute orientation, the maximum vertical errors dz occur in the center of the model.

Numerische Stereophotogrammetrie

Nachfolgend werden Operationen beschrieben, die zur rechnerischen Auswertung eines Bildpaares in unterschiedlicher Weise kombiniert werden können. Ausgangswerte sind orthogonale Koordinaten x_k und y_k, also gemessene Bildkoordinaten einer digitalen Arbeitsstation oder einer automatisierten Softwarelösung. Zur Rekonstruktion der inneren Orientierung sind diese Werte auf die Bildkoordinaten x', y' zu reduzieren und hinsichtlich Verzeichnung und Refraktion zu korrigieren. Dann kann ein einstufiges oder ein zweistufiges Verfahren gewählt werden. Das einstufige Vorgehen ist die gleichzeitige Bestimmung aller Orientierungselemente mit anschließender Berechnung von Objektkoordinaten. Das zweistufige Verfahren bestimmt zuerst die relative Orientierung, dann folgt die Berechnung von Modellkoordinaten und abschließend die absolute Orientierung.

Numerical stereo photogrammetry

The following sections describe the operations that can be combined in various ways in order to achieve the numerical restitution of photogrammetric image pairs. The procedures start with the orthogonal coordinates x_k and y_k, i. e. measured image coordinates of a digital workstation or an automated software solution. For the reconstruction of the interior orientation these data must be converted to image coordinates x', y', and corrections for distortion and refraction must be applied. After that either a procedure in one step or a two-step approach can be selected. The one-step procedure is the simultaneous determination of all orientation elements followed by the computation of object coordinates. The two-step procedure determines at first the relative orientation, then follows the computation of model coordinates and finally the absolute orientation.

Innere Orientierung

(Wiederherstellen der Strahlenbündel) Die gemessenen Punktkoordinaten x_k, y_k werden durch eine Ähnlichkeitstransformation oder eine Affintransformation auf das durch die Kamerakalibrierung bekannte System der Rahmenmarken oder des Sensorkoordinatensystems transformiert. Man erhält damit die Bildkoordinaten x', y', die zusammen mit der Kamerakonstanten c_k das Strahlenbündel des Bildes definieren.

$$x' = a_0 + a_1 \cdot x_k + b_1 \cdot y_k$$
$$y' = b_0 + b_1 \cdot x_k + a_1 \cdot y_k$$

Interior orientation

(Recovery of bundles of rays) The measured point coordinates x_k, y_k are transformed to the fiducial-mark system or the sensor coordinate system, which is known from camera calibration. This is achieved either by a similarity transformation or an affine transformation. The results are the image coordinates x', y' which, together with the calibrated focal length c_k, determine the bundle of rays of the image.

$$x' = a_0 + a_1 \cdot x_k + a_2 \cdot y_k$$
$$y' = b_0 + b_1 \cdot x_k + b_2 \cdot y_k$$

Korrektur der Bildkoordinaten wegen Verzeichnung $\Delta r'_1$ und Refraktion $\Delta r'_2$:

$$x' + \Delta x' = x' + (\Delta r'_1 + \Delta r'_2)\frac{x'}{\sqrt{x'^2 + y'^2}}$$

$$y' + \Delta y' = x' + (\Delta r'_1 + \Delta r'_2)\frac{y'}{\sqrt{x'^2 + y'^2}}$$

Correction of the image coordinates for distortion $\Delta r'_1$ and refraction $\Delta r'_2$:

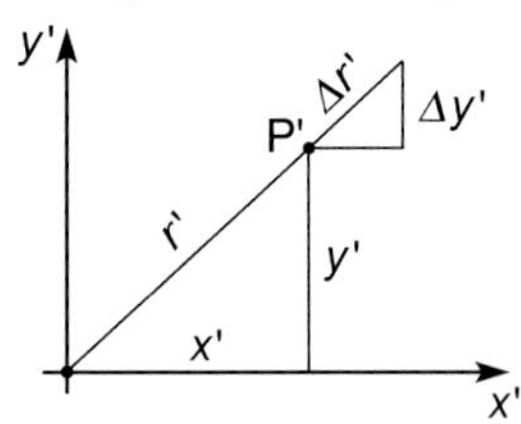

Gemeinsame Bestimmung aller Orientierungselemente

Die Bestimmungsgleichungen für beliebige Objektpunkte werden durch die Koplanaritätsbedingungen gegeben, die Gleichungen für Passpunkte erhält man durch die Kollinearitätsgleichungen.

Simultaneous determination of all orientation elements

The conditional equations for any object point are described by the coplanarity equations, the conditional equations for ground control points are given by the collinearity equations.

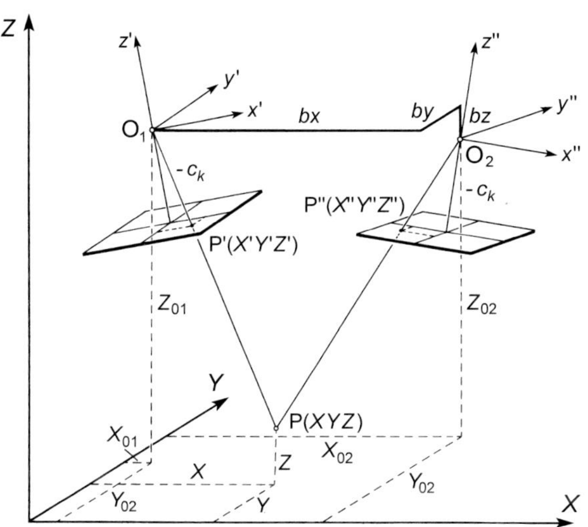

Bestimmungsgleichung für beliebige Objektpunkte

Koplanaritätsbedingung

Conditional equation for any object point

Coplanarity condition

$$\Delta = \begin{vmatrix} X' & Y' & Z' & 1 \\ X_{01} & Y_{01} & Z_{01} & 1 \\ X'' & Y'' & Z'' & 1 \\ X_{02} & Y_{02} & Z_{02} & 1 \end{vmatrix} = 0$$

$$d\Delta = \frac{\partial\Delta}{\partial X_{01}} dX_{01} + \frac{\partial\Delta}{\partial Y_{01}} dY_{01} + \frac{\partial\Delta}{\partial Z_{01}} dZ_{01} + \frac{\partial\Delta}{\partial\omega_1} d\omega_1 + \\ + \frac{\partial\Delta}{\partial\varphi_1} d\varphi_1 + \frac{\partial\Delta}{\partial\kappa_1} d\kappa_1 + \frac{\partial\Delta}{\partial X_{02}} dX_{02} + \frac{\partial\Delta}{\partial Y_{02}} dY_{02} + \\ + \frac{\partial\Delta}{\partial Z_{02}} dZ_{02} + \frac{\partial\Delta}{\partial\kappa_2} d\kappa_2 + \frac{\partial\Delta}{\partial\varphi_2} d\varphi_2 + \frac{\partial\Delta}{\partial\kappa_2} d\kappa_2 + \Delta_0$$

$$x' = z' \frac{a_{11}(X - X_0) + a_{21}(Y - Y_0) + a_{31}(Z - Z_0)}{a_{13}(X - X_0) + a_{23}(Y - Y_0) + a_{33}(Z - Z_0)}$$

$$y' = z' \frac{a_{12}(X - X_0) + a_{22}(Y - Y_0) + a_{32}(Z - Z_0)}{a_{13}(X - X_0) + a_{23}(Y - Y_0) + a_{33}(Z - Z_0)}$$

Berechnung von Objektkoordinaten

Bei der Bestimmung von Objektkoordinaten können die Punkte in unterschiedlicher Weise definiert werden.

Computation of object coordinates

In order to determine object coordinates different definitions of object points can be applied.

Definition eines Objektpunktes

Zur Bestimmung eines Punktes wird die verbleibende y-Parallaxe halbiert.

Definition of an object point

In order to define an object point in space the remaining y-parallax is cut in half.

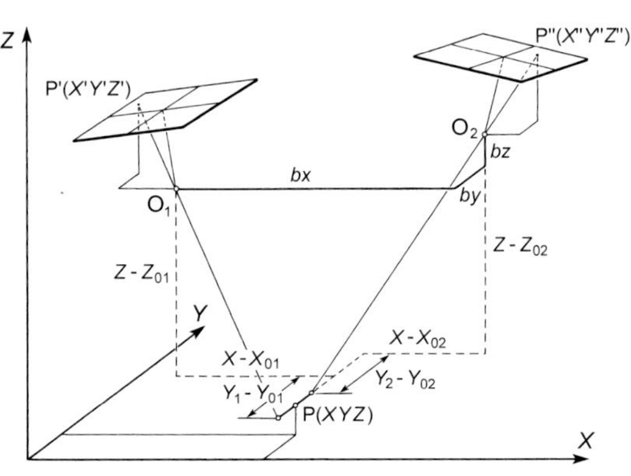

$$bx = X_{02} - X_{01} \qquad \frac{X - X_{01}}{X' - X_{01}} = \frac{Y - Y_{01}}{Y' - Y_{01}} = \frac{Z - Z_{01}}{Z' - Z_{01}} = \lambda$$

$$by = Y_{02} - Y_{01}$$

$$bz = Z_{02} - Z_{01} \qquad \frac{X - X_{02}}{X' - X_{02}} = \frac{Y - Y_{02}}{Y' - Y_{02}} = \frac{Z - Z_{02}}{Z' - Z_{02}} = \mu$$

$$\lambda = \frac{bx(Z'' - Z_{02}) - bz(X'' - X_{02})}{(X' - X_{01})(Z'' - Z_{02}) - (X'' - X_{02})(Z' - Z_{01})}$$

$$\mu = \frac{bx(Z' - Z_{01}) - bz(X' - X_{01})}{(X' - X_{01})(Z'' - Z_{02}) - (X'' - X_{02})(Z' - Z_{01})}$$

$$X = X_{01} + \lambda(X' - X_{01}) \qquad Y_1 = Y_{01} + \lambda(Y' - Y_{01})$$

$$Y = \frac{Y_1 + Y_2}{2} \qquad Y_2 = Y_{02} + \mu(Y'' - Y_{02})$$

$$Z = Z_{01} + \lambda(Z' - Z_{01}) \qquad p_y = Y_2 - Y_1$$

Definition eines Objektpunktes Definition of an object point

```
# a2020-162
from mpl_toolkits.mplot3d import axes3d
import matplotlib.pyplot as plt
import numpy as np
                                                # define projection center
X_01=0;      Y_01=0;      Z_01=3000
X_02=1000;   Y_02=0;      Z_02=3300
                                                # define interior orientation
fw=100;      fh=80;       cc = 380
                                                # define measured image coordinates
Xs =X_01-50;    Ys =Y_01-42;    Zs =Z_01+cc
Xss =X_02+50;   Yss =Y_02-40;   Zss =Z_02+cc
                                                # define base length
bx=X_02 - X_01; by=Y_02 - Y_01; bz=Z_02 - Z_01
                                                # calculate transformation parameters
zae=( bx*(Zss-Z_02)-bz*(Xss-X_02) )
nen=( (Xs-X_01)*(Zss-Z_02)-(Xss-X_02)*(Zs-Z_01) )
lamda=zae/nen
zae=(bx*(Zs-Z_01)-bz*(Xs-X_01))
mue=zae/nen
                                                # calculate intersection point
X=X_01 +lamda*(Xs-X_01)
Y1=Y_01+lamda*(Ys-Y_01)
Y2=Y_02+mue*(Yss-Y_02)
Y=(Y1+Y2)/2
Z=Z_01+lamda*(Zs-Z_01)
                                                # print coordinates on screen
print("X,Y,Z= %5.2f %5.2f %5.2f" %(X,Y,Z))
                                                # plot situation in 3D
fig = plt.figure()                              # define figure
ax = fig.add_subplot(111, projection='3d')
ax.view_init(elev=25, azim=-60)
XP=[X_01,X_02]; YP=[Y_01,Y_02]; ZP=[Z_01,Z_02]
ax.plot(XP,YP,ZP,color='blue')
XP=[Xs,X_01,X,X_02,Xss];
YP=[Ys,Y_01,Y,Y_02,Yss];
ZP=[Zs,Z_01,Z,Z_02,Zss]
                                                # calculate min-max value and set limits
minx=np.amin(XP)-fw; maxx=np.amax(XP)+fw
miny=np.amin(YP)-fh; maxy=np.amax(YP)+fh
minz=np.amin(ZP); maxz=np.amax(ZP)+cc
ax.set_xlim3d(minx,maxx)
ax.set_ylim3d(miny,maxy)
ax.set_zlim3d(minz,maxz)
                                                # plot intersection vectors
ax.plot(XP,YP,ZP,color='red')
XP=[X_01-fw,X_01+fw,X_01+fw,X_01-fw,X_01-fw];
YP=[Y_01-fh,Y_01-fh,Y_01+fh,Y_01+fh,Y_01-fh];
ZP=[Zs,Zs,Zs,Zs,Zs]
                                                # plot frustrums
ax.plot(XP,YP,ZP,color='green')
XP=[X_02-fw,X_02+fw,X_02+fw,X_02-fw,X_02-fw]
YP=[Y_02-fh,Y_02-fh,Y_02+fh,Y_02+fh,Y_02-fh]
ZP=[Zss,Zss,Zss,Zss,Zss]
ax.plot(XP,YP,ZP,color='green')
XP=[X_01-fw,X_01,    X_01+fw,X_01,X_01+fw,X_01,X_01-fw,X_01,X_01-fw]
YP=[Y_01-fh,Y_01,    Y_01-fh,Y_01,Y_01+fh,Y_01,Y_01+fh,Y_01,Y_01-fh]
ZP=[Zs,  Z_01,   Zs,Z_01,Zs,Z_01,Zs,Z_01,Zs]
ax.plot(XP,YP,ZP,color='green')
XP=[X_02-fw,X_02,    X_02+fw,X_02,X_02+fw,X_02,X_02-fw,X_02,X_02-fw]
YP=[Y_02-fh,Y_02,    Y_02-fh,Y_02,Y_02+fh,Y_02,Y_02+fh,Y_02,Y_02-fh]
ZP=[Zss,  Z_02,   Zss,Z_02,Zss,Z_02,Zss,Z_02,Zss]
ax.plot(XP,YP,ZP,color='green')
plt.savefig('pyfig162a.pdf' ,bbox_inches='tight')# save figure to pdf-file
plt.show()
''' Output
X,Y,Z= 480.26 409.61 -650.00
'''
```

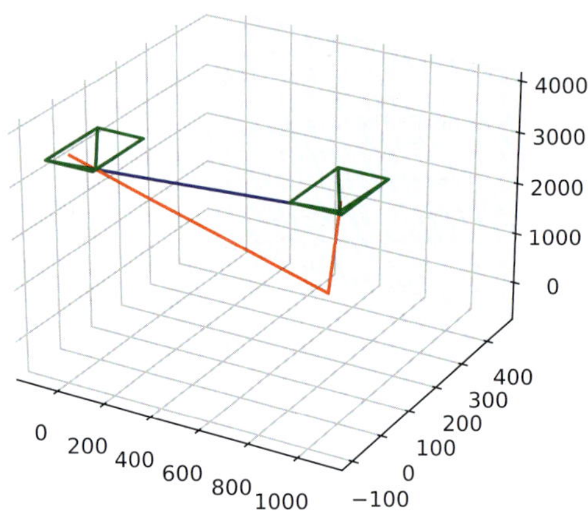

Relative Orientierung unabhängiger Bildpaare

Zur relativen Orientierung von zwei Bildern werden aufgrund der Koplanaritätsbedingung die fünf unbekannten Drehungen $\omega', \phi', \kappa', \phi''$ und κ'' berechnet.

Relative orientation of independent image pairs

To determine the relative orientation of two images the five unknown rotation parameters $\omega', \phi', \kappa', \phi''$ and κ'' are calculated by means of the coplanarity condition.

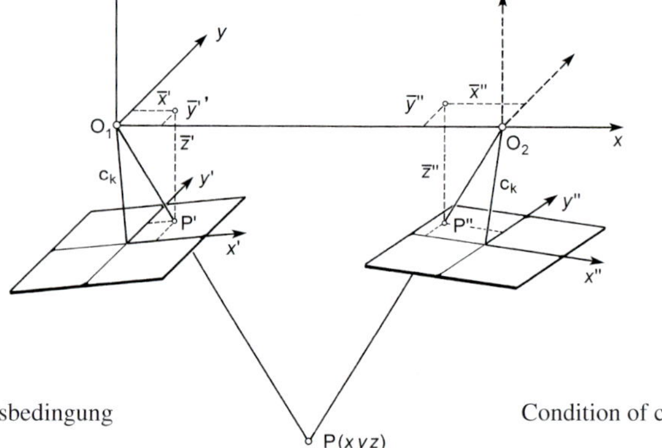

Koplanaritätsbedingung

Condition of coplanarity

$$\Delta = \begin{vmatrix} 1 & \overline{x'} & \overline{x''} \\ 0 & \overline{y'} & \overline{y''} \\ 0 & \overline{z'} & \overline{z''} \end{vmatrix} = \begin{vmatrix} y' & y'' \\ z' & z'' \end{vmatrix} = 0$$

$$d\Delta = \Delta - \Delta_0 = \frac{\partial \Delta}{\partial \omega'} d\,\omega' + \frac{\partial \Delta}{\partial \varphi'} d\,\varphi' + \frac{\partial \Delta}{\partial \kappa'} d\,\kappa' + \frac{\partial \Delta}{\partial \varphi''} d\,\varphi'' + = \frac{\partial \Delta}{\partial \kappa'} d\,\kappa''$$

Modellkoordinaten-Berechnung

Zur Bestimmung von Modellkoordinaten beliebiger Punkte wird jeweils die verbleibende y-Parallaxe halbiert.

Computation of model coordinates

In order to define model coordinates of arbitrary object points the remaining y-parallax is cut in half.

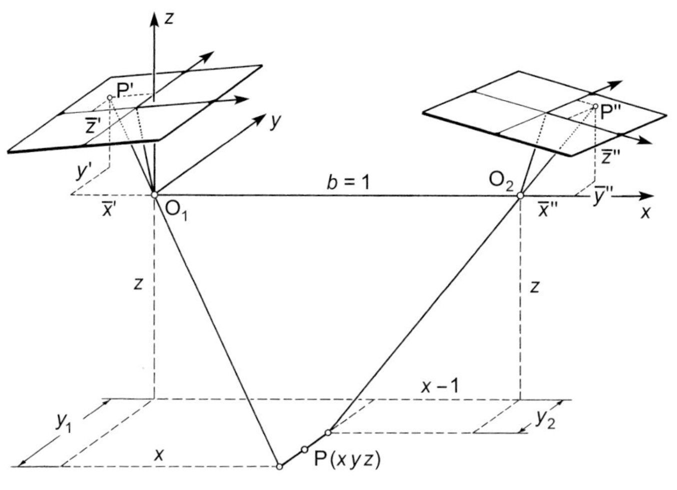

$$x = x_1 = x_2 \qquad y = \frac{y_1 + y_2}{2}$$

$$z = z_1 = z_2 \qquad p_y = y_2 - y_1$$

$$\frac{x}{\bar{x}'} = \frac{y_1}{\bar{y}'} = \frac{z}{\bar{z}'} = \lambda$$

$$\frac{x-1}{\bar{x}''} = \frac{y_2}{\bar{y}''} = \frac{z}{\bar{z}''} = \mu$$

Absolute Orientierung

Zur absoluten Orientierung des Modells wird das Koordinatensystem xyz in das übergeordnete Koordinatensystem XYZ transformiert. Zu diesem Zweck wird eine räumliche Ähnlichkeitstransformation mit Überbestimmung durchgeführt. Es sind mindestens drei Passpunkte erforderlich.

Absolute orientation

The absolute orientation of the model is achieved by transforming the coordinate system xyz into the reference coordinate system XYZ. For this purpose a spatial similarity transformation with over determination is carried out. This procedure requires at least three control points.

2.8 Mehrbildauswertung – Multi-image processing

Aerotriangulation

Jedes Stereomodell benötigt zur Orientierung mindestens zwei Lage- und drei Höhenpasspunkte. Um diese Zahl zu reduzieren, wurden verschiedene Methoden der photogrammetrischen Passpunktbestimmung entwickelt. Frühe analytische Methoden benutzten Ergebnisse von Stereoauswertegeräten zur Aerotriangulation mit unabhängigen Modellen. Allgemeine und zugleich besonders flexible Lösungen bietet die Bündelblockausgleichung.

Aero triangulation

Every stereo-model needs for orientation two horizontal and three vertical control points as a minimum. In order to reduce this number various methods of aero triangulation have been developed for photogrammetric control extension. Early analytical methods used the output of stereoplotters as independent models for stripwise or block-wise triangulation. The most general and flexible solutions are bundle block adjustments.

Aerotriangulation mit unabhängigen Modellen

Durch relative Orientierung benachbarter Bilder eines Streifens werden Modelle gebildet. Diese sind voneinander unabhängig, jedes hat ein eigenes Bezugssystem und einen eigenen Maßstab. Die Modelle werden durch räumliche Ähnlichkeitstransformationen zu Streifen oder Blöcken vereinigt. Als Verknüpfungspunkte dienen Geländepunkte im Überdeckungsbereich benachbarter Modelle sowie die Projektionszentren der einzelnen Bilder.

Aero triangulation with independent models

In this method, models are formed by relative orientation of the adjacent photos in a strip. These models are independent from each other, i. e. every model has its own reference system and scale. The models are numerically joined to strips or blocks by spatial similarity transformations. Tie points located in the overlap area of adjacent models as well as the perspective centers of the individual images are used as identical points.

1. Modellbildung

Die Modelle können auf rechnerischem Wege gebildet werden. Die rechnerische Modellbildung benutzt gemessene Bildkoordinaten und berechnet Modellkoordinaten durch rechnerische relative Orientierung. Zur analogen Modellbildung dienen Stereoauswertegeräte. Jedes Bildpaar wird nur relativ orientiert. Dann können Modellkoordinaten der zur Triangulation gewählten Geländepunkte gemessen werden.

1. Model formation

The models can be formed numerically. Numerical model formation starts from measured image coordinates and establishes model coordinates by analytical relative orientation methods. For analog model formation a precision stereoplotter is used. Only relative orientation is carried out for each pair of images. Then the model coordinates of the terrain points selected for triangulation can be measured.

2. Verbindung von Modellen zu Streifen

Die Modelle werden durch aufeinanderfolgende räumliche Ähnlichkeitstransformationen zu Streifen kombiniert. Man hängt die Modellpunkte $a_{i+1}, b_{i+1}, c_{i+1}$ und das Projektionszentrum O_{i+1} des neuen Modells an die entsprechenden Punkte a_i, b_i, c_i,, und O_i des vorherigen Modells an.

2. Joining models to strips

The individual models are combined to a strip by successive spatial similarity transformations. For this purpose the model points $a_{i+1}, b_{i+1}, c_{i+1}$ and the perspective center O_{i+1} of the new model are connected to the corresponding points a_i, b_i, c_i, and O_i of the previous model.

Damit erhält man alle Triangulationspunkte in dem durch das erste Modell definierten Bezugssystem. Dann wird der Streifen durch eine weitere Ähnlichkeitstransformation mit einigen Passpunkten in ein geodätisches Referenzsystem eingepasst.

Thus all triangulation points are obtained in one reference system which is determined by the system of the first model. Next, this strip is oriented to the geodetic reference system by some control points through another spatial similarity transformation.

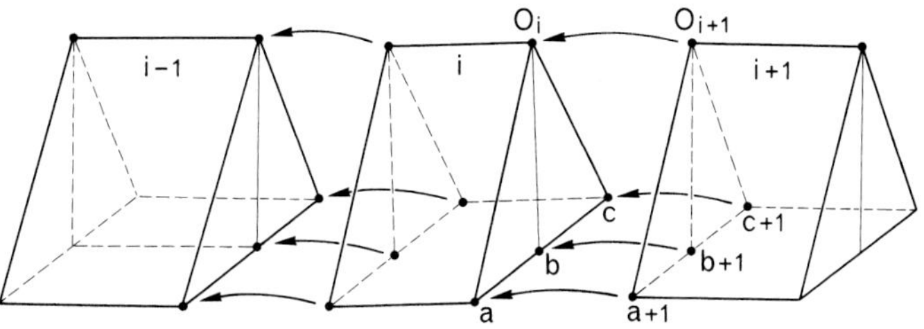

Schematische Darstellung der Verknüpfung unabhängiger Modelle zu einem Streifen
Schematic sketch of the combination of independent models to a strip

3. Verbindung von Modellen zu Blöcken
Blockausgleichung mit unabhängigen Modellen nimmt an, dass die Modelle genähert horizontiert sind. Jedes Modell wird einer räumlichen Ähnlichkeitstransformation unterzogen. Die 7 Transformationsparameter pro Modell werden durch gemeinsame Ausgleichung so bestimmt, dass die Modelle gut miteinander verknüpft sind und der ganze Block optimal auf Geländepasspunkte eingepasst ist.

3. Joining models to a block
Block adjustment with independent models assumes that the models are already approximately leveled. Every model is subject to a spatial similarity transformation. The 7 transformation parameters per model are determined by common adjustment in such a way that the individual models are properly tied to each other, and the entire block is optimally oriented in relation to the ground control points.

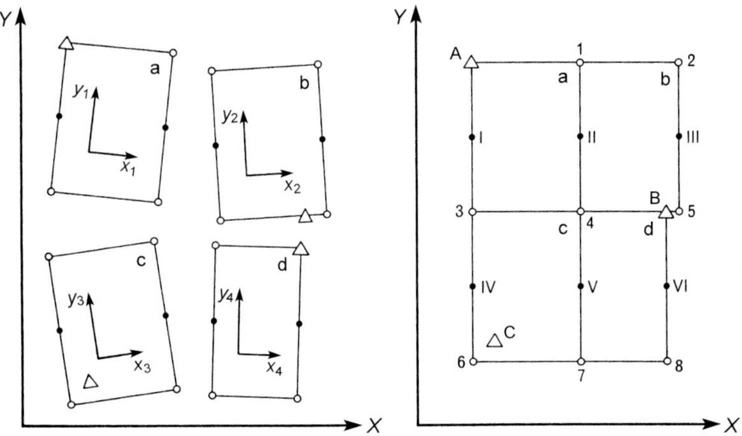

Schema der Verknüpfung unabhängiger Modelle zu einem Block (in der Lage)
Schematic sketch of the combination of independent models to a block (planimetry)

Aerotriangulation durch Bündelblockausgleichung

Durch Blockausgleichung bestimmt man die Parameter der äußeren Orientierung der Bilder und die Geländekoordinaten von Verknüpfungspunkten gleichzeitig.

Aero triangulation by bundle block adjustment

By block adjustment the exterior orientation parameters of a block of images, as well as the ground coordinates of tie points, are determined simultaneously.

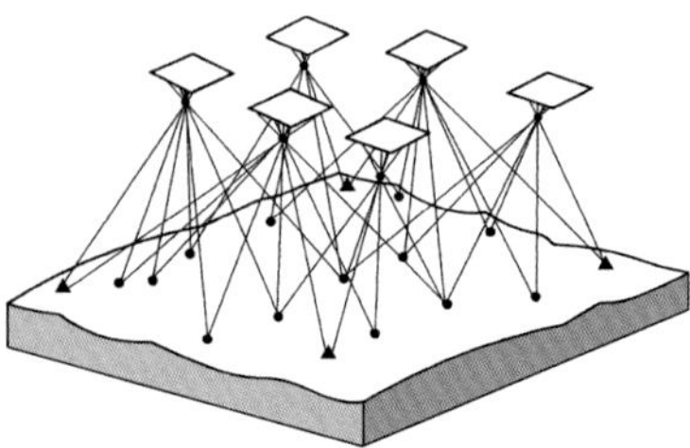

Schematische Darstellung der Strahlenbündel einer Blockausgleichung
Schematic sketch of the bundles of rays for bundle block adjustment

Das Verfahren beruht auf dem mathematischen Modell der Zentralperspektive und benutzt direkt die Bildkoordinaten als Beobachtungen. Für die Berechnung werden die Strahlenbündel vom Projektionszentrum zu den Bildpunkten nach den Kollinearitätsgleichungen gebildet:

The method is based on the mathematical model of perspective geometry, and directly uses the image coordinates as observations. For the computation the bundles of rays from the projection centers to the image points are established, according to the collinearity equations:

$$x_i' = c_k \frac{a_{11}(X_i - X_0) + a_{21}(Y_i - Y_0) + a_{31}(Z_i - Z_0)}{a_{13}(X_i - X_0) + a_{23}(Y_i - Y_0) + a_{33}(Z_i - Z_0)}$$

$$y_i' = c_k \frac{a_{12}(X_i - X_0) + a_{22}(Y_i - Y_0) + a_{32}(Z_i - Z_0)}{a_{13}(X_i - X_0) + a_{23}(Y_i - Y_0) + a_{33}(Z_i - Z_0)}$$

Gegeben:
Kamerakonstante c_k,
Koordinaten der Geländepasspunkte X, Y, Z

Gemessen:
Bildkoordinaten x_i', y_i'

Unbekannte:
Bildorientierung $X_0, Y_0, Z_0, \varphi, \omega, \kappa$ (in der Drehmatrix a_{ii} enthalten),
X_i, Y_i, Z_i der Verknüpfungspunkte

Given:
Focal length c_k,
Coordinates of the ground control points X, Y, Z

Measured:
Image coordinates x_i', y_i'

Unknown:
Image orientation $X_0, Y_0, Z_0, \varphi, \omega, \kappa$ (included in the rotation matrix a_{ii}),
X_i, Y_i, Z_i of the tie points

$$\mathbf{v} = \mathbf{A}_1 \cdot \mathbf{x}_1 + \mathbf{A}_2 \cdot \mathbf{x}_2 - \mathbf{l}$$

Ausgleichung mit $\mathbf{x}_1$ = Objektkoordinaten und $\mathbf{x}_2$ = Bildorientierungsparameter

Adjustment with $\mathbf{x}_1$ = object coordinates and $\mathbf{x}_2$ = image orientation parameters

Bündelblockausgleichung mit Selbstkalibrierung

Reale Bilder erfüllen in der Regel das mathematische Modell der Zentralperspektive nicht genau. Die geometrischen Abweichungen, auch systematische Bildfehler genannt, können durch Bündelblockausgleichung mit Selbstkalibrierung bestimmt und kompensiert werden.

Die Methode der Selbstkalibrierung führt zusätzliche Unbekannte ein, die Abweichungen von der idealen Bildgeometrie erfassen können. Die zusätzlichen Parameter kann man nach mathematischen oder physikalischen Aspekten wählen.

Ein allgemeiner Ansatz zur Korrektur systematischer Fehler in den Bildpunkten 1 ... 9 ist die Verwendung der zusätzlichen Parameter $P_1 \ldots P_8$.

Bundle block adjustment with self calibration

Real images usually do not correspond precisely to the mathematical model of perspective geometry. The geometric differences, also named as systematic image errors, can be determined and compensated by bundle block adjustment with self calibration.

The self-calibration procedure introduces additional unknowns, which can generally describe deviations from the ideal image geometry. The additional parameters selected may be justified under mathematical or physical aspects.

A common approach for the correction of systematic errors in the image locations 1 ... 9 is the application of the additional parameters $P_1 \ldots P_8$.

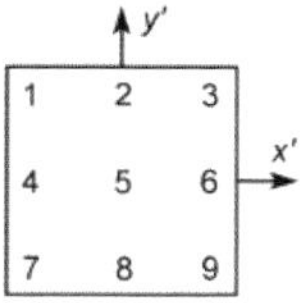

(1) $x' = x - P_1$

(2) $x' = x - x \cdot y \cdot P_2$

(3) $x' = x - x^2 \cdot y \cdot P_3$

(4) $x' = x - x \cdot y^2 \cdot P_4$

(5) $y' = y - y \cdot P_5$

(6) $y' = y - x^2 \cdot P_6$

(7) $y' = y - x^2 \cdot y \cdot P_7$

(8) $y' = y - x \cdot y^2 \cdot P_8$

Wenn mehr Punkte berücksichtigt werden, kann die Anzahl der zusätzlichen Parameter beträchtlich erhöht werden.

If more image points are considered the number of additional parameters may be significantly extended.

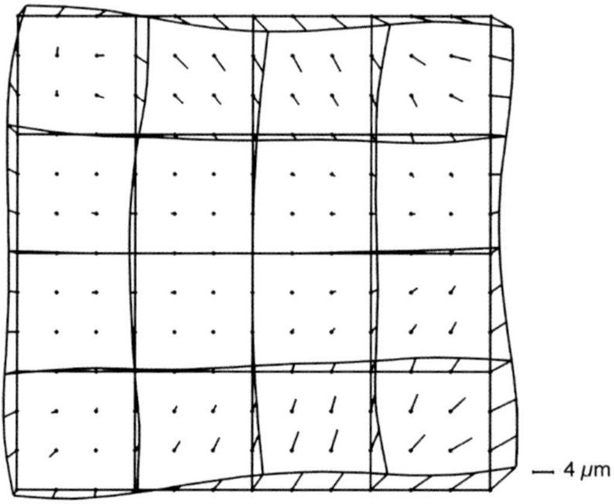

Beispiel für systematische Bildfehler zur Korrektur durch zusätzliche Parameter
Example of systematic errors of an image to be corrected by additional parameters

Ein Beispiel für den Einsatz von physikalisch begründeten zusätzlichen Parametern ist das Programmsystem BLUH aus Hannover. x und y sind die Bildkoordinaten, normiert mit dem Maßstabsfaktor 162.6 / maximalen Hauptpunktabstand, $r^2 = x^2 + y^2$, $b = arctan(x/y)$.

An example for the use of physically justified additional parameters is the Hanover program system BLUH. x and y are the image coordinates normalized with the scale factor 162.6 / largest radial distance from principal point, $r^2 = x^2 + y^2$, $b = arctan(x/y)$.

(1)	$x' = x - y \cdot P_1$	$y' = y - x \cdot P_1$
(2)	$x' = x - x \cdot P_2$	$y' = y + y \cdot P_2$
(3)	$x' = x - x \cdot \cos 2b \cdot P_3$	$y' = y - y \cdot \cos 2b \cdot P_3$
(4)	$x' = x - x \cdot \sin 2b \cdot P_4$	$y' = y - y \cdot \sin 2b \cdot P_4$
(5)	$x' = x - x \cdot \cos b \cdot P_5$	$y' = y - y \cdot \cos b \cdot P_5$
(6)	$x' = x - x \cdot \sin b \cdot P_6$	$y' = y - y \cdot \sin b \cdot P_6$
(7)	$x' = x + y \cdot r \cdot \cos b \cdot P_7$	$y' = y - x \cdot r \cdot \cos b \cdot P_7$
(8)	$x' = x + y \cdot r \cdot \sin b \cdot P_8$	$y' = y - x \cdot r \cdot \sin b \cdot P_8$
(9)	$x' = x - x \cdot (r^2 - 16384) \cdot P_9$	$y' = y - y \cdot (r^2 - 16384) \cdot P_9$
(10)	$x' = x - x \cdot \sin(r \cdot 0.049087) \cdot P_{10}$	$y' = y - y \cdot \sin(r \cdot 0.049087) \cdot P_{10}$
(11)	$x' = x - x \cdot \sin(r \cdot 0.098174) \cdot P_{11}$	$y' = y - y \cdot \sin(r \cdot 0.098174) \cdot P_{11}$
(12)	$x' = x - x \cdot \sin 4b \cdot P_{12}$	$y' = y - y \cdot \sin 4b \cdot P_{12}$

P_1 = Scherung
P_2 = Affinität
P_7 = tangentiale Verzeichnung 1
P_8 = tangentiale Verzeichnung 2
$P_9 - P_{11}$ = radialsym. Verzeichnungen

P_1 = Angular affinity
P_2 = Affinity
P_7 = Tangential distortion 1
P_8 = Tangential distortion 2
$P_9 - P_{11}$ = Radial symmetric distortions

Passpunktkonfiguration

Für einen Block mit 60 % Längs- und 20 – 30 % Querüberdeckung wird folgende Passpunktanordnung empfohlen.

Configuration of control points

For a block with 60 % endlap and 20 – 30 % sidelap the following configuration of ground control points is recommended.

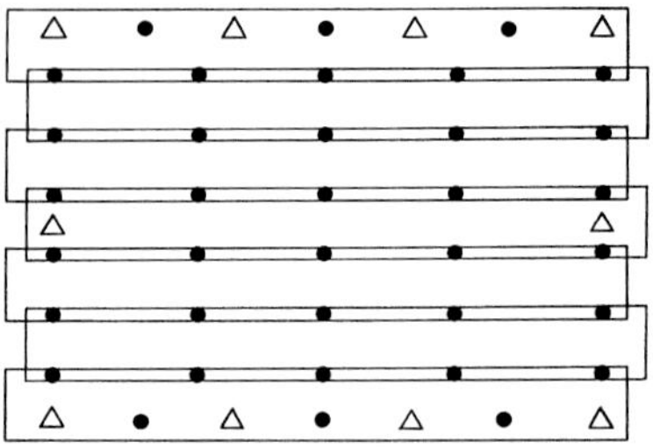

△ Vollpasspunkt / *XYZ control point*
● Höhenpasspunt / *vertical control point*

b = Basislänge / base length

Abstand der Vollpasspunkte 4 – 6 b

Abstand der Höhenpasspunkte im Streifen etwa $4b$, quer dazu Punkte in jeder Streifenüberdeckung

Distance between XYZ control points 4 – 6 b

Distance between Z control points along strip about $4b$, across strip points in any side lap area

Kombinierte Blockausgleichung mit GPS-Koordinaten

Die Anzahl der erforderlichen Passpunkte kann reduziert werden, wenn die Blockausgleichung durch relative kinematische GPS-Messungen der Projektionszentren gestützt wird. Da die Koordinaten der Projektionszentren durch Mehrdeutigkeit der GPS-Positionierung systematisch verfälscht sein können, müssen die Daten streifenweise verbessert werden. Wenn die Verschiebungen der einzelnen Fluglinien sowie die zeitabhängigen Drifts durch zusätzliche Unbekannte in der Blockausgleichung bestimmt werden, kann die Zahl der Passpunkte auf je einen an den Enden jeder Fluglinie reduziert werden. Wirtschaftlicher ist die Verwendung von Querstreifen im Abstand von 20 bis 30 Fluglinien, um Verbiegungen zu verhindern. Dann sind Passpunkte nur an den Enden jedes Querstreifens erforderlich.

Combined block adjustment with GPS coordinates

The number of control points required can be reduced by a combined block adjustment with projection centers determined by relative kinematic GPS positioning. The coordinates of the projection centers may be influenced by ambiguity errors of the GPS positioning, causing systematic errors of the GPS positions which have to be improved for any flight line separately. If the separate shifts of any flight line, and in addition time-depending drifts, are determined by additional unknowns in the block adjustment, the number of control points can be reduced to one control point at both ends of any flight line. More economic is the use of crossing flight lines with a distance of 20 to 30 flight lines to avoid a twisting. In this case only control points or better, double control points are required at the end of any crossing flight line.

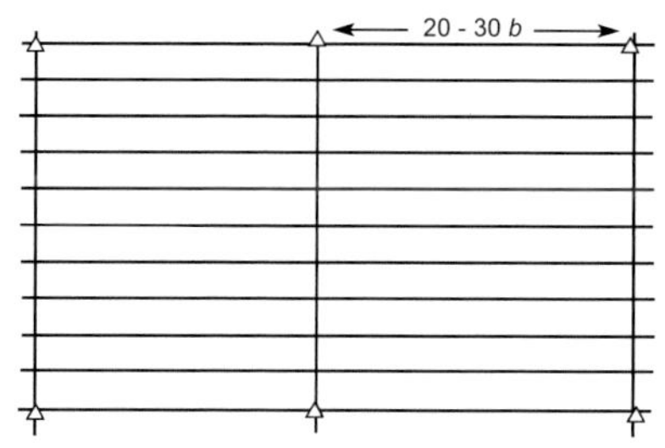

Konfiguration der Flugachsen und Passpunkte für Blöcke, die durch GPS-Koordinaten der Projektionszentren gestützt werden.

b = Basislänge

Configuration of flight lines and control points for blocks supported by GPS-projection center coordinates.

b = base length

Direkte Sensororientierung

Die äußere Orientierung von Bildern kann auch direkt bestimmt werden durch Kombination einer Inertial Measurement Unit (IMU) und relativer, kinematischer GPS-Positionierung.

Die IMU enthält Kreisel für die Lage und Beschleunigungsmesser, die durch doppelte Integration Positionen ergeben. IMU arbeitet autonom, aber Messungen unterliegen Drifts, die durch relative, kinematische GPS-Positionen mit Kalman-Filterung erfasst werden können. IMU stützt auch die GPS-Positionierung und vermeidet Verschiebungen der einzelnen Fluglinien.

Direct sensor orientation

The exterior orientation of images can also be determined directly by a combination of an Inertial Measurement Unit (IMU) and relative, kinematic GPS positioning.

The IMU includes gyros for the attitudes and accelerometers, which can lead with a double integration to positions. IMU is an autonomous system, but the measurements are affected by drifts, which can be controlled by relative kinematic GPS positioning in an iterative Kalman filtering. IMU is also supporting the GPS positions, avoiding shifts, different for any flight line.

Dreizeilen-Kameradaten

Die mit Zeilen-Kameras im ‚Pushbroom'-Mode erfassten Daten sind photogrammetrisch mit einem zeitabhängigen Sensormodell zu behandeln. Jede einzelne Bildzeile hat im Prinzip dieselben geometrischen Eigenschaften wie ein photographisches Luftbild. Es gelten also die bekannten Kollinearitätsgleichungen. Die Dreizeilen-Kamera nimmt drei solche Zeilen der Bilddaten simultan auf. Deshalb gelten für diese drei Zeilen die gleichen Parameter der äußeren Orientierung. Um für jeden Zeitpunkt der Datenaufzeichnung die Parameter der äußeren Orientierung mit hoher Genauigkeit verfügbar zu haben, muss während der Aufnahme ein GPS/INS-System benutzt werden.

Three-line camera data

Data acquired by a line camera in the pushbroom mode require a time-dependent sensor model for photogrammetric evaluation. One line (or framelet) of an image is sampled at the same time. Such a single line has the same geometrical properties as a frame image, thus the same standard collinearity equations apply. The three-line camera records three lines of image data simultaneously. Therefore these lines have the same exterior orientation parameters. Photogrammetric evaluation requires the parameters of the exterior orientation for any moment of the process with high accuracy. In order to provide these data it is essential to use a GPS/INS system during data acquisition.

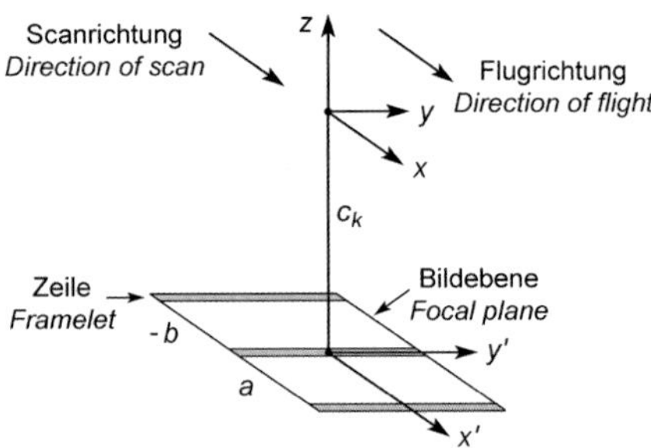

Die drei Zeilen und das Bildkoordinatensystem in der Bildebene der Kamera
The three lines and the image coordinate system in the focal plane of the camera

Für die photogrammetrische Auswertung muss ein Objektpunkt P in den drei vorliegenden Bildstreifen identifiziert werden. Dann ergeben sich aus den Zeilenindizes die drei Zeitpunkte t_1, t_2 und t_3, zu denen der Punkt P von den einzelnen Zeilen nacheinander erfasst wurde. Mithilfe dieser drei Zeitangaben können aus den GPS/INS-Aufzeichnungen die zugehörigen äußeren Orientierungselemente gewonnen werden.

For photogrammetric restitution, a single object point P must be identified in the data of the three image strips acquired. Then from the related line indices the three instants t_1, t_2 and t_3 can be deduced, at which the point P was imaged by the individual lines. Making use of these time coordinates, for each image point the elements of the exterior orientation can be determined out of the GPS/INS data provided.

$$X_0(t_1), Y_0(t_1), Z_0(t_1), \omega(t_1), \varphi(t_1), \kappa(t_1)$$

$$X_0(t_2), Y_0(t_2), Z_0(t_2), \omega(t_2), \varphi(t_2), \kappa(t_2)$$

$$X_0(t_3), Y_0(t_3), Z_0(t_3), \omega(t_3), \varphi(t_3), \kappa(t_3)$$

Zur Bestimmung der Koordinaten X,Y,Z eines Objektpunktes P ist ein räumlicher Vorwärtsschnitt durchzuführen. Das sonst in der Stereophotogrammetrie verwendete Gleichungssystem ist zu diesem Zweck um ein drittes Bild zu erweitern; d. h. es gibt sechs Beobachtungsgleichungen für drei Unbekannte.

To determine the coordinates X,Y,Z of an object point P an intersection in space from three image rays must be carried out. For this purpose the equations that are well known in stereo photogrammetry must be completed for a third image i. e. there are six observation equations for three unknowns.

$$\begin{aligned} X &= X_{0i} + (Z - Z_{0i})\,k_{xi} \qquad i = 1 \dots 3 \\ Y &= Y_{0i} + (Z - Z_{0i})\,k_{yi} \end{aligned}$$

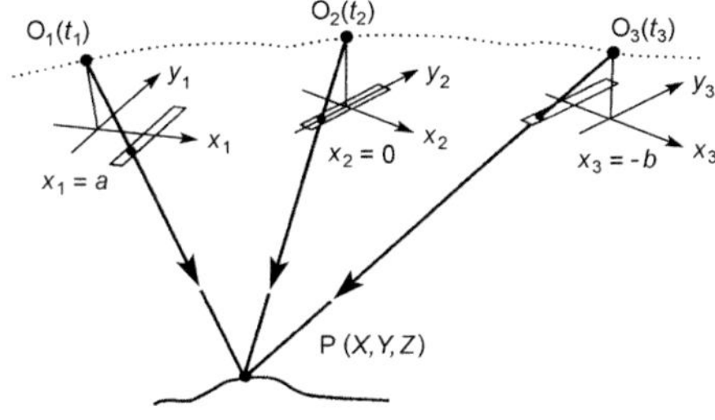

Ein Objektpunkt P in den drei Bildstreifen einer Dreizeilen-Kamera
An object point P in the three data sets of a three-line camera

Bei der Berechnung der Größen k werden für die x-Koordinaten folgende Werte aus der Kamera-Kalibrierung verwendet:

- bei k_{x1}, k_{y1} der Abstand a
- bei k_{x2}, k_{y2} der Abstand 0
- bei k_{x3}, k_{y3} der Abstand $-b$

Die y-Koordinaten der drei Bildpunkte von P unterscheiden sich nur geringfügig. Für die Ausgleichung lauten die Verbesserungsgleichungen:

For the determination of the values k the following x coordinates, defined during the camera calibration, are used:

- at k_{x1}, k_{y1} the distance a
- at k_{x2}, k_{y2} the distance 0
- at k_{x3}, k_{y3} the distance $-b$

The y coordinates of the three image points for P are very close together. The correction equations for the adjustment are the following:

$$v_{xi} = \left(\frac{\partial x_i}{\partial X}\right)^0 dX + \left(\frac{\partial x_i}{\partial Y}\right)^0 + \left(\frac{\partial x_i}{\partial Z}\right)^0 - (x_i - x_i^0)$$

$$v_{yi} = \left(\frac{\partial y_i}{\partial X}\right)^0 dX + \left(\frac{\partial y_i}{\partial Y}\right)^0 + \left(\frac{\partial y_i}{\partial Z}\right)^0 - (y_i - y_i^0)$$

Sollen bei der Auswertung der Streifen die von GPS/INS bestimmten Elemente der äußeren Orientierung verbessert werden, so sind Passpunkte einzubeziehen.

If it is intended to improve the elements of exterior orientation provided by GPS/INS, ground control points can be integrated in the restitution of the image strips.

2.9 Fragen und Antworten – Questions and answers

- In realen Objektiven sind der Achsenwinkel t auf der Objektseite und t' auf der Bildseite nicht identisch. Wie ist ihr Unterschied definiert?

Ihr Unterschied ist die Verzeichnung $\Delta r'$.

- In a real lens system the axis angle t on the object side and t' on the image side are not identical.
How is their difference defined?

Their difference is the distortion $\Delta r'$.

$$r' = F(\tau) = c_k \cdot \tan\tau + \Delta r' \qquad \Delta r' = r' - c_k \cdot \tan\tau$$

- Woraus bestehen die typischen Systemkomponenten einer photogrammetrischen Arbeitsstation?

Typische Systemkomponenten sind:
– Eingabe-Einheiten
– Graphisches System
– Stereobetrachtung
– Stereomesseinrichtung
– Nutzerschnittstellen

- What are the typical system components of a photogrammetric workstation?

Some typical components are:
– Input devices
– Graphics system
– Stereo viewing device
– Stereo measuring device
– User interfaces

- Wie funktioniert die zeitliche Bildtrennung bei digitalen Arbeitsstationen?

Linkes und rechtes Bild werden in schneller Folge auf dem Monitor gezeigt. Der Operateur benutzt eine elektronisch gesteuerte Brille, die jedem Auge jeweils das ihm zugehörige Bild freigibt.
Die Synchronisation von Monitor und Brille erfolgt über ein Infrarotsignal, das vom Monitor ausgesandt wird.

- How does the temporal image separation work with digital workstations?

The left and right images appear on the monitor in quick succession. The operator uses an active eyeware unit containing electronically controlled shutters, transmitting at any time the wanted image for each eye. The synchronization of monitor and glasses takes place via an infrared signal sent by the monitor.

- Welche Arten von Auflösungen werden in der Photogrammetrie und Fernerkundung unterschieden?

– Geometrische Bildauflösung
– Radiometrische Auflösung
– Spektrale Auflösung
– Zeitliche Auflösung

- What types of resolutions are differentiated in photogrammetry and remote sensing?

– Spatial resolution
– Radiometric resolution
– Spectral resolution
– Temporal resolution

- Wie kann das geometrische Auflösungsvermögen mit einem Siemens-Stern berechnet werden?

Der Siemens-Stern zeigt eine kreisförmige Anordnung von 72 weißen und schwarzen Sektoren. Wenn in einem Bild der nicht mehr aufgelöste innere Kreis einen Durchmesser d hat, ist das Auflösungsvermögen in L/mm:

- How can the geometric resolution with a Siemens star be calculated?

The Siemens star consists of a circular arrangement of 72 black-and-white sectors. If in an image of this chart the unresolved circle in the center has the diameter d, then the resolving power in lines/mm is defined as:

$$\frac{36}{\pi \cdot d}$$

- Welche Aufnahmeanordnungen werden in der Nahbereichsphotogrammetrie unterschieden?

In der Nahbereichsphotogrammetrie unterscheidet man die folgenden Aufnahmeanordnungen:

- Einzelbildaufnahme, meist zur Erstellung von Entzerrungen
- Stereobildaufnahme mit den Konfigurationen Normalfall, Konvergent- und Verschwenkungsfall
- Mehrbildaufnahme zur Erfassung eines Objektes in mehr als zwei Bildern

- Which imaging configurations are differentiated in close-range photogrammetry?

In close-range photogrammetry, the following imaging configurations are common:

- Single-image acquisition, usually for the generation of rectified images
- Stereo-image acquisition in the configurations normal case, convergent case, and shifted case
- Multi-image acquisition for recording of an object in more than two images

- Wie kann das Korrespondenzproblem bei nicht texturierten Oberflächen gelöst werden?

Mit der Lichtschnitt-Technik werden nacheinander mehrere Lichtebenen auf die Messobjekte projiziert. Die einzelnen Ebenen werden als binär codierte Lichtmuster erzeugt. Diese führen zu einer eindeutigen Kennung jeder Ebene und verringern Mehrdeutigkeiten.

- How can the correspondence problem be solved for non-textured surfaces?

With the light stripe projection technique a set of light planes is projected onto the examined objects. The individual light planes are indexed by an encoding scheme for the light patterns. These light patterns lead to a unique code for every plane and reduces ambiguity problems.

- Wie werden bei der Luftbildaufnahme der Bildmaßstab, die Basislänge und der Streifenabstand berechnet?

- How are the image scale, the length of base and distance between flight lines calculated for aerial photography?

Gegeben:		*Given*:
Bildformatseite	s'	Image format size
Kamerakonstante	c_k	Calibrated focal length
Flughöhe über Grund	h_g	Flying height above ground
Längsüberdeckung	$p(\%) = \frac{s-b}{s} \cdot 100$	Forward overlap
Querüberdeckung	$q(\%) = \frac{s-a}{s} \cdot 100$	Side overlap
Geländestrecke	$s = s' \cdot m_b = \frac{h_g}{c_k} \cdot s'$	Ground distance

Berechnet:		*Calculated*:
Bildmaßstab	$m_b = \frac{h_g}{c_k} = \frac{s}{s'}$	Photo scale
Basislänge bei p % Längsüberdeckung	$b = s\left(1 - \frac{p}{100}\right)$	Length of base with p % end lap
Streifenabstand bei q % Querüberdeckung	$a = s\left(1 - \frac{q}{100}\right)$	Distance between flight lines with q % side lap

- Welche Parameter definieren die äußere Orientierung eines Einzelbildes?

Drei Translationen X_0, Y_0, Z_0 für die Lage des Projektionszentrums O und drei Rotationen für die Winkelorientierung des Bündels.

- *Querneigung* ω, Drehung um die x-Achse.
- *Längsneigung* φ, Drehung um die y-Achse.
- *Kantung* κ, Drehung um die z-Achse.

- Which parameters define the exterior orientation of a single image?

Three translations X_0, Y_0, Z_0 for the position of the projection center O and three rotations for angular orientation of the bundle.

- *Transversal tilt* ω, rotation about the x-axis.
- *Longitudinal tilt* φ, rotation about the y-axis.
- *Swing* κ, rotation about the z-axis.

- Mit welchem Verfahren können die Parameter der äußeren Orientierung berechnet werden und wie viele Passpunkte werden mindestens benötigt?

Durch den räumlichen Rückwärtsschnitt werden die Lage- und Orientierungsparameter eines Bildes bestimmt.
Gegeben sind die Koordinaten X_i, Y_i, Z_i von $n (n \geq 3)$ Passpunkten, die zugehörigen Bildkoordinaten x_i, y_i sowie Näherungswerte für die Orientierungselemente $X_0, Y_0, Z_0, \varphi, \omega, \kappa$.

- With which procedure can the parameters of the exterior orientation be calculated and how many control points are required at least?

Resection in space is the determination of an image's position and orientation parameters.
Given are the coordinates X_i, Y_i, Z_i of $n (n \geq 3)$ ground control points, and their image coordinates x_i, y_i, furthermore approximate values for the orientation elements $X_0, Y_0, Z_0, \varphi, \omega, \kappa$.

- Mit welchem Verfahren können die Näherungswerte für den räumlichen Rückwärtsschnitt berechnet werden und wie viele Passpunkte werden dann mindestens benötigt?

Die Direkte Lineare Transformation (DLT) beschreibt die Transformation zwischen den Bildkoordinaten x, y und den Objektkoordinaten X, Y, Z in einem linearen Gleichungssystem.
Der Ansatz benutzt elf Transformationsparameter. Deshalb werden mindestens sechs nicht in einer Ebene liegende Passpunkte benötigt.

- Which method can be used to calculate the approximate values for the resection in space and how many control points are then required at least?

The direct linear transform (DLT) describes the transformation between an image coordinate system x, y and the object space coordinate system X, Y, Z in a system of linear functions.
The DLT approach uses eleven transformation parameters. Therefore a minimum of six non-coplanar control points is required for the linear solution.

- Welche Daten müssen für die Durchführung der Differentialentzerrung zur Produktion von digitalen Orthobildern vorhanden sein und was ist die Besonderheit von ‚echten' Orthobildern?

Durch eine Differentialentzerrung wird das Geländerelief berücksichtigt, sodass ein Orthobild mit den geometrischen Eigenschaften einer Karte entsteht. Für diesen Vorgang werden die Orientierungsparameter des Bildes sowie ein DGM (Digitales Geländemodell) benötigt.
Da in einem DGM Gebäude, Brücken usw. nicht modelliert werden, verbleiben an solchen Objekten Lagefehler. Diese können eliminiert werden, wenn die Differentialentzerrung mit einem Digitalen Oberflächenmodell (DOM) durchgeführt wird. Das Ergebnis wird dann echtes Orthobild genannt.

- What data must be available to carry out differential rectification for the production of digital ortho images and what is the special feature of 'true' ortho images?

Through differential rectification, the terrain relief is considered in such a way, that an ortho image is generated, providing the geometric properties of a map. This procedure requires the orientation parameters of the image as well as a DTM (Digital Terrain Model).
As a DTM does not model buildings, bridges, etc., displacement errors remain at such objects. These effects can be eliminated if a digital surface model (DSM), which accurately describes the visible surface, is applied for differential rectification. The resulting image is called true ortho image.

- Was sind die Besonderheiten des Normalfalls der Stereophotogrammetrie und wie können die Koordinaten eines Punktes ermittelt werden?

- What are the special features of the normal case of stereo photogrammetry and how can the coordinates of a point be determined?

Beim Normalfall der terrestrischen Stereophotogrammetrie stehen die beiden Aufnahmerichtungen senkrecht zur Basis b und sind parallel zueinander.

In the normal case of terrestrial stereo photogrammetry, the camera axes are oriented normal to the base b and parallel to each other.

Bestimmung der Koordinaten eines Punktes $P(x,y,z)$

Calculation of coordinates of a point $P(x,y,z)$

$$y = c_k \frac{b}{px} \qquad px = x' - x'' \qquad x = x' \frac{b}{px} = x' \frac{y}{c_k}$$

$$z_1 = z' \frac{b}{px} = z' \frac{y}{c_k} \qquad z_2 = z'' \frac{b}{px} + bz = z'' \frac{y - by}{c_k} + bz$$

- Was ist das Ziel der Bündelblockausgleichung und welche Parameter sind dabei relevant?

- What is the aim of the bundle block adjustment and which parameters are relevant?

Durch Blockausgleichung bestimmt man die Parameter der äußeren Orientierung der Bilder und die Geländekoordinaten von Verknüpfungspunkten gleichzeitig.

By block adjustment the exterior orientation parameters of images and the ground coordinates of tie points are determined simultaneously.

Gegeben:
Kamerakonstante c_k,
Koordinaten der Geländepasspunkte X,Y,Z

Given:
Focal length c_k,
Coordinates of the ground control points X,Y,Z

Gemessen:
Bildkoordinaten x'_i, y'_i

Measured:
Image coordinates x'_i, y'_i

Unbekannte:
Bildorientierung $X_0, Y_0, Z_0, \varphi, \omega, \kappa$ (in der Drehmatrix a_{ii} enthalten),
X_i, Y_i, Z_i der Verknüpfungspunkte

Unknown:
Image orientation $X_0, Y_0, Z_0, \varphi, \omega, \kappa$ (included in the rotation matrix a_{ii}),
X_i, Y_i, Z_i of the tie points

3 Fernerkundung – Remote sensing

3.1 Grundlagen – Basics

Grundlagen der Fernerkundung

Unter Fernerkundung versteht man die Detektion von Objekten, ohne mit diesen in direktem Kontakt zu stehen. Grundlagen der Fernerkundung sind elektromagnetische Wellen, die von den zu untersuchenden Objekten ausgestrahlt, reflektiert, gebrochen oder absorbiert werden.

Gemeinhin unterteilt man die Fernerkundung in passive und aktive Fernerkundung. Die konkreten Unterschiede, Besonderheiten, Vor- und Nachteile sowie Untergruppen dieser Einordnung werden in den folgenden Kapiteln beschrieben.

Remote sensing basics

Remote sensing is the term for a detection of object characteristics without being in direct contact with these objects. The basis for remote sensing are electromagnetic waves, which are emitted, reflected, refracted or absorbed by the objects under investigation.

Generally speaking, remote sensing can be separated into active and passive remote sensing. The precise differences, peculiarities, advantages and disadvantages of these sub-groups will be discussed in the following chapters.

Interpretation der Bilder

Unerlässlich für jede Art von Fernerkundung ist die visuelle Bildinterpretation. Diese schließt an die Detektion der Objekte an und ist ein hochkomplexer Prozess. Vollständigkeit und Genauigkeit von Interpretationsergebnissen hängen sowohl von der Detailtreue der jeweiligen fernerkundlichen Methode als auch von der Fähigkeit des Interpreten ab, den Bildinhalt bewusst oder unbewusst zu analysieren.

Verschiedenen Elementen der Bilder sollte hierbei besondere Aufmerksamkeit entgegengebracht werden. Ein Schwerpunkt der Forschung und Anwendung liegt auf Algorithmen, die diese Interpretation möglichst automatisch durchführen. Auf einige dieser Klassifikationsalgorithmen wird später eingegangen.

Image interpretation

The essential part of every kind of remote sensing is image interpretation. It is a highly complex process directly following the object detection. Completeness and accuracy of the image interpretation results depend on the level of detail of the respective remote sensing technique as well as on the ability of the interpreter to analyse the image content consciously and subconsciously.

Various elements of the images should be given special attention. One focus of research and application is on algorithms that support this interpretation as automatically as possible. Some of these classification algorithms will be discussed later.

Elemente der Interpretation

Form und Gestalt

Zahlreiche Landschaftselemente können sehr genau allein durch ihre Form identifiziert werden. Dazu sollte die Objektform von oben bekannt sein. Die Krone eines Laubbaumes z. B. sieht oft kreisförmig aus, die eines Nadelbaumes mehr unregelmäßig. Die meisten künstlich geschaffenen Objekte besitzen ebenfalls eine charakteristische Form, die sich von anderen Objekten abgrenzt.

Interpretation elements

Shape

Numerous components of the landscape can be identified with reasonable certainty merely by their shapes. Therefore, the shape from above should be known. For example, the crown of a deciduous tree often looks circular, while that of a conifer has a more irregular shape. Most man-made objects can also be identified by their shape.

Größe

Größen wie Längen, Breiten und Höhen können wichtig zum Erkennen von Merkmalen sein. Oft kann die ungefähre Größe eines Objektes durch Vergleich mit vertrauten Merkmalen abgeschätzt werden.

Size

Object size, such as length, width and height can be an important aid in identifying features. The approximate size of an object can often be judged by comparison with familiar features.

Schatten

Bei schräger Beleuchtung sind Schlagschatten für die Bildinterpretation sehr hilfreich. Ihre Formen bieten ‚Profile' von Objekten und enthalten Höheninformation über Türme, große Gebäude usw. sowie Forminformationen aus nicht-vertikaler Sicht, wie z. B. die Form einer Brücke.

Shadow

Shadows cast by oblique illumination are very helpful in image interpretation. Their shapes provide profile views of certain features and can give height information about towers, tall buildings etc. as well as shape information from the non-vertical perspective, e. g. the shape of a bridge.

Helligkeit und Farbe

Helligkeitsunterschiede in Schwarz-Weiß-Bildern oder Helligkeit, Farbton und Sättigung in Farbbildern enthalten wichtige Schlüssel zur Objekterkennung.

Die Bildwiedergabe eines Objektes entsteht durch komplexes Zusammenspiel von Objekt-, Sensor- und Beleuchtungsparametern. Deshalb sind oft nicht die absoluten Werte, sondern die Unterschiede in Farbton und Farbintensität informativ. Besonders wichtig sind die Unterschiede zwischen Bildern im sichtbaren und im infraroten Spektralbereich.

Tone and color

Tonal contrasts in black-and-white images or intensity, hue and saturation in color images provide important clues for object identification. However, the image appearance of an object is the result of a complex interaction of object, sensor and illumination parameters. This is why, in many cases, not the absolute values, but the differences of tone and color provide useful information. Of particular importance are differences between images in the visible and the infrared range.

Muster

Als Muster bezeichnet man häufiges, meist regelmäßiges Auftreten einer Objektart.

Beispielsweise können aus Reihen von Gebäuden, regelmäßig geformten Äckern, Autobahnkreuzungen, Obstbäumen usw. Informationen abgeleitet werden. Sehr bekannt sind Entwässerungsnetze, die Rückschlüsse auf die darunter liegende Tektonik oder die Lithologie ermöglichen.

Pattern

A pattern is a regular, usually repeated, shape with respect to an object.

For example, rows of houses or apartments, regularly spaced agricultural fields, intersections of highways, orchards etc., can provide information from their unique patterns. Very popular are drainage networks, which provide clues to underlying tectonic structures and lithology.

Textur

Textur heißt der visuelle Eindruck einer Oberflächenstruktur, welcher durch die Summe sich wiederholender kleiner Muster entsteht. Die Muster sind zu klein, um einzeln erkannt zu werden. Die Texturwirkung hängt direkt vom Bildmaßstab ab.

Texture

Texture describes the visual impression of roughness or smoothness caused by aggregation of repeated small patterns. The related patterns are too small to be detected individually. The texture effects directly depend on the image scale.

Stereoeffekt
Die Stereobetrachtung von Bildpaaren kann sehr nützlich sein, weil man dadurch wertvolle Informationen erhalten kann, die aus Einzelbildern nicht zu gewinnen sind.

Stereoscopic appearance
Stereoscopic viewing of image pairs can be extremely useful, because valuable information may be obtained, which is not available from single images.

Anordnung und Kontext
Die spezifische Anordnung von Elementen, geographische Charakteristika, Strukturen der Umgebung oder die Nachbarschaft eines Objektes können einem Interpreten wichtige Bildinformationen vermitteln.

Association or context
Specific associations of elements, geographic characteristics, configuration of the surroundings or the context of an object can provide the user with specific information for image interpretation.

Muster von Entwässerungsnetzen geben Auskünfte über die Geologie des Untergrunds
Patterns of drainage networks provide information about the underlying geology

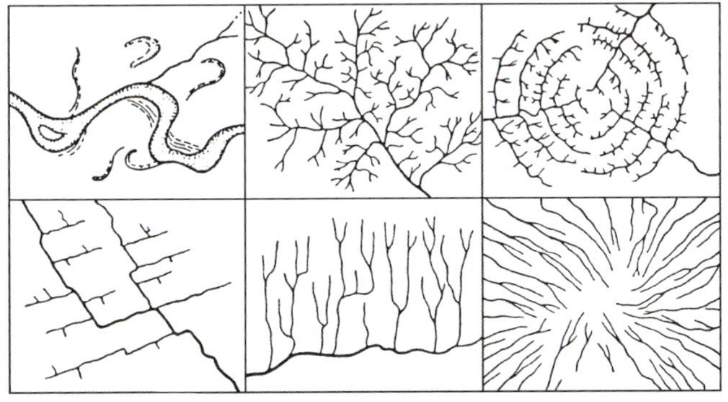

3.2 Physikalische Grundlagen – Physical basics

Physikalische Grundlagen

Die Fernerkundung baut auf wenigen, konkreten physikalischen Gesetzen auf, die für ein grundlegendes Verständnis unerlässlich sind. Viele Interpretationen können aufbauend auf diesen Gesetzen verbessert und veranschaulicht werden.

Physical basics

Remote sensing can be explained with a few physical laws that are essential for a basic understanding. Many image interpretations can be improved and visualized based on these laws.

Elektromagnetische Strahlung

Elektromagnetische Strahlung breitet sich als Wellen elektrischer und magnetischer Felder aus. Diese Felder stehen senkrecht zueinander und zur Ausbreitungsrichtung. Die Wellen sind regelmäßige Änderungen der Felder, die in Sinus-Funktionen beschrieben werden.

Die Länge eines vollen Zyklus (von Maximum zu Maximum) ist die Wellenlänge λ, die Anzahl der Zyklen, die einen bestimmten Ort in einer Sekunde passieren, ist die Frequenz ν. Da die Geschwindigkeit c der elektromagnetischen Strahlung im Vakuum konstant ist, gilt zwischen λ, ν und c die Beziehung:

Electromagnetic radiation

Electromagnetic radiation propagates as waves in electrical and magnetic fields. These fields are at right angles to each other and to the direction of propagation of the waves. The waves represent regular fluctuations in the fields and are described by sine functions.

The distance of a complete cycle (from peak to peak) is the wavelength λ, and the number of cycles passing at a fixed point in a second is the frequency ν of the radiation. Since the velocity c of electromagnetic radiation in a vacuum is constant, the relationship between λ, ν and c is:

$$\lambda \cdot \nu = c$$

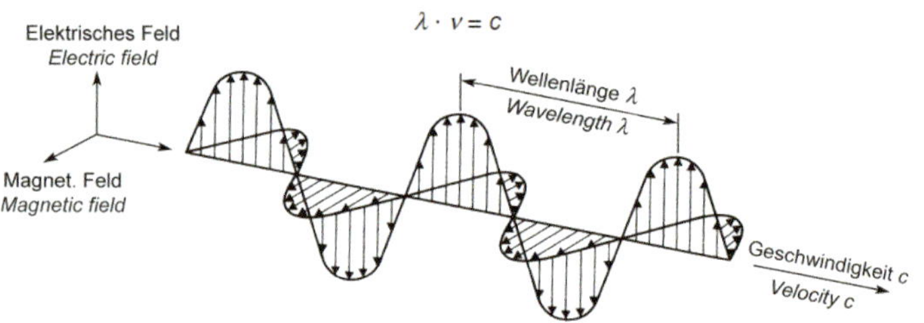

Elektromagnetische Strahlung Electromagnetic radiation

Entstehung elektromagn. Strahlung

Elektromagnetische Strahlung entsteht durch Umwandlung anderer Formen von Energie. Die Sonne nutzt Kernenergie, Kerzen usw. nutzen chemische Energie, moderne Strahler meist elektrische Energie. Für die Fernerkundung ist die Sonne die wichtigste Strahlungsquelle. Die Atome der Sonnengase stehen unter hohem Druck und strahlen kontinuierlich. Die sichtbare Sonnenoberfläche hat eine Temperatur von etwa 6000 K.

Generation of electromagn. radiation

Electromagnetic radiation is generated by conversion of other forms of energy. The sun uses nuclear energy in its interior, candles etc. use chemical, most modern radiation sources electrical energy. For remote sensing, the sun is the major source of electromagnetic radiation. The atoms of the sun's gases are under high pressure and emit a continuous spectrum. The sun's visible surface has a temperature of about 6000 K.

Das Maximum der empfangenen Sonnenstrahlung liegt bei 0.5 μm Wellenlänge. Das ist im grünen Bereich des Spektrums, wo das menschliche Auge am empfindlichsten ist. Die Land- und Wasserflächen der Erde haben eine Umgebungstemperatur von etwa 300 K. Bei dieser Temperatur strahlt die Erde nur ein 160000stel der Sonnenenergie.

The wavelength at which we receive the most energy from the sun is about 0.5 μm. This lies in the green part of the spectrum, where the human eye has its highest sensitivity. The Earth's land and water surface has an ambient temperature of about 300 K. At this temperature the Earth radiates about 160000 times less energy than the sun.

Das Maximum dieser Strahlung liegt bei etwa 10 μm Wellenlänge. Diese hat ihren Ursprung in den Temperaturen verschiedener Objekte. Die meistgenutzte Energie ist die Sonnenstrahlung, welche wir als farbiges Licht wahrnehmen. Die Phaseninformation der elektromagnetischen Energie ist für die aktive Fernerkundung relevant, während die Wellenlänge für alle Arten der Fernerkundung eine essenzielle Bedeutung hat. Die verschiedenen Wellenlängen werden im elektromagnetischen Spektrum aufgetragen. Je höher die Temperatur eines Objektes, desto niedriger ist die Wellenlänge (und desto höher ist die Frequenz) des emittierten Lichtes.

The maximum emission occurs at a wavelength of about 10 μm. Its origin is the temperature of different objects.
The mostly used energy is the solar radiation, which we can detect visually as colorful light. The phase information of the electromagnetic wave is important for active remote sensing, while the wavelengths form an essential part for all kinds of remote sensing. The different wavelengths are visualized in the electromagnetic spectrum.
The higher the temperature of the object, the lower is the wavelength (and the higher the frequency) of the emitted light.

Der Zusammenhang zwischen Wellenlänge und Temperatur ist durch das Wien'sche Verschiebungsgesetz gegeben.

The relationship between wavelength and temperature is expressed by Wien's Displacement Law.

Maximale Wellenlänge [m]	λ_{max}	Maximum wavelength [m]
Temperatur in [K]	T	Temperature [K]

$$\lambda_{max} \cdot T = b$$

$$b = 2897.7729 \quad [\mu\text{mK}]$$

Die Verteilung aller emittierten Wellenlängen errechnet sich aus dem Planckschen Strahlungsgesetz.
Dieses hat verschiedene Formeln, je nachdem ob es, unter anderem, nach Frequenz oder Wellenlänge berechnet oder ob eine gerichtete Strahlung angenommen wird im Gegensatz zu der Betrachtung eines gesamten Halbraumes.

The distribution of all emitted wavelengths can be derived from Planck's Law of Radiation.
The law has different forms, depending, among others, whether the frequencies or the wavelengths of the radiation are used for its calculation or whether a directed radiation is used as opposed to a whole half space.

Das Plancksche Strahlungsgesetz beruht auf der Annahme eines Schwarzen Körpers. Eine repräsentative Formel ist folgende:

The Planck Law of Radiation is based on the assumption of a black body.
A representative formula is the following:

$$L(\lambda,T) = \frac{c_1}{\lambda^5} \cdot \frac{1}{e^{\frac{c_2}{\lambda T}} - 1} \ [\mathrm{W \cdot m^{-2} \cdot sr^{-1} \cdot \mu m^{-1}}]$$

$$c_1 = 2hc^2 = 3.741832 \cdot 10^{-16}\ \mathrm{Wm^2} \qquad c_2 = \frac{hc}{k} = 1.438786 \cdot 10^{-2}\mathrm{mK}$$

$$h = 6.626176 \cdot 10^{-34}\mathrm{Js} \qquad c = 2.99792458 \cdot 10^{8}\mathrm{m/s} \qquad k = 1.380662 \cdot 10^{-23}\mathrm{J/K}$$

Schwarzer Körper

Der Schwarze Körper ist ein idealer Strahler, der die auf ihn fallende Strahlung vollständig absorbiert und Strahlung mit dem Emissionsgrad 100 % abgibt. Die spezifische Ausstrahlung eines Schwarzen Körpers ist nur durch seine Temperatur bestimmt und ist durch das Plancksche Gesetz gegeben. Die Temperatur des Schwarzen Körpers, der dieselbe Strahlung abgibt wie ein beobachtetes Objekt, wird als Strahlungstemperatur des Objekts bezeichnet.

Für die Betrachtung des Planckschen Strahlungsgesetzes wird oftmals der Raumwinkel einbezogen.

Blackbody

The blackbody is defined as an ideal radiator and absorber that completely absorbs all radiant energy striking it and that emits radiation with an emissivity of 100 %. The radiant exitance of a blackbody is only determined by its temperature and is exactly described by Planck's radiation law. The temperature of the blackbody which radiates the same energy as an observed object is called the brightness temperature of the object.

For the usage of the Planck law of radiation, the solid angle is often applied.

Raumwinkel

Der Raumwinkel Ω ergibt sich, wenn man die Fläche A auf einer Kugel durch das Quadrat des Kugelradius r dividiert. Die Einheit ist ein Steradiant (Symbol sr).

Solid angle

The solid angle Ω is defined as the area of a spherical surface A, divided by the square of the radius r of the sphere. The unit is the steradian (symbol sr).

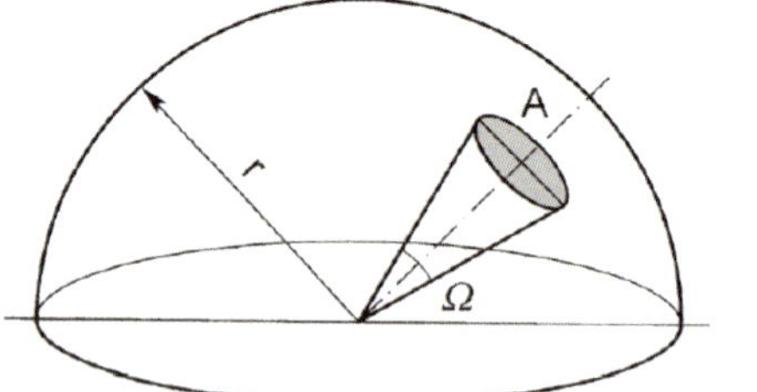

$$\Omega = \frac{A}{r^2}$$

Definition des Raumwinkels Ω
Definition of solid angle Ω

Das Plancksche Strahlungsspektrum berechnet sich aus dem Planckschen Strahlungssatz: Zu sehen sind die Energiekurven verschiedener Objekte, aufgetragen über die Wellenlängen der emittierten Strahlung. Die Einheiten der Energie sind angegeben in Leistung (W) pro Fläche (m^2) und pro Wellenlänge (μm) auf der linken Achse, sowie zusätzlich pro Einheitswinkel (gerichtet, sr) auf der rechten Achse. Der Bereich des sichtbaren Lichts (580 – 720 nm) ist entsprechend farblich hinterlegt.

The Planck Spectrum can be derived from the Planck Law of Radiation: The graph shows the energy curves of different objects in relation to the wavelengths of the emitted radiation. The unit of the energy is depicted as power (W) per area (m^2) and per wavelength (μm) on the left axis and additionally per solid angle (sr) on the right axis.
The area of the visible light (580 – 720 nm) is color-coded with respect to the color of the light.

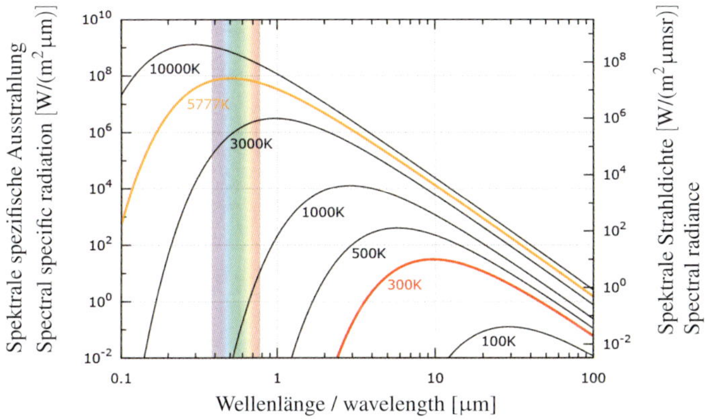

Die sieben Kurven korrespondieren zu Objekten mit verschiedenen Temperaturen, angegeben in Kelvin. Farblich hervorgehoben sind die Temperaturen der Sonne (gelb, 5777 K) sowie der Erde (rot, 300 K). Die Energie der Sonne, obwohl sie mehr als den gesamten hier dargestellten Bereich umfasst, hat ein Maximum im Bereich des sichtbaren Lichtes.

The seven curves represent objects at seven different temperatures, shown in degrees Kelvin. The colored temperature curves belong to the sun (yellow, 5777 K) and the Earth (red, 300 K). This graph shows, that the sun's energy, despite covering more than the entire range of the depicted x-axis, has a peak in the visible light.

Anders ausgedrückt: Unsere Augen haben sich evolutionär auf das Maximum der von der Sonne ausgestrahlten Energie angepasst.

In other words, our eyes have evolutionarily adapted on the peak of the sun's emission spectrum.

Mit bloßem Auge sehen wir die Erde nicht leuchten. Das stimmt überein mit der Kurve der Erdstrahlung, die nicht in den Bereich des sichtbaren Lichtes eintritt.

To the naked eye, the Earth doesn't glow. This corresponds with the curve of its emission, which does not enter the range of the visible light.

Was wir leuchten sehen, ist zum Beispiel aktive Lava, welche uns rot-gelb erscheint. Heiße Lava hat Temperaturen von etwa 1000 K. Das Maximum der emittierten Strahlung eines Objektes dieser Temperatur liegt zwar außerhalb des sichtbaren Spektrums, ein Teil der Kurve schneidet aber vor allem den roten und gelben Bereich.

What we do see glowing from the Earth is, for example, active lava, which appears red-yellowish to us. The temperature of active lava is roughly 1000 K. The maximum of the emitted radiation of an object with this temperature is outside the visible spectrum. However, its curve intersects dominantly the red and yellow range.

Plancksches Strahlungsspektrum

Planck's spectrum

```python
# a2020-186
import numpy as np
import matplotlib.pyplot as plt
from matplotlib.ticker import FormatStrFormatter

h, kB, c = 6.626e-34, 1.381e-23, 2.998e8          # Required physical constants

def planck(lam, T):                                # The Planck function,
    return 2*h*c**2 / lam**5 / (np.exp(h*c/lam/kB/T) - 1)

lam = np.linspace(3,20, 100)
# wavelength array, 3 - 20 um, stepsize 100
T = np.array([200, 300, 400, 500, 600, 700])      # temperature array
pfuncs = planck(lam * 1.e-6, T[:,None])
lab = []
                                                   # create legend
for i in range(len(T)):
     lab.append(str(T[i])+" K")
i=0
fig, ax = plt.subplots()                           # draw as a figure
ax.yaxis.set_major_formatter(FormatStrFormatter('%04.01e'))
for pfunc in pfuncs:
    ax.plot(lam, pfunc, label=lab[i])
    i=i+1
plt.xscale('log')                                  # logarithmic scale
ax.legend(loc='upper right')
ax.set(xlabel='wavelength in \u03bcm',ylabel='spectral radiation in W/(m\u00b2sr\u03bcm)')
plt.tight_layout()
plt.savefig('pyfig186a.pdf')
plt.show()
```

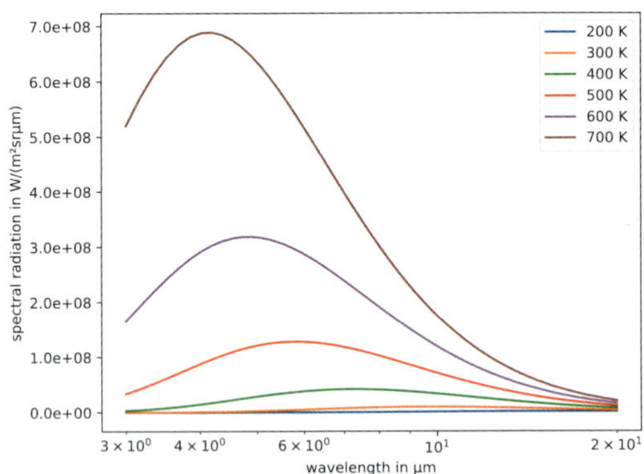

Das Plancksche Strahlungsgesetz

Das Plancksche Strahlungsgesetz berechnet die objekteigene Strahlung, welche durch die Temperatur hervorgerufen wird. Wir können aber auch Objekte erkennen, die laut dem Planckschen Strahlungsspektrum von der Eigenstrahlung gar nicht im sichtbaren Bereich des Lichtes liegen. Die Energie, die wir hierbei detektieren, wird von den Objekten nur reflektiert und gestreut, nicht aber emittiert. Die Emissionsquelle der Energie liegt woanders, oftmals in der Sonne.

Planck's law of radiation

Planck's law of radiation calculates radiation, which is generated and emitted by objects at different temperatures. We can, however, also identify objects visually whose emitted radiation doesn't fall into the visual part of the spectrum. The energy we are detecting in such cases is not the object's energy but another energy that is only reflected or scattered, and not emitted, by the object. The energy source is most often found in the sun.

Die Atmosphäre und die Interaktionen der Strahlung

Wenn elektromagnetische Strahlung auf Objekte trifft, entstehen Wechselwirkungen. Je nach Verhältnis zwischen der Wellenlänge und Größe der Objekte treten andere Phänomene der Streuung auf.

The atmosphere and its interactions with the radiation

When electromagnetic radiation hits objects, certain interactions take place. Depending on the relationship between wavelength and size of the object, different phenomena of scattering occur.

Reflexion

An einer Oberfläche tritt spiegelnde Reflexion auf, wenn die Fläche im Vergleich zu den Wellenlängen der Strahlung glatt ist. Wenn die Fläche verglichen mit den Wellenlängen rau ist, tritt diffuse Reflexion auf. Die meisten Materialien zeigen gemischte Reflexionscharakteristik.

Reflection

An object surface behaves like a mirror or specular reflector, if its surface is smooth on the scale of the wavelength of the radiation concerned. If the surface is rough on the scale of the radiation, it behaves like a diffuse reflector. Most materials show mixed reflection characteristics.

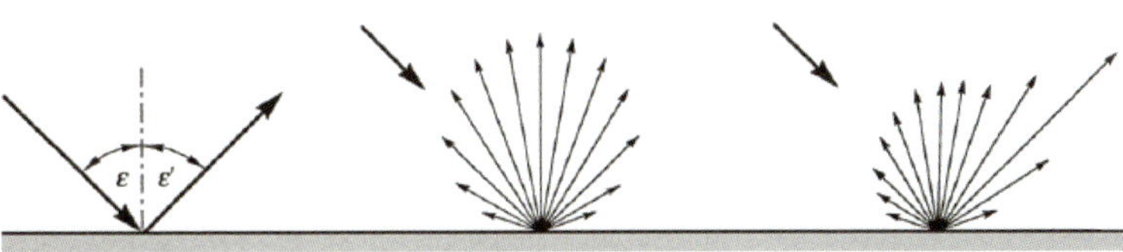

Spiegelnde Reflexion / Specular reflection — Diffuse Reflexion / Diffuse reflection — Gemischte Reflexion / Mixed reflection

Richtungsabhängige Reflexion

Die Bidirectional Reflectance Distribution Function (BRDF) beschreibt die Reflexion einer Fläche in Bezug auf die Einfalls- und die Reflexionsgeometrie. Sie ist das Verhältnis der in einer bestimmten Richtung (zum Sensor) reflektierten Strahlung zu der aus einer bestimmten Richtung vom Strahler (Sonne) einfallenden Strahlung.

Bidirectional reflectance

The bidirectional reflectance distribution function (BRDF) specifies the reflectance of a surface in terms of both incident and reflected beam geometry. It is defined as the ratio of the reflected radiance in a particular direction (towards the sensor) to the incident irradiance in a particular direction from the radiation source (sun).

Praktisch ist es schwierig, die vollständige BRDF zu messen. Deswegen wird meist der Bidirectional Reflectance Factor (BRF) benutzt, denn er kann direkt im Gelände gemessen werden. Wenn L_r die Strahldichte der reflektierten Strahlung und L_i die einfallende Strahldichte ist, ergibt sich

In practice, the complete BRDF is difficult to measure. Instead, the bidirectional reflectance factor (BRF) is commonly used as it can be directly measured in the field. If L_r is the radiance of the reflected radiation and L_i the radiance of the incident radiation, we have

$$BRF(\theta_i, \varphi_i, \theta_r, \varphi_r) = \frac{L_r(\theta_i, \varphi_i, \theta_r, \varphi_r)}{L_i(\theta_i, \varphi_i, \theta_r, \varphi_r)}$$

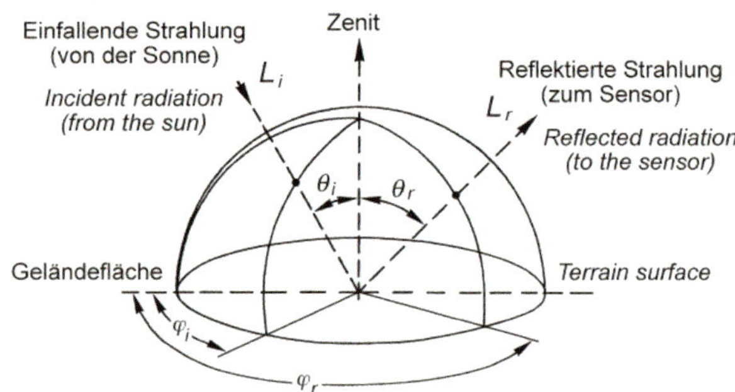

Geometrie der richtungsabhängigen Reflexion
Geometry of bidirectional reflectance

Streuungsarten

Die Art der Streuung hängt von der Wellenlänge des genutzten Lichtes und von der Größe des getroffenen Gegenstandes ab. Bei sehr großen Objekten im Verhältnis zur Wellenlänge der Strahlung herrschen grundsätzliche physikalische Bedingungen (Reflexion, Brechung).
Bei sehr langen Wellenlängen im Vergleich zu den Objekten im Pfad der Strahlung ist die Streuung vernachlässigbar. Zwischen diesen beiden Extremen liegen Rayleigh- und Mie-Streuung.

Scattering types

The kind of scattering depends on the wavelength of the utilized light and on the size of the object hit by the light. In the case of very large objects with respect to the wavelength of the radiation, basic physical principles apply (reflection, refraction).
With very long wavelengths with respect to the objects in the path of the radiation, scattering is negligible. Between these extremes, we can observe Rayleigh and Mie scattering.

a) Wellenlänge « Objektradius

Beispiele:

- Sehen von Hagelkörnern mit dem bloßen Auge
- Beobachtung eines Seebodens vom Ufer aus

a) Wavelength « Radius of the object

Examples:

- Visualisation of hail with the naked eye
- Observation of the lake bottom from the shore

Ist die Wellenlänge des verwendeten Lichtes deutlich kleiner als der Partikelradius des Objektes im Wege der Strahlung, so befinden wir uns im Bereich der geometrischen Optik. Das Licht wird an der Oberfläche gebrochen bzw. reflektiert. Für die elektromagnetische Strahlung wirkt die Oberfläche glatt. Im Beispiel von Hagelkörnern in der Atmosphäre wird das einfallende Licht reflektiert und erreicht unser Auge. Wir nehmen die Körner detailgetreu wahr.

Is the wavelength of the used light considerably shorter than the radius of the objects in its path, we are talking about geometric optics. The light will be reflected or refracted on the surface of the objects. For the electromagnetic radiation, the surface appears smooth. In the example of hail in the atmosphere, the incoming light is reflected off their surfaces and hits our eyes. We notice the grains in precise detail.

Fällt das gleiche Licht auf einen See, so wird es gebrochen und dringt ein. Sollte es den Grund erreichen, wird es dort reflektiert und kann unser Auge wieder (nach erneutem Brechen) erreichen. Wir erkennen den (verschwommenen) Untergrund.

If the same light hits the surface of a lake, it will be refracted and enters the water. If the water body is shallow enough for it to hit the ground, it will be reflected there and can reach our eyes (after being refracted again). We see the lake bottom, albeit slightly out of focus.

Diese Reflexion kann auch diffus sein. Dies ist der Fall, wenn die Wellenlänge im Vergleich zum Objektradius größer wird. Die Oberfläche erscheint für die Wellenlänge nicht mehr glatt.

This reflection can also be diffuse. This happens if the wavelength is longer than the radius of the object it hits. The surface doesn't appear smooth in relation to the wavelength anymore.

b) Wellenlänge » Objektradius

b) Wavelength » Radius of the object

Beispiel:

- Telefonieren mit dem Handy

Example:

- Cell phone usage

Der andere Extremfall ist eine Objektgröße, die weit über der Wellenlänge der elektromagnetischen Strahlung liegt. Bei der Handytelefonie nutzen wir Wellenlängen im Bereich von mehreren Zentimetern. Befinden wir uns im Freien (und in Reichweite des Senders), können wir oft problemlos Daten empfangen. Sind wir hingegen in Gebäuden, in Tunneln usw., empfangen wir nicht mehr die Signale des Senders von außerhalb.

The other extreme is an object size, which is a lot bigger than the wavelength. In the case of cell phone usage, we use wavelengths in the range of multiple centimeters. If we are out in the open (and within range of the sensor), we normally can receive data effortlessly. If we are in buildings, tunnels or other enclosures, on the other hand, we can oftentimes not receive the signals from outside.

c) Wellenlänge ~ Objektradius

c) Wavelength ~ Radius of the object

Beispiele:

- Betrachtung eines Sonnenunterganges
- Beobachtung aufziehenden Nebels

Examples:

- Observing a sunset
- Observing upcoming fog

Ein besonderer Fall tritt ein, wenn Wellenlänge und Partikelradius in etwa gleich groß sind. Hier sind zwei verschiedene Phänomene zu beobachten:
Rayleigh- und Mie-Streuung.

A special case occurs, if the wavelength and the particle radii are approximately the same size. Here, we can observe two phenomena:
Rayleigh and Mie scattering.

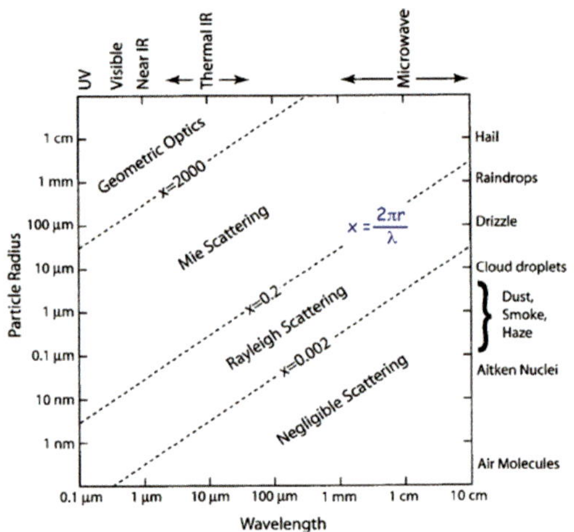

Rayleigh-Streuung

Unter Rayleigh-Streuung versteht man die selektive Streuung des Lichtes niedriger Wellenlängen. Befinden wir uns, mit dem Beispiel des sichtbaren Lichtes, im Bereich des Feinstaubes, so wird durch diesen das violette und blaue Licht bevorzugt gestreut, während das gelbe und rote Licht die Staubschicht größtenteils passieren können. Durch lange Wege der Strahlung durch die Atmosphäre wird dieser Effekt verstärkt. Im täglichen Leben sieht man dies am Beispiel des Sonnenunterganges. Der Weg, den das Licht durch die Atmosphäre nehmen muss, ist viel länger als über den Tag. Der Feinstaubanteil in der Luft sorgt dann dafür, dass niedere Wellenlängen gestreut werden und das Licht, welches unser Auge erreicht, gelb-rot erscheint. Mehr Feinstaub in der Atmosphäre (z. B. aufgenommener Wüstenstaub oder Vulkanasche) sorgt für einen ausgeprägteren Effekt.

Rayleigh scattering

Rayleigh scattering is selective scattering of light at lower wavelengths. When we are talking about fine dust particles and the visible part of the light, scattering happens predominantly at the blue and violet portion of the spectrum, while the yellow and red light passes the dust layer majorly undisturbed.
This effect is amplified by long paths in the atmosphere. In our daily lives, we can see this in the example of the sunset.
The path, the light needs to travel through the atmosphere, is considerably longer than during the day.
The fine particles in the atmosphere are causing selective scattering of lower wavelengths and the light reaching our eyes is yellow to red. More fine dust particles in the atmosphere (e. g. desert dust or volcanic ash) amplify this effect further.

Mie-Streuung

Mie-Streuung wird oft als komplexe, diffuse Streuung bezeichnet. Auf der Basis der sichtbaren Wellenlängen tritt diese bei feinen Wasserpartikeln in der Luft (z. B. Wolken, leichtem Regen und Nebel) auf. Uns erscheinen die Objekte undeutlich und weißlich. Zusätzlich zur Streuung tritt auch Absorption von Strahlung auf.

Diese ist spezifisch für die Moleküle, die sich im Strahlengang befinden und hängt von deren chemischem Aufbau ab (Stichworte: Bandstruktur, Fraunhoferlinien usw.). Für ein tieferes, chemisches Verständnis verweisen wir auf entsprechende Fachliteratur.

Die Interaktion von elektromagnetischer Strahlung und der Atmosphäre erfolgt folglich auf verschiedenste Weisen. Betrachtet man das elektromagnetische Spektrum als Ganzes, und nicht nur den sichtbaren Bereich, so gibt es nochmals mehr Möglichkeiten der Interaktionen. Die Bereiche des elektromagnetischen Spektrums, in denen die Atmosphäre wenige bis keine Interaktionen mit dem Sonnenlicht hat, werden als Atmosphärische Fenster bezeichnet.

Aufbau der atmosphärischen Fenster

In der Atmosphäre entstehen Fenster durch die Absorption und Streuung von elektromagnetischer Energie durch bestimmte Stoffe. Besonders Wasserdampf trägt viel hierzu bei. Die Durchlässigkeit der Atmosphäre wird mit τ (Transmissivität) gekennzeichnet. Die Gesamtstärke der Atmosphärischen Fenster ist eine Addition aller Bestandteile. Die Mie-Streuung hat eine direkte Bedeutung in der Fernerkundung, da alle aufgenommenen Objekte in deren Intensitäten abgeschwächt werden.

Atmosphärischer Dunst

Dunst besteht aus Partikeln wie Staub, Rauch usw. in der bodennahen Atmosphäre. Er verringert die atmosphärische Transparenz und reduziert die Objektkontraste vor allem in kurzen Wellenlängen. Im Luftlicht wirkt die allgemeine Streuung und die des reflektierten Lichts zusammen.

Mie scattering

Mie scatterung is often described as complex, diffuse scattering. With the example of visible light, Mie scattering occurs with fine water particles in the air (e. g. clouds, light rain and fog). These objects appear diffuse and whitish. Additionally to the scattering, absorption takes place.

This is specific for molecules in the path of the radiation and depends on the chemical structure (see: chemical bands and Fraunhofer lines, among others). For a deeper, chemical understanding, we refer to the relevant literature.

The interaction of electromagnetic radiation and the atmosphere happens according to different laws. Looking at the whole electromagnetic spectrum, and not solely on the visible part, there are still more options for interaction. The ranges of the elec-tromagnetic spectrum, in which the atmosphere has little to no interaction with solar light, are called atmospheric windows.

Structure of the atmospheric windows

In the atmosphere, windows occur based on the absorption and scattering of electromagnetic radiation by specific particles. Especially water vapor plays a large part in this. The transmissivity of the atmosphere is defined as τ.
The total power of the atmospheric windows is an addition of all absorbing/scattering elements.
Mie scattering plays an important role in remote sensing because the intensity of all detected objects is attenuated.

Atmospheric haze

Haze consists of minute solid particles of dust, smoke, etc. in the atmosphere near the Earth's surface. This induces a lack of transparency of the atmosphere, in particular for short waves, and reduces object contrasts. Path radiance and scattering of reflected light work together.

Absorption und Durchlässigkeit in der Atmosphäre

Die gasförmigen Bestandteile der Atmosphäre zeigen jeweils charakteristische Absorptionseigenschaften. Der Einfluss des Ozons (O_3) ist in den oberen Schichten der Atmosphäre besonders stark.

Absorption and transmittance in the atmosphere

Each one of the atmospheric gases shows characteristic spectral absorption properties. The absorption through ozone (O_3) is mainly effective in the upper layers of the atmosphere.

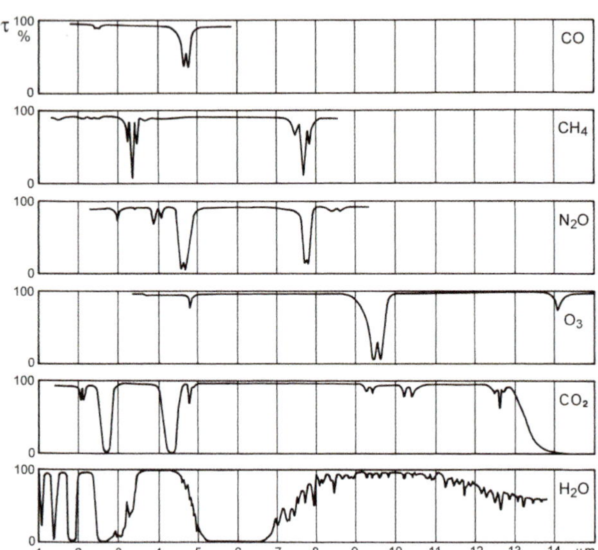

Das Zusammenwirken aller Bestandteile der Atmosphäre führt zu deren spektraler Durchlässigkeit und definiert *Atmosphärische Fenster* ($\tau \approx 100$ %).

The joint effect of all atmospheric constituents yields the spectral transmittance of the atmosphere and determines *atmospheric windows* ($\tau \approx 100$ %).

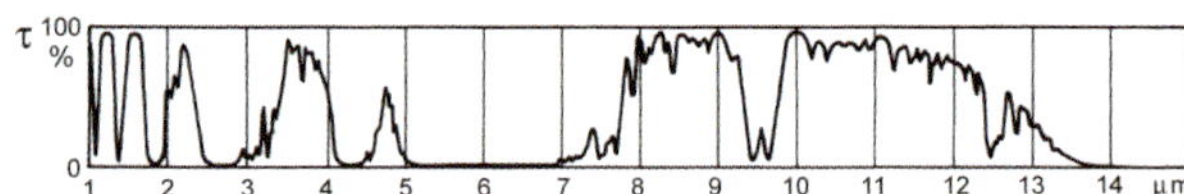

Himmelsstrahlung

Diffuse Himmelsstrahlung (oder Luftlicht) ist die Sonnenstrahlung, die die Erdoberfläche trifft, nachdem sie an Molekülen und Partikeln in der Atmosphäre gestreut wurde. Von dem gesamten der Sonnenstrahlung durch Streuung in der Atmosphäre entzogenen Anteil (etwa 25 % der Einstrahlung), erreichen etwa zwei Drittel die Erde als Himmelsstrahlung.

Sky radiation

Diffuse sky radiation (or skylight) is solar radiation reaching the Earth's surface after having been scattered by molecules or particles in the atmosphere. Of the total light, removed from the direct solar beam by scattering in the atmosphere (approximately 25 % of the incident radiation), about two-thirds ultimately reach the Earth as diffuse sky radiation.

Temporale Auflösung

Die temporale Auflösung bestimmt, wie oft ein Bild von demselben Objekt aufgenommen wird. Eine Überwachungskamera, die alle 5 Sekunden ein Bild aufnimmt, hat eine temporale Auflösung von 5 Sekunden. Oft ist diese Auflösung nicht regelmäßig, zum Beispiel wenn verschiedene Satelliten den gleichen Teil der Erde aufnehmen. In dem Fall kann man von einer gemittelten oder maximalen temporalen Auflösung reden.

Satelliten werden oftmals zur Fernerkundung genutzt und bedürfen in der temporalen Auflösung einer gesonderten Differenzierung: Es gibt geostationäre und polarkreisende Satelliten. Geostationäre Satelliten befinden sich auf einer Höhe von etwa 35000 km über dem Äquator und drehen sich mit der Erde. Das bedeutet, dass sie immer den gleichen Teil der Erde beobachten.

Deren temporale Auflösung dort kann bis zu wenigen Minuten betragen, während der satellitenabgewandte Teil der Erde nie von diesem Sensor beobachtet wird.

Polarkreisende Satelliten umkreisen die Erde auf einer Höhe von unter 1000 km. Sie kreuzen in etwa an den Polen und überfliegen nach und nach die gesamte Erde. Die temporale Auflösung dieser Art von Satelliten beträgt nur bis zu mehreren Tagen pro Satellit, dafür ist die globale Abdeckung nahezu komplett. Lediglich an den Polen selbst entstehen manchmal Lücken durch den leichten Versatz der Umlaufbahn.

Ein anderer relevanter Unterschied zwischen diesen Arten der Satelliten ist die geometrische Auflösung. In polarkreisenden Satelliten ist diese durch die geringere Höhe viel genauer als bei geostationären. Es entsteht also oft ein Zielkonflikt zwischen hoher geometrischer Auflösung (polarkreisende Satelliten) und hoher temporaler Auflösung (geostationäre Satelliten).

Temporal resolution

The temporal resolution defines how often an image of the same object is acquired. A surveillance camera that shoots an image every 5 seconds, has a temporal resolution of 5 seconds. Oftentimes, this resolution is not fixed, for example when different satellites cover the same part of the Earth. In such a case, we can talk about a medium or maximum temporal resolution.

Satellites are regularly used for remote sensing. Here, we need to differentiate further in terms of temporal resolutions: geostationary and polar-orbiting satellites. Geostationary satellites are located at an altitude of about 35000 km above the equator and are rotating with the Earth.
That means that they are always looking at exactly the same part of the Earth, normally the same half.

Their temporal resolutions can be as low as a few minutes, while the part of the Earth facing away from the satellite can never be observed by it.

Polar-orbiting satellites are circling the Earth at an altitude of under 1000 km. They are crossing roughly at the poles and are covering the whole Earth, step by step.
Their temporal resolutions can be as large as multiple days per satellite but their global coverage is almost absolute. Just the poles are sometimes omitted due to a slight offset in their paths.

Another important difference between these kinds of satellites is the geometric resolution. This is much higher in polar-orbiting satellites due to their low altitude compared to geostationary ones. This results in a target conflict between a high geometric resolution (polar-orbiting satellites) and a high temporal resolution (geostationary satellites).

Spektrale Auflösung

Ähnlich der geometrischen Auflösung in Bezug auf den Raum verhält sich die spektrale Auflösung dem Spektrum gegenüber. Je feiner die spektrale Auflösung, umso kleiner können Objekte spektral sein, um als Einzelobjekt wahrgenommen zu werden. Das bedeutet, dass ein Objekt, welches nur in einem bestimmten, kurzen Intervall des elektromagnetischen Spektrums das Licht streut, viel besser wahrgenommen werden kann, wenn die spektrale Auflösung des Sensors (der Kanal oder das Band) in diesem Teil des Spektrums liegt und auch entsprechend fein ist. Die Einheit der spektralen Auflösung ist in der Regel Nanometer oder Mikrometer.

Je weiter wir im elektromagnetischen Spektrum nach rechts gelangen, desto höher sind die Wellenlängen und desto weniger elektromagnetische Strahlung existiert.

(Letzteres gilt auch für die linke Seite. Da diese jedoch aus hochfrequenten Gamma- und Röntgenstrahlen besteht, ist sie für die Fernerkundung nicht primär interessant.) Da in der Fernerkundung die Strahlung der Informationsträger ist, ist es auch schwieriger, in diesen Bereichen Informationen zu erhalten.

Vereinfacht gesagt ist dies der Grund, warum die spektrale Auflösung bei hohen Wellenlängen oftmals viel geringer ist als bei niedrigeren Wellenlängen. Wir reden hier nicht von Auflösungen im Bereich von wenigen Nanometern, sondern schon von mehreren Mikrometern und mehr.

Spectral resolution

Similarly to the geometric resolution relating to space, the spectral resolution deals with the location within the electromagnetic spectrum.

The finer the spectral resolution, the smaller the object can be spectrally to be regarded as a single object.

That means that an object, which only scatters at a specific, small interval of the electromagnetic spectrum can be detected a lot better if the spectral resolution of the sensor (also called the channel or band) detects in the same region of the spectrum and has a similar detail.

The unit of the spectral resolution is generally nanometer or micrometer.

The further we progress to the right of the electromagnetic spectrum, the higher the wavelengths become and the less electromagnetic radiation exists.

(This is also true for the left side but, since this consists of high-frequency gamma- and x-rays, it is not of primary interest for remote sensing.)

Because the radiation carries the information, it is harder to gain information in these regions.

Put simply, this is the reason why the spectral resolution of high wavelengths is oftentimes much lower than the one of lower wavelengths.

Here, we are not talking of a spectral resolution of nanometers, but of micrometers and more.

Radiometrische Auflösung

Die Farbe eines jeden Pixels in digitalen Bildern ist primär ein Grauton mit Schwarz oder Weiß als Extremwert. Die radiometrische Auflösung bezieht sich auf die Anzahl der Grauwerte, die für einen bestimmten Sensor existieren, und wird in Bit angegeben.

Je höher die Anzahl der Grauwerte, desto besser ist die radiometrische Auflösung. Man berechnet die Anzahl der Grauwerte durch das Potenzieren des Wertes der Auflösung zur Basis 2.

Beispiel:
Ein altes, digitales Bild hat eine radiometrische Auflösung von 3 Bit. Die Anzahl der Grauwerte beträgt:

Radiometric resolution

The color of each pixel in digital images is primarily a shade of gray with black or white as its extreme value.
The radiometric resolution describes the number of gray values that exist for a specific sensor and is depicted as bit.

The higher the number of gray values, the better the radiometric resolution is.
The number of gray values is determined by putting the value as power to the base of 2.

Example:
An old, digital image has a radiometric resolution of 3 bit. The number of gray values is:

$$2^3 = 2 \times 2 \times 2 = 8$$

Wir haben also neben Schwarz und Weiß noch sechs weitere Graustufen.

Ein moderneres Satellitenbild hat bereits eine radiometrische Auflösung von 10 Bit. Die Anzahl der Grauwerte beträgt hier

Next to black and white, we have six additional shades of gray.

A modern satellite image already has a radiometric resolution of 10 bit. The number of gray values is:

$$2^{10} = 2 \times 2 \times 2 \times 2 \times 2 \times 2 \times 2 \times 2 \times 2 \times 2 = 1024$$

Das Satellitenbild hat also eine viel höhere radiometrische Auflösung und kann damit auch kleinere Abstufungen besser darstellen.

Wichtig:
Schwarz hat immer den Wert 0.
Weiß hat dann den Wert $2^n - 1$, wobei n die Bitanzahl ist.
Ein 10-Bit-Bild umfasst also 1024 Werte von 0 bis 1023.

Thus, the satellite image has a much higher radiometric resolution and is, therefore, able to differentiate finer steps better.

Important:
Black always has the value 0.
White has then the value $2^n - 1$, where n is the number of bits.
A 10-bit-image comprises 1024 values ranging from 0 to 1023.

Farbgebung

Um aus den primären Schwarz-Weiß-Bildern Farbbilder zu generieren, müssen mehrere Informationen zusammengestellt werden. Dieses geschieht in der gleichen Weise, wie unser Auge funktioniert.

Coloring

Creating color images based on black and white images, a range of information needs to be combined. This happens in remote sensing as it does in our eyes.

Das menschliche Auge

Sehen ist ein komplexes Zusammenspiel zwischen dem eigentlichen Sinnesorgan, dem Auge, und dem Gehirn. Das Auge erzeugt die optische Abbildung eines Objektes, im Gehirn werden die erfassten optischen Daten analysiert. In das Auge eintretendes Licht durchläuft die Hornhaut, die Augenkammer, die Linse und den Glaskörper. Diese Elemente projizieren Objekte auf die Netzhaut. Die Form der Linse wird automatisch so eingestellt, dass Objekte in verschiedener Entfernung auf die Netzhaut immer scharf abgebildet werden (Akkommodation).

The human eye

Vision is a complex interaction between the particular sensory organ, the eye, and the related parts of the brain. The eye performs the task of optical imaging, while the brain performs the analysis of the perceived optical data.

Light entering the eye passes through the transparent cornea, the aqueous humors the lens, and the vitreous humor. These elements project objects onto the retina. Muscles automatically control the shape of the lens to bring objects at different distances into focus on the retina (accommodation).

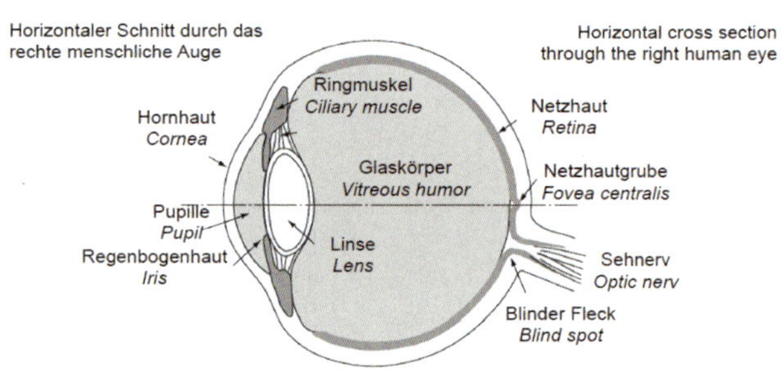

Die Netzhaut

Die Netzhaut enthält zwei Arten lichtempfindlicher Zellen: Stäbchen und Zäpfchen. Eine Fläche nahe der Netzhautmitte (Netzhautgrube) enthält fast nur Zäpfchen. Nur in diesem Bereich wird ein scharfes Bild gesehen. Da dies nur für einen schmalen Winkel gilt ($\approx$ 1.5°), kann ein größeres Objekt nur durch Augenbewegungen ‚gesehen' werden. Dagegen ist eine unscharfe Wahrnehmung mit den Stäbchen in einer Umgebung bis $\approx$ 120° möglich. Die Fasern des Sehnervs leiten die Signale von der Netzhaut an das Gehirn. Die Stelle, an der der Sehnerv austritt, weist weder Zäpfchen noch Stäbchen auf und bildet deshalb den Blinden Fleck.

Zur Farbwahrnehmung enthält die Netzhaut drei Arten von Rezeptoren (Zapfen). Die Maxima ihrer Empfindlichkeiten liegen bei Rot (580 nm), Grün (545 nm) und Blau (440 nm). Farbtheorien zufolge kann man jede Farbe als Mischung aus den drei Farben Rot, Grün und Blau erzeugen.

The retina

The retina is formed of two kinds of light sensitive cells: rods and cones, interspersed with each other. Near the center of the retina is an area consisting almost entirely of cones (fovea centralis). Distinct vision occurs only for the part of the image that falls on the fovea. Since this covers a narrow angle ($\approx$ 1.5°) an object can be 'seen' in detail only by scanning it. However, peripheral low resolution is possible in a range of $\approx$ 120°. The optic nerve is the cable of nerve fibers which carry the signals from the retina to the brain. Where the optic nerve departs, the retina does not have any rods or cones, thus forming the Blind Spot.

For color sensing, the retina has three types of photoreceptors (cones). The maxima of the response of the cones is red (peak at 580 nm), green (545 nm) and blue (440 nm). Color perception theories imply that any color can be mixed of the three primary colors, red, green and blue.

Farbsehen in der Fernerkundung

Ähnlich ist es in der Farbgebung fernerkundlicher Bilder. Jedes Einzelbild besteht aus Grautönen verschiedener Intensität. Wenn wir ein solches Bild jeweils als repräsentativ für die Intensität des roten, grünen und blauen Anteils eines Bildes nehmen, ergeben die jeweiligen Zusammensetzungen die verschiedenen Farben.

Additive Farbmischung

Ausgehend von den grundliegenden Farben, die unsere Augen unterscheiden können (Rot, Grün und Blau) ist es möglich, additiv weitere Farben zu mischen. Je feiner die radiometrische Auflösung der fernerkundlichen Bilder ist, desto besser ist auch die detailgetreue Farbgebung.

Wie im menschlichen Auge ergibt eine Überlagerung der radiometrischen Informationen verschiedene Farbeindrücke. Diese additive Farbmischung mit den Grundfarben Rot, Grün und Blau spannt den RGB-Raum auf.

Beispiel:
Ein fernerkundliches Bild hat die radiometrische Auflösung von 8 Bit. Die Intensitäten der Grautöne schwanken also von 0 bis 255. Die spektrale Auflösung des Bildes umfasst drei Kanäle, die die Informationen im roten, grünen und blauen Bereich des Lichtes abbilden.
Stellen wir nun ein farbiges Bild dar, können wir die (radiometrische) Intensität des roten Kanales mit roter Farbe wiedergeben. Die grünen und blauen Kanäle erfolgen analog. Durch die additive Farbmischung unserer Augen wird dann die Farbe erzeugt. Diese Kombination wird Echtfarbenbild genannt.

Color-vision in remote sensing

The coloring of remotely sensed images happens in a similar way. Every single image consists of a range of shades of gray of different intensities.
If such an image is chosen to be representing the intensity of the red, green and blue part of the light, the combination of these images results in different colors.

Additive mixture of colors

Based on the basic colors that our eyes can separate (red, green and blue), it is possible to additively mix more colors.
The finer the radiometric resolution of the images, the more detailed is also the coloring.

Like in the human eye, a superposition of radiometric information produces different color impressions. This additive mixture of red, green and blue color stimuli represents the RGB realm.

Example:
A remote sensing image has the radiometric resolution of 8 bit. The intensities of the gray values range from 0 to 255.
The spectral resolution of the image comprises three bands, that represent information of the red, green and blue part of the light.
If we now generate a color image, we can place the (radiometric) intensity of the red band on the red color.
The green and blue bands are processed accordingly. By additive color mixture of our eyes, the color will be derived. This combination is called true-color image.

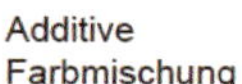

Additive Farbmischung

Additive color mixing

Subtraktive Farbmischung

Subtractive color mixing

Additive Farbmischung *Additive mixture of colors*

```
# a2020-198
from PIL import Image
import matplotlib.pyplot as plt
                                                # split image into 3 channels
im = Image.open('ipi24.jpg')
r,g,b=im.split()
lab=['  red','  green','  blue','  RGB']
ima=[r,g,b,im]
                                                # create 4 plot windows
for i in range(1, 5):
    plt.subplot(1, 4, i)
    plt.title(lab[i-1],fontsize=12)
    plt.imshow(ima[i-1],plt.cm.gray)
    plt.axis('off')
plt.savefig('pyfig198a.pdf',bbox_inches='tight')
plt.show()
```

Subtraktive Farbmischung

Ungefiltertes, weißes Licht kann durch eine Reihe von Filtern oder selektiven Reflexionen in Licht aller Farben verwandelt werden. Wie in der additiven Farbmischung ist auch hier die Feinheit der radiometrischen Auflösung entscheidend für die detailgetreue Farbwiedergabe.

Subtraktive Farbmischung tritt auf, wenn Licht selektiv absorbierendes Material (z. B. Filter) durchläuft. Auch Objektmaterial, das Licht teilweise reflektiert, erzeugt subtraktive Farbmischung. Bei dem Prozess werden Spektralanteile des Lichtes sozusagen subtrahiert.

Mit einer weißen Lichtquelle kann man durch subtraktive Wirkung der drei Grundfarben Cyan, Magenta und Gelb in verschiedenen Anteilen jede Farbe erzielen. Wenn Cyan und Magenta subtrahiert werden, verbleibt Blau, Cyan und Gelb ergeben Grün, bei Gelb und Magenta verbleibt Rot.

Subtractive mixture of colors

Unfiltered, white light can be transformed into light of all colors by filtering or selectively reflecting.
Like in the additive mixture the radiometric resolution is the essential factor for a detailed color representation.

Subtractive color mixing occurs when light passes through selectively absorbing materials (e. g. filters). Surface material of any object, from which light is partly reflected also causes subtractive color mixing. The process is called subtractive because portions of the spectrum are subtracted.

Any color can be achieved from a white light source and the application of the three subtractive color primaries cyan, magenta, and yellow in various proportions. If cyan and magenta are subtracted remains blue, cyan and yellow give green, yellow and magenta leave red.

Farbsysteme in der Fernerkundung

Die generelle Repräsentation aller Farben erfolgt in Farbsystemen. Das bekannteste System ist das auf der additiven Farbmischung aufbauende RGB-System. Daneben gibt es auch das CMYK-Modell, welches auf der subtraktiven Farbmischung beruht. Ein weiteres System, welches besonders in der passiven Fernerkundung zu finden ist, ist das IHS-Farbsystem.

Color systems used in remote sensing

Generally speaking, all colors are represented in color systems. The best known is the RGB system on which the additive mixture of colors is based. Besides that, the CMYK model is wellknown, which is based on the subtractive color mixture. Another system, which is widely used in passive remote sensing is the IHS system.

RGB-Farbsystem

Das RGB-Farbsystem beschreibt den Prozess der additiven Farbmischung. Danach besteht ein Bild aus drei unabhängigen Ebenen in den Primärfarben Rot, Grün und Blau. Diese Grundfarben sind reine Spektralfarben mit den Wellenlängen 700 nm (Rot), 546 nm (Grün), and 435 nm (Blau). Eine bestimmte Farbe wird durch die Anteile definiert, die von diesen drei Grundfarben enthalten sind. Ein geometrisches Modell dieses Farbsystems in Raumkoordinaten ist der Farbwürfel.

Durch gleiche Anteile von R, G und B entsteht weißes Licht. Deshalb gibt es eine Grauwertachse (oder achromatische Achse) von Schwarz bis Weiß. RGB ist Standard der digitalen Bildverarbeitung.

RGB color model

The RGB color model describes the additive color mixing process. An image is understood to consist of three independent layers, one in each of the primary additive colors red, green, and blue. These primaries are pure spectral colors with the wavelengths 700 nm (red), 546 nm (green), and 435 nm (blue). A particular color is defined in terms of the amount of each of the primary components present. A geometrical representation of this color model in cartesian coordinates is the color cube.

When R, G and B are added in equal proportions, white light is generated. Thus, a gray scale spectrum (or achromatic axis) appears from black to white. The model is a standard in digital image processing.

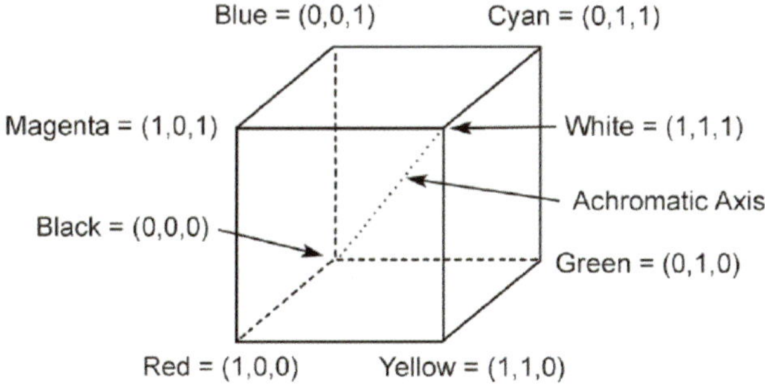

RGB-Farbsystem RGB color model

```
# a2020-200
import matplotlib.pyplot as plt
import numpy as np
from mpl_toolkits.mplot3d import Axes3D
num=16                                          # define number of samples  4 - 16

r, g, b    = np.indices((num+1,num+1,num+1)) / num
rc, gc, bc = np.indices((num,num,num)) / num + 1/num/2

cube   = np.ones([num,num,num])                 # fill cube with RGB colors
colors = np.zeros(cube.shape + (3,))
colors[..., 0] = rc
colors[..., 1] = gc
colors[..., 2] = bc

fig = plt.figure()                              # plot figure
ax = fig.gca(projection='3d')
ax.voxels(r, g, b, cube, facecolors=colors)
ax.set(xlabel='r', ylabel='g', zlabel='b')
ax.view_init(elev=40., azim=-137.)
plt.savefig('pyfig200a.pdf',bbox_inches='tight')
plt.show()
```

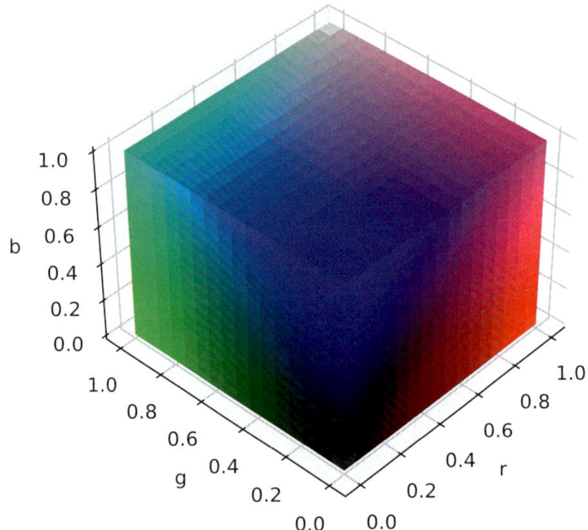

CMY- und CMYK-Farbmodelle

Das komplementäre System, das die subtraktive Farbmischung beschreibt, ist das CMY-Farbmodell mit den Grundfarben Cyan, Magenta und Gelb. Das RGB-Modell definiert, was zu Schwarz addiert wird, um eine Farbe zu erhalten. Das CMY-Modell definiert dagegen, was von Weiß zu subtrahieren ist. Dann sind Rot, Grün und Blau die sekundären Farben. Die Beziehungen zwischen diesen Modellen lauten

CMY and CMYK color models

The complementary model, describing the subtractive color mixing process, is the CMY color model with the primary colors cyan, magenta and yellow. Whereas the RGB model asks what is added to black to get a particular color, the CMY model asks what is subtracted from white. In this case red, green, and blue are the secondary colors. The relations between the models are given by

$$C = 1 - R \quad M = 1 - G \quad Y = 1 - B$$

Um farbige Bilder zu drucken, wurde das Modell von CMY auf CMYK erweitert. K wird definiert als das Minimum von C, M und Y. Dann ist C = C-K, M = M-K und Y = Y-K. Die schwarze Farbkomponente K verbessert die Druckqualität erheblich.

To print color images, the model has been expanded from CMY to CMYK. K is defined as the minimum of C, M and Y. Then C = C-K, M = M-K and Y = Y-K. The black color component K improves the print quality considerably.

Farbkonversion

Conversion of colors

```
# a2020-201
r=255 ; g=255 ; b = 0                                # define red, green, blue value in 8-bit
y=1-b/255.0 ;  m=1-g/255.0 ;  c=1-r/255.0            # convert r, g, b to y, m, c, k
k=min(c,m,y)
print("y m c k =",y,m,c,k)                           # convert y, m, c, k to r, g, b
r = round(255.0 - ((min(1.0, c * (1.0 - k) + k)) * 255.0))
g = round(255.0 - ((min(1.0, m * (1.0 - k) + k)) * 255.0))
b = round(255.0 - ((min(1.0, y * (1.0 - k) + k)) * 255.0))
print("r g b =" ,r,g,b)
'''
y m c k = 1.0 0.0 0.0 0.0
r g b = 255 255 0
'''
```

IHS-Farbmodell

Das IHS-Farbmodell wird vor allem in der Fernerkundung benutzt. Die Koeffizienten sind Intensität I (oft auch Helligkeit genannt), Farbton H und Sättigung S. Ein geometrisches Modell kann in der Form eines Kegels angeordnet werden.

Die Intensität I gibt die Helligkeitsunterschiede in einem Bild wieder, die Werte liegen zwischen Schwarz und Weiß; sie enthalten keine Farbinformationen. Der Farbton H gibt die dominierende Wellenlänge der Farbe an. Seine Werte beginnen an einem Punkt und wachsen entlang des Kegelmantels. Die Sättigung S beschreibt die Reinheit der Farbe. Sie reicht von null an der Achse bis zum Maximum am Mantel des Kegels. Die Beschreibung der Farben im IHS-Modell ermöglicht die unabhängige Verarbeitung jeder Komponente.

IHS color model

The IHS color model is a useful tool for remote sensing purposes. The coefficients are Intensity I (sometimes also named brightness), Hue H, and Saturation S. A geometrical model can be arranged in the form of a cone.

The intensity I represents the brightness variations of an image, ranging from black to white; no color information is associated with this axis. Hue H represents the dominant wavelength of color. Its values commence at a certain point and increase around the circumference of the cone.

Saturation S represents the purity of color. It ranges from zero at the axis to maximum at the circumference of the cone. Representing colors in the IHS model allows independent processing of each component.

IHS-Farbmodell IHS color model

```
# a2020-202
#
import numpy as np
from matplotlib import pyplot as plt
from math import pi

u=1.                                          # x-position of center
v=9.5                                         # y-position of center
a=2.                                          # radius on x-axis
b=0.8                                         # radius on y-axis
                                              # define colors and labels
colors = [(1,0,0),(0,1,1),(1,1,0),(1,0,1),(0,0,1),(0,1,0)]
labels = ['rot / red','cyan / cyan','gelb / yellow'
          ,'magenta / magenta','blau / blue','gruen / green']
nums   = ['R','C','Y','M','B','G']
pos    = [0,pi,-pi/3,pi/3,2*pi/3,-2*pi/3]

t = np.linspace(0, 2*pi, 100)                 # define arguments for ellipse draw

fig = plt.figure(facecolor=(0.7,0.7,0.7))     # create plot figure
ax = fig.add_subplot(1, 1, 1)
                                              # draw arrows
plt.arrow(u,v,1.5,0,head_width=0.3, head_length=0.2,fc=(0,0,0), ec=(0,0,0),zorder=2)
plt.arrow(u,v,0,1,  head_width=0.2, head_length=0.3,fc=(0,0,0), ec=(0,0,0))
plt.arrow(u+0.05,v-1.6, 0.2,0,head_width=0.2, head_length=0.1
          ,fc=(0.5,0.5,0.5), ec=(0.5,0.5,0.5))
plt.arrow(u+0.05,v-1.6,-0.2,0,head_width=0.2, head_length=0.1
          ,fc=(0.5,0.5,0.5), ec=(0.5,0.5,0.5))

                                              # draw ellipse
plt.plot( u+a*np.cos(t) , v+b*np.sin(t),linestyle='-',color=(1,1,1),zorder=1)
plt.plot((1, u+a*np.cos(0)),  (4,v+b*np.sin(0)),linestyle='-',color=(1,1,1))
plt.plot((1, u+a*np.cos(pi)), (4,v+b*np.sin(pi)),linestyle='-',color=(1,1,1))

                                              # draw color points with markers
for i in range(6):
    plt.plot( u+a*np.cos(pos[i]) , v+b*np.sin(pos[i]) , color=colors[i]
              ,marker='o' ,label=labels[i])
    if i==2 or i == 5:
        dx=-0.5
    else:
        dx=0.3
    plt.text( u+a*np.cos(pos[i]) , v+b*np.sin(pos[i])+dx, nums[i])

                                              # draw markers
plt.plot( 1,4,color=(0,0,0),marker='o' ,label='schwarz / black' )
plt.plot( u,v,color=(1,1,1),marker='o' ,zorder=3 )

                                              # draw text annotations
plt.text( u-0.3,v-0.1,'W')
plt.text(0.95,3.5,'B')
plt.text( u,v+1.5,'I')
plt.text( u,v-1.5,'H')
plt.text( u+0.4,v+0.3,'S')

                                              # create legend
plt.legend()
plt.axis('off')

                                              # set dimensions
ax.set_xlim([-3,4])
ax.set_ylim([2, 11])
plt.savefig('pyfig202a.pdf',bbox_inches='tight',facecolor=(0.7,0.7,0.7))
plt.show()
```

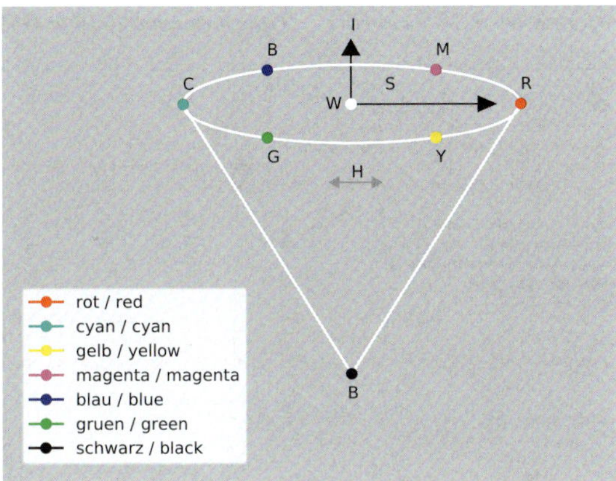

Für die Transformation von RGB in IHS gibt es verschiedene Möglichkeiten, beispielsweise folgende Formeln:

For the transformation from RGB to IHS several ways have been proposed, for instance the following:

$$I = R + G + B \qquad 0 \leq R \leq 1 \quad 0 \leq G \leq 1 \quad 0 \leq B \leq 1$$

$$H = \begin{cases} (G-B):(I-3B) & wenn/if \quad B = Min(R,G,B) \\ (B-R):(I-3R)+1 & wenn/if \quad R = Min(R,G,B) \\ (R-G):(I-3G)+2 & wenn/if \quad G = Min(R,G,B) \end{cases}$$

$$S = \begin{cases} (I-3B):I & wenn/if \quad 0 \leq H \leq 1 \\ (I-3R):I & wenn/if \quad 1 \leq H \leq 2 \\ (I-3G):I & wenn/if \quad 2 \leq H \leq 3 \end{cases}$$

Formeln für die inverse Transformation:

Inverse Transformation formulae:

$$0 \leq I \leq 3 \qquad 0 \leq H \leq 3 \qquad 0 \leq S \leq 1$$

$$R = \begin{cases} I(1+2S-3SH):3 & wenn/if \quad 0 \leq H \leq 1 \\ I(1-S):3 & wenn/if \quad 1 \leq H \leq 2 \\ I(1-S+3S(H-2)):3 & wenn/if \quad 2 \leq H \leq 3 \end{cases}$$

$$G = \begin{cases} I(1-S+3SH):3 & wenn/if \quad 0 \leq H \leq 1 \\ I(1+2S-3S(H-1)):3 & wenn/if \quad 1 \leq H \leq 2 \\ I(1-S):3 & wenn/if \quad 2 \leq H \leq 3 \end{cases}$$

$$B = \begin{cases} I(1-S):3 & wenn/if \quad 0 \leq H \leq 1 \\ I(1-S+3S(H-1)):3 & wenn/if \quad 1 \leq H \leq 2 \\ I(1+2S-3S(H-2)):3 & wenn/if \quad 2 \leq H \leq 3 \end{cases}$$

HSV-Farbmodell

Im HSV-Farbmodell ist eine Farbe definiert über die drei Koordinaten: Farbwert (H), Farbsättigung (S) und Hellwert (V).

HSV color model

In the HSV color model, the color is defined by the three coordinates: Hue (H), Saturation (S) and light Value (V).

Transformation RGB nach HSV *Transformation RGB to HSV*

```
# a2020-204
# pip  install scikit-image
# if there are problems in installation via pip, visit
# https://www.lfd.uci.edu/~gohlke/pythonlibs/
# download scikit_image-0.17.2-cp38-cp38-win_amd64.whl and install it with
# pip install scikit_image-0.17.2-cp38-cp38-win_amd64.whl

from skimage.io import imread
import matplotlib.pyplot as plt
from skimage.color import rgb2hsv
from skimage import data
import numpy as np

# see also:
# https://scikit-image.org/docs/dev/auto_examples/color_exposure/plot_rgb_to_hsv.html

#
# use own RGB image and load it by following function
# rgb_img = imread('myimage.jpg')
#
# in this case use example image from skimage
rgb_img = data.coffee()
# convert rgb image to hsv
hsv_img = rgb2hsv(rgb_img)
# separate channels h,s,v
h = hsv_img[:, :, 0]
s = hsv_img[:, :, 1]
v = hsv_img[:, :, 2]
# separate channels r,g,b
r = rgb_img[:, :, 0]
g = rgb_img[:, :, 1]
b = rgb_img[:, :, 2]
# thresholds for getting binary image
# change by analyzing histogram
threshold1 = 0.04
threshold2 = 0.10
# calculate binary image
binary_img = (h > threshold1) & (h < threshold2)
#
#  variation considering also s channel
#  binary_img = (h > threshold1) | (s < 0.8)
#
'''
# this gives same result programming in 'old style'
width = h.shape[0]
height= h.shape[1]
binary_img = np.ones([width,height])
for i in range(width):
    for j in range(height):
        gr=h[i,j]
        if gr > threshold1 and gr < threshold2:
            binary_img[i,j]=1
       else:
            binary_img[i,j]=0
'''
# create figure with histogram to measure thresholds
# draw images in one row and two columns
fig, (axes0,axes1) =  plt.subplots(ncols=2, figsize=(8, 3))
# use gray scale LUT
axes1.imshow(binary_img,cmap='gray')
axes1.set_title("Hue-thresholded image")
# calculate histogram of h channel
axes0.hist(h.ravel(),512)
axes0.set_title("Histogram of the hue channel with thresholds")
# draw selected thresholds
axes0.axvline(x=threshold1, color='r', linestyle='dashed', linewidth=2)
axes0.axvline(x=threshold2, color='r', linestyle='dashed', linewidth=2)
# set x-axes boundary
axes0.set_xbound(0, 1)
# axes0.set_xbound(0, 0.21)
fig.tight_layout()
```

```
plt.savefig('pyfig204a2.pdf',bbox_inches='tight')
plt.show()
# create figure with input and output images
# showing r,g,b
# draw images in two rows and four columns
# draw images in first row
fig, axes = plt.subplots(2, 4)
axes[0, 0].imshow(r,cmap='gray')
axes[0, 0].set_title("r")
axes[0, 1].imshow(g,cmap='gray')
axes[0, 1].set_title("g")
axes[0, 2].imshow(b,cmap='gray')
axes[0, 2].set_title("b")
axes[0, 3].imshow(rgb_img)
axes[0, 3].set_title("rgb")
# showing h,s,v
# draw images in two rows and four columns
# draw images in second row
axes[1, 0].imshow(h,cmap='gray')
axes[1, 0].set_title("h")
axes[1, 1].imshow(s,cmap='gray')
axes[1, 1].set_title("s")
axes[1, 2].imshow(v,cmap='gray')
axes[1, 2].set_title("v")
axes[1, 3].imshow(hsv_img)
axes[1, 3].set_title("hsv")
fig.tight_layout()
# save output to PDF-file
plt.savefig('pyfig204a1.pdf',bbox_inches='tight')
plt.show()
```

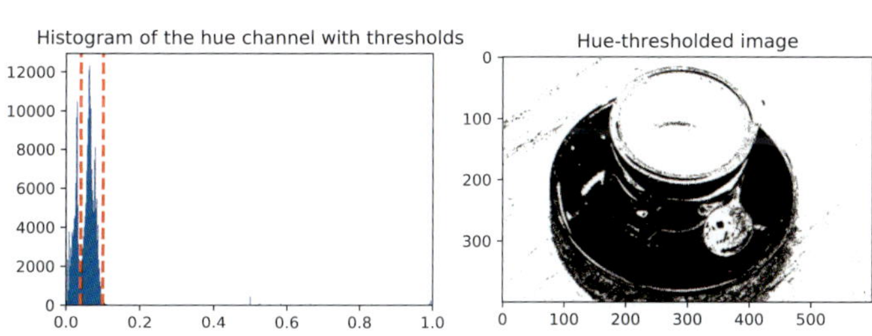

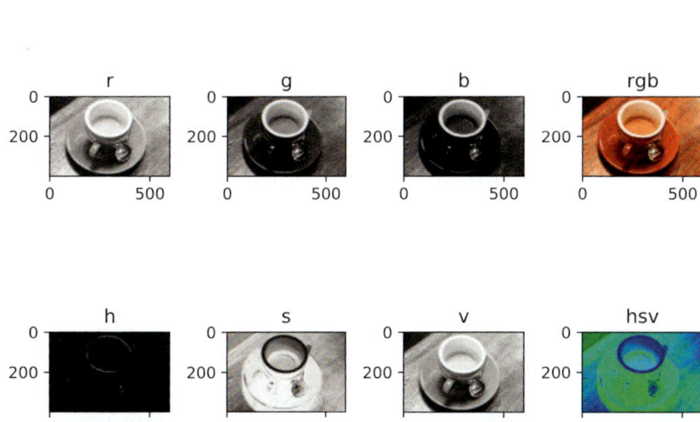

3.3 Passive Fernerkundung – Passive remote sensing

Passive Fernerkundung

Die passive Fernerkundung nutzt elektromagnetische Strahlung, die der Sensor empfängt. Diese Strahlung kann direkt von der Strahlenquelle kommen oder über andere Oberflächen reflektiert und gestreut werden. Passive Fernerkundung kann überall erfolgen. Unsere Augen sind passive Rezeptoren, genauso sind es die Sensoren vieler künstlicher Satelliten, die die Planeten unseres Sonnensystems erkunden. Hier beschränken wir uns auf satellitengestützte Fernerkundung der Erde. Die primäre Strahlenquelle ist damit die Sonne und die primäre Energie, die wir empfangen, ist reflektierte Sonnenstrahlung von der Erdoberfläche oder den Wolken.

Passive remote sensing

Passive remote sensing uses electromagnetic radiation that the sensor receives. This radiation can arrive directly from the source or it can be reflected or scattered before hitting the sensor. Passive remote sensing can happen everywhere. Our eyes are passive receptors just like the sensors of many artificial satellites, that explore the planets of our solar system. In this chapter, we are focusing on satellite-based remote sensing of the Earth. The primary source of radiation is, hence, the sun and the primary energy we receive is the sunlight reflected by the earth's surface or the clouds.

Reflexion von Oberflächen

Die Art und Weise, wie Sonnenstrahlung mit der Erdoberfläche reagiert, ist extrem vielfältig. Für die Fernerkundung sind die Reflexionseigenschaften der Oberflächenmaterialien im sichtbaren und im nahen Infrarotbereich des Spektrums (zwischen 0.4 und 1.0 µm) besonders wichtig. Drei Hauptkategorien können unterschieden werden: Boden, Vegetation und Wasser.

Reflectance of surfaces

The manner in which solar radiation interacts with the Earth's surface is extremely manifold. For remote sensing, the reflectance properties of surface materials in the visible and near-infrared spectral range (between 0.4 and 1.0 µm) are of particular importance. Three main categories can be discriminated: soil, vegetation, and water.

Bodenmaterialien

Die Reflexionscharakteristika von Böden und ähnlichen Materialien sind relativ einfach zu beschreiben. Im sichtbaren und im nahen Infrarotbereich zeigen diese Materialien ziemlich stabile Reflexion mit leicht positivem Zusammenhang zwischen Reflexion und Wellenlänge. Die größten Einflüsse haben Wassergehalt, Oberflächenrauigkeit, organische Bestandteile sowie der Anteil von Eisenoxid.

Soil materials

The reflection characteristics of soils and similar materials are relatively easy to describe. In the visible and near-infrared range of the spectrum such materials show a rather stable reflectance with some positive relationship between reflectance and wavelength. Characteristics mainly determining the reflectance properties of soil are moisture content, surface roughness, organic content and iron oxide content.

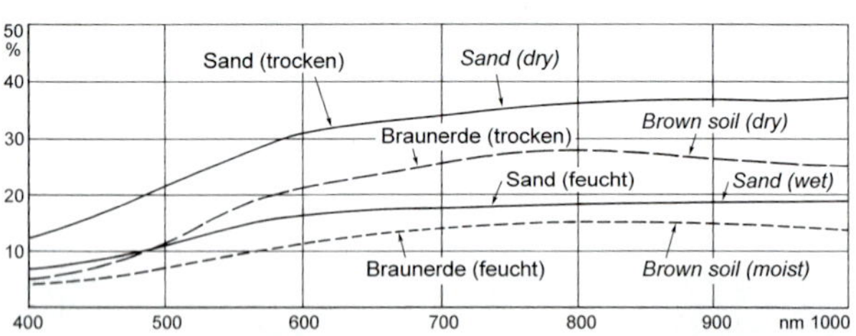

Beispiele für spektrale Reflexionskurven von Bodenmaterialien
Examples of spectral reflectance curves of soil materials

Vegetation

Die spektrale Reflexion von Vegetation hängt vor allem von Blattpigmenten, Zellstruktur und Wasserabsorption ab. Im Sichtbaren wird die spektrale Reflexion durch Blattpigmente dominiert, vor allem Chlorophyll absorbiert Blau und Rot, sodass Blätter dem Auge grün erscheinen. Im nahen Infrarot zwischen ≈ 0.7 und ≈ 1.3 μm ist die Zellstruktur der Blätter ausschlaggebend. Nahe Infrarotstrahlung wird an den Zellwänden stark reflektiert. Dieser Effekt ändert sich für verschiedene Spezies und ist sehr von der Vitalität der Blätter abhängig. Gesunde Blätter zeigen starke Reflexion, für Blätter unter Stress nimmt die Reflexion immer mehr ab. Besonders wichtig ist der Anstieg der Reflexion beim Übergang vom sichtbaren zum nahem Infrarot (≈ 700 nm). Im mittleren Infrarot (jenseits ≈ 1.3 μm) wird die spektrale Reflexion grüner Vegetation durch die Wasserabsorptions-Bänder bei 1.4 und 1.9 μm dominiert.

Vegetation

The spectral reflectance of vegetation is mainly controlled by leaf pigments, cell structure and water absorption. In the visible range the spectral response is dominated by leaf pigments, chlorophyll especially absorbs blue and red light, thus leaves appear green for the human eye. In the near-infrared range between ≈ 0.7 and ≈ 1.3 μm, the cell structure of the leaves is the determining factor. Near-infrared radiation is strongly reflected at cell walls. This effect varies significantly for different species and is highly dependent on the vitality of the leaves. Healthy leaves show high reflectance, for leaves under stress the reflectance is more and more reduced. Of special interest is the drastic increase of reflectance at the border between visible and near-infrared (≈ 700 nm). In the middle infrared range (beyond ≈ 1.3 μm), spectral response of green vegetation is dominated by water-absorption bands which occur at 1.4 and 1.9 μm.

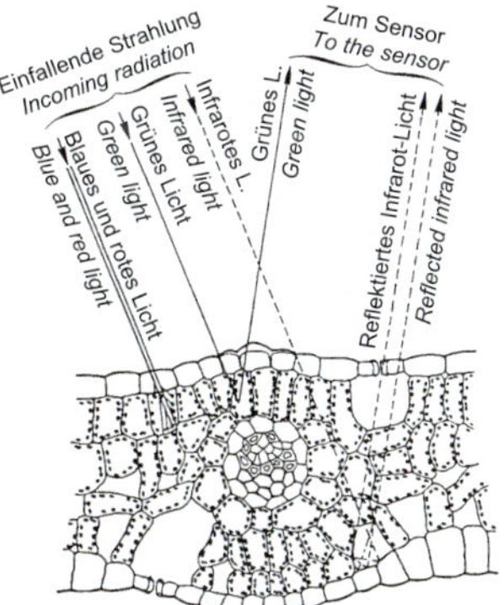

Schematische Darstellung der Struktur von grünen Blättern und ihrer Reflexionscharakteristik im sichtbaren Licht und im nahen Infrarot.

Schematic diagram of the structure of green leaves and its reflectance characteristics at visible and near-infrared wavelengths.

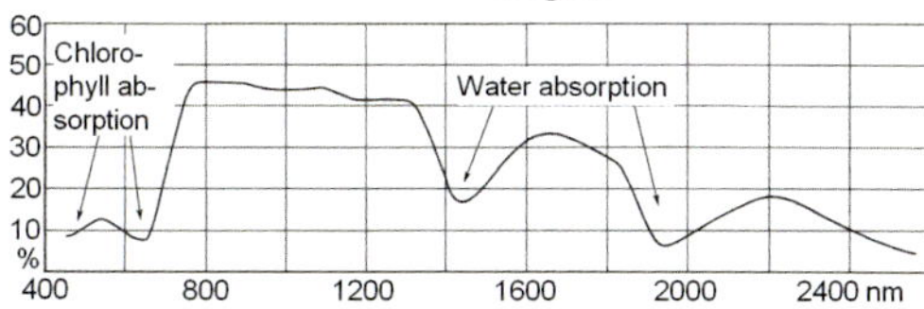

Wichtige spektrale Reflexionscharakteristika von grüner Vegetation
Important spectral response characteristics of green vegetation

Über Vegetationsgebieten aufgenommene Daten werden sehr von der Raumstruktur der Pflanzendecke beeinflusst. Sonnige und schattige Anteile sind in komplexer Weise vermischt. Bei hohem Sonnenstand kann in Luftbildern ein schattenloser heller Fleck (hot spot) auftreten.

The signals that are acquired from vegetation areas are strongly influenced by the spatial structure of the plants canopy. Illuminated and shaded parts are mixed in a complex way. If the sun elevation is high, a bright hot spot may occur in aerial photographs where no shadow is visible.

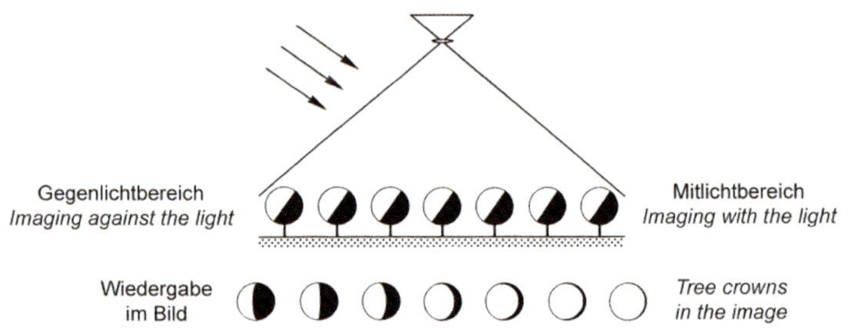

Schema der Licht- und Schattenverhältnisse bei der Luftbildaufnahme über Baumkronen
Schematic diagram of illumination and shadows in aerial photographs of trees

Wasserkörper

Die Reflexion von Wasserkörpern wird von vielen Faktoren beeinflusst. Besonders wichtig sind Wassertiefe, Schwebstoffe und Oberflächenrauigkeit. Ferner bestimmen die Raumwinkel der Beleuchtung und der Beobachtung das erfasste Signal.

Water bodies

The reflectance of water bodies is affected by many variables. Most important are the depth of the water, the materials in it and the surface roughness. Furthermore, the spatial angles of illumination and observation control the signals observed.

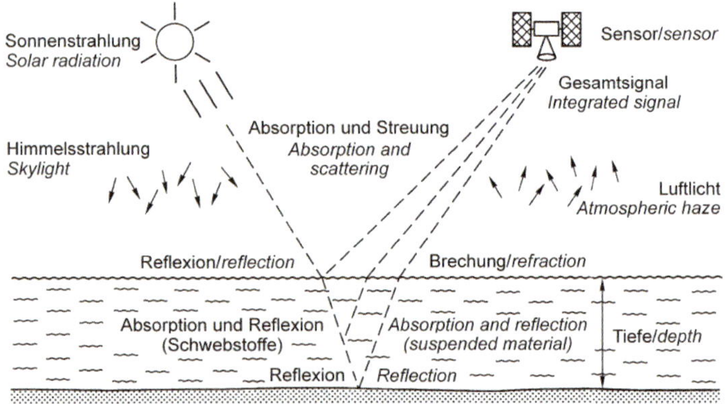

Schematische Darstellung der Strahlungsverhältnisse an Wasserkörpern
Schematic diagram of the radiation characteristics at water bodies

Atmosphärenkorrektur

Die Sonnenstrahlung wird durch die Atmosphäre absorbiert und gestreut. Deshalb wird das Gelände nicht nur durch direktes Sonnenlicht bestrahlt, sondern auch durch Streulicht aus der Atmosphäre (Himmelsstrahlung). Die reflektierte oder emittierte Strahlung vom Gelände wird erneut durch die Atmosphäre gestreut, bevor sie am Sensor ankommt. Das am Sensor empfangene Signal ist deshalb in komplexer Weise verfälscht. Ziel der Atmosphärenkorrektur von Fernerkundungsdaten ist es, diese Effekte zu reduzieren oder zu beseitigen. Zahlreiche Korrekturmethoden sind entwickelt worden.

Einfache Korrekturmethode

Eine weit verbreitete einfache Methode geht wie folgt vor: Es wird angenommen, dass die Daten jedes Spektralkanals einer Szene einige Pixel enthalten, deren Helligkeit null oder nahe null ist. Durch atmosphärische Effekte (Luftlicht) werden die Daten im Histogramm verschoben und der kleinste Wert wird nicht null sein. Eine grobe Korrektur wird dadurch erreicht, dass man diesen Wert von jedem Pixel des betreffenden Kanals abzieht.

Verwendung von Bodeninformationen

Wenn Bodeninformationen vorliegen, kann die Korrektur verfeinert werden. Flächen, deren Reflexion bekannt ist oder parallel zur Datenaufnahme gemessen wurden, werden in den Bilddaten identifiziert. Dadurch kann aus dem Vergleich der gegebenen Werten der Fläche und den Bilddaten eine lokal gültige Atmosphärenkorrektur abgeleitet werden.

Strahlungsübertragungsgleichung

Für genauere Korrekturen werden die Streuungs- und Absorptionsprozesse in der Atmosphäre modelliert.

Solche Verfahren benötigen Daten über die Aerosolverteilung im sichtbaren und infraroten Spektralbereich, die Wasserdampfdichte im Thermalbereich, weitere meteorologische Daten sowie die Geländetopographie und führen zur genäherten Lösung der Strahlungsübertragungsgleichung.

Atmospheric correction

The solar radiation is absorbed or scattered by the atmosphere during transmission to the ground surface. Thus, the ground receives not only direct solar radiation but also scattered radiation from the atmosphere (sky light). The reflected or emitted radiation from the surface target is also scattered by the atmosphere before it reaches a sensor. Therefore, the signal received by a remote sensor is degraded in a complex way through atmospheric effects. The purpose of atmospheric correction of remote sensing data is to reduce or remove these effects. Many correction methods have been developed.

Bulk correction method

A common bulk method yields approximate correction results by the following approach: It is assumed that each band of data for a given scene contains some pixels at or close to zero brightness values. Due to atmospheric effects (path radiance), the data is shifted in the histogram and the lowest brightness value will be non-zero. A rough correction is made by subtracting the non-zero amount from each pixel brightness in the related band.

Use of ground truth data

If appropriate ground truth data is available the correction can be improved. Targets with reflectances known or measured at the time of data acquisition are identified in the image. Thus, atmospheric correction can be achieved by comparing the known values of the target and the recorded image data. However, the method can only be applied to the specific site.

Radiative transfer equation

More detailed corrections can be achieved by modeling the scattering and absorption processes in the atmosphere.

Such methods use an approximate solution for the radiative transfer equation and require input data regarding the aerosol density in the visible and near-infrared range, the water vapor density in the thermal infrared range, further spatio-temporal meteorological data and terrain topography.

Indizes

Um aus einem Bild Informationen von den Objekten zu gewinnen, kann man verschiedene Indizes anwenden. Hierbei werden jeweils die radiometrischen Werte verschiedener Spektralkanäle miteinander verglichen. Man vergleicht zum Beispiel die Intensität des roten Lichtes mit dem des blauen oder des infraroten Lichtes. Je nach Zusammenstellung der Indizes werden verschiedene Parameter der Objekte analysiert.

Indices

To derive information of objects from an image, different indices can be applied. The radiometric values of different spectral bands are compared to obtain these. For example, we can compare the intensity of the red band with that of the blue or the infrared. Depending on the setup of the indices, different parameters of the objects can be analyzed.

Vegetationsindizes

Zur Überwachung von Vegetationsgebieten und ihren Veränderungen mit multispektralen Satellitendaten wurden verschiedene Verfahren entwickelt. Sie beruhen darauf, dass lebende Vegetation im roten Spektralbereich (0.6 bis 0.7 μm) Licht stark absorbiert, während sie im nahen Infrarotbereich (0.7 bis 1.1 μm) stark reflektiert. Deshalb können Verhältniswerte als Vegetationsindizes dienen.

Vegetation indices

For monitoring of large-scale vegetation and its changes by means of multispectral satellite data, various forms of ratio combinations have been developed. The basic idea behind is that, in the red light range (0.6 to 0.7 μm), vegetation shows strong absorption whereas in the near-infrared range (0.7 to 1.1 μm) vegetation causes high reflectance. Thus, ratio combinations can serve as vegetation indices.

Normalized Difference Vegetation Index

Weit verbreitet ist der Normalized Difference Vegetation Index (NDVI). Er wird wie folgt berechnet:

Normalized Difference Vegetation Index

Commonly used is the Normalized Difference Vegetation Index (NDVI).
It is calculated as follows:

$$\text{NDVI} = \frac{(\text{naher Infrarot-Kanal}) - (\text{Rot-Kanal})}{(\text{naher Infrarot-Kanal}) + (\text{Rot-Kanal})}$$

$$\text{NDVI} = \frac{(\text{near-infrared Band}) - (\text{red Band})}{(\text{near-infrared Band}) + (\text{red Band})}$$

Der Index kann Werte zwischen -1.0 und +1.0 annehmen, für Vegetation liegen sie meist zwischen 0.1 und 0.7. Sein Vorteil liegt in der Verhältnisbildung, welche unterschiedliche Beleuchtung, atmosphärische Trübung, Oberflächenneigung und Beobachtungsaspekte weitgehend kompensiert.

Index values can range from -1.0 to +1.0, but typical vegetation values range between 0.1 and 0.7. The strength of this index is in its ratioing concept, which largely compensates for changing illumination conditions, atmospheric attenuation, surface slopes, and viewing aspects.

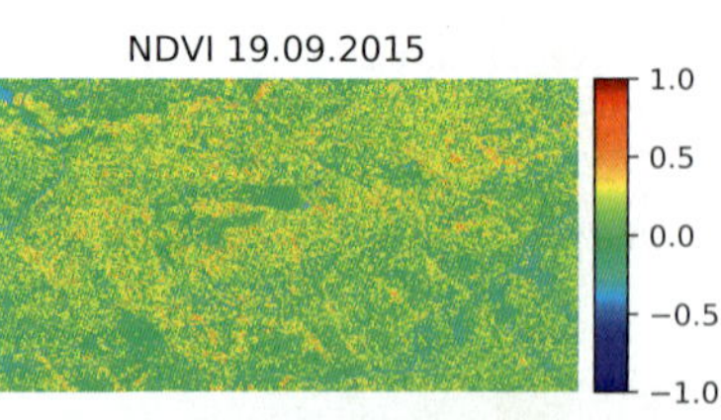

Berechne NDVI Calculate NDVI

```
# a2020-211
import matplotlib.pyplot as plt
from skimage.io import imread
# pip  install scikit-image
# if there are problems in installation via pip, visit
# https://www.lfd.uci.edu/~gohlke/pythonlibs/
# download scikit_image-0.17.2-cp38-cp38-win_amd64.whl and install it with
# pip install scikit_image-0.17.2-cp38-cp38-win_amd64.whl

# https://www.earthdatascience.org/courses/earth-analytics-python
# /multispectral-remote-sensing-in-python/vegetation-indices-NDVI-in-python/
# naip_data = imread("m_3910505_nw_13_1_20150919_crop.tif")
# NDVI 19.09.2015 - Cold Springs Fire, Colorado

rgb  = imread("NAIP-rgb.tif")
n1   = imread("NAIP-nir.tif")

# define window
# east1, east2, north1, north2
#
east1=0
east2=east1+800
north1=0
north2=north1+800
# read part of original images
rgba = rgb[north1:north2,east1 :east2, :]
r = rgba[:, :, 0]
n = n1[north1:north2,east1 :east2]

# calculate NDVI
ndvi = (n - r) / (n + r)

# Plot RGB and NDVI data
fig, (ax,ax1) = plt.subplots(ncols=2,figsize=(8,4),sharex=True, sharey=True,)
rgbi=ax.imshow(rgba, vmin=0, vmax=255)
# use alternative LUT
# ndvi = ax1.imshow(ndvi, cmap='PiYG', vmin=-1, vmax=1)
ndvi = ax1.imshow(ndvi, cmap='jet', vmin=-1, vmax=1)
# define position of colorbar
cax = fig.add_axes([ax1.get_position().x1+0.01
                   ,ax1.get_position().y0,0.02,ax1.get_position().height])
plt.colorbar(ndvi, cax=cax,fraction=.05)

ax1.set(title="NDVI 19.09.2015 ")
ax.set (title="RGB - Composite")
ax1.set_axis_off()
ax.set_axis_off()

plt.savefig('pyfig211a.pdf',bbox_inches='tight')
plt.show()
```

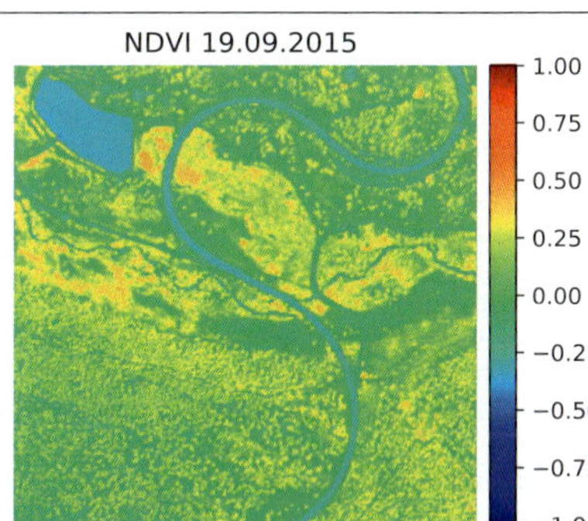

Verbesserter Vegetationsindex (EVI)

Ein verbesserter Vegetationsindex (EVI) wurde weiterhin entwickelt.

Enhanced vegetation index (EVI)

An enhanced vegetation index (EVI) has been developed in addition.

$$EVI = G \cdot \frac{P_{NIR} \cdot P_{Red}}{P_{NIR} + C_1 \cdot P_{Red} - C_2 \cdot P_{Blue} + L}$$

Der EVI berücksichtigt Störungen des reflektierten Lichts durch atmosphärische Partikel. Die Faktoren C_1 und C_2 sind Koeffizienten zur Korrektur des Aerosol-Effektes. Man nutzt den blauen Kanal, um den Aerosol-Einfluss im roten Kanal zu kompensieren. L betrifft die Bodenbedeckung unter einer Vegetationsdecke. P_{NIR}, P_{Red} und P_{Blue} sind die Reflektanzwerte in diesen Bereichen. G ist ein Maßstabsfaktor.

The EVI corrects for some distortions in the reflected light caused by particles in the air. Factors C_1 and C_2 are coefficients of the aerosol correction term, which uses the blue band to compensate for aerosol influences in the red band. L addresses ground cover below a vegetation canopy. P_{NIR}, P_{Red} and P_{Blue} describe the reflectances in these spectral ranges. G serves as a scaling factor.

Thermalfernerkundung

Zur Fernerkundung von Temperatureffekten wird die Strahlung beobachtet, die Materialien im thermalen Bereich des Spektrums aussenden. Meist erfolgt die Beobachtung fester und flüssiger Stoffe in zwei atmosphärischen Fenstern, in denen die Absorption gering ist. Diese Fenster liegen in den Wellenlängenbereichen bei 3-5 μm und 8-14 μm. Das Fenster zwischen 8 und 14 μm enthält das Strahlungsmaximum für die meisten Erscheinungen auf der Erde, da deren Temperatur bei etwa 300 K liegt. Ein enges Absorptionsband zwischen 9 und 10 μm ist durch Ozon in der oberen Atmosphäre verursacht. Um diesen Bereich auszuschließen, arbeiten Satellitensensoren meist im Bereich 10.5-12.5 μm. Flugzeugsysteme sind nicht betroffen und können den ganzen Bereich 8-14 μm nutzen. Die Signale im Fenster 3-5 μm sind am Tage in gewissem Umfang durch Sonnenreflexion beeinflusst. Deshalb ist es für viele Anwendungen zweckmäßig, Daten nur in der Nacht aufzunehmen, wenn keine Störung durch Sonnenstrahlung auftritt.

Thermal remote sensing

Remote sensing of temperature effects is carried out by sensing radiation emitted from materials in the thermal infrared range of the spectrum. Most thermal sensing of solids and liquids occurs in two atmospheric windows, where absorption is a minimum. The windows normally used are in the 3-5 μm and 8-14 μm wavelength ranges. The window between 8 and 14 μm contains the radiant power peak for most of the Earth's passive features, since their temperatures are around 300 K. A narrow absorption band between 9 and 10 μm is caused by the ozone layer at the top of the Earth's atmosphere. To avoid the effect of this absorption, satellite thermal sensors typically operate in the 10.5-12.5 μm band. Systems on aircrafts are not affected and may record the full 8-14 μm band. The signals in the 3-5 μm window are, to some degree, contaminated during daylight hours by solar reflectance. This is why it is appropriate to acquire data for many Earth studies only at night, when there is no influence from reflected solar radiation.

Thermaleigenschaften

Materialien an der Erdoberfläche erhalten Wärmeenergie überwiegend durch die Sonnenstrahlung und zum geringeren Teil durch Wärmeleitung vom Erdinnern. Die Strahlungsprozesse werden durch die Strahlungsgesetze beschrieben. Von zentraler Bedeutung ist der Emissionsgrad.

Thermal properties

Materials at the surface of the Earth receive thermal energy primarily by radiation from the sun and to a lesser extent by conduction of heat from the interior of the Earth. The radiation processes are controlled by the radiation laws. Of central importance is the emissivity of the surfaces.

Emissionsgrad von Oberflächen

Die von einem Körper abgegebene Strahlung wird durch die (Oberflächen-) Temperatur und den Emissionsgrad ε bestimmt. Dies ist eine dimensionslose Zahl, die die Absorptions- und Emissionseigenschaften eines realen Körpers beschreibt. Sie ist das Verhältnis der spezifischen Ausstrahlung des Körpers einer bestimmten Temperatur zu der des Schwarzen Körpers gleicher Temperatur. Nach dem Kirchhoffschen Gesetz ist der Emissionsgrad eines Körpers gleich dem Absorptionsgrad α.

Emissivity of various surfaces

The quantity of radiant emission of a body is controlled by its (surface) temperature and its emissivity ε. This is a dimensionless number which describes the actual absorption and emission properties of a real object (or gray body). It is the ratio expression of the radiant exitance from the gray body at a given temperature to that from a blackbody at the same temperature. According to Kirchhoff's law the emissivity of a body in a certain wavelength is equal to its degree of absorption α.

$$\varepsilon(T) = \frac{M(T)}{M_s(T)}$$

$$\varepsilon(\lambda, T) = \alpha(\lambda, T)$$

Wasser, rein	0.99	Water, pure
Wasser, mit einem Ölfilm	0.97	Water, with a film of petroleum
Eis	0.97	Ice
Schnee, frisch	0.99	Snow, fresh
Basalt, rau	0.93	Basalt, rough
Granit, rau	0.90	Granite, rough
Dolomit, rau	0.96	Dolomite, rough
Vulkanasche	0.97	Volcanic ash
Sand, fein	0.93	Sand, fine
Sand, grob	0.91	Sand, large-grain
Asphalt, Straßendecke	0.96	Asphalt, paving
Rasen, dicht, kurz geschnitten	0.97	Grass, dense, short-cut
Laubwald	0.95	Decidious vegetation
Nadelwald	0.97	coniferous vegetation
Aluminiumfolie	0.05	Aluminum foil
Messing, poliert	0.10	Brass, polished
Glas	0.92	Glass
Spiegel	0.02	Mirror
Papier, weiß	0.90	Paper, white

Emissionsgrade ε im Wellenlängenbereich 8 bis 14 μm
Emissivities ε in the 8 to 14 μm wavelength range

Die in der Literatur publizierten Emissionsgrade variieren beträchtlich.

The emissivitiy values reported in the literature vary considerably.

Materialeigenschaften

Die Strahlungseffekte und die Prozesse der Wärmeleitung werden vor allem durch folgende Parameter bestimmt: Die Wärmeleitfähigkeit gibt an, wie gut Wärme in einem Körper geleitet wird. Steine und Böden sind relativ schlechte Leiter, die Leitung durch Metalle ist sehr hoch. Wärmekapazität ist die Fähigkeit eines Materials, Wärme zu speichern. Sie ergibt sich aus der Wärmemenge, die eine bestimmte Temperaturerhöhung erfordert. Die spezifische Wärme gibt an, wie ein Material auf Temperaturänderungen reagiert. Allgemein wächst die spezifische Wärme mit der Materialdichte an. Einige Materialien, z. B. trockene Sandböden, haben niedrige Werte und ändern ihre Temperatur stark. Andere, z. B. feuchte Tonböden, haben hohe Werte und zeigen relativ kleine Temperaturänderungen.

Material properties

The radiation effects and heat conduction processes are dominated by the following parameters: Thermal conductivity is the rate at which heat will pass through a material. Rocks and soils are relatively poor conductors, metals conductivity is very high. Thermal capacity is the ability of a material to store heat. It is expressed by the amount of heat required to a certain increase of the materials temperature. Thermal inertia is a measure of the thermal response of a material to temperature changes. Generally, the thermal inertia increases with increasing density of the materials. Some materials, e. g. dry sandy soils, have low thermal inertias and exhibit high temperature changes. Others, e. g. wet clay soils, have high thermal inertias and relatively low temperature changes.

Strahlungstemperatur

Die wahrnehmbare, d. h. die mittels Fernerkundung messbare Temperatur eines Körpers, ist die Strahlungstemperatur. Sie kann aus (kalibrierten) Sensormessungen abgleitet werden, wenn der Emissionsgrad des Materials bekannt ist. Die Strahlungstemperatur eines Körpers ist immer niedriger als seine reale Temperatur.

Radiant temperature

The apparent temperature of a body (i. e. that measurable by remote sensing) is the radiant (or brightness) temperature. It can be derived from (calibrated) sensor measurements for materials of known emissivity. The radiant temperature of materials is always less than the real (or kinetic) temperature of a body.

Temperaturänderungen

Die Temperaturen aller Materialien ändern sich ständig. Dies macht die Interpretation von Thermaldaten schwierig und wirkt sich auch auf die Wahl der Aufnahmezeitpunkte aus. Diese hängen stark von der Anwendung ab. Vielfach sind Nachtaufnahmen (kurz vor der Morgendämmerung) nützlich, weil durch Sonnenstrahlung entstehende Wärmekontraste dann stark reduziert sind. Flugzeugaufnahmen können auch zu verschiedenen Tageszeiten wiederholt werden, um tägliche Wärmeschwankungen zu erfassen.

Für viele Anwendungen ist es zweckmäßig, Geländeinformationen zum Zeitpunkt der Datenaufnahme zu erfassen, wie Wetterbedingungen, Bodenfeuchte usw., um die Sensordaten damit zu ‚kalibrieren'.

Temperature variations

Temperatures of all materials are changing all the time. This makes not only the interpretation of thermal data difficult, it also has consequences on the time of data acquisition. The time selection depends very much on the application purpose. For many applications, night-time images (just before dawn) are useful because the thermal contrasts due to solar heating are greatly reduced. Airborne survey flights may also be repeated at different times of the day to evaluate daily thermal variations.

It is useful for many applications to collect ground information on weather conditions, soil moisture, etc. at the time of the thermal survey, and use them for 'calibration' of the sensor data.

Eine praktische Anwendung dieser Thermaleigenschaften ist der Katastrophenschutz mit dem Schwerpunkt auf vulkanischer Aktivität. Aktive Lava hat eine Temperatur von über 1000 K und damit eine Thermalstrahlung mit dem Maximum von ungefähr 3 µm. Beobachtet man auf diesem Kanal Vulkane, so sind Pixel mit aktiver Lava in der Regel gesättigt und erscheinen weiß, während die Umgebung deutlich geringere Werte aufweist. Dabei ist zu beachten, dass die geometrische Auflösung des Sensors eventuell zu groß ist und der Lavafluss nur einen Teil des Pixels ausmacht. Dadurch bildet sich ein Mischpixel mit geringerer Strahlungstemperatur als erwartet. Nichtsdestotrotz liegt auch dieser Wert über dem der Umgebung. Messfehler können hierbei von Feuern oder direkten Reflexionen von Sonnenlicht kommen, da bei beiden eine ähnlich hohe Temperatur zu Grunde liegt.

A practical example of these thermal properties is hazard mitigation with the focus on volcanic activity. Active lava has a temperature of over 1000 K and, hence, a thermal radiation with a maximum at about 3 µm.

If we observe volcanoes in this band, pixel with active lava are usually saturated and completely white, while the surrounding areas show considerably lower values.

It must be noted, that the geometric resolution of the sensor might be too large and the lava flow might only cover a part of the pixel.

A mixed pixel is created with a lower radiation temperature than expected.

Nonetheless, these values lie well above the surrounding levels.

Uncertainties can be caused by fires or direct reflections of sunlight because both are caused by similarly high temperatures.

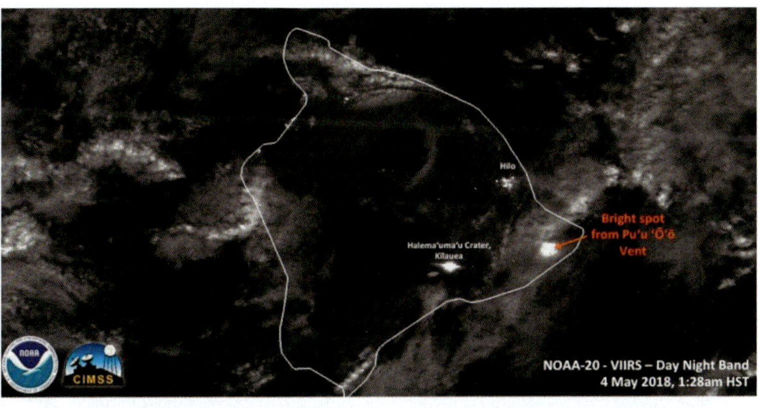

Beispiel eines Vulkanausbruches auf Hawaii, USA. Das Bild wurde aufgenommen durch NESDIS (NOAA National Environmental Satellite, Data, and Information Service) und zeigt sehr helle Punkte im Bereich des Vulkankraters (Halema'uma'u, Kilauea) sowie am aktiven Lavafluss (Pu'u 'O'u). Im Vergleich ist die Stadt Hilo im Norden auch sehr hell durch aktive Beleuchtung der Straßen und Häuser. Für Doppeldeutigkeiten sorgen auch die Wolken, die durch ihre Höhe andere Temperaturen aufweisen als der Boden.

Example of a volcanic eruption on Hawaii, USA. The picture was acquired through NESDIS (NOAA National Environmental Satellite, Data, and Information Service) and shows bright spots around the crater of the volcano (Halema'uma'u, Kilauea) as well as on the active lava flow (Pu'u 'O'u). Compared to that, the city of Hilo in the north is also very bright due to the illumination of streets and houses. Ambiguities are caused by clouds, that have different temperatures than the ground due to their altitude.

Eine andere Möglichkeit, passive Fernerkundung im Bereich von Vulkanausbrüchen anzuwenden, ist die Beobachtung der Vulkanasche. Nach einem Vulkanausbruch ist es wichtig, die Asche in der Atmosphäre zu beobachten, um gegebenenfalls den Luftraum für Flugzeuge zu sperren (Beispiel: Eyjafjallajökull, Island in 2010). Hier nutzt man die Absorptionseigenschaften der Asche im fernen Infrarot (11 und 12 µm). Bei Wasser, und somit bei Wolken, ist die Differenz der spektralen Energie von 11 und 12 µm positiv, bei vulkanischer Asche ist sie negativ (τ(11 µm) – τ(12 µm) < 0). Somit kann Vulkanasche in der Luft verdeutlicht und deren zeitlicher Verlauf nachverfolgt werden. Unter Annahme verschiedener Parameter (Gewicht der Asche und der Luft sowie deren spektralen Eigenschaften) kann weiterhin auch die Masse der Asche bestimmt werden. Dies ist relevant, da selbst kleinste Mengen, die mit dem bloßen Auge nicht sichtbar sind, für den Flugverkehr gefährlich werden können.

Another option to use passive remote sensing in the area of volcanic eruptions is the observation of volcanic ash.
After an eruption, it is important to monitor the atmospheric ash to close the airspace for aviation, if necessary (example: Eyjafjallajökull, Iceland in 2010).
In this case, the absorption properties of ash in the far infrared (11 and 12 µm) are used. For water and clouds, the difference of the spectral energy of 11 and 12 µm is positive, while it is negative for volcanic ash (τ(11 µm) – τ(12 µm) < 0). With this feature, it is possible to highlight volcanic ash in the atmosphere and to monitor its movement.
Under the assumption of different parameters (specific mass of the ash and air as well as their spectral properties), the total mass of the ash can be derived. This is important as smallest amounts of ash, that aren't visible to the naked eye, can prove hazardous for aviation.

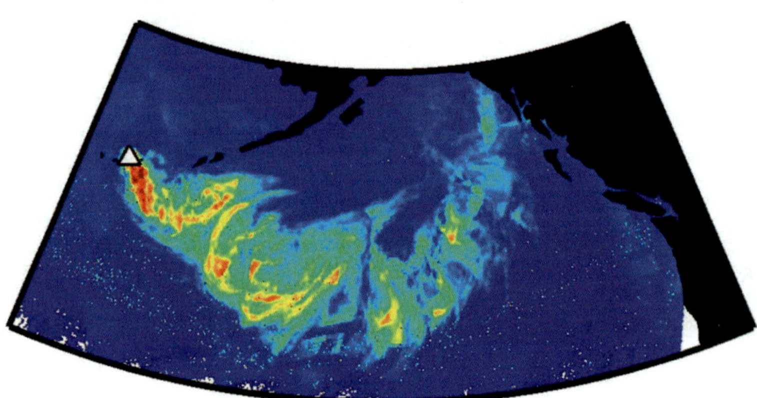

Satellitenbasierte Analyse von Vulkanasche nach der Eruption von Kasatochi auf den Aleuten in Alaska. Die Landmasse ist schwarz hervorgehoben. Der Hintergrund ist in dieser Farbwahl blau, während intensivere Rottöne für eine höhere Konzentration der Asche stehen. Selbst kleine Mengen, hier in Hellblau, sind noch sichtbar. Das Rechteck repräsentiert den Ausschnitt der folgenden Graphik.

Satellite-based analysis of volcanic ash after the eruption of Kasatochi on the Aleutian Islands in Alaska.
The land is marked in black. The background of this color scheme is blue, while more intensive hues of red indicate higher concentrations of ash.
Even small amounts, shown in light blue, are still visible. The box marks the selection of the following figure.

Im Vergleich zur obigen Analyse des Ausbruches des Vulkanes Kasatochi zeigt diese Aufnahme aus dem sichtbaren Bereich des Lichtes den Teil, den der Mensch ohne Hilfsmittel sehen würde.
Die Ausdehnung entspricht dem ersten Teil der Eruption der obigen Abbildung; weiter im Osten des Bildes sieht man aber durch die diffuse Asche nicht mehr deutlich, wie weit deren Ausdehnung ist. Dies wird erschwert durch den sehr hohen Bewölkungsgrad der Gegend. Die Aufnahme stammt von dem Terra MODIS-Satelliten der NASA.

In comparison to the analysis above, this section of the volcano Kasatochi shows the picture in the visible part of the spectrum, that we would detect with unaided eyes.
The extent is identical to the first part of the eruption of the figure above. Further east in the image, however, the diffuse ash masks its extent.
This is further hindered by the high cloud cover of the region.
The image was taken by the Terra MODIS satellite of NASA.

3.4 Radar – Radar

Aktive Fernerkundung
Im Gegensatz zur passiven erzeugt die aktive Fernerkundung die Energie, die gemessen wird, selber und kann damit unabhängig von anderen Lichtquellen (z. B. Sonnenlicht) eingesetzt werden. Es gibt verschiedene Arten der aktiven Fernerkundung, wobei Radarsysteme eine dominante Stellung einnehmen.

Active remote sensing
In contrast to passive remote sensing, active remote sensing creates the energy that it measures itself. It can be used independently from other energy sources (e. g. solar). There are different kinds of active remote sensing, with radar systems playing a dominant role.

Radarsysteme
Radar ist die Abkürzung für „Radio Detection and Ranging". Radar bezeichnet Methoden, Systeme, Techniken und Geräte, um ausgestrahlte und reflektierte elektromagnetische Strahlung zu erfassen und zu lokalisieren sowie Höhen zu messen und Geländebilder zu gewinnen.

Radar systems
Radar is the acronym for "radio detection and ranging". It comprises methods, systems, techniques, and equipment for using beamed, reflected and timed electromagnetic radiation to detect, locate, and track objects, to measure altitudes and to acquire terrain images.

Radar-Fernerkundung
Da die eingesetzte Mikrowellenstrahlung Wolken und leichten Regen durchdringt, können Abbildungen bei jedem Wetter gewonnen werden. Der auf einer bewegten Plattform (Flugzeug oder Satellit) montierte Sensor sendet Mikrowellenimpulse zur Erdoberfläche. Ein Teil der ausgestrahlten Energie wird von der Erde zum Sender hin reflektiert und als Signal empfangen. Diese Signale werden gespeichert und später in Bildform umgewandelt.

Radar remote sensing
Because microwave radiation penetrates clouds and light rain, radar provides all-weather imaging capability. The sensor is carried on a moving platform (aircraft or satellite) and transmits microwave pulses towards the earth's surface. Some of the transmitted energy is reflected from the Earth back towards the sensor where it is received as a signal. The signal data is stored and later converted to image formats.

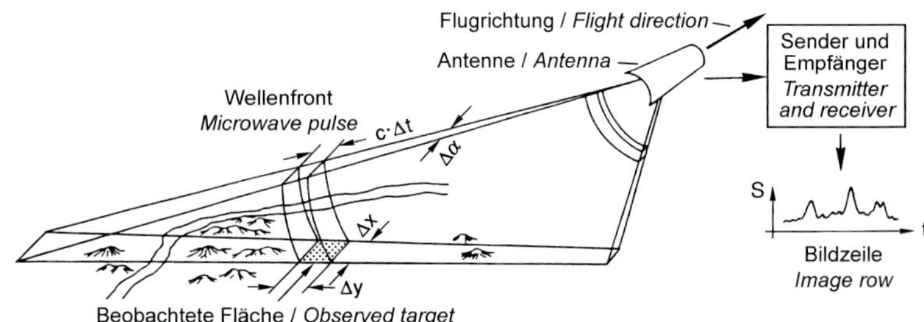

Schematische Darstellung der Radaraufnahme: Durch Aussenden einer Wellenfront und Empfang der reflektierten Signalfolge entsteht die Zeile eines Bildes
Schematic representation of radar imaging: by transmitting a microwave pulse and receiving of the backscattered signals a row of an image is generated

Die von Geländeobjekten reflektierte Strahlung (Rückstreuung) hängt vor allem ab von der Charakteristik des Radarsignals, von geometrischen Systemparametern, von der lokalen Geometrie zwischen Radarsignal und Objekt sowie von der Charakteristik des Objekts.

The returned signal (backscatter) from ground objects is primarily controlled by the characteristics of the radar signal, the system's geometry relative to the Earth, the local geometry between the radar signal and the target and the characteristics of the target.

Geometrie der Radar-Aufnahme

Die Geometrie zwischen einem Radarsystem und der Erdoberfläche wird mit folgenden Parametern beschrieben:

Radar imaging geometry

The geometry between the radar sensor and the Earth's surface, can be described by the following parameters:

Flughöhe

Die Flughöhe ist der vertikale Abstand zwischen dem Radarsystem und der Erdoberfläche. Bei Satellitensystemen wird die Höhe in der mittleren Meereshöhe angegeben.

Altitude

The altitude is the vertical distance between the radar sensor and the Earth's surface. Typically for satellite imagery, the satellite altitude is reported above mean sea level.

Nadir

Der Nadir ist der Punkt auf der Erdoberfläche direkt unter dem Radarsystem.

Nadir

The nadir is the point on the Earth's surface directly below the radar sensor.

Azimut

Azimut nennt man die Richtung auf der Erdoberfläche, in der sich das Radarsystem bewegt.

Azimuth

The azimuth is the direction on the ground parallel to the motion of the radar sensor platform.

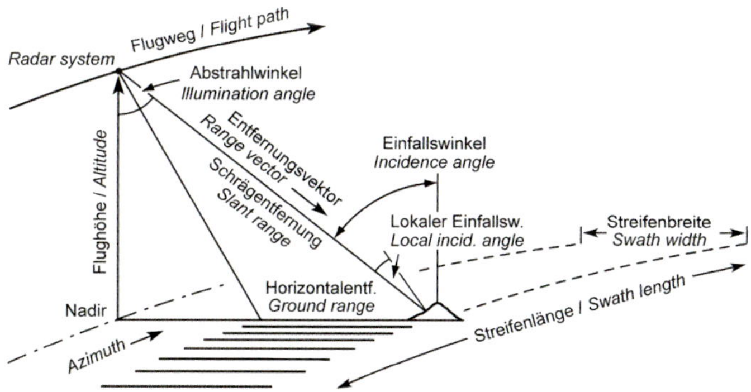

Grundlegende Begriffe zur SAR-Geometrie
Basic terms of SAR imaging geometry

Entfernungsvektor

Der Entfernungsvektor ist der Vektor, welcher Richtung und Abstand vom Radarsystem zu jenem Ort der Erdoberfläche beschreibt, der durch einen ausgestrahlten Signalimpuls abgebildet wird.

Range vector

The range vector is the vector representing the direction and distance from the radar sensor to the target on the Earth's surface being imaged with a single transmitted pulse of the signal.

Normalenvektor
Der Normalenvektor ist der Vektor senkrecht zur Erdoberfläche (d. h. zum Referenzmodell des Erdkörpers). Auf diese vertikale Richtung wird der Einfallswinkel bezogen.

Earth normal vector
The Earth normal vector is perpendicular to the Earth's surface (as represented by the reference model of the Earth). The incidence angle refers to this vertical direction.

Schrägentfernung
Die Schrägentfernung ist der Abstand vom Sensor zu einem Zielpunkt in schräger Richtung.

Slant range
Slant range is the distance from the sensor to an observed target located in the range direction.

Horizontalentfernung
Horizontalentfernung ist die in die Horizontale projizierte Schrägentfernung.

Ground range
Ground range is the slant range projected onto the Earth's surface.

Nahbereich
Der Nahbereich ist der dem Nadir nächste horizontale Abstand und auch der kürzeste schräge Abstand des Bildstreifens.

Near range
Near range is the ground range closest to nadir and also the shortest slant range in the image strip.

Fernbereich
Der Fernbereich ist der vom Nadir weiteste horizontale Abstand und auch der weiteste schräge Abstand des Bildstreifens.

Far range
Far range is the ground range farthest away from the nadir and also the longest slant range in the image strip.

Streifenbreite
Die Streifenbreite ist der horizontale Bereich, der durch das Radar in Entfernungsrichtung abgebildet wird.

Swath width
Swath width is the ground range distance imaged by the radar in the range direction.

Streifenlänge
Die Streifenlänge ist die Strecke, die mit einem Radarsystem in Azimut-Richtung abgebildet wird.

Swath length
Swath length is the distance which is imaged by the radar system in the azimuth direction.

Abstrahlwinkel
Der Abstrahlwinkel ist der Winkel zwischen der Lotrichtung und dem Entfernungsvektor am Ort des Radarsystems. Dieser Winkel definiert die Verteilung der Radarstrahlung über die Radar-Streifenbreite.

Illumination angle
The illumination angle is the angle between the plumb line and the range vector measured at the radar position. This angle determines the distribution of radar illumination across the radar swath.

Einfallswinkel
Der Einfallswinkel ist der Winkel zwischen dem Entfernungsvektor und der lokalen Lotrichtung.

Incidence angle
The incidence angle is the angle between the radar range vector and the local vertical direction.

Lokaler Einfallswinkel
Der lokale Einfallswinkel ist der tatsächliche Einfallswinkel zwischen dem Range-Vektor und der Normalen zu jedem durch das SAR abgebildeten Punkt (oder Oberflächenelement) des Geländes.

Local incidence angle
The local incidence angle is the true incidence angle of the radar beam, i. e. the angle between the range vector and the surface normal at any point (or resolution cell) of the terrain.

Radar-Abbildungsgeometrie

Die Abbildungsgeometrie beschreibt den Zusammenhang zwischen dem abgestrahlten Radarpuls und dem Gelände. Der Hauptparameter dabei ist der lokale Einfallswinkel, also der Winkel zwischen dem Radar-Entfernungsvektor und der Normalen des abgebildeten Flächenelements des Geländes. Jede Neigung der abgebildeten Geländefläche ändert die Geometrie der Signal-Objekt-Wirkung beträchtlich. Das folgt daraus, dass ein Radar ein entfernungsmessendes System ist.

Radar viewing geometry

The radar viewing geometry refers to the geometry between the transmitted radar pulse and ground targets. The main parameter in this geometry is the local incidence angle, defined as the angle between the radar range vector and the surface normal to each terrain element imaged by the radar. Any slope on the ground surface being imaged significantly alters the geometry of the signal-target interaction. This is due to the fact that a radar is a distance-measuring device.

Verkürzung (Foreshortening)

Verkürzung tritt auf, wenn der lokale Einfallswinkel kleiner ist als der Abstrahlwinkel, aber größer als 0°. Durch diese Art der Verzerrung erscheint ein zum Sensor hin geneigter Hang im Bild verkürzt und ein Objekt ist zum Sensor hin geneigt (daher der Begriff Verkürzung).

Foreshortening

Foreshortening occurs when the local incidence angle is smaller than the illumination angle, but larger than 0°. Through this type of distortion the sensor-facing slope of the terrain appears on an image shortened and the feature is leaning towards the sensor (hence the term foreshortening).

Überlagerung (Layover)

Überlagerung tritt auf, wenn der lokale Einfallswinkel größer ist als der Abstrahlwinkel. In diesem Fall kommt das Radarsignal von der Spitze der Geländeform vor dem Signal vom Fuß zurück. Das sieht im Radarbild so aus, als ob der höchste Punkt des Geländes dem Fußpunkt in der Richtung zum Sensor überlagert ist. Bild und Gelände sind nicht mehr topologisch äquivalent. Der Effekt kann als Extremfall der Verkürzung verstanden werden.

Layover

Layover occurs where the local incidence angle is greater than the incidence angle. In this case the radar signal returns from the top of the terrain feature before the signal from the base. This results in the highest point of the radar image appearing as if its top is laid over its base in the direction of the sensor. The image and the terrain are not topologically equivalent. This effect can be understood as an extreme form of foreshortening.

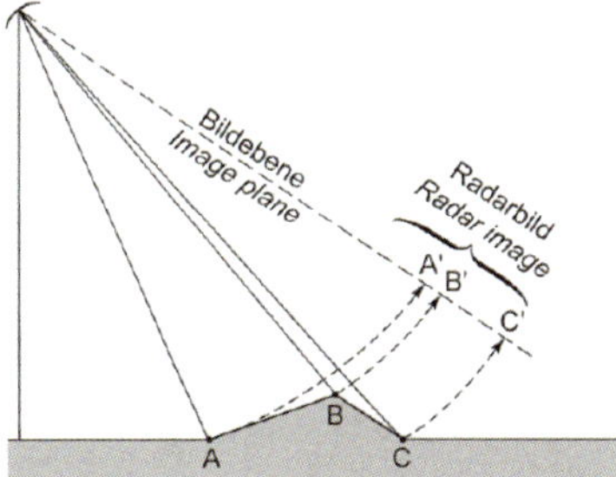

Verkürzung (Foreshortening) im Radarbild
Foreshortening of a slope in an image

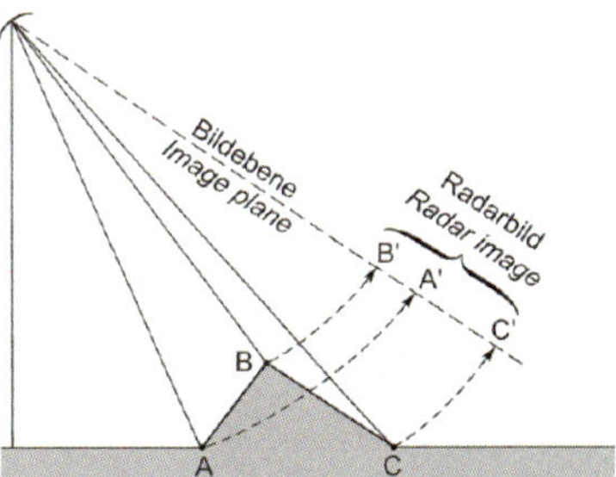

Überlagerung (Layover) im Radarbild
Layover of a mountain in a radar image

Radarschatten

Radarschatten sind Bereiche ohne Signal, die in Entfernungsrichtung hinter einem Objekt auftreten, das seine Umgebung überragt. Das Objekt verdeckt den Radarstrahl und verhindert die Beleuchtung des Geländes. Radarschatten erscheinen in Radarbildern sehr dunkel.

Radar shadows

Radar shadows are no-return areas extending in range from an object which is elevated above its surroundings. The object cuts off the radar beam, casting a shadow and preventing illumination of the area behind it. Radar shadows appear very dark on radar images.

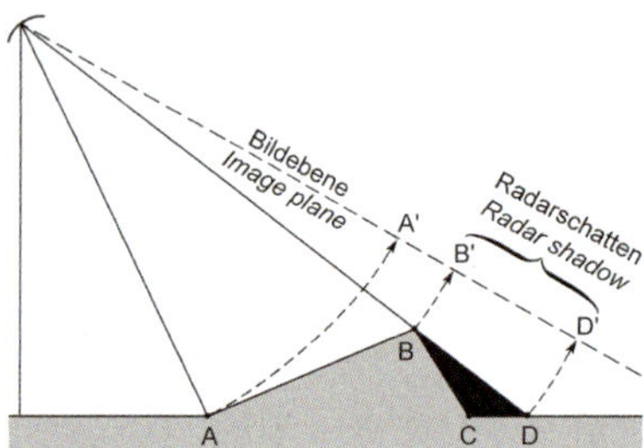

Radarschatten treten auf, wenn ein Geländebereich nicht vom SAR-Impuls bestrahlt wird
Radar shadows occur at areas on the ground that are not illuminated by the SAR signal

Radarsignale

Die Grauwerte in einem Radarbild sind proportional zu der von einem Objekt empfangenen Radarrückstreuung. Objekte mit starker Reflexion zurück zum Sensor erscheinen hell, Objekte mit geringerer Reflexion dunkler. Der Grad der Rückstreuung hängt von den Objekteigenschaften ab (geometrische Form, Oberflächenrauigkeit, lokaler Einfallswinkel und Dielektrizitätskonstante) sowie von den Sensoreigenschaften (Wellenlänge / Frequenz, Einfallswinkel, Polarisation und Beobachtungsrichtung).

Radar backscatter

The gray values on a radar image vary proportionally with the radar backscatter received from a target. Targets with a strong reflection back to the sensor appear bright, targets with low reflection appear darker. The amount of backscatter and thus the resulting gray value is a function of the target characteristics (geometric shape, local incidence angle, surface roughness, and dielectric constant) as well as the characteristics of the sensor (wavelength / frequency, incidence angle, polarization, and direction of view).

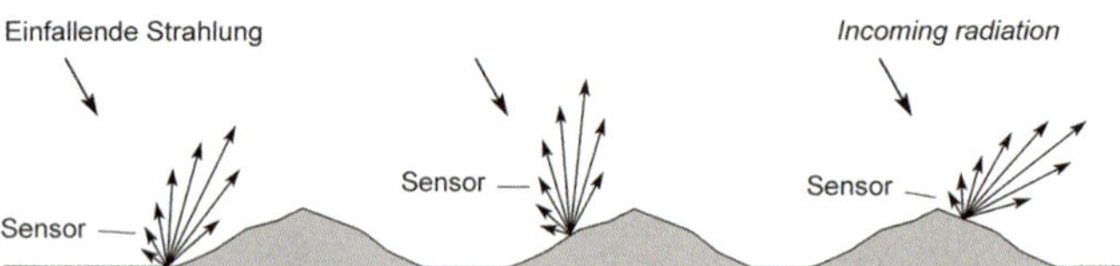

Einfluss der Geländeform auf Radarsignale – Impact of terrain shape on radar signals

Geometrische Formen (Geländerelief)

Die Radarrückstreuung wird vor allem vom lokalen Einfallswinkel zwischen dem Entfernungsvektor und der Oberflächennormalen einer Auflösungszelle bestimmt.

Geometric shape (topographic relief)

Radar backscatter is significantly controlled by the local incidence angle between the range vector and the surface normal at any resolution cell.

Wirksam ist die Komponente der Reflexion, die zurück zum Sensor gerichtet ist. Zum Sensor hin geneigte Bereiche erscheinen heller, vom Sensor weg geneigte Bereiche dunkler. Dies hängt eng mit dem Verkürzungseffekt zusammen.

Effective is the component of the reflectivity diagram directed back to the sensor. Regions inclined to the sensor appear lighter, regions inclined away from the sensor appear darker. This is closely correlated with the effect of foreshortening.

Oberflächenrauigkeit

Horizontale glatte Flächen reflektieren fast die ganze einfallende Strahlung weg vom Sensor. Eine Fläche ist glatt im Sinne des Radars, wenn die vertikalen Variationen weniger als ein Zehntel der Wellenlänge ausmachen. Deshalb erscheinen Flächen wie ruhendes Wasser oder Straßenbeläge in Radarbildern dunkel. Wenn eine Fläche leicht rau ist, z. B. Ackerboden, wird einfallende Strahlung in viele Richtungen gestreut, nur ein kleiner Anteil geht zurück zum Sensor (diffuse Reflexion). Grobes Material, z. B. Steine in der Größenordnung der Wellenlänge, können in Radarbildern sehr hell erscheinen.

Surface roughness

Horizontal smooth (specular) surfaces reflect nearly all incident energy away from the sensor. A surface is smooth in the radar sense when the vertical variations are less than one tenth of a wavelength. Thus, surfaces such as calm water or paved highways, appear dark on radar imagery. If a surface is slightly rough (e. g. bare agricultural fields) the incident energy is scattered in a wide range of angles, with only a small fraction reflecting back to the sensor (diffuse reflection). Coarse material, e. g. stones with dimensions comparable to the wavelength, can appear very bright on radar images.

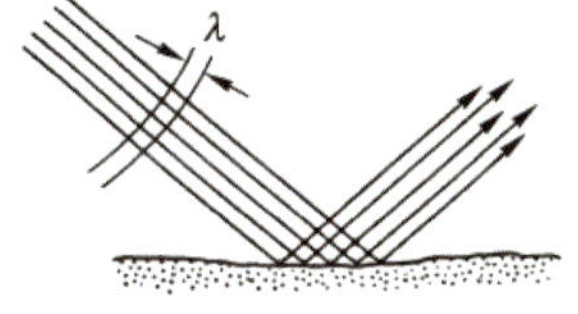

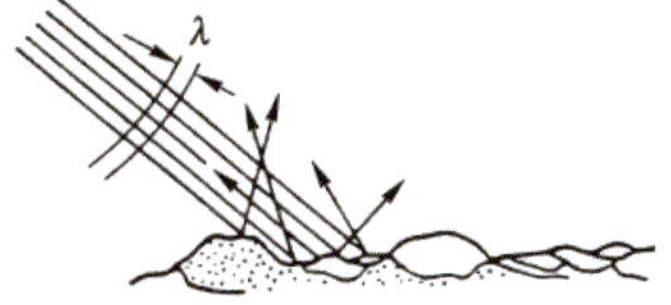

Spiegelnde (links) und diffuse (rechts) Reflexion
Specular (left) and diffuse reflection (right)

Retroreflektoren

Mehrfache Streuprozesse kommen unter speziellen geometrischen Bedingungen vor und führen zu starken Radarsignalen. Objekte dieser Art werden Winkelreflektoren (auch Retroreflektoren) genannt. Mehrflächige Strukturen mit zwei Flächen im rechten Winkel zueinander ergeben starke Signale, wenn die reflektierenden Flächen senkrecht zur Bestrahlungsrichtung stehen. Solche Strukturen findet man allgemein in bebauten Gebieten.

Corner reflectors

Multiple scattering processes can occur under special geometric conditions resulting in strong radar returns. Targets of this type are generally classed as corner reflectors. Dihedral structures with two flat conducting surfaces at right angles to each other yield strong returns when the reflecting surfaces are perpendicular to the illumination direction. Such targets are commonly found in areas of cultural features like walls etc.

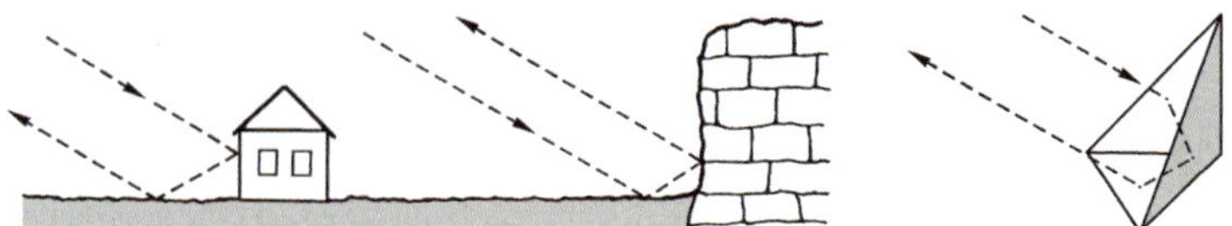

Beispiele zweiflächiger (links) und dreiflächiger (rechts) Retroreflektoren
Examples of dihedral (left) and trihedral (right) corner reflectors

Dreiflächige Strukturen mit drei glatten Flächen, welche gegenseitig senkrecht zueinander stehen, führen zu extrem starker Reflexion. Wenn Strahlung auf eine Fläche eines korrekt orientierten Winkelreflektors fällt, kehrt die Strahlung direkt zu ihrer Quelle zurück. Beispiele dazu sind Elemente an Gebäuden, Brücken usw. Spezielle Objekte dieser Art sind Retroreflektoren, die als Passpunkte oder als Kalibrierobjekte dienen.

Trihedral structures with three flat conducting surfaces that are mutually perpendicular to each other cause extremely strong reflection. When energy is incident upon any surface of a correctly oriented corner reflector, the incoming energy will directly return to its source. Examples are components of buildings, bridges etc. Special targets of this type are corner reflectors designed as control points or calibration targets.

Volumenstreuung

Volumenstreuung ist die mehrfache Streuung von Radarsignalen in einem Medium (wie Vegetationsdecke) oder in Schichten (wie Boden, Sand, Eis). Ein Radarsensor empfängt Rückstreuung sowohl von der Oberfläche des Objekts als auch von seinem inneren Volumen. Die Rückstreuung in einem Forstbestand bildet einen komplexen Fall von Volumenstreuung.

Volume scattering

Volume scattering describes the multiple scattering of a radar signal within a medium, such as a vegetation canopy, or in layers, such as soil, sand, or ice. Thus, a radar sensor may receive backscatter from both the target surface and the interior volume of the target. Scattering from a forest canopy can present a complex case of volume scattering.

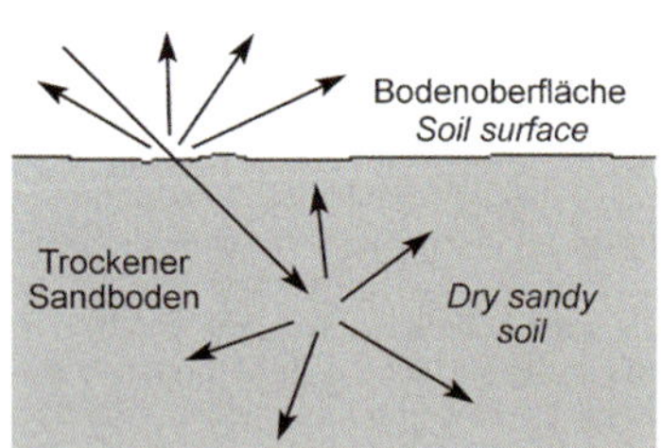

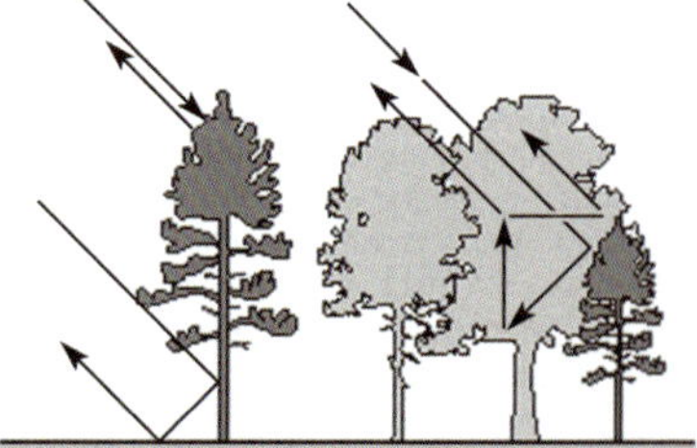

Beispiele für allgemeine (links) und komplexe (rechts) Volumenstreuung
General (left) and complex (right) cases of volume scattering

Die physikalischen Eigenschaften eines Mediums (besonders sein Feuchtigkeitsgehalt) und die Radarkonfiguration (Wellenlänge, Polarisation und Einfallswinkel) bestimmen den Grad der Volumenstreuung und ihrer Wirkung auf den Sensor.

The physical properties of the medium (particularly its moisture content) and the radar configuration (wavelength, polarization, and incidence angle) determine the degree to which volume scattering occurs, and is received by the sensor.

Dielektrizitätskonstante

Objektmaterialien oder Oberflächen mit hohen Dielektrizitätskonstanten reagieren stark mit Mikrowellen. Solche Materialien, z. B. Metalle, feuchter Boden, lebende Vegetation, erzeugen starke Rückstrahlung und sind heller im Radarbild als andere Materialien, z. B. Felsen, trockener Boden, trockener Sand und tote Vegetation.

Dielectric constant

Target materials or surfaces with a high dielectric constant interact strongly with microwave radiation. Such materials, e. g. metals, wet soil, living vegetation, produce a large amount of backscatter and are brighter on a radar image than other materials, e. g. rocks, dry soils, dry sands and dead vegetation.

Frequenz der Strahlung

Die Frequenz eines Radarsignals ist ein wichtiger Parameter für das Eindringen des Signals in eine Fläche, in ein volumenstreuendes Objekt und für die Stärke der Radarrückstreuung. Die Frequenz wirkt in zweierlei Weise: Die komplexe Dielektrizitätskonstante des Materials ist frequenzabhängig, und der Streueffekt im Material (einschließlich Diskontinuitäten der Dielektrizitätskonstanten im Material) hängt von der Elementengröße in Wellenlängen und von der Dielektrizitätskonstanten des streuenden Elementenmaterials ab.

Radiation frequency

The radar signal frequency is an important parameter for the penetration of radar signals into a surface, volume scattering targets and the amount of radar backscatter. The radar frequency influence is twofold, the complex dielectric constant of the bulk material is frequency dependent and the scattering effect in materials (including dielectric constant discontinuities within materials) depends on the element size in wavelengths and on the dielectric constant of the scattering element material as well.

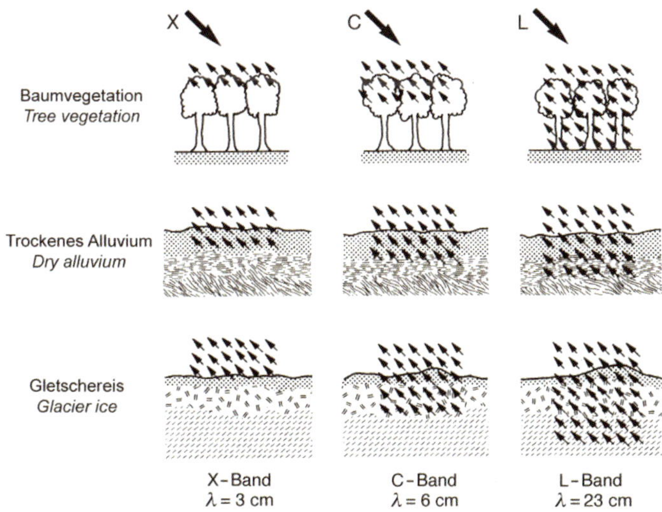

Schematische Darstellung der Eindringtiefe von Strahlung verschiedener Wellenlängen in Materialien verschiedener Dielektrizitätskonstanten
Schematic diagram of the penetration of radiation with different wavelengths into materials of various dielectric constants

Geometrische Auflösung

Die geometrische Auflösung eines Radarsystems ergibt sich aus der Pulslänge und der Antennenlänge. Die Pulslänge bestimmt die Ausdehnung des erfassten Bodenelements in der Entfernungsrichtung. Die Antennenlänge bestimmt die Ausdehnung des erfassten Bodenelements entlang des Flugwegs in der Azimutrichtung.

Spatial resolution

The spatial resolution of a radar system is determined by the pulse length and antenna beam width. The pulse length controls the dimension of the ground sampling element in the range direction. The antenna beam width controls the dimension of the ground sampling element along the track of the sensor in the azimuth direction.

Auflösung in Entfernungsrichtung

Die geometrische Auflösung in der Entfernungsrichtung ist gleich der Hälfte der ausgesandten Pulslänge Δt. Mit c als Lichtgeschwindigkeit erhält man die Auflösung

Resolution in range direction

The spatial resolution in the range direction is equal to half of the transmitted pulse length Δt. With c as the speed of the light the spatial resolution in slant range is determined by

$$\Delta r_{sr} = \frac{c \cdot \Delta t}{2}$$

Wenn die Bogen der Wellenfronten mit der Erdoberfläche geschnitten werden, dann ist das Horizontalauflösungselement stets größer als das der Schrägauflösung. Die Horizontalauflösung nimmt bei kleinen Einfallswinkeln des Pulses sehr stark ab. Mit dem Depressionswinkel γ erhält man die Horizontalauflösung

When the wave front arcs are projected to intersect the earth's surface, the resolution distance in the ground range is always larger than the slant range resolution. The ground range resolution decreases substantially at small incidence angles of the pulse. With the depression angle γ, the ground range resolution is

$$\Delta r_{gr} = \frac{c \cdot \Delta t}{2 \cdot \cos \gamma}$$

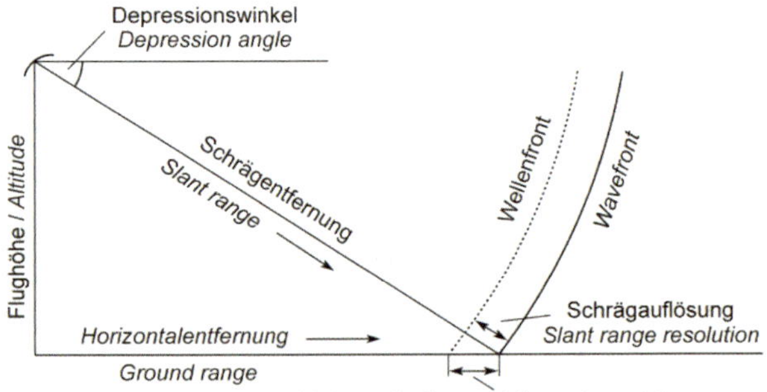

Zusammenhang zwischen der Schrägauflösung und der Horizontalauflösung eines Radars
Relation between the slant range resolution and the ground resolution of a radar

Azimutale Auflösung
Die geometrische Auflösung eines Radars mit realer Apertur (RAR), auch Seitensichtradar (SLAR), in der Azimutrichtung wird durch die Länge der Antenne bestimmt. Die Winkelauflösung α_{ra} einer Antenne der Länge L wird durch Beugungserscheinungen ihrer Apertur begrenzt.

Resolution in azimuth direction
The spatial resolution of a simple real aperture radar (RAR), also side-looking radar (SLAR), in the azimuth direction is determined by the width of the antenna beam. The angular resolution α_{ra} of an antenna of the length L is limited due to diffraction effects on its aperture.

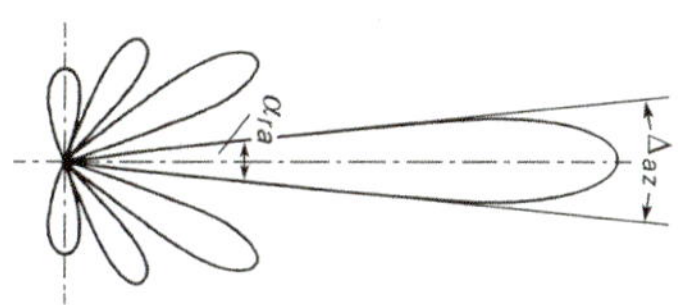

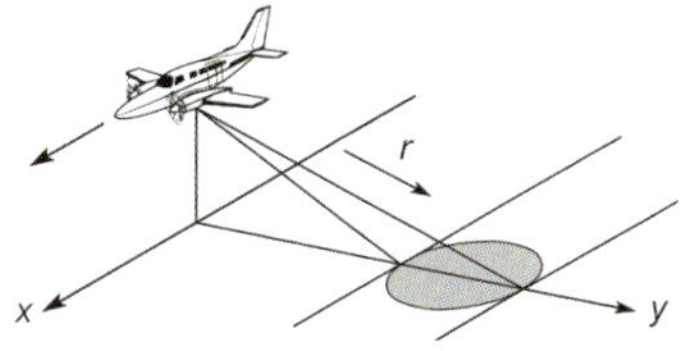

Winkelauflösung einer RAR-Antenne und Messfleck im Gelände
Angular resolution of a RAR antenna and the footprint on the ground

Für eine Antenne der Länge L und der Wellenlänge λ erhält man die Winkelauflösung α_{ra} durch

For an antenna of the length L and the wavelength λ, the angular resolution α_{ra} is given by

$$\alpha_{ra} = \frac{\lambda}{L}$$

Die geometrische Auflösung im Azimut in einer gegebenen Entfernung r ist dann

The spatial resolution in azimuth at a given range r then results in

$$\Delta_{az} = \alpha_{ra} \cdot r = \frac{\lambda \cdot r}{L}$$

Die Auflösung im Azimut nimmt mit zunehmender Flughöhe und größerer Entfernung der Objekte schnell ab. Deshalb sind praktische Anwendungen begrenzt.

The resolution in azimuth rapidly decreases with increasing flying heights and the longer distances to the objects. This is why its practical application is limited.

Radar synthetischer Apertur (SAR)
Das Radar mit synthetischer Apertur überwindet die Auflösungsgrenzen und erzielt hohe Auflösungen mit kurzen Antennen. Ein SAR-System nutzt die Tatsache, dass das Signal eines Geländeobjektes in mehr als nur einem Radarecho enthalten ist und während der Beobachtung einen typischen Phasenverlauf zeigt. Durch Speichern und Vergleichen der empfangenen Doppler-Signale während der Flugbewegung des Sensors wird eine künstlich verlängerte Antenne (synthetische Apertur) gebildet.

Synthetic aperture radar (SAR)
The synthetic aperture radar (SAR) overcomes the resolution limits and achieves high resolutions with small antennas. A SAR system takes advantage of the fact that the response of an object (scatterer) on the ground is contained in more than a single radar echo, and shows a typical phase history over the illumination time. By storing and comparing the doppler signals received, while the sensor travels along its flight path, a synthetically enlarged antenna (synthetic aperture) is formed.

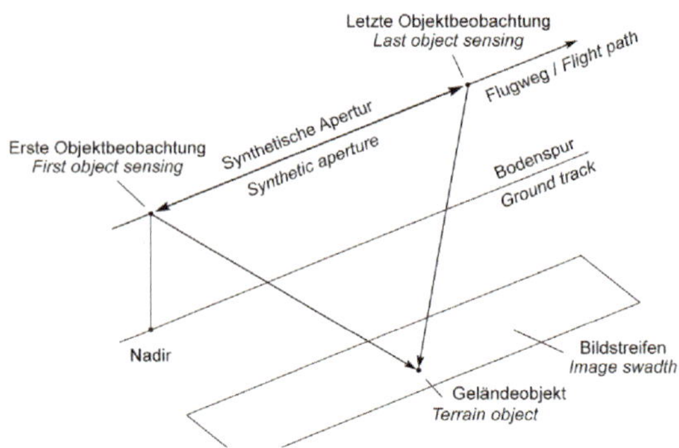

Schematische Darstellung des Radars mit synthetischer Apertur (SAR)
Diagram of the synthetic aperture radar (SAR) concept

Diese künstliche Antenne ist um ein Vielfaches länger als die physische Antenne, sie schärft die wirksame Strahlöffnung und verbessert die Auflösung im Azimut. Die Winkelauflösung mit einer synthetischen Apertur der Länge L_{sa} ist

This synthetic antenna is many times longer than the physical antenna, thus sharpening the effective beam width and improving azimuth resolution. The angular resolution with a synthetic aperture of the length L_{sa} is

$$\alpha_{sa} = \frac{\lambda \cdot r}{2L_{sa}}$$

Die maximale Länge der synthetischen Apertur ist die Länge des Flugwegs, von dem aus ein Objekt beobachtet wird. Dies ist gleich der Größe des Antennen-Messflecks auf dem Boden in der Entfernung r, wo sich das Objekt befindet.

The maximum length for the synthetic aperture is the length of the flight path from which a scatterer is observed. This is equal to the size of the antenna footprint on the ground at the distance r, where the scatterer is located.

$$L_{sa} = \alpha_{ra} \cdot r = \frac{\lambda \cdot r}{L}$$

Wenn die gesamte synthetische Apertur genutzt wird, ist die geometrische Auflösung im Azimut im Abstand r

If the full synthetic aperture is formed, the azimuthal spatial resolution at the distance r results as

$$\Delta_{az} = \alpha_{sa} \cdot r = \frac{L}{2}$$

Die erzielte Auflösung ist völlig unabhängig von der Entfernung. Das ergibt sich aus der zunehmenden Länge der synthetischen Apertur für ein Objekt in größerem Abstand.

The resolution achieved is completely independent of the range distance. This is the result of the increasing length of the synthetic aperture for longer distances to the object.

Polarisation

Polarisation beschreibt die Richtung des elektrischen Vektors in einer elektromagnetischen Welle. Eine Welle heißt unpolarisiert, wenn der elektrische Vektor eine zufällige Orientierung hat, sodass seine Richtung nicht vorhergesagt werden kann. Da der Reflexionskoeffizient des Lichtes winkelabhängig ist, sind reflektierte Wellen stets zu einem gewissen Grad polarisiert, auch wenn sie ursprünglich unpolarisiert emittiert werden.

Wellen können eben (oder linear) polarisiert sein, dann liegt der elektrische Vektor an allen Stellen der Welle in gleicher Richtung. Der Vektor rotiert also nicht, sondern ändert sich innerhalb einer Ebene. Normalerweise sind Vektoren entweder horizontal oder vertikal orientiert.
Außerdem können Wellen zirkular oder elliptisch polarisiert sein, wobei sich die Richtung des elektrischen Vektors an einem Punkt zeitlich ändert (zirkular) bzw. sich Richtung und Amplitude in bestimmter Weise ändern (elliptisch).

Polarization

Polarization describes the direction of the electric vector in an electromagnetic wave. A wave is said to be unpolarized if the direction of the electric vector has random orientation, so that the direction at any instant cannot be predicted. As the reflection coefficient of light is angle dependent, reflected waves are always polarized to some extent, even though the light may have been originally emitted in unpolarized form.

Waves may be plane polarized or linearly polarized, in which case the electric vector is in the same direction at all points in the wave. Thus, the vector does not rotate but alternate so as to describe a plane. Normally, vectors are oriented either horizontally or vertically.
Furthermore, waves may also be circularly or elliptically polarized, in which case the direction of the electric vector at some point changes with time (circular) or both direction and amplitude change in a relative manner (elliptical).

Polarisationsfilter

Polarisationsfilter lassen nur Lichtwellen passieren, die in einer Polarisationsrichtung schwingen. Man kann sie vor Objektiven verwenden, um Strahlen anderer Polarisationsrichtungen abzuschwächen, z. B. Reflexionen von Glas, Wasser oder anderen Flächen. Zwei zueinander senkrecht orientierte Polarisationsfilter sind nützlich für das stereoskopische Sehen.

Polarizing filters

A polarizing filter is a filter which passes light waves vibrating in one polarization direction only. They can be used over camera lenses to cut down or remove rays of any or all other polarization direction(s), e. g. reflections from glass, water, or other highly reflecting surfaces. Two filters with oriented perpendicular to each other are useful tools for stereoscopic vision.

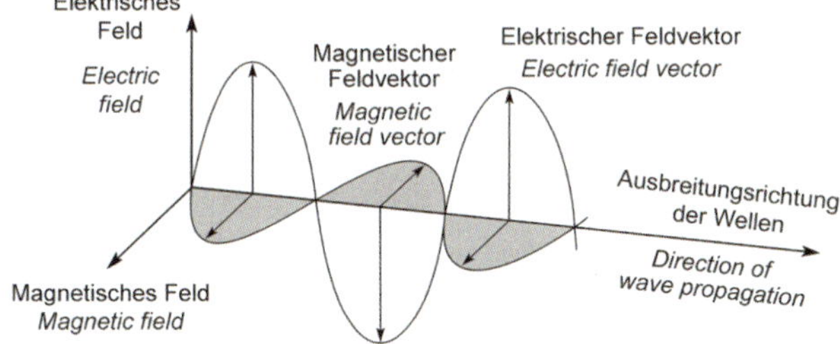

Radar-Polarisation

In der Radar-Fernerkundung bezieht sich Polarisation auf die Orientierung des elektrischen Feldvektors ausgestrahlter oder empfangener Mikrowellensignale. Ein ausgesandtes Signal wird horizontal polarisiert genannt, wenn die Komponente des elektrischen Feldes in einer Ebene liegt, die sowohl zur Bezugsfläche als auch zum Entfernungsvektor senkrecht steht. Die räumliche Orientierung eines horizontal polarisierten Signals ist vom Abstrahlwinkel unabhängig.

Wenn ein ausgestrahltes Signal auf ein Objekt einwirkt, kann sich die Polarisation des Signals ändern. Ein z. B. in horizontaler Polarisation ausgestrahltes Signal kann an einer Objektoberfläche zufällig polarisierte Reflexionen erzeugen (d. h. das Signal wird depolarisiert). Ein Teil des reflektierten Signals wird vertikal polarisiert sein, sodass die Rückstreuung eine vertikal polarisierte Komponente enthält. Dieser Effekt hängt von physikalischen und elektrischen Objekteigenschaften ab.

Die meisten Systeme senden und empfangen horizontal (H) oder vertikal (V) polarisierte Signale. Deshalb kann die Polarisation eines Radarbildes HH (horizontal gesendet/horizontal empfangen), VV (vertikal gesendet/vertikal empfangen) oder HV (horizontal gesendet/vertikal empfangen bzw. umgekehrt) sein. Ist die Polarisation des empfangenen Signals umgekehrt zu der des ausgesandten, heißt das Ergebnisbild kreuzpolarisiert.

Radar polarization

In radar remote sensing, polarization refers to the orientation of the electric field vector of the transmitted or received microwave signal. A transmitted signal is said to be horizontally polarized when the electric field component is in a plane perpendicular to both the reference surface and the range vector. The spatial orientation of a horizontally polarized signal is independent of the angle between the range and Earth normal vectors (i. e. the illumination angle).

When a transmitted signal interacts with a target, the polarization of the signal may change. For example, a transmitted horizontally polarized signal may interact with the target surface to produce randomly polarized reflections (i. e., the signal is depolarized). Part of the reflected signals will be vertically polarized, thus yielding a return signal with a vertically polarized component. This effect on signal polarization is dependent on the physical and electrical properties of the target.

Most systems are designed to transmit and receive either horizontally (H) or vertically (V) polarized signals. Thus, the polarization of a radar image can be HH (horizontal transmit/horizontal receive), VV (vertical transmit/vertical receive), HV (horizontal transmit/vertical receive, and vice versa). When the polarization of the received signal is opposite to that of the transmitted signal, the resulting image is said to be cross-polarized.

SAR-Interferometrie

Die SAR-Interferometrie (INSAR) nutzt die Phasendifferenzen zwischen zwei SAR-Bildern, welche von leicht verschiedenen Positionen aus aufgenommen sind. Diese Phasendifferenz hängt von den Geländeformen ab und macht es möglich, Digitale Geländemodelle (DEMs) hoher Auflösung zu erzeugen.

Zur Gewinnung geeigneter Daten gibt es zwei Möglichkeiten. Eine Geländefläche kann entweder gleichzeitig mit zwei Antennen oder nacheinander mit einer Antenne aufgenommen werden. In jedem Fall muss die wirksame räumliche (und ggf. temporale) Basislänge *B* zwischen beiden Aufnahmen mit hoher Genauigkeit bestimmt werden.

SAR interferometry

SAR interferometry (INSAR) is a technique, which analyses the phase difference between two SAR images acquired from slightly different positions. This phase difference is related to the terrain topography of the scene and can be used to generate high resolution digital elevation models (DEMs).

For the acquisition of appropriate data, two options exist. A terrain surface can either be imaged simultaneously with two antennas or subsequently with one antenna. In either case the effective spatial (and optionally temporal) baseline *B* between the acquisitions must be known with a high degree of accuracy.

Schrägentfernungen	r_1, r_2	Slant range distances
Sensorpositionen	S_1, S_2	Sensor positions
Basislänge	B	Length of the baseline
Neigung der Basislinie	α	Baseline inclination
Abstrahlwinkel	Θ	Illumination angle
Einfallswinkel	Δr	Off-nadir angle
Horizontalentfernung	Y	Ground range distance

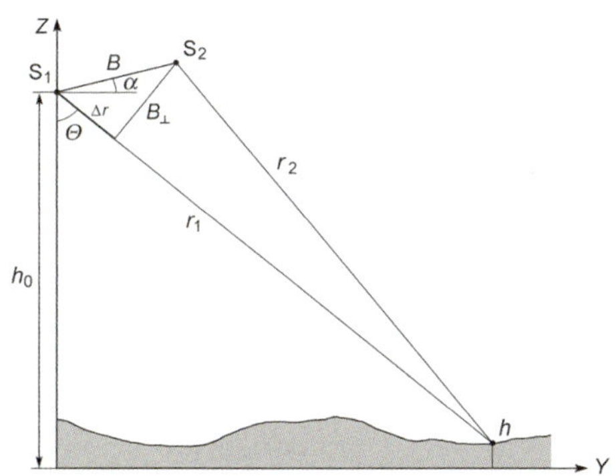

Geometrische Zusammenhänge der SAR-Interferometrie
Basic imaging geometry for SAR interferometry

Berechnung der Höhe eines Punktes

Zur Bestimmung der Höhe eines Geländepunktes *P* kommen zwei Auswerteverfahren infrage: Radargrammetrie und Interferometrie.

Determination of the height of a point

For the determination of the height of a terrain point *P*, two mathematical methods may be applied: radargrammetry or interferometry.

Radargrammetrie

Die Radargrammetrie geht von der allgemeinen Dreiecksgleichung aus:

Radargrammetry

The radargrammetric approach utilizes the general triangle relations:

$$\sin(\theta - \alpha) = \frac{r_2^2 - r_1^2 - B^2}{2 r_1 B}$$

Da alle Variablen außer dem Abstrahlwinkel θ bekannt sind, kann man θ aus dieser Gleichung bestimmen. Damit erhält man

All variables are known except the illumination angle θ. Thus the angle θ can be determined and we receive

$$h = h_0 - r_1 \cos\theta$$

Das Verfahren ist relativ ungenau, da r_1 und r_2 nur mit der Genauigkeit der Entfernungsauflösung vorliegen.

The results of this approach are relatively inaccurate, because r_1 and r_2 are only provided in range resolution.

Interferometrie

Die gemessene interferometrische Phase beträgt bei einem Weglängenunterschied von Δr

Interferometry

If Δr is the slant range distance difference, the recorded interferometric phase will be

$$\Delta\Phi = \frac{4\pi}{\lambda} \Delta r$$

Mit $r_2 = r + \Delta r$ und $r = r_1$ erhält man

with $r_2 = r + \Delta r$ and $r = r_1$, we have

$$\sin(\theta - \alpha) = \frac{\Delta r^2 + 2r \cdot \Delta r - B^2}{2rB}$$

Wieder lässt sich daraus θ berechnen und die Höhe h wie oben ableiten. Die Genauigkeit ist erheblich höher, da Δr auf Millimeter genau bestimmt werden kann. Die erreichbare Höhengenauigkeit hängt von der Stärke des Rauschens der interferometrischen Phase $\Delta\theta$ ab:

θ can be calculated and the height h derived as above. The precision is much higher because Δr can be determined in millimeter accuracy. The height accuracy, that can be achieved, is controlled by the amount of noise of the interferometric phase $\Delta\theta$:

$$\delta h = \frac{r\lambda \sin\theta}{4\pi B} \Delta\Phi$$

Je größer die senkrechte Komponente der Basislinie, desto besser ist die Höhenauflösung. Es gibt aber eine maximale kritische Basislinie, oberhalb derer keine Interferometrie mehr möglich ist.

The larger the vertical component of the baseline, the better the height resolution. However, there is a critical maximum baseline, beyond which interferometry becomes impossible.

$$B^{krit} = \frac{r\lambda \tan\theta}{2\delta_{sr}}$$

Dabei ist δ_{sr} die Entfernungsauflösung des Radars. Beim Satelliten Envisat ist die kritische Basislinie etwa 1100 m lang.

δ_{sr} is the range resolution of the radar. For the Envisat satellite the length of the critical baseline is around 1100 m.

Informationsgehalt von Radarbildern

Aufgrund der kohärenten Datenaufnahme haben Radardaten komplexe Pixelwerte, Amplitude und Phase. Meist wird die Amplitude als Bildhelligkeit genutzt, um Radarbilder zu erzeugen. Die Bildphase wird aber für die Interferometrie wichtig.
Ein punktförmiges Objekt, z. B. aus Metall, hat nur ein dominantes Signal in der Auflösungszelle. Dann ergeben sich Amplitude und Phase aus der Reflektivität.

Bei einem ausgedehnten Objekt, d. h. einem Bildpixel, das viele verschiedene einzelne Objekte enthält, trägt jedes einzelne zur gesamten Rückstreuung bei. Durch die Kohärenz der Radarwellen interferieren alle einzelnen zurückgestreuten Wellen, wenn sie das Gesamtsignal bilden. Das Ergebnis ist ihre kohärente Vektorsumme.

Deshalb enthält jede Auflösungszelle eines ausgedehnten Objekts mehrere Rückstreuzentren, deren primäre Signale durch positive und negative Interferenz helle und dunkle Bildanteile ergeben. Dies verleiht dem Bild eine charakteristische körnige Textur (‚Salz-und-Pfeffer'-Effekt), die man Speckle nennt.
Speckle ist eine Systemeigenschaft und kein Rausch-Effekt. Es kann entweder durch Mehrfach-Aufnahme aus verschiedenen Blickwinkeln oder durch geeignete Filtertechniken reduziert werden. Stets geht die Reduktion des Speckle zu Lasten der geometrischen Auflösung.

Information content of radar images

Due to coherent data recording, radar data have complex pixel values, amplitude and phase. Usually the amplitude is used as the image brightness to generate a radar image. However, the image phase becomes important in radar interferometry. A point scatterer, e. g. a metallic object, has only one dominant signal in a resolution cell. In this case the amplitude and phase are a direct result of the reflectivity.

In a distributed scatterer, i. e. an image pixel where many different individual scatterers are included, each scatterer has a contribution to the total backscatter. Due to the coherent radar wave, all individually backscattered waves interfere when forming a total signal. The result is the coherent vector sum of all contributions.

Therefore, each resolution cell associated with an extended target, contains several scattering centers whose elementary returns, by positive or negative interference, yield light and dark image brightness. This gives the image a characteristic grainy texture ('salt and pepper' appearance), called speckle.
Speckle is a system phenomenon and not a noise effect. It can be reduced either by multi-look processing or by appropriate filtering techniques. In any case, speckle is reduced at the expense of the spatial resolution.

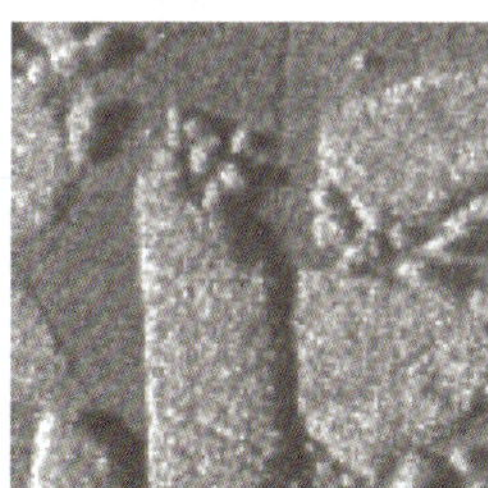

Radar-Speckle:
Originaldaten (links), Speckle-Reduktion durch Mittelwert-Filterung (Mitte), Verbesserung durch besondere Filterung (refined Lee filter) (rechts)
Radar Speckle:
Original data (left), speckle reduction through average filtering (center), improvement through special filtering (refined Lee filter) (right)

Shuttle Radar Topography Mission (SRTM)

Ein sehr bekanntes InSAR-Produkt ist das Höhenmodell, welches in der SRTM (2000) gewonnen wurde. Diese Mission erzeugte Höhendaten von etwa 80 % der Landoberfläche der Erde in einer Rasterweite von etwa 30 Metern mit einer Höhengenauigkeit von ±16 Metern.

Shuttle Radar Topography Mission (SRTM)

A well known example of InSAR products is the elevation model which has resulted from the SRTM (2000). This mission created elevation data over approximately 80 % of the Earth's landmass at a spacing of approximately 30 meters and an accuracy of ±16 meters vertically.

Differentielle Interferometrie

Eine Erweiterung der SAR-Interferometrie, differentielle Interferometrie genannt, kann zur genauen Kartierung von Höhenänderungen dienen. Diese Technik erlaubt die Messung von Oberflächendeformationen mit einer Genauigkeit unter der Radarwellenlänge, meist im Millimeterbereich. Dadurch sind seismische Verformungen, tektonische Bewegungen usw. erfassbar.

Differential interferometry

An extended version of SAR interferometry, the differential interferometry, can be used for precise mapping of elevation changes. This technique allows for the measurement of surface deformations on a scale smaller than the radar wavelength, usually in the millimeter range. It enables the detection of seismic displacements, tectonic movements etc.

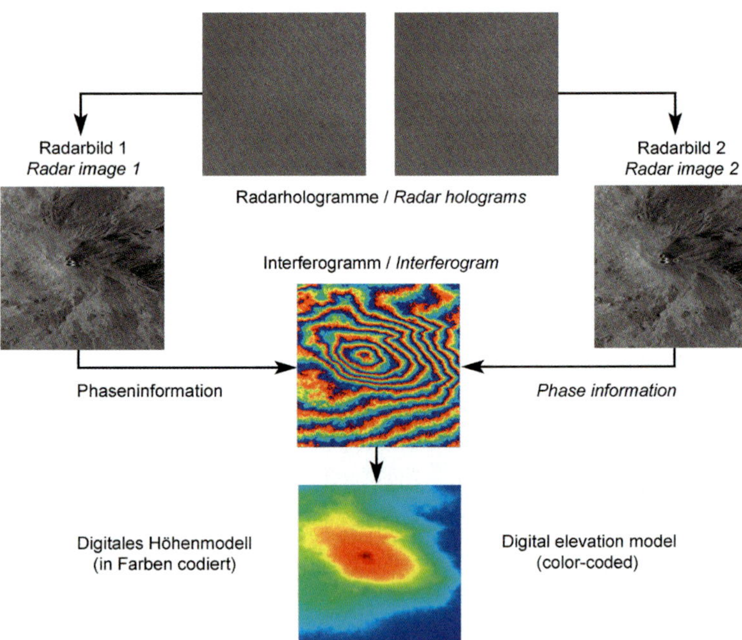

Schematische Darstellung der Verarbeitungskette der SAR-Interferometrie (Ätna)
Schematic diagram of the processing chain for SAR interferometry (Mount Etna)

3.5 Scanner – Scanner

Scanner
Als Scanner bezeichnet man allgemein ein System zum Abtasten eines Untersuchungsobjektes. Die gewonnenen Daten werden in digitale Form umgewandelt, aufgezeichnet und weiter verarbeitet. Für verschiedene Aufgaben wurde eine Vielzahl von unterschiedlich wirkenden Scannern entwickelt.
In der Photogrammetrie und Fernerkundung dienen Scanner allgemein zur Gewinnung von digitalen Bilddaten. Dies gilt für die Digitalisierung von Bildern oder Karten, vor allem aber für die Aufnahme von Daten mit verschiedenen Sensorsystemen.

Scanners
The term scanner generally describes a system which sequentially scans an object under investigation. The data acquired are converted to digital format and recorded for further processing. Many scanners have been developed for a great variety of tasks. They make use of different technical designs.
In photogrammetry and remote sensing, scanners are generally applied for the generation of digital image data. This refers either to the digitization of images or maps, but especially to the acquisition of data by various sensor systems.

Scanner zur Datenaufnahme
In der Photogrammetrie und Fernerkundung ist es üblich, Scanner auf bewegten Plattformen zu betreiben. Dann wird der Scanvorgang entweder ganz oder teilweise durch die Sensorbewegungen erzielt.

Zur Beobachtung der Erde von bewegten Plattformen (Flugzeuge, Satelliten) aus werden meist drei Scan-Muster eingesetzt:

- Quer- oder ‚Whiskbroom'-Scannen: Diese optisch-mechanischen Scanner erfassen in jedem Moment ein Bodenelement. Eine Bildzeile entsteht beim Scannen durch eine mechanische Bewegung quer zur Flugrichtung. Jede neue Bildzeile entsteht durch die Plattformbewegung.
- Längs- oder ‚Pushbroom'-Scannen: Diese zeilenweise arbeitenden Sensoren nehmen ein Bild Zeile für Zeile auf und nutzen dabei die Vorwärtsbewegung der Plattform.
- Kreisförmiges oder konisches Scannen: Ein Scanspiegel ist mit vertikaler Drehachse montiert und erfasst ein kreisförmiges Bodenmuster. Ein Vorteil ist, dass der Abstand vom Sensor zum Boden konstant und die Messzelle am Boden immer gleich groß ist.

Scanners for data acquisition
For photogrammetric and remote sensing purposes, it is common to use scanners on moving platforms. Then the scanning procedure is either fully or partly achieved by the sensor movements.

For Earth observation from moving platforms (airplanes and satellites), three types of scanning patterns are mostly applied:

- Cross-track (or whiskbroom) scanning: This opto-mechanical scanners observe a single terrain element at any instant of time. An image line is generated by scanning in the cross-track direction by a mechanical movement. Any new image line is generated by the platform motion.
- Along-track (or pushbroom) scanning: With these line-scanning sensors the image is built line by line, making use of the forward motion of the sensor platform.
- Circular (or conical) scanning: A scanning mirror is mounted with a vertical axis of rotation, sweeping a circular path on the ground. An advantage is that the distance from sensor to ground is constant and all ground resolution cells are of the same dimension.

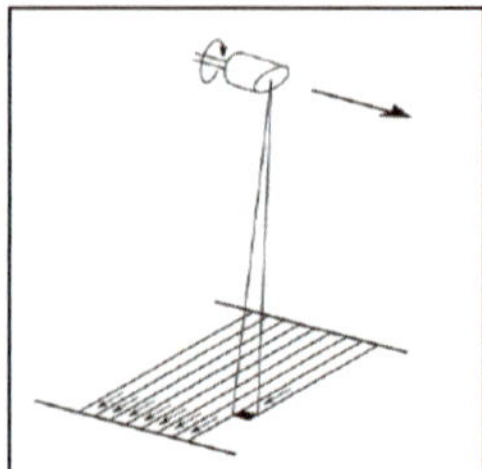
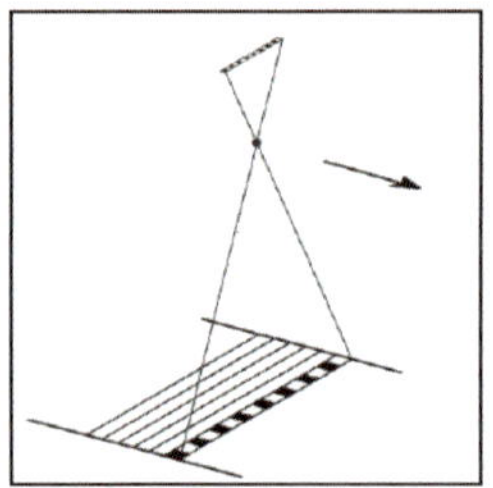
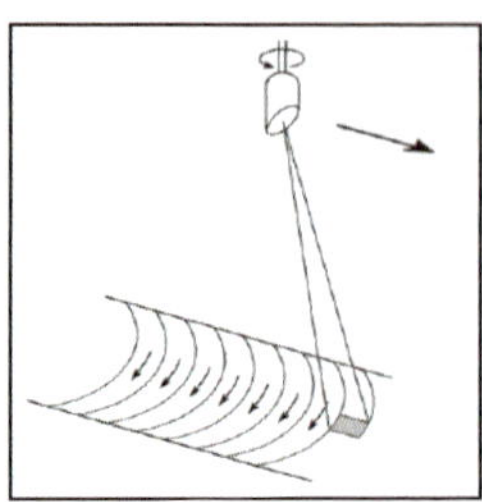

Scan-Muster für Scanner auf bewegten Plattformen (schematisch):
'Whiskbroom'- (links), 'Pushbroom'- (Mitte), konischer Scanner (rechts)
Scan patterns for sensors on moving platforms (schematically):
whiskbroom scanner (left), pushbroom scanner (center), circular scanner (right)

3D-Scanner

Zur Erfassung von Objekten in räumlichen Punktwolken werden 3D-Scanner benutzt. Dazu wird der Scanprozess mit Laserentfernungsmessungen kombiniert. Der Vorgang wird deshalb Laserscanning genannt und macht von der Technik des Lidar Gebrauch. Die Technik kann man von bewegten Plattformen oder von feststehenden Instrumenten aus anwenden.

3D scanners

3D scanners are devoted to the acquisition of three-dimensional point clouds of objects. For this purpose the scanning procedure is combined with laser distance measurements. Therefore, the operation is called laser scanning, the technical background is known as Lidar. The technique may be applied from moving platforms or from stationary instruments.

3.6 Laserscanning – Laser scanning

Eine weitere Art der aktiven Fernerkundung ist Laserscanning. Anders als bei vorab besprochenen Systemen der Fernerkundung wird hier eine Entfernung zu verschiedenen Punkten gemessen und mittels einer Punktwolke visualisiert.

Another kind of active remote sensing is laser scanning. As opposed to the previously discussed systems of remote sensing, it measures the distances to different points and visualizes them using a point cloud.

Lidar (Light Detection and Ranging)

Lidar (Abkürzung für „Light Detection and Ranging“) ist ein aktives Fernerkundungsverfahren. Es arbeitet ähnlich wie ein Mikrowellen-Radar, benutzt aber den optischen Teil des elektromagnetischen Spektrums zwischen dem ultravioletten und dem nahen Infrarotbereich. Lidar-Systeme bestehen aus einem Laser, der Strahlung in Pulsen oder kontinuierlich durch eine fokussierende Optik aussendet. Ein anderes optisches System fokussiert zurückkommende Strahlung auf einen Detektor. Als aktive Systeme sind Lidars Tag und Nacht einsetzbar.

Lidar (Light Detection and Ranging)

Lidar (Acronym for "Light Detection and Ranging") is an active remote sensing technology. It works similar to a microwave radar, but it operates in the optical range of the electromagnetic spectrum comprising ultraviolet to near-infrared ranges. Lidar systems consist of a laser which emits radiation in pulse or continuous mode through a collimating system. A second optical system collects the radiation returned and focuses it on a detector. As active remote sensing systems lidars are independent from sun light and work well at night.

Wenn gepulste Laser zur Abstandsmessung genutzt werden, können atmosphärische Schichten räumlich erfasst werden. Geeignete Laser-Kombinationen erlauben die detaillierte Beobachtung atmosphärischer Bestandteile durch die Messung wellenlängenabhängiger Intensitäts- unterschiede der Rücksignale. Lidar-Messungen eignen sich auch zur Berechnung atmosphärischer Temperaturprofile.

If pulsed laser beams for range measurements are used, three-dimensional mapping of atmospheric layers is possible. Suitable laser combinations allow for detailed remote observation of atmospheric contents by observing wavelength-dependent changes in the intensity of the returned signal. Lidar measurements can also be applied to calculate atmospheric temperature profiles.

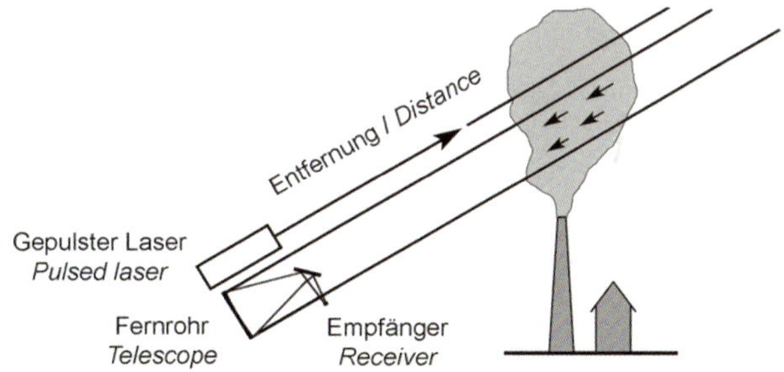

Schematische Darstellung eines erdfesten Lidars zur Erfassung von Luftschadstoffen
Schematic diagram of a ground-based lidar for observation of atmospheric pollution

Die Ozeanographie verwendet Lidar-Systeme zur Erfassung der Biomassenverteilung in den Ozeanen (Phytoplankton) mit Nutzung des Fluoreszenzeffektes. Ferner werden Ölverschmutzungen beobachtet.

Obwohl das Grundprinzip immer gleich ist, sind drei verschiedene Gruppen und Anwendungen von Lidar-Systemen zu unterscheiden:

Lidar-Systeme zur räumlichen Erfassung von Stoffen in der Atmosphäre und im Meer.
Diese Technik beruht darauf, dass Laserstrahlen sehr empfindlich auf Wolken, Aerosole, Luftschadstoffe, Ölschichten usw. reagieren. Deshalb werden Lidar-Methoden in verschiedenster Weise in der Atmosphärenforschung, Meteorologie, Ozeanographie usw. genutzt. Die verschiedenen Systeme können unter *Umwelt-Lidar* zusammengefasst werden.

Lidar-Systeme, die Abstände mit hoher Genauigkeit messen und topographische Daten erfassen (Altimetrie).
In Kombination mit GPS/INS-Systemen zur Messung von Ort und Orientierung des Sensors dienen Lidars für die systematische Gewinnung von Geländedaten. Diese Methode, bei der die Bewegung der Plattform zum Scanprozess führt, wird allgemein *Airborne Laserscanning* genannt.

Lidar-Systeme für Anwendungen in dem Bereich, der auch durch Nahbereichsphotogrammetrie erfasst wird.
Diese Systeme werden fest aufgestellt. Ein mechanisches oder elektronisches Element erzeugt ein Scanraster in zwei Richtungen. Das Prinzip wird *Terrestrisches Laserscanning* genannt.

In oceanography, lidar systems are applied to estimate biomass distribution in the oceans (phytoplankton), making use of fluorescence effects. Furthermore, oil spill detection is addressed.

Although the basic principles are always the same, three different categories and applications of Lidar systems must be distinguished:

Lidar systems for collecting data on atmospheric contents in three dimensions or sea pollution.
This approach makes use of the fact that laser radiation is highly sensitive to clouds, aerosols, air pollutants, oil spills, etc. Therefore, lidar techniques are applied in many different ways for atmospheric research, meteorology, oceanography, and related fields. The various systems may be comprised under the title *Environmental Lidar*.

Lidar systems that measure distances with high precision and are used for the acquisition of topographic data (altimetry).
In combination with GPS/INS systems, which determine the attitude and position of the sensor, lidar is applied for systematic acquisition of terrain data. This procedure, where the movement of the platform generates the scanning process, is generally called *airborne laser scanning*.

Lidar systems for applications in the field which is also covered by close-range photogrammetry.
Such systems are operated stationary. An opto mechanical or optoelectronic device generates a scan pattern in two dimensions. This application is called *terrestrial laser scanning*.

Umwelt-Lidar

Lidar-Systeme zur Umweltforschung senden Laserstrahlen in die Atmosphäre und empfangen die rückgestreute Strahlung in einem Teleskop, um sie zu messen und zu registrieren. Dadurch kann man physikalische und chemische Parameter atmosphärischer Schichten erfassen. Die Methoden und Instrumente hierzu sind vielfältig. Das Prinzip kann vom Boden aus oder von Flugzeugen aus eingesetzt werden, ferner gibt es Satellitensysteme.

Für verschiedene Anwendungen werden unterschiedliche Arten der Streuung genutzt, meist die Rayleigh-, die Mie-, die Raman-Streuung oder die Fluoreszenz. Beobachtet werden die Konzentration einzelner Gase oder Bestandteile in der Atmosphäre, wie Wolken, Rauch und andere Partikel (Aerosole), Ozon usw.

Flugzeug-Laserscanner

Hauptkomponenten eines Flugzeug-Laserscanners sind der Laser, die Scantechnik, die projizierende und die empfangende Optik mit Detektoren sowie die Navigationssensoren (GPS und INS).

Laser für topographische Anwendungen arbeiten meist im nahen Infrarotbereich des Spektrums (zwischen 1.0 and 1.5 μm). Entfernungen erhält man, indem man sehr kurze Lichtpulse aussendet und die Zeit bis zum Empfang des reflektierten Signals misst. Die Pulsfrequenzen können sehr hoch sein (z. B. bis zu 100000 pro Sekunde). Jeder Puls leuchtet eine kleine Fläche am Boden aus, den Messfleck (IFOV).

Environmental Lidar

Lidar systems for environmental research generally send laser-light beams into the atmosphere and collect and record backscattered radiation by a telescope. Thus, the physical state and chemical composition of atmospheric layers can be observed. Methods and instrumentation for these purposes are manifold. The principle may be applied with ground-based or airborne equipment. Satellite systems are also in operation.

Different types of scattering are used for different applications, most common are Rayleigh scattering, Mie scattering, Raman scattering, and fluorescence. Subjects of observation are e. g. the concentration of certain gases or constituents in the atmosphere, such as clouds, smoke and other particles (aerosols), ozone, etc.

Airborne laser scanning

The main components of an airborne laser scanner are the laser, the scanning mechanism, the projection and the receiving optics with detectors, and the navigation sensors (GPS and INS).

Lasers used for topographic applications typically operate in the near-infrared portion of the spectrum (between 1.0 and 1.5 μm). Distances are measured by sending out very short pulses of light and measuring the time until they return. The pulse rates can be very high (e. g. up to 100000 per second). Each pulse covers a small area on the ground, the instantaneous field of view (IFOV).

Das System benötigt eine Scanvorrichtung, sodass in Kombination mit der Bewegung des Flugzeugs ein Geländestreifen systematisch erfasst wird. Es kommen verschiedene Scanmuster vor, z. B. ein Zickzack-Muster oder konische Abtastung. Die Dichte der Messpunkte am Boden hängt von der Gerätetechnik sowie Flughöhe und Fluggeschwindigkeit ab.

The system requires a scanning mechanism, so that, in combination with the forward motion of the plane, a systematic coverage of a terrain strip is achieved. Various scan patterns are applied, e. g. a zigzag mode or a conical scan pattern. The density of the points on the ground will vary with the instrument's configuration, the altitude and the flying speed.

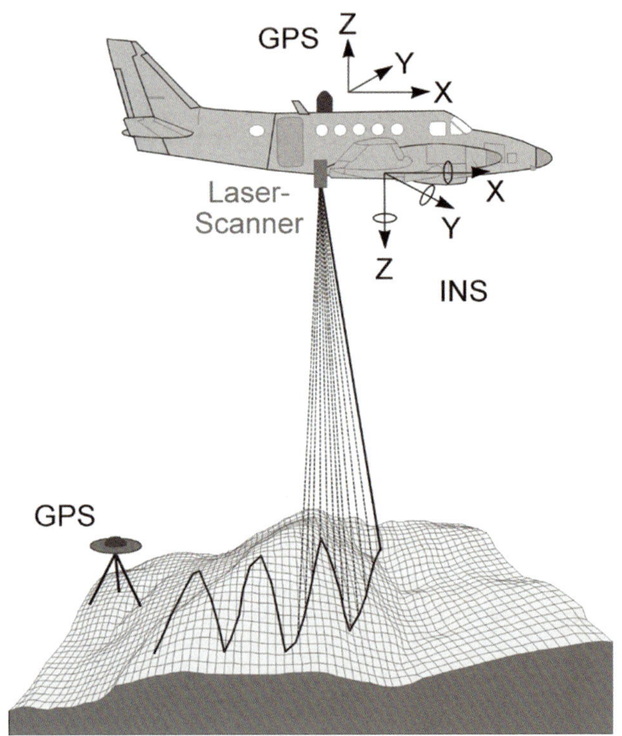

Schematische Darstellung eines Laserscannersystems (mit Zickzack-Muster)
Schematic diagram of the components of an airborne laser scanner (with zigzag scan)

Laserscanner messen den Abstand zu einer reflektierenden Oberfläche sehr genau. Dies ist nur sinnvoll, wenn auch die Richtung des Vektors vom Sensor zum Objektpunkt verfügbar ist. Deshalb werden Laserscanner mit sehr präzisen GPS/INS-Systemen kombiniert.

Die Messpunkte erfassen nicht unbedingt das Gelände. Viele liegen auf Bäumen, Dächern, Brücken usw. Da Vegetation zum Teil durchdrungen wird, kann man z. B. die Baumkronen eines Waldes und den darunter liegenden Boden voneinander trennen. Es ist auch möglich, Mehrfachsignale zu erfassen, wenn verschiedene Höhen in einem Messfleck (IFOV) liegen. So können sogar Höhen von Leitungen oder anderen Objekten bestimmt werden.

Laserscanning erzeugt große Datenmengen, aus denen erwünschte Ergebnisse in mehreren Stufen abgeleitet werden. Aufwendige Filterungen werden angewandt, um unerwünschte Punkte zu eliminieren. Die Ergebnispunkte sind unregelmäßig verteilt. Um z. B. ein Digitales Geländemodell zu erhalten, muss in ein Gitter interpoliert werden.

Laser scanners measure the distance to the reflecting surface with high accuracy. This only makes sense if the direction of the vector from the sensor to the object point is also provided. For this purpose, the laser scanner is usually integrated with a high-precision GPS/INS system.

The measured points do not necessarily represent the terrain, many of them lie on trees, roofs, bridges, etc. Because trees or other vegetation is partly penetrated, it can be discriminated between the vegetation canopy of a forest and the underlying soil surface. It is also possible to record multiple signal returns, if reflection occurs in different heights within one IFOV. By such techniques, even the heights of power lines or similar objects can be determined.

Laser scanning provides large volumes of data, requiring several steps of processing to derive the relevant results. Sophisticated filtering is applied in order to eliminate undesired points. Furthermore, the point clouds achieved are irregularly distributed. To form e. g. a standard Digital Elevation Model, the data must be interpolated to a regular grid.

Schematische Darstellung zur mehrfachen Reflexion eines Laserstrahls innerhalb eines Messflecks

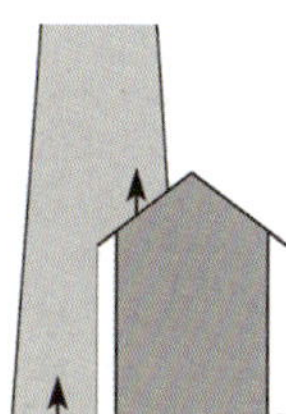

Schematic sketch showing the multiple reflection of a laser beam within an IFOV

Abbildender Laserscanner

Außer dem Abstand kann mit dem Lidar auch die Intensität jedes reflektierten Laser-Impulses gemessen werden. Man erhält dann ein Intensitätsbild in der Auflösung des Höhenmodells. Diese Bilder können zur Qualitätskontrolle der Höhendaten oder für andere Interpretationen dienen.

Mars Orbiter Laser Altimeter

Die Laser-Altimetrie ist 1999–2001 sehr erfolgreich im Mars Orbiter Laser Altimeter (MOLA) eingesetzt worden, um ein topographisches Modell der ganzen Oberfläche des Planeten Mars zu bestimmen.

Imaging laser scanner

Besides the distance, Lidar sensors can also record the intensity for each laser pulse return. This results in an intensity image at the same spacing as the elevation points. Such intensity images can be used as an aid for the quality control of the elevation data or other interpretation.

Mars Orbiter Laser Altimeter

The principle of laser altimetry has been very successfully applied 1999–2001 with the Mars Orbiter Laser Altimeter (MOLA) to determine a topographic model of the whole surface of the planet Mars.

Terrestrisches Laserscanning

Terrestrisches Laserscanning erfasst die räumliche Oberfläche eines Objektes durch die Analyse des reflektierten Lichtes eines Laserstrahls, der die Oberfläche scannt. Ein solches Messsystem enthält drei Subsysteme: eines zur Winkelmessung, eines zur Abstandsmessung und eine Steuer- und Speichereinheit. Eine große Anzahl von 3D-Punkten bildet eine ‚Wolke', die die Objektoberfläche in Polarkoordinaten beschreibt. Wenn auch die Reflexionsintensität erfasst wird, kann ein Objektbild erzeugt werden, wobei jedem 3D-Punkt ein Intensitätswert zukommt. Punktsignalisierung ist nicht erforderlich.

Terrestrial laser scanning

Terrestrial laser scanning describes the three-dimensional surface of an object through the analysis of the reflected light from a laser beam, which scans over the surface. Such laser scanning systems comprise three subsystems, one for angle measurements, one for distance measurements, and a control and recording unit. A large number of 3D points form a 'cloud', describing the surface of the object in polar coordinates. If the reflected intensity is also recorded, an object image can be generated where each measured 3D point is associated with an intensity value. There is no targeting required.

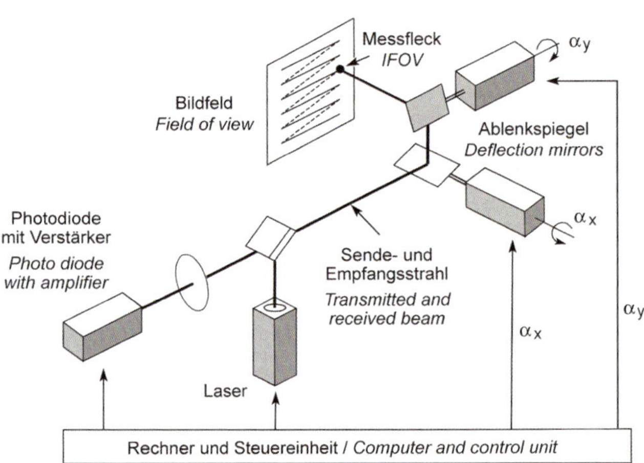

Schematische Darstellung der Hauptkomponenten eines terrestrischen Laserscanners
Schematic diagram of the main components of a terrestrial laser scanner

Oft wird das Bildfeld durch optische Ablenkkomponenten im Zickzack erfasst. Andere Systeme arbeiten als Panorama- Scanner und ermöglichen eine 360°-Aufnahme von einem Punkt aus.

3D-Laserscanner können schnell große Punktmengen erfassen. Diese Art der Datenaufnahme erfolgt aber unstrukturiert. Deshalb sind die Punktwolken entweder manuell oder durch komplexe automatische Verarbeitung zu strukturieren.

Often, the field of view is scanned in a zigzag mode by means of optical deflection components. Other systems operate as panoramic scanners and allow for 360° measurements from one station.

3D laser scanners can record very large numbers of points rapidly. However, data acquisition is an unstructured process. Thus, the point clouds must be structured either manually or through sophisticated automatic processing.

3.7 Fragen und Antworten – Questions and answers

- Warum erscheint heiße Lava rötlich?
- Wieso verändert sich die Farbe der Lava im Kühlungsprozess?
- An welchem Punkt liegt das Maximum der emittierten Energie von aktiver Lava?

- Why does hot lava appear reddish?
- Why does its color change in the cooling process?
- At what point is the maximum energy emitted by active lava?

Heiße Lava hat eine Temperatur von etwa 1000 °C. Je nach Zusammensetzung kann sich diese ändern.
Durch das Wien'sche Verschiebungsgesetz können wir die Wellenlänge maximaler Strahlung errechnen. Dies ist in der Abbildung über die Planckkurven gezeigt. Dort sieht man, dass dieses Maximum außerhalb des sichtbaren Bereiches des Lichtes liegt.

Hot lava has a temperature of about 1000 °C. This changes based on its composition. With Wien's Displacement Law, we can calculate the wavelength of the maximum radiation.
This is shown in the figure with the Planck curves. The maximum lies outside the spectrum of the visible light.

Das gesamte Strahlungsspektrum von heißer Lava ist aber breiter als dieser Wert, und ein Teil davon schneidet den roten Bereich des sichtbaren Lichtes, während die anderen Teile nicht berührt werden.
Für das menschliche Auge erscheint heiße Lava folglich rot.

The entire radiation spectrum of hot lava is wider than just this maximum and a part of it intersects with the red part of the visible spectrum while the other visible parts are untouched.
Therefore, hot lava appears red for the human eye.

Kühlt Lava ab, so verschiebt sich das Maximum der Planck-Kurven nach rechts, und die Kurve schneidet den sichtbaren Bereich des Lichts weniger. Schrittweise wird somit rot-orangene Lava zu roter und schließlich zu dunkelroter Lava. Anschließend kühlt die Lava so weit ab, dass die Planck-Kurve den sichtbaren Bereich des Spektrums verlässt.

When lava cools, the maximum of the Planck curves shifts to the right and the curve intersects the visible part to a lesser extend. Step by step, a red-orange lava turns red and, lastly dark red. Afterwards, it cools sufficiently for the Planck curve to leave the visible part of the spectrum entirely.

- Welche Energiequellen sind denkbar für elektromagnetische Strahlung?
- In welcher Wellenlänge strahlen diese Objekte?
- Wo liegt das jeweilige Maximum der Strahlung?

Alle Objekte mit einer Temperatur über 0 Kelvin emittieren elektromagnetische Strahlung. Die Wellenlänge dieser Strahlung hängt von der Wellenlänge der Objekte ab.

Die maximale Strahlung wird mit dem Wien'schen Verschiebungsgesetz berechnet.

Z. B.
Aktive Lava
– 1000 °C – 2.28 µm Strahlungsmaximum

Die Planck-Kurve schneidet den sichtbaren Bereich des Lichtes im roten Bereich, sodass aktive Lava uns rot erscheint.

Weißglühender Stahl
– 1500 °C – 1.63 µm Strahlungsmaximum

Die Planck-Kurve schneidet das gesamte sichtbare Spektrum des Lichtes, sodass der Stahl weiß erscheint.

Bäume
– 20 °C – 9.88 µm Strahlungsmaximum

Die Planck-Kurve schneidet den sichtbaren Bereich des Lichtes nicht. Wir nehmen nur die reflektierte, nicht die emittierte Energie der Bäume wahr.

Die verschiedenen Planck-Kurven sind gut mit den oben abgedruckten vergleichbar, um eine Verteilung der emittierten Energie zu erhalten. Für detaillierte Berechnungen verweisen wir auf die angegebene, weiterführende Literatur.

- Which energy sources are conceivable for electromagnetic radiation?
- In which wavelength do these objects radiate?
- Where is the respective maximum of the radiation?

All objects with a temperature above 0 Kelvin emit electromagnetic radiation. The wavelength of this radiation depends on the wavelength of the objects.

The maximum radiation can be calculated with Wien's Displacement Law.

E. g.
Active lava
– 1000 °C – 2.28 µm radiation maximum

The Planck curve intersects the visible part of the light in the red area so that active lava appears reddish to us.

White, incandescent steel
– 1500 °C – 1.63 µm radiation maximum

The Planck curve intersects the entire part of the visible spectrum so that the steel appears white.

Trees
– 20 °C – 9.88 µm radiation maximum

The Planck curve does not intersect with the visible spectrum of the light. We only notice the reflected, not the emitted, electromagnetic energy of the trees.

The different Planck curves are comparable with those printed before to get a grasp of the distribution of the emitted energy. For more detailed calculation, we refer to further literature.

- Chinas Städte haben ein notorisches Problem mit Abgasen. Welche Auswirkungen hat dies auf die menschliche Wahrnehmung von Farben?

Abgase sind kleine Aerosole wie Staub oder Rauch mit einem Radius von 1 μm und kleiner. Unsere Farbwahrnehmung erfolgt im sichtbaren Bereich des Lichtes. Aerosole dieser Größe erzeugen dort Mie-Streuung. Für unsere Farbwahrnehmung bedeutet das, dass das Licht diffus wirkt und damit Farben überlagert. Werden die Aerosole kleiner, setzt Rayleigh-Streuung ein. Hier wird selektiv das kurzwelligere Licht gestreut. In dem sichtbaren Bereich des Lichtes handelt es sich um das blaue Licht. In diesem Fall wird unsere Farbwahrnehmung gelb- bis rotlastiger.

- Chinese cities have a notorious issue with pollution. Which ramifications does this have on the human perception of colors?

Pollution consist of small aerosols like dust and smoke with a radius of under 1 μm. Our color vision happens in the visible part of the spectrum. Here, aerosols of such sizes cause Mie scattering. Our vision blurs and colors are superimposing each other. With smaller aerosols, Rayleigh scattering begins. The shorter wavelengths are scattered preferably. In the visible part of the spectrum, this is the blue light. In this case, our color vision becomes more yellow to reddish.

- Auf welchen Wellenlängen beträgt die Summe aus Absorption und Streuung nahezu 100 % der elektromagnetischen Strahlung?
- Aus welchen Summanden setzt sich dieser Prozentsatz zusammen?
- Können wir von der Erdoberfläche aus Sonnenstrahlung auf diesen Wellenlängen noch wahrnehmen?

Atmosphärische Fenster lassen Licht der entsprechenden Wellenlängen auf die Erde, ohne sie signifikant abzuschwächen. Beträgt die Summe aus Absorption und Streuung 100 %, gelangt kein Licht dieser Wellenlänge auf die Erde. Wir können somit auch in diesem Bereich nichts mehr wahrnehmen was sich jenseits der Atmosphäre befindet. Dies tritt zum Beispiel auf bei etwa 1,4 μm, etwa 1,8 μm, etwa 2,6 μm, von 5 bis 7 μm sowie jenseits der 14 μm. Besonders Wasserdampf und Kohlenstoffdioxid tragen hierzu bei. Zudem sieht man im Transmissivitätsspektrum die Doppelspitze der Ozonabsorption deutlich zwischen 9 und 10 μm.

- On which wavelengths does the sum of absorption and scattering equal approximately 100 % of the electromagnetic radiation?
- What are the contributors to this percentage?
- Can we detect solar radiation on these wavelengths from the earth's surface?

Atmospheric windows allow light of the respective wavelengths to reach the Earth without attenuating it significantly. If the sum of absorption and scattering is 100 %, no solar radiation of these wavelengths reaches the earth's surface. Hence, we cannot detect anything originating from beyond the atmosphere. This happens, for example at about 1.4 μm, 1.8 μm, 2.6 μm, from 5 to 7 μm and beyond 14 μm. Especially water vapour and carbon dioxide play an important role. Additionally, the double peak of the ozone absorption is clearly visible between 9 and 10 μm in the transmissivity spectrum.

- Angenommen, wir haben ein Pixel mit Objekten, denen die Werte „30", „60" oder „90" zugeordnet werden. Welche Kombinationen gäbe es, um einen Pixelwert von „60" bzw. „75" zu erzeugen?

Die prozentualen Anteile der Objektintensitäten oder Grauwerte (G) werden zur Berechnung des Pixelwertes genutzt.

Z. B. / e. g.
20 % von / of G = 30
60 % von / of G = 60
20 % von / of G = 90
→ G(Pixel) = 30*0.2+60*0.6+90*0.2=60

- Let's assume we have a pixel with objects, that have values of "30", "60", or "90". Which combinations are possible to create a pixel value of "60" and "75"?

The percentages of each object's intensity, or the gray value (G), are used for the calculation.

Z. B. / e. g.
10 % von / of G = 30
30 % von / of G = 60
60 % von / of G = 90
→ G(Pixel) = 30*0.1+60*0.3+90*0.6=75

- Welche Art von Satelliten ist am besten geeignet für eine Überwachung eines hochfrequenten Ereignisses, zum Beispiel eines Vulkanausbruches?
- Welche Satellitenart würde man für detailgetreue Beobachtungen von langsamen Veränderungen der Erdoberfläche nutzen, zum Beispiel Urbanisierung?

Hochfrequente Ereignisse erfordern eine möglichst lückenlose Überwachung. In Bezug auf Fernerkundung bedeutet dies eine hohe temporale Auflösung. Dies ist zum Beispiel mit geostationären Satelliten der Fall. Polar-kreisende Satelliten haben eine niedrigere temporale Auflösung. Wenn jedoch mehrere Satelliten mit ähnlichen Bändern genutzt werden, können diese auch zusammengenommen eine hohe temporale Auflösung erzeugen.

In diesem Fall liefert die höhere geometrische Auflösung polar-kreisender Satelliten im Vergleich zu geostationären einen weiteren Vorteil. Für einen Vulkanausbruch werden zudem Satelliten mit entsprechend relevanten Bändern gebraucht. Dies sind im Regelfall das sichtbare Spektrum sowie der Infrarotbereich.

Urbanisierung wird hingegen vergleichsweise langsam voranschreiten. Hier ist eher eine hohe geometrische Auflösung vorteilhaft. Polar-kreisende Satelliten sind damit von Vorteil, auch wenn sie einzeln genutzt werden und somit die temporale Auflösung bei 24 bis 48 Stunden belassen.

- Which type of satellite is most useful for monitoring of high-frequency events like volcanic eruptions?
- Which type of satellite would you use for detail-oriented monitoring of slow changes on the earth's surface like urbanization?

High-frequency events require an almost continuous monitoring. Regarding remote sensing, this refers to a high temporal resolution. This can be done with geostationary satellites. Polar-orbiting satellites have a lower temporal resolution. However, if more satellites with similar bands are used, they can create an artificial, high temporal resolution.

In this example, a high geometrical resolution from polar-orbiting satellites is another advantage compared to geostationary satellites. For volcanic eruptions, satellites with special bands are required. In general, this is the visible spectrum as well as the infrared range.

Urbanization, on the other hand, advances comparably slowly. Here, a high geometrical resolution is necessary. Polar-orbiting satellites have an advantage, even when they are used independently and the temporal resolution is as low as 24 to 48 hours.

- Welche Grauwerte von Rot, Grün und Blau muss ein RGB-Pixel eines 10-Bit-Bildes haben, um Gelb oder Hellblau zu erscheinen?

Für Gelb benötigt man das Maximum aus Rot und Grün. Bei einem 10-Bit-Bild haben wir 1024 Grautöne. In einem 10-Bit-gelben Pixel besitzen wir also folgende Grauwerte:

- Which gray values of red, green and blue are needed for a RGB pixel of a 10 bit image to appear yellow or light blue?

For yellow, we need the maximum of red and green. In a 10 bit image, we have 1024 gray values. Thus, in a 10 bit yellow pixel, we have the following values:

R: 1024
G: 1024
B: 0

Sucht man im Internet die RGB-Werte für Hellblau, so stößt man zum Beispiel auf (R:173, G: 216, B: 230). Dies basiert jedoch auf 8-Bit-Systemen. Für ein 10-Bit-System müssen wir dieses erweitern:
8 Bit = 2^8 Grauwerte
10 Bit = 2^{10} Grauwerte
$\rightarrow$ Ein 10-Bit-Pixel hat 4x so viele Grautöne wie ein 8-Bit-Pixel.

Looking up RGB values for light blue, we can find values like (R:173, G:216, B:230). This is based on an 8 bit system.
For a 10 bit system, we need to extrapolate this:
8 bit = 2^8 gray values
10 bit =2^{10} gray values
$\rightarrow$ A 10 bit pixel has 4x as many gray values as an 8 bit pixel.

R: 173 x 4 = 692
G: 216 x 4 = 864
B: 230 x 4 = 920

- Gesunde Vegetation im Hochsommer reflektiert viel Energie im grünen, aber deutlich mehr im infraroten Bereich des Spektrums.
- Welche Möglichkeiten gibt es, um mittels Echt- oder Falschfarbenbildern gesunde Vegetation im Hochsommer zu detektieren?

Ein Echtfarbenbild zeigt die Farben, die das menschliche Auge auch sehen würde. Hier ist der Grünton dominant im Vergleich zu dem roten und blauen Farbton. Durch diese Farbgebung können wir Grünschimmer erkennen und diesen der Vegetation zuordnen.

Oftmals ist dieses nicht eindeutig, vor allem, wenn Gewässer oder Gebäude auch grünlich erscheinen. Nutzt man hier die Bildinformation im nahen Infrarotbereich, die der Vegetation eigen ist, so kann man diese separieren. Das läuft über Falschfarbenbilder, in denen der rote Kanal durch den nahen Infrarotkanal ersetzt wurde. Beispiele für solche Verfahren sind im NDVI oder EVI zu finden.

- Healthy vegetation in summer reflects a large proportion of the energy in the green part but considerably more in the infrared range of the spectrum.
- Which possibilities exist to detect healthy vegetation in summer with true- or false-color images?

A true-color image shows the colors the human eye would see. In this case, the green hue is dominant in comparison to the red and blue hues. Based on this coloring, we see a green image and relate this to vegetation.

Oftentimes, this is not unambiguous, especially if water or buildings appear greenish. If we use the image information in the near-infrared range, that is unique to healthy vegetation, we can separate these objects. This is done via false-color images, where the red band is replaced by the infrared one. Examples for such methods are the NDVI or the EVI.

- Beobachten wir Gewässer, so erscheinen uns diese in vielen Farbtönen. Oft sind sie bläulich, farblos, bräunlich oder grün. Woher kommen diese Unterschiede und welche Möglichkeiten gibt uns das bezüglich der Fernerkundung?

Wasser selbst ist farblos. Die verschiedenen Farbtöne haben ihren Ursprung in der Geologie und Biologie. Oft sind Schwebstoffe im Wasser. Mit diesen kleinen Sand- oder Tonpartikeln wird das Wasser bräunlich. Je schneller zudem die Fließgeschwindigkeit, desto schwerer setzen sie sich ab. Auch organische Stoffe wie Algen können die Farbe verändern (Stichwort: Eutrophierung). Je tiefer das Gewässer, desto schwerer wird es sein, den Grund zu sehen. Auch dies hat eine Auswirkung auf die Farbwahrnehmung.

Für die Fernerkundung hat dies vielerlei Auswirkungen: Wasser selbst erscheint uns schwarz, weil die Reflexion des Wassers zurück zum Sensor sehr gering ist. Der Schwebstoffanteil an der Oberfläche wird jedoch gut erkannt und die Gewässer sind in den entsprechenden Farbtönen dargestellt. Mittels der Fernerkundung kann man also indirekt auf Parameter wie Fließgeschwindigkeit, Bodenbeschaffenheit oder Nährstoffgehalt schließen. Ist das Wasser jedoch klar, ruhig und tief, so erscheint es uns schwarz.

- Die Detektion und Quantifikation von Vulkanasche in der Luft ist von hoher Bedeutung für die Sicherheit des Luftraumes. Von welchen Parametern könnte die Genauigkeit dieser Bestimmung abhängen?

Die Genauigkeit der Bestimmung von Aschepartikeln in der Luft hängt von vielen Parametern ab. Zuerst wären die geometrischen und spektralen Auflösungen des Sensors zu nennen. Sind die Pixel zu groß, wird es auch schwer, kleinere Aschepartikel zu erkennen. Zudem sind die Wellenlängen um 11 µm und 12 µm relevant für die Detektion. Der Sensor sollte also auch hier eine hohe spektrale Auflösung haben und somit einen sehr kleinen, spezifischen Wellenlängenbereich abdecken.

- While observing water bodies, they appear to us in a range of colors. Often, they are bluish, colorless, brownish or greenish. Where do these differences originate from and which opportunities do we have regarding remote sensing?

Water itself has no color. The different hues originate in the geology and biology. Oftentimes, sediment is floating in the water. These are small sand or clay particles that turn the water brownish. The faster the water is running, the harder it is for them to settle down. Organic substances like algae can also cause a change in coloring (see eutrophication). The deeper the water, the harder it will be to see the bottom. This also influences its coloring.

This has many consequences for remote sensing: water itself appears black to the sensor because the reflection of the water back to the sensor is very low. However, particles floating at the surface are recognized well and represented in the respective hues. Thus, remote sensing can indirectly yield parameters like flow velocity, material of the bottom and nutrient content. Is the water body clear, still and deep, it appears just black.

- The detection and quantification of airborne volcanic ash is highly important for aviation security. Which parameters could be essential for the accuracy of this?

The accuracy of the detection of airborne ash particles depends on many parameters. Primarily, we have the spatial and spectral properties of the sensor. If the pixels are too big, identifying smaller particles becomes difficult. Furthermore, the wavelengths of 11 µm and 12 µm are relevant for such a detection. The sensor should have a high spectral resolution in these spectral ranges and cover a very fine, precise range.

Zur Quantifikation der Asche sind noch weitere Punkte relevant. Wie im Text erwähnt, sind die Gewichte der Asche und der Luft sowie deren spektrale Eigenschaften wichtig. Die Gewichte sind relevant, weil damit der Strahlengang in der Atmosphäre berechnet werden kann. Die spektralen Eigenschaften verändern sich je nach Zusammensetzung der Luft (bzw. Asche) und beeinflussen unter anderem die Streuung.

Auch die Form der Aschepartikel ist wichtig. Je runder diese geformt sind, desto einfacher ist es, deren Streuung zu berechnen. Ebenso wichtig ist die freie Sicht des Sensors auf die Asche. Sollten meteorologische Wolken die Vulkanasche bedecken, wird sie auch nicht oder nur schwer erkennbar sein.

- Radarsysteme schauen zur Seite, in der Regel nach rechts in Flugrichtung. Warum ist es wichtig, dass aktive Systeme nicht in Nadirrichtung gerichtet sind?
- Welche Nachteile hätte dies?

Bei aktiven Systemen in der Fernerkundung arbeiten wir nicht mit elektromagnetischen Wellen, die von fremden Objekten ausgesandt werden, sondern generieren selbst Energie. Diese Energie wird ausgesandt und nach der Reflexion zu einem Teil wieder aufgefangen. Die Laufzeit zwischen Aussenden und Empfangen ist relevant.

Würde der Sensor vertikal nach unten auf eine Ebene schauen, so wären die Laufzeiten von zwei Punkten, die nach links und rechts genau gleich weit vom Nadirpunkt liegen, identisch und somit nicht differenzierbar. Mit der Schrägsicht des Satelliten wird diese Doppeldeutigkeit behoben. Dies bringt den Nachteil mit sich, dass bestimmte Artefakte wie Schattenwürfe, Verkürzungen und Überlagerungen entstehen können. Diese können durch mehrere Aufnahmen aus verschiedenen Blickrichtungen korrigiert werden.

For the quantification of ash, other parameters are relevant as well. As mentioned in the text, the weights of ash and air as well as their spectral properties are crucial. Weights are necessary to calculate the path the light is taking in the atmosphere. The spectral properties change the composition of the air (and ash) and influence the scattering properties, among others.

The form of the ash particles is also highly important. The rounder these are, the easier it is to calculate their scattering. The unobstructed line of sight from the sensor to the ash is also necessary. Should meteorological clouds obstruct the volcanic ash, it will be considerably harder detecting it.

- Radar systems are side-looking – generally speaking to the right in the direction of travel. Why is it important that active systems aren't pointed towards nadir?
- Which disadvantages would this have?

In active remote sensing systems, we do not use electromagnetic radiation originating from other objects but create those ourselves. This energy is emitted, reflected and parts of it reach the sensor again. The crucial part is the travel time between sending and receiving this energy.

Assuming the sensor looked directly down on a flat surface, the travel times between two points on the surface, located in equal amounts to the right and the left of the sensor, would be identical and, hence, wouldn't be differentiable. With the satellite's slanted look angle, this ambiguity is resolved. The disadvantages are possibly occurring artifacts like shadows, foreshortening or layover. These can be resolved by acquiring multiple images from different perspectives.

- Wo liegen die Vorteile aktiver Fernerkundung gegenüber der passiven?
- Wann wäre es sinnvoller, die passive Fernerkundung einzusetzen?

Aktive Fernerkundung benutzt eine eigene Energiequelle und ist damit unabhängig von externen Quellen wie der Sonne. Damit ist sie Tag und Nacht anwendbar. Sie nutzt Strahlung im Mikrowellenbereich und ist damit fähig, gut durch die Atmosphäre zu schauen. Wolkenbedeckung ist kein Hindernis. Die aktive Fernerkundung wird durch physikalische Eigenschaften wie Form der Erdoberfläche oder Wassergehalt beeinflusst.

Die Vorteile der passiven Fernerkundung liegen in der Erkennung der spektralen, chemischen Eigenschaften der beobachteten Objekte. Sie ist mit vielen Quellen einsetzbar (Sonne, Lava usw.) und kann mit verschiedenen Strahlungstypen andere Parameter definieren (z. B. Vegetationseigenschaften mit Sonnenstrahlung oder Temperaturen der Lava).

Mit passiver Fernerkundung ist es möglich, Stoffeigenschaften zu beleuchten und nicht nur deren Form. Auch hier verändert der Wassergehalt der Stoffe die Ergebnisse.

- What are the advantages of active compared to passive remote sensing?
- When is passive remote sensing more useful?

Active remote sensing uses its own energy source and works independently from external sources like the sun. Hence, it can be utilized day and night. It uses radiation in the microwave range making it able to penetrate the atmosphere well. Atmospheric clouds do not stop it. Active remote sensing is influenced by physical properties like the shape of the earth's surface or its water content.

The advantages of passive remote sensing are in the monitoring of spectral, chemical properties of the objects. It works with many sources (sun, lava, etc.) and can define different parameters using different radiation types (e. g. vegetation properties with the solar radiation or lava properties through its temperature).

With passive remote sensing, material properties can be analyzed, not just the form. The water content is also important and can change the results.

- Warum unterscheidet sich die Eindringtiefe verschiedener Bänder (z. B. X oder L) in verschiedenen Medien (z. B. Wüstensand oder Laubwäldern)?

Verschiedene Bänder unterscheiden sich in der Wellenlänge. Diese hat direkte Auswirkungen auf die Eindringtiefe in jedes Medium. Größere Wellenlängen dringen tiefer ein. Dies kann man sich mit Photonen veranschaulichen, die bei kürzeren Wellenlängen zwischen zwei Objekten einen längeren Weg (mehr Oszillationen) zurücklegen müssen als bei längeren Wellenlängen.

Die Feuchte des Mediums sorgt auch für verschiedene Eindringtiefen. Objekte mit einer hohen Feuchtigkeit (vgl. Dielektrizitätskonstante) bieten eine geringere Eindringtiefe. Die Strahlung wird leichter reflektiert.

- Why does the penetration depth of different bands (e. g. X or L) change in different media (e. g. desert sand or deciduous trees)?

Different bands differ in their wavelengths. These directly influence the penetration depth in every object. Larger wavelengths can penetrate deeper. This can be visualized by photons that need to travel a longer path between two objects when moving in a shorter wavelength (more oscillations).

The moisture of the medium also directly influences the penetration depth. The more water is within the object (dielectric constant), the lower the penetration depth. Radiation is easier reflected.

- Wo liegen die Vorteile im SAR-System gegenüber RAR?

Aktive Fernerkundung mit realer Apertur (RAR) hat eine limitierte azimutale Auflösung. Theoretisch könnte die Auflösung verbessert werden, dazu müsste aber die Antenne immer größer werden. Um diese konstruktiven Engpässe zu umgehen, hat man die synthetische Apertur (SAR) erfunden. Ein Objekt wird von verschiedenen Punkten entlang der Flugbahn des Satelliten analysiert. Weil das Radarecho einen bestimmbaren Phasenverlauf zeigt, können einzelne Punkte einander zugeordnet werden. Hierbei werden die Echos desselben Objektes übereinander gelegt. Durch die Vorhersehbarkeit des Echos ist diese Zuordnung möglich. Dadurch, dass dieses Objekt dann über einen sehr viel längeren Zeitraum beobachtet wird, sind mehr Informationen darüber bekannt und die azimutale Auflösung wird erhöht. Es entsteht eine synthetische Antenne, die um ein Vielfaches länger ist als eine reale Antenne.

- What are the advantages of SAR compared to RAR?

Active remote sensing utilizing a real aperture (RAR) has a limited azimuthal resolution. Theoretically, this could be improved but would require an antenna growing consistently larger. To circumvent these construction issues, the synthetic aperture (SAR) was invented. An object is analyzed from different points along the track of the satellite. As the echo shows a specific phase shift, individual points can be associated to one another. The echoes of the same object are superimposed, made possible because the phase shift is known and calculated. As each object will be monitored over a longer period of time, more information becomes known and the azimuthal resolution will be improved. A synthetic antenna is generated that is a multitude larger than the real antenna.

- Was sind praktische Anwendungsfälle der differentiellen Interferometrie?

Mit der differentiellen Interferometrie können Bodenbewegungen im Millimeterbereich analysiert werden. Somit können Veränderungen der Umgebung erkannt werden. Beispiele hierfür sind Vulkane, die durch Magmazufuhr langsam wachsen, Erdbeben, die sich durch tektonische Spannungen andeuten, Landabsenkungen durch Grundwasserentnahme oder Bergbau sowie die Landhebung, wenn zum Beispiel Eismassen abtauen. Letzteres ist noch heute in Skandinavien zu beobachten, das sich seit der letzten Eiszeit kontinuierlich hebt (>10000 Jahre).

- What real-world applications can differential interferometry be used for?

Differential interferometry allows the analyses of surface movements in the millimeter range. Changes in the environment can be monitored. Examples are volcanoes that slowly grow due to increasing magma content, earthquakes that might predict themselves in tectonic tension, the lowering of the land surface due to ground water extraction or mining as well as the rise of geographical regions, for example when ice masses are thawing. This can still be seen in Scandinavia, where the land is continually rising since the glaciers melted at the end of the last Ice Age (>10000 years).

4 Digitale Bildverarbeitung – Digital image processing

4.1 Grundlagen – Basics

Einführung

Ein digitales Bild ist eine regelmäßige, flächenhafte Anordnung (Matrix) von Pixeln (Bildelementen). Man gewinnt es, wenn man die Fläche eines Bildes in ein feines Raster von kleinen gleichartigen, einander direkt benachbarten Flächen zerlegt. Jeder dieser Flächen wird ein geeigneter Bildwert zugeordnet. Jedes Pixel ist dann definiert durch seine Position in der Matrix (Zeile und Spalte) und seinen Bildwert (Grauwert oder Farbe).

Introduction

A digital image is an image in digital format consisting of an array of pixels (picture elements). It is obtained by partitioning the area of an image into a two-dimensional (matrix) array of small uniformly shaped areas adjacent to each other. To each one of these areas a representative image value is assigned. Thus, each pixel is defined by its position in the matrix (row and column) and its image value (gray value or color).

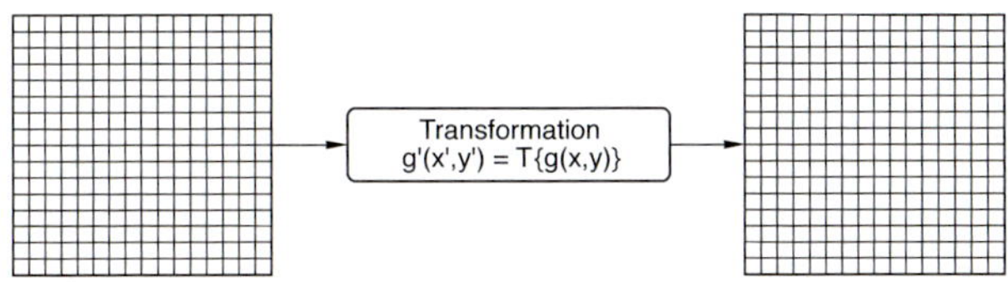

Schematische Darstellung der digitalen Bildverarbeitung
Schematic diagram of digital image processing

Bildverarbeitung

Bildverarbeitung nennt man die gezielte Veränderung von digitalen Bildern mittels Computer. Sie umfasst eine Vielzahl von Operationen zur Bildrestaurierung, Bildverbesserung, Bildanalyse usw.

Bildrestaurierung ist die Wiederherstellung eines Bildes durch Korrektur von bekannten oder geschätzten Verzerrungen und Störungen wie Verwaschung, Bewegungsunschärfe, Defokussierung, Vibrationen und geometrische Verzeichnung.

Bildverbesserung nennt man jede Operation, die das Aussehen eines Bildes für das menschliche Auge, seine Interpretierbarkeit und die Erkennbarkeit kleiner Objekte verbessert. Verbesserung ist stets auf eine bestimmte Anwendung hin orientiert.

Bildanalyse ist der Gewinn von Informationen aus Bildern, z. B. über geometrische und radiometrische Eigenschaften von Objekten, mit dem Ziel, Erkenntnis über eine abgebildete Szene zu gewinnen. In jedem Fall kann man Bildverarbeitung als Transformation des Ausgangsbildes (Original) in ein Ergebnisbild verstehen.

Image processing

Image processing is the treatment of digital images by computers. It comprises a variety of operations which can be applied in order to achieve image restoration, image enhancement, image analysis, etc. Image restoration is the process of reconstructing an image to its original conditions by reversing the effects of known or estimated distortions and degradations such as blurring, velocity smearing, defocusing, vibration, and geometrical distortions. Image enhancement describes any type of operation which improves the appearance of an image to the human eye, its interpretability, and the recognizability of objects. Enhancement is always oriented towards a particular application.

Image analysis is the process of extracting information from images, e. g. about geometrical and radiometrical properties of objects, with the aim to gain an understanding of the scene. In any case image processing can be described as transformation of the input image (original) to output image (result).

Digitale Bilder

Ein Bild ist eine kontinuierliche Funktion $g(x,y)$ mit x und y als räumliche Variablen. Die abhängige Variable ist der Grauwert (oder Helligkeit), bei Farbbildern sind es drei Variablen. In der originalen Form kann ein Bild, z. B. eine Photographie, nicht im Computer verarbeitet werden. Dazu muss es in eine diskrete Funktion überführt werden. Dies wird durch Digitalisierung erreicht, einen Vorgang, der die Abtastung der räumlichen Variablen x und y, und die Quantisierung der Grauwerte kombiniert.

Digital images

An image is a continuous function $g(x,y)$ where x and y are two spatial variables. The dependent variable is the gray level (or brightness), in case of color images three variables are involved. In its original form an image, e. g. an aerial photograph, cannot be treated in a computer. For this purpose an image must be converted to a discrete function. This is achieved by digitizing, a process which combines sampling the spatial variables x and y, and quantizing the gray levels.

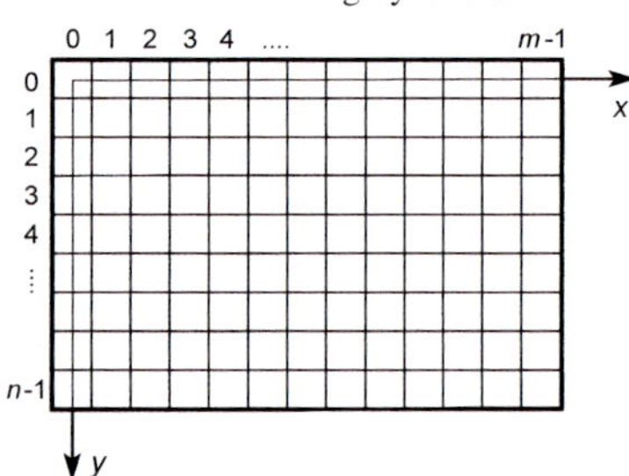

Diskrete Darstellung eines Bildes als Matrix
Discrete representation of an image as a matrix

Für die Matrix eines digitalen Bildes wird meist ein Linkskoordinatensystem definiert, mit den Koordinaten x in Zeilenrichtung und y in Spaltenrichtung. Der Ursprung des Systems mit den Koordinaten (0,0) ist die Mitte des linken oberen Pixels. Die Zahl der Spalten ist m, die Zahl der Zeilen n. Demnach hat das letzte Element die Koordinaten $(m-1, n-1)$.
In vielen Fällen, z. B. bei geometrischen Transformationen, wird der Grauwert eines Pixels der Pixelmitte zugeordnet.

For the matrix of a digital image mostly a left-handed coordinate system is defined, with the coordinates usually x in row direction and y in the direction of the columns. The origin of the system with the coordinates (0,0) is the center of the upper left pixel. The number of columns is m, the number of rows n. Thus, the last element has the coordinates $(m-1, n-1)$.
In many cases, e. g. geometric transformations, the gray value of a pixel is assigned to its center.

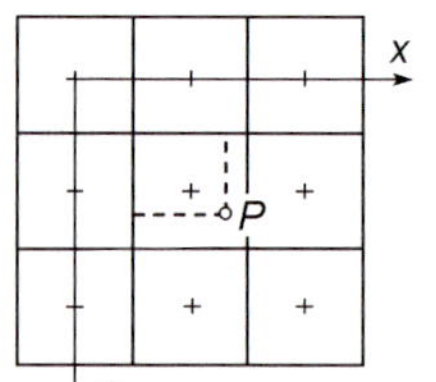

Lage eines Punktes *P* zwischen den Pixelmittelpunkten einer Bildmatrix

Definition of a point *P* between the pixel centers of an image matrix

Nachbarschaften und Distanzen

Für manche Operationen ist es erforderlich, in einer Bildmatrix Nachbarschaften und Distanzen zu definieren.

Neighborhoods and distances

For some operations it is necessary to define neighborhoods and distances in an image matrix.

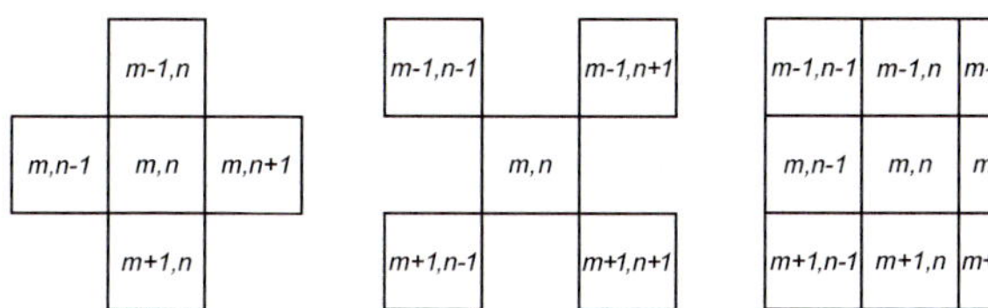

4-Nachbarschaft (links); Diagonale Nachbarschaft (Mitte); 8-Nachbarschaft (rechts)
4-neighborhood (left); diagonal neighborhood (center); 8-neighborhood (right)

Die Euklidische Distanz ist die Länge des Vektors zwischen zwei Punkten:

The Euclidian distance is the magnitude of the vector between two points:

$$D_E(p,q) = \sqrt{(x_1 - x_2)^2 + (y_1 - y_2)^2}$$

Die City-Block-Distanz (Manhattan-Distanz) ist die Länge des kürzesten Weges, wenn man nur den Richtungen der Koordinatenachsen folgt:

The City block distance (Manhattan Distance) is the length of the shortest way, when walking only in the directions of the coordinate axes:

$$D_c(p,q) = |x_1 - x_2| + |y_1 - y_2|$$

Die Schachbrett-Distanz ist die Länge des kürzesten Weges, wenn auch diagonale Bewegung erlaubt ist:

The Chessboard distance is the length of the shortest way, when diagonal walking is also permitted:

$$D_s(p,q) = \max\left(|x_1 - x_2|, |y_1 - y_2|\right)$$

Digitalisierung

Jedes analoge Bild stellt eine orts- und wertkontinuierliche Bildfunktion dar. Die Digitalisierung erfolgt in zwei Schritten:

1. Durch die Abtastung wird das Bild in Bildelemente (Pixel) zerlegt (geometrische Diskretisierung nach dem Ort).
2. Durch die anschließende Quantisierung wird der für ein Pixel gemessene Grauwert in eine diskrete Zahl gewandelt (physikalische Diskretisierung nach dem Grauwert).

Die in Frage kommenden Grauwerte sind eine Teilmenge der natürlichen Zahlen unter Einschluss der Null. Sehr häufig wird in 8-bit quantisiert, das ergibt 256 Werte (von 0 bis 255).

Digitization

Digitization is the process of converting an analog image into a digital image. Digitization is carried out in two steps:

1. By scanning the image it is cut down to small elements (pixels), this is a geometric discretization, following coordinates.
2. Through the subsequent quantization the measured gray value for each pixel is converted to a discrete number, this is a physical discretization, according to the gray value.

The appropriate gray values are part of the natural numbers, including the number zero. It is very common to apply 8-bit quantization, resulting in 256 values (from 0 to 255).

Orts- und wertkontinuierliche originale Funktion

Spatially and physically continuous original function

Diskretisierung der Lage durch Einteilung in Bildelemente (Pixel)

Spatial discretization by sampling in picture elements (pixels)

Diskretisierung der Grauwerte in eine Teilmenge der natürlichen Zahlen

Physical discretization by assigning the gray values to natural numbers

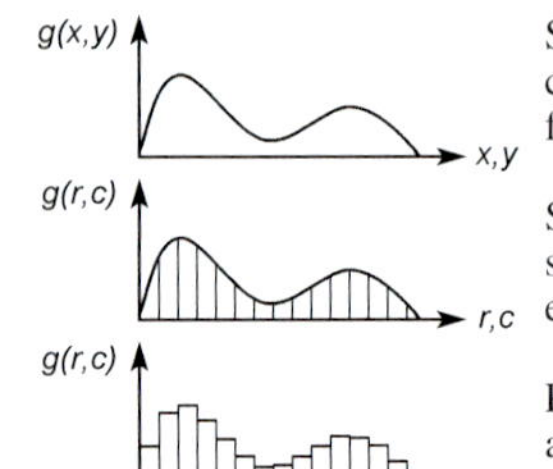

Schematische Darstellung zur Digitalisierung einer eindimensionalen Funktion
Schematic diagram of the digitization of a one-dimensional function

Abtasttheorem

Die Abtastung erfolgt stets in regelmäßigen Abständen Δx. Das Abtasttheorem besagt, dass ein digitales Bild eine kontinuierliche Bildfunktion dann vollständig beschreiben kann, wenn jeder periodische Anteil des kontinuierlichen Bildes mindestens zweimal pro Wellenlänge abgetastet wird. Für die Abtastfrequenz $1/\Delta x$ ist die höchste noch rekonstruierbare Ortsfrequenz im Bild die Nyquist-Frequenz f_N:

Sampling theorem

Sampling is always carried out in equal distances Δx. The sampling theorem states, that a continuous image function can be completely represented in a digital image, if the periodic component contained in the continuous tone image is sampled at least twice per wavelength. For the sampling frequency $1/\Delta x$ the highest spatial frequency in the image that can be reconstructed is the Nyquist frequency f_N:

$$f_N = \frac{1}{2} f_A = \frac{1}{2\Delta x}$$

Wenn die Abtastweite Δx zu groß ist, um die Frequenzen zu erhalten, entstehen durch Aliasing-Vorgänge Artefakte, die Moiré-Effekte genannt werden.

If the sampling distance Δx is too coarse to preserve the frequencies aliasing processes occur resulting in artifacts, called Moiré effects.

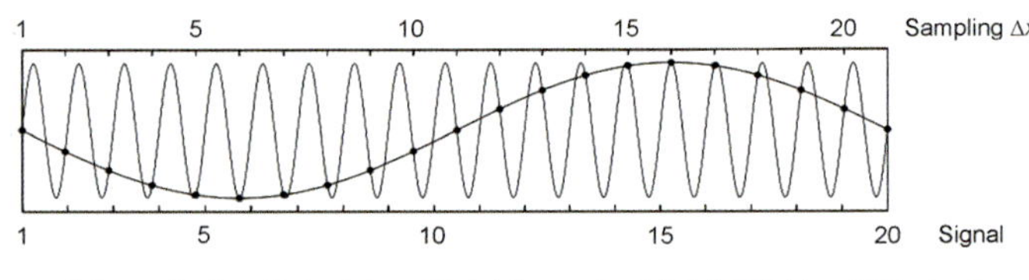

Schematisches Beispiel zur Entstehung des Moiré-Effektes (Aliasing)
Schematic example of the occurrence of Moiré effects (aliasing)

Ein eindimensionales Signal sinusoidaler Oszillation wird mit einer Abtastweite abgetastet, die etwas kleiner ist als die Wellenlänge des Signals. Als Ergebnis erhält man eine viel größere Wellenlänge.

A one-dimensional signal shows sinusoidal oscillation. It is sampled with a sampling distance slightly smaller than its wavelength. As a result a much larger wavelength can be observed.

Bildstatistik

Bilder oder Teilbilder können durch statistische Parameter charakterisiert werden. Histogramm: Das Histogramm enthält in komprimierter Form wichtige Merkmale der statistischen Bildanalyse. Die Graphik zeigt die Anzahl der Pixel für jeden Grauwert, mit den möglichen Grauwerten g als Abszisse und ihrer Anzahl p als Ordinate.

Image statistics

Images or sub-images can be characterized by some statistical parameters. Histogram: The histogram shows important features for statistical image analysis in condensed form. It is a graph with the possible gray values g on the horizontal axis and the number of occurring pixels p for each gray value on the vertical axis.

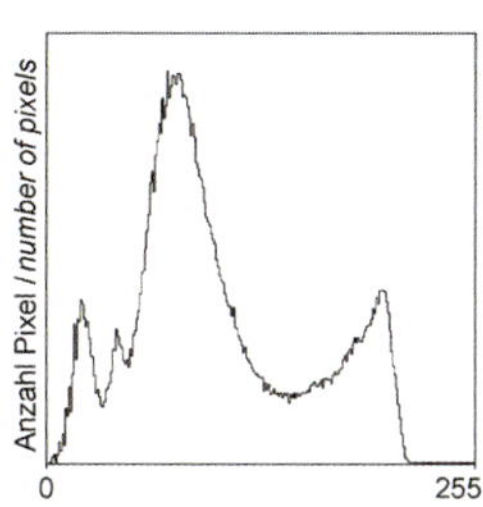

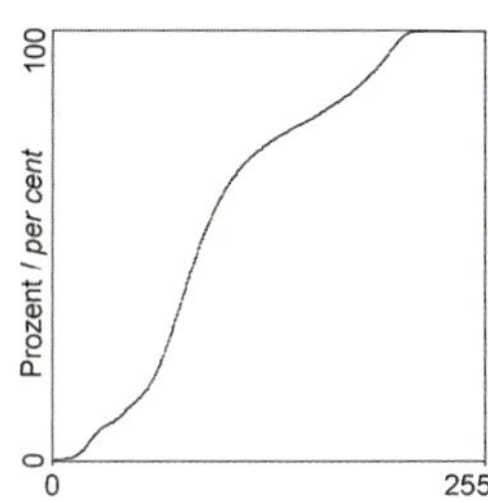

Beispiel für das Histogramm (Mitte) und das Summenhistogramm (rechts) eines Bildes
Example of the histogram (center), and the cumulative histogram (right) of an image

Histogrammberechnung Histogramm plot

```
# a2020-259
# if needed: pip install pillow
from PIL import Image
import matplotlib.pyplot as plt
# Script to split 24-bit image into
# r g b channels, calculate histograms
# and plot results in a  figure
im = Image.open('ipi24.jpg')
r,g,b=im.split()                                  # calculate histogram
                                                  # for each channel
r_histo = r.histogram(); g_histo = g.histogram() ;b_histo = b.histogram()

fig=plt.figure(figsize=(10,4))                    # plot image and histograms
                                                  # show image in left window
ax0=plt.subplot(1, 2, 1)
plt.imshow(im,plt.cm.gray)
ax0.set_ylabel('rows')
ax0.set_xlabel('columns')

ax1=plt.subplot(1, 2, 2)                          # show histogram plot in right window
l1,=plt.plot(r_histo, linewidth=1,color="red")
l2,=plt.plot(g_histo, linewidth=1,color="green")
l3,=plt.plot(b_histo, linewidth=1,color="blue")
ax1.legend((l1, l2, l3), ('red', 'green', 'blue'))
ax1.set_ylabel('number of pixels')
ax1.set_xlabel('grayvalue')
                                                  # save figure for documentation
plt.savefig('pyfig259a.pdf',bbox_inches='tight')
plt.show()
```

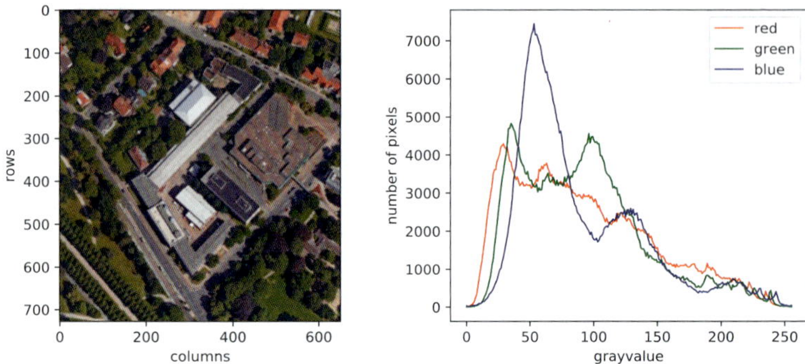

Beispiel für Histogrammdarstellung eines 24-bit-Bildes
Example of the histogram plot of a 24-bit image

Wahrscheinlichkeitsdichte: Die Funktion gibt die relative Häufigkeit an, mit der ein Grauwert erwartet werden kann.

Probability density: This function indicates the relative frequency with which any gray value may be expected to occur.

$$p_s(g) = \frac{a_s(g)}{m \cdot n}$$

Mittelwert: Der Mittelwert ist das arithmetische Mittel der Grauwerte eines Bildes.

Average: The average of an image is the sample mean of the gray values.

$$m_s = \frac{1}{m \cdot n} \sum_{u=0}^{m-1} \sum_{v=0}^{n-1} s(u,v) = \sum_{g=0}^{255} g \cdot p_s(g)$$

Varianz: Die Varianz ist ein Maß dafür, inwieweit die Grauwerte eines Bildes vom Mittelwert abweichen.

Variance: The variance is a measure to which extent the gray values of an image deviate from the mean value.

$$q_s = \frac{1}{m \cdot n} \sum_{u=0}^{m-1} \sum_{v=0}^{n-1} [s(u,v) - m_s]^2 = \sum_{g=0}^{255} (g - m_s)^2 \cdot p_s(g)$$

Kontrast: Der Kontrast wird vom minimalen und maximalen Grauwert abgeleitet.

Contrast: The contrast is derived from the minimum and maximum gray values.

$$K = (g_{max} - g_{\min})/(g_{max} + g_{min})$$

Entropie: Die Entropie eines Bildes drückt die Unsicherheit eines Grauwertes aus. Die Entropie H ist definiert als

Entropy: Entropy of an image expresses the uncertainty of a gray value. The entropy H is defined as

$$H = \sum_{g=0}^{255} [p_s(g) \cdot \log_2 p_s(g)]$$

Texturen

Natürliche und künstliche Objektoberflächen weisen Muster auf, die man Texturen nennt. In einem Bild beschreibt eine Textur die Art, wie Grauwerte in einer lokalen Umgebung variieren. Das menschliche Auge ist sehr sensibel für Texturen und nutzt sie als wichtigen Schlüssel zur Bildinterpretation. Allgemein hängt das Aussehen von Texturen stark vom Bildmaßstab ab. In digitalen Bildern ist es schwierig, Texturen mathematisch zu behandeln, da sie hohe Variabilität zeigen und nicht zu standardisieren sind. Um Texturinformationen zu nutzen, z. B. zur Segmentierung oder Klassifizierung, müssen Parameter abgeleitet werden, die Textur-Charakteristika beschreiben. Meist werden statistische oder spektrale Parameter angewandt.

Textures

Natural and man-made object surfaces are covered with patterns, called textures. In an image a texture describes the way the gray values change in a local neighborhood. The human eye is very sensitive to textures and uses them as important cues for visual image interpretation. Generally the appearance of textures is very much dependent on the image scale. In the case of digital images, it is difficult to treat textures mathematically because texture cannot be standardized and shows a wide variability. In order to use textural information, e. g. for segmentation or classification purposes, parameters must be derived which describe some characteristics of a given texture. Mostly statistical or spectral parameters are applied.

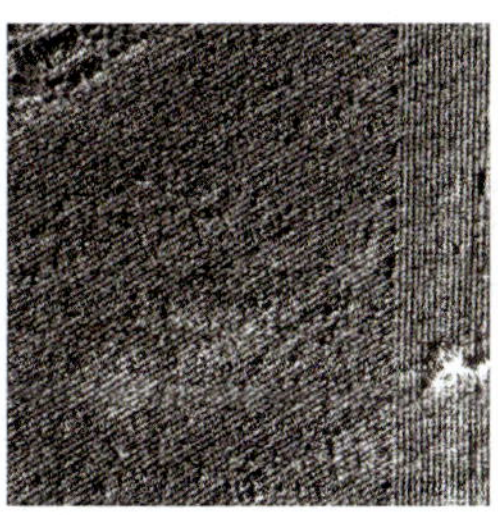

Beispiele von Texturen: Sanddünen (links), Maisfeld (Mitte) und Laubwald (rechts)
Examples of textures: sand dunes (left), corn field (center), and deciduous forest (right)

Statistische Parameter

Texturen kann man als statistische Werte in einem n x n großen Fenster beschreiben. Geeignete Werte können Grauwert-Histogramme, Grauwert-Mittel und Varianzen, Autokorrelationswerte oder Ko-Occurrence-Matrizen sein. Solche Werte können für Klassifizierungen mit multispektralen Daten kombiniert werden.

Statistical parameters

Textures can be characterized by statistical values, determined in n x n windows. Appropriate measures may be gray level histograms, mean and variance of the gray values, autocorrelation parameters or co-occurrence matrices. Such values may be combined with multispectral data for classification purposes.

Frequenz-Parameter

Frequenzanalyse ist vor allem für solche Bilder nützlich, die regelmäßige Wellenmuster mit etwa konstanten Intervallen zeigen, z. B. Sanddünen. Fourier-Transformation wird angewandt, um das Frequenzspektrum zu berechnen, das die Frequenz und die Richtung von Mustern zeigt.

Spectral parameters

Power spectrum analysis is especially useful for those images which have regular wave patterns with a nearly constant interval, such as e. g. sand dunes. Fourier transformation is applied to determine the power spectrum which gives the frequency and direction of the pattern.

Kompression von Bilddaten

Um den Bedarf an Speicherplatz für ein Bild oder die Zeit zur Übertragung eines Bildes zu reduzieren, wurden verschiedene Kompressionsverfahren entwickelt. Dabei wird angestrebt, die Bildinformation vollständig oder weitgehend zu erhalten.

Compression of image data

In order to reduce the amount of memory needed to store an image or the time to transmit an image, various image compression methods have been developed. It is intended to preserve all or most of the information in the image.

Lauflängencodierung

Dabei werden zeilen- oder spaltenweise Bildpunktfolgen mit gleichem Grauwert erfasst und das Ende einer solchen Folge wird relativ zum Ende der vorangegangenen codiert. Das Verfahren ist geeignet für Binärbilder oder Bilder mit wenigen Grauwerten und arbeitet verlustfrei.

Run-length encoding

The method is effective for binary images or images with only few gray values. It makes use of the fact, that longer series of the same gray value occur along rows or columns. Thus it is only necessary to store the lengths of these series and not each pixel separately.

Quadtree-Verfahren

Diese Form der Datenkompression beruht auf einer rekursiven Zerlegung eines Bildes und der Zusammenfassung homogener Bereiche. Ein Bild wird so lange in Quadranten unterteilt, bis homogene Flächen entstehen und keine weitere Einteilung mehr notwendig ist. Die entstehende Datenstruktur wird durch einen Baum (Quadtree) wiedergegeben. Diese Art der Datenstruktur ist besonders gut geeignet für große einheitliche Flächen.

Quadtree encoding

This approach for data compression is based on recursive segmentation of an image into quarters and the identification of homogeneous regions. The image is sequentially subdivided into quadrants until homogeneous areas are achieved and no more dividing is necessary. The resulting data structure is represented as a tree (Quadtree). This type of data structure is especially useful when large homogeneous areas are concerned.

A	A	A	A	A	B	B	B
A	A	A	A	B	B	B	B
A	A	A	C	B	B	B	B
A	A	C	C	C	B	B	B
C	C	C	C	C	C	B	B
C	C	C	C	C	C	C	B
C	C	C	C	C	C	C	C
C	C	C	C	C	C	C	C

A A A B B B B
A A C B B C C C C B B
C C B B C B C C

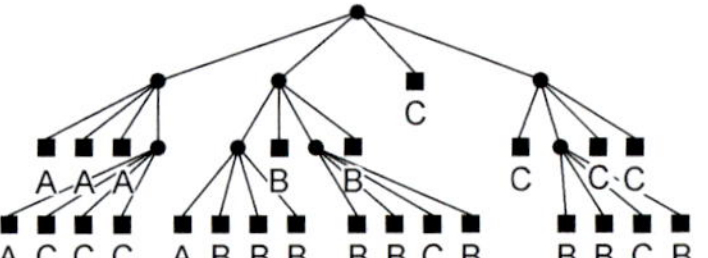

Schematisches Beispiel zur Kompression von Bilddaten in einem Quadtree
Schematic example of the compression of image data in a quadtree

Bildpyramiden

Bildpyramiden speichern die Bilddaten in einzelnen Ebenen mit abnehmender Auflösung. Die unterste Ebene repräsentiert die Bilddaten in Originalauflösung. In der jeweils folgenden Ebene wird das Bild auf ein Viertel verkleinert, die Auflösung also halbiert. Das Verfahren dient beispielsweise bei der Bildzuordnung (Matching) zur Reduktion der Rechenzeit und zur Stabilisierung des Verfahrens durch schrittweise Verfeinerung der Ergebnisse.

Image pyramids

In image pyramids the data of an image are represented several times with decreasing resolution. The lowest level are the original data. For the following levels the data are mostly reduced to a quarter from one to the next level. The method is usually applied for image matching purposes. It saves computation time and increases the matching reliability. A solution obtained at lower resolution can be used to initialize matching at higher resolution.

JPEG-Kompression

Das JPEG-Verfahren, das von der Joint Photographic Experts Group entwickelt wurde, gilt allgemein als ein Standard zur Kompression von Bildern in kleinere Datenmengen.

JPEG unterteilt ein Bild in Blöcke von 8x8 Pixel und führt für jeden eine diskrete Cosinus-Transformation (DCT) durch. Die DCT-Koeffizienten werden nach einer Quantisierungstabelle abgerundet. Viele Transformationskoeffizienten sind sehr klein. Deshalb kann man Koeffizienten, die nicht wesentlich zur Rekonstruktion des Bildes beitragen, vernachlässigen. Dies führt zu einem Informationsverlust, ermöglicht aber starke Kompressionsraten. JPEG-Techniken nutzen einen variablen Lauflängencode und speichern dann das komprimierte Bild in eine Datei (*.jpg).

Zur Dekompression bestimmt JPEG die DCT-Koeffizienten aus den komprimierten Daten, führt die inverse diskrete Cosinus-Transformation (IDCT) durch und stellt das Bild dar. Wegen der nicht überlappenden 8x8-Pixel-Fenster können bei starker Kompression typische Artefakte auftreten.

JPEG compression

The JPEG compression method, developed by the Joint Photographic Experts Group, is widely used as the standard for compression of images into smaller amounts of data.

JPEG divides the image into blocks of 8x8 pixels, and then calculates the discrete cosine transform (DCT) of each block. A 'quantizer' rounds off the DCT coefficients according to the quantization table. Many of the transform coefficients are very small. Thus, coefficients that do not contribute significantly to the reconstruction of the image are discarded. This produces some loss of information, but allows for large compression ratios. JPEG's technique uses a variable length code on the coefficients, and then writes the compressed image data to an output file (*.jpg).

For decompression, JPEG recovers the quantized DCT coefficients from the compressed data, takes the inverse discrete cosine transforms (IDCT) and displays the image. Due to the non-overlapping 8 by 8 pixel windows, typical artifacts may occur if high compression ratios are used.

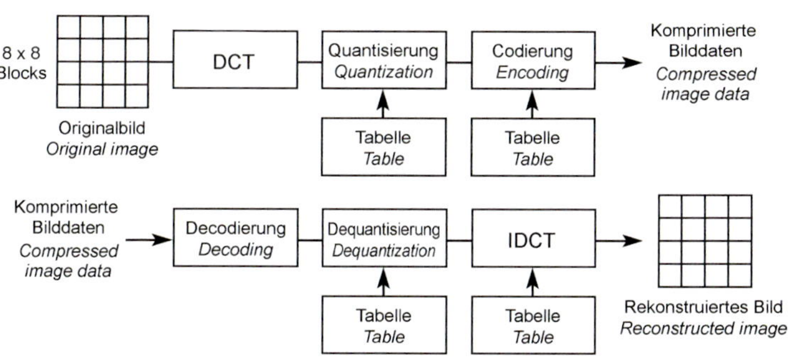

Blockdiagramm der JPEG-Kompression und Dekompression
Block diagram of JPEG compression and decompression

Je nach Zielsetzung kann das Vorgehen in verschiedener Weise modifiziert werden. An Stelle der DCT werden auch Fourier- oder Wavelet-Transformationen angewandt. Durch manche Methoden kann der Informationsverlust verringert werden.

For different purposes, this basic approach can be modified in many ways. Instead of DCT Fourier transform or wavelet transformation is also applied. Some of these methods can reduce the information loss.

4.2 Bildtransformationen – Image transformations

Operationen der Bildverarbeitung

Für die Operationen, die angewandt werden, um ein digitales Eingabebild $a[m,n]$ in ein Ausgabebild $b[m,n]$ zu transformieren, können im Prinzip frei gewählte Funktionen eingesetzt werden. Einschränkungen müssen aber in zweierlei Hinsicht gemacht werden:

- Im Ergebnisbild dürfen keine negativen Grauwerte vorkommen.
- Der vorgegebene Grauwertumfang darf nicht überschritten werden. Bei Bildern mit 8 bit Tiefe pro Pixel sind dies 256 Werte (0 bis 255). Falls erforderlich, muss man zu einer höheren Bit-Tiefe übergehen.

Image processing operations

For the operations to be applied in order to transform a digital input image $a[m,n]$ into a digital output image $b[m,n]$ the mathematical functions can principally be chosen arbitrarily. However, restrictions must be made considering the following two aspects:

- In the output image negative gray values must be avoided.
- The predefined range of gray values cannot be exceeded. For images with 8-bit values per pixel the limit is 256 gray values (0 through 255). If necessary, a higher bit rate per pixel must be introduced.

Arten von Operationen

Die in Frage kommenden Transformationsfunktionen können zwei Gruppen zugeordnet werden:

- Durch geometrische Transformationen werden Bilder in ihrer Form verändert, die Grauwerte/Farbwerte bleiben dabei unverändert.

Types of operations

The transformation functions that are practically applied may be assigned to two groups:

- Through geometrical transformations images change their size and shape, whereas the gray values or color values remain the same.

$$x' = f_x(x,y) \qquad y' = f_y(x,y) \qquad g' = g$$

- Durch radiometrische Transformationen werden die Grauwerte von Bildern verändert, die geometrischen Eigenschaften bleiben erhalten.

- Through radiometrical transformations the gray or color values of images are changed. In this case the geometrical properties remain stable.

$$x' = x \qquad y' = y \qquad g' = f(g,x,y)$$

Ferner werden folgende Gruppen von Operationen unterschieden:

- Punktoperationen: Der Ausgabewert für ein bestimmtes Koordinatenpaar hängt nur vom Eingabewert an dieser oder an einer anderen diskreten Stelle ab.
- Lokale Operationen: Der Ausgabewert für ein bestimmtes Koordinatenpaar hängt auch von den Eingabewerten in der unmittelbaren Nachbarschaft dieser Position ab.
- Globale Operationen: Der Ausgabewert für ein bestimmtes Koordinatenpaar hängt von allen Werten des Eingabebildes ab. Typisch hierfür sind Integraltransformationen wie beispielsweise die Fourier-Transformation.

Furthermore the following three categories can be distinguished:

- Pixel operations: The output value at a specific pair of coordinates is dependent only on the input value at this or another discrete position.
- Local operations: The output value at a specific pair of coordinates is also dependent on the input values in the direct neighborhood of the coordinate position.
- Global operations: The output value at a specific pair of coordinates is dependent on all the values in the input image. Typical for this group are so-called integral transformations as e. g. the Fourier transform.

Punktoperationen

Eine Punktoperation gewinnt den Grauwert (oder Farbwert) eines bestimmten Pixels ausschließlich vom gegebenen Wert desselben Pixels. Der Vorgang ist unabhängig von der Umgebung.

Point operations

Point operations derive the output gray (or color) value for a pixel at a specific coordinate only from the input value at that same coordinate. The procedure is independent from the spatial neighborhood.

Histogrammoperationen

Häufig werden Punktoperationen benutzt, um die visuelle Bildqualität zu verbessern. Die Übertragungsfunktion kann beliebig gewählt werden. Beliebt ist die lineare Kontrastverbesserung (Beispiel unten) oder das Ausgleichen des Histogramms, sodass sich im Ergebnis ein flacher Histogrammverlauf ergibt.

Histogram operations

Commonly used are point operations to improve the visual quality of an image. The transfer function can be arbitrarily chosen. However, popular is a linear contrast enhancement (example below), or the histogram equalization which redistributes pixel values in such a way that the result is a nearly flat histogram.

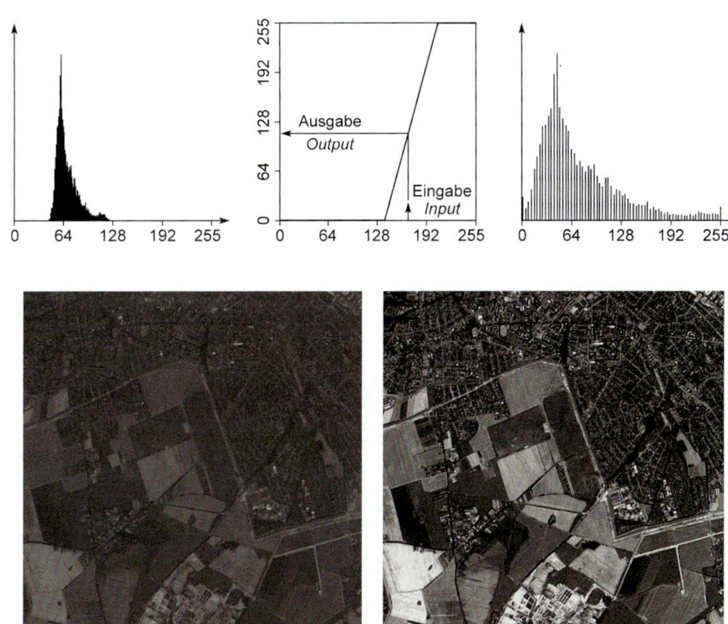

Kontrastverbesserung durch Veränderung der Grauwerte eines Bildes.
Links: Original, rechts: verbesserte Daten (mit Histogrammen),
Mitte: Übertragungsfunktion.
Visual improvement of an image by gray value transformation.
Left: original data, right: improved data (with histograms),
center: transfer function.

Kontrastverbesserung Contrast improvement

```
# a2020-266
import matplotlib
import matplotlib.pyplot as plt
import numpy as np
from skimage import data, img_as_float
from skimage import exposure
# see also
# https://scikit-image.org/docs/dev/auto_examples/color_exposure/plot_equalize.html
matplotlib.rcParams['font.size'] = 8

def plot_img_and_hist(image, axes, bins=256):
    image = img_as_float(image)
    ax_img, ax_hist = axes
    ax_cdf = ax_hist.twinx()
                                              # display image
    ax_img.imshow(image, cmap=plt.cm.gray)
    ax_img.set_axis_off()
                                              # display histogram
    ax_hist.hist(image.ravel(), bins=bins, histtype='step', color='black')
    ax_hist.ticklabel_format(axis='y', style='scientific', scilimits=(0, 0))
    ax_hist.set_xlabel('Pixel intensity')
    ax_hist.set_xlim(0, 1)
    ax_hist.set_yticks([])
                                              # display cumulative distribution
    img_cdf, bins = exposure.cumulative_distribution(image, bins)
    ax_cdf.plot(bins, img_cdf, 'r')
    ax_cdf.set_yticks([])
    return ax_img, ax_hist, ax_cdf

img = data.moon()                             # load an example image
                                              # contrast stretching
p2, p98 = np.percentile(img, (2, 98))
img_rescale = exposure.rescale_intensity(img, in_range=(p2, p98))
                                              # equalization
img_eq = exposure.equalize_hist(img)
                                              # adaptive equalization
img_adapteq = exposure.equalize_adapthist(img, clip_limit=0.03)
                                              # display results
fig = plt.figure(figsize=(8, 5))
axes = np.zeros((2, 4), dtype=np.object)
axes[0, 0] = fig.add_subplot(2, 4, 1)
for i in range(1, 4):
    axes[0, i] = fig.add_subplot(2, 4, 1+i, sharex=axes[0,0], sharey=axes[0,0])
for i in range(0, 4):
    axes[1, i] = fig.add_subplot(2, 4, 5+i)
ax_img, ax_hist, ax_cdf = plot_img_and_hist(img, axes[:, 0])
ax_img.set_title('Low contrast image')
y_min, y_max = ax_hist.get_ylim()
ax_hist.set_ylabel('Number of pixels')
ax_hist.set_yticks(np.linspace(0, y_max, 5))
ax_img, ax_hist, ax_cdf = plot_img_and_hist(img_rescale, axes[:, 1])
ax_img.set_title('Contrast stretching')
ax_img, ax_hist, ax_cdf = plot_img_and_hist(img_eq, axes[:, 2])
ax_img.set_title('Histogram equalization')
ax_img, ax_hist, ax_cdf = plot_img_and_hist(img_adapteq, axes[:, 3])
ax_img.set_title('Adaptive equalization')
ax_cdf.set_ylabel('Fraction of total intensity')
ax_cdf.set_yticks(np.linspace(0, 1, 5))
                                              # prevent overlap of y-axis labels
fig.tight_layout()
plt.savefig('pyfig266a.pdf',bbox_inches='tight')
plt.show()
```

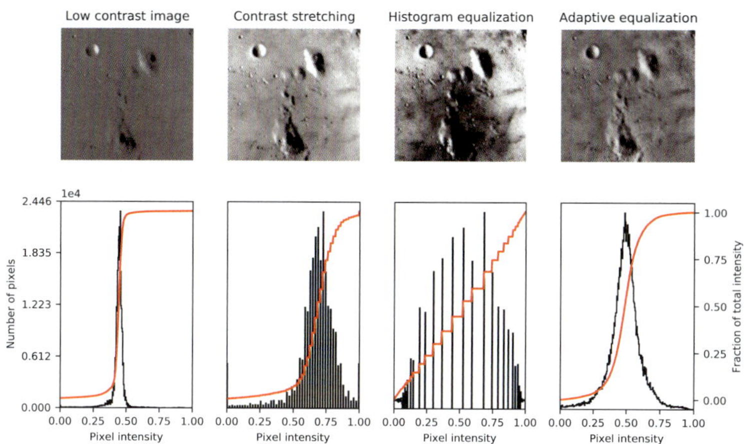

Look-up-Tabellen (LUTs)

Es ist vorteilhaft, Tabellen mit den möglichen Funktionswerten zu berechnen und darauf mit den originalen Grauwerten als Indizes zuzugreifen.

Look-up tables (LUT's)

It is advisable to prepare look-up tables for gray value transformations. Then the original gray values are the index and the table content gives the new gray values.

Look-up-Tabellen ***Look-up Tables***

```
# a2020-267
from PIL import Image
# import modules
import matplotlib.pyplot as plt
import numpy as np


imgFile= 'ipi08.png'
# load 8-bit image
img = np.array(Image.open(imgFile))

fig, iax = plt.subplots()
# define display window
clmap='gray'
# clmap='Greys'
# alternative inverted LUT
text=' Colormap: ' + clmap
# define Colormap and window title
iax.set_title(text)
cax = iax.imshow(img,cmap=clmap)
iax.axis('off')
fig.colorbar(cax)
# save image for dokumentation
plt.savefig('pyfig267a.pdf',bbox_inches='tight')
plt.show()
# display image and colorbar
```

Arithmetische Operationen

Zwei (oder mehrere) Bilder können durch pixelweise Anwendung mathematischer Operationen kombiniert werden. Das setzt gleich große Bildmatrizen voraus.

Arithmetic operations

Two (or more) images can be combined by pixel-wise application of arithmetic operations. This requires that the image matrices are of the same size.

Addition / *Addition*

$$h(x,y) = f(x,y) + g(x,y)$$

Wenn Bilder addiert werden, kann der Grauwertbereich überschritten werden. Deshalb ist es besser, die Grauwerte der Bilder zu halbieren und dann zu addieren. Dies hat einen Glättungseffekt und eignet sich zur Verringerung von Rauschen.

If two images are added gray values may exceed the image range. Therefore it is better to add half of the gray values from one image to half from the other. This has an averaging effect and is especially useful to reduce noise in two or more images.

Subtraktion / *Subtraction*

$$h(x,y) = f(x,y) - g(x,y)$$

Subtraktion zweier Bilder kann zu negativen Werten führen. Dies kann durch absolute Werte $|f(x,y) - g(x,y)|$ im Ergebnis vermieden werden. Mit dem Verfahren kann man Veränderungen erkennen.

The subtraction of two images may result in negative values. This can be avoided by mapping absolute values $|f(x,y) - g(x,y)|$ in the resulting image. The method can be applied to solve change detection tasks.

Multiplikation / *Multiplication*

$$h(x,y) = f(x,y) \cdot g(x,y)$$

Multiplikation zweier Bilder ergibt kein nützliches Ergebnis. Wenn aber eines der Bilder ein binäres ist, wirkt die Multiplikation wie eine Maske und kann zum Separieren von Regionen in einem Bild dienen.

Normally multiplication of two images does not yield useful results. However, if one of the images is a binary one, multiplication works as a mask and can be applied for separating specific regions in an image.

Division / *Division*

$$h(x,y) = f(x,y)/g(x,y)$$

Häufig genutzt wird die Division zweier Bilder, vor allem in der multispektralen Fernerkundung. Die Verhältnisse der Daten zweier Spektralkanäle, die man durch Division erhält, zeigen deutliche Reduktion topographischer Beleuchtungseffekte. Auch können die Ratios der Differenzen zweier Spektralkanäle nützliche Objektinformationen vermitteln.

An often used method is the division of two images, especially if multispectral remote sensing data is concerned. The ratios between data from two spectral bands, as achieved by division, show significant reduction of topographic illumination effects. Furthermore ratios of differences between data from two bands, may provide valuable object information.

Binäre Operationen

Eine Vielzahl von arithmetischen Berechnungen wird auf binäre Datensätze angewandt, für morphologische Operationen wie Dilatation, Erosion usw.

Binary operations

A great variety of arithmetic calculations is applied on binary data sets for morphological operations, such as dilation, erosion, etc.

Lokale Operationen (Filter)

Lokale Operationen oder Filter bestimmen den Ausgabewert für einen Bildpunkt aus den Eingabewerten in der Umgebung dieses Bildpunktes. Dies wird durch eine Operation erzielt, die jedes Pixel innerhalb einer Filtermaske mit dem entsprechenden Gewichtsfaktor der Maske multipliziert, die Produkte aufaddiert und das Ergebnis an die Stelle des zentralen Bildpunktes schreibt. Diese Operation ist als diskrete Faltung bekannt und definiert als:

Local operations (filters)

Local operations or filters derive the output value at a specific coordinate from the input values in the neighborhood of that same coordinate. This is achieved by an operation which multiplies each pixel in the range of a filter mask with the corresponding weighting factor of the mask, adds up the products, and writes the result to the position of the center pixel. This operation is known as a discrete convolution and is defined as:

$$S' = S \otimes H = s'(x.y) = \frac{1}{f} \sum_{u=-k}^{+k} \sum_{v=-l}^{+l} s(x-u, y-v) \cdot h(u,v)$$

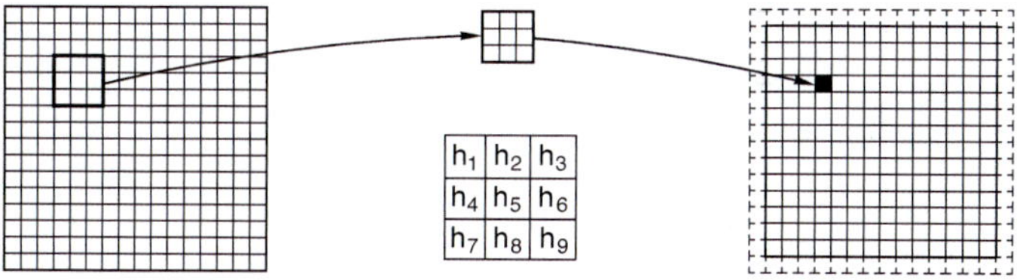

h_1	h_2	h_3
h_4	h_5	h_6
h_7	h_8	h_9

Eingabebild S
Input image S

Filtermaske H
Filter operator H

Ausgabebild S'
Output image S'

Der Vorgang setzt eine ungerade Filtermaske mit p x q Elementen voraus, wobei k = (p-1)/2 und l = (q-1)/2. Meist ist p = q. Der Faktor f dient der Normierung der Ergebnisse (allgemein zwischen 0 und 255). $\otimes$ kennzeichnet die Faltung symbolisch.
Zur Durchführung der Filterung wird die Matrix H (Filterkern) zeilen- und spaltenweise über das Bild geschoben und in jeder Position der berechnete Wert in die Matrix des Ausgabebildes geschrieben.

This operation assumes an odd-sized filter mask (or operator) with p x q elements with k = (p-1)/2 and l = (q-1)/2. In most cases we have p = q. The factor f is to normalize the results (usually between 0 and 255). With $\otimes$ the convolution is denoted symbolically. In order to carry out the operation the filter kernel H is moved systematically along the rows and columns, and in each position the calculated value is written into the matrix of the output image.

Eigenschaften der Faltung

Die Faltung ist eine grundlegende Operation der linearen Systemtheorie. Sie ist kommutativ, assoziativ und distributiv, wobei a, b, c und d diskrete Bilder sind.

Properties of convolution

Convolution is a basic operation in linear systems theory. The operation is commutative, associative, and distributive, where a, b, c and d are discrete images.

$$c = a \otimes b = b \otimes a$$
$$c = a \otimes (b \otimes d) = (a \otimes b) \otimes d = a \otimes b \otimes d$$
$$c = a \otimes (b + d) = (a \otimes b) + (a \otimes d)$$

Lineare Filter

Durch die Wahl von verschiedenen Filtermasken (Kernen) erhält man lineare Filter mit sehr unterschiedlichen Eigenschaften. Es folgen hier einige wichtige Beispiele.

Linear filters

A great variety of linear filters can be obtained by the definition of different filter operators (kernels). Some very important examples are described here.

Tiefpassfilter

Tiefpassfilter führen zu weicher erscheinenden Bildern, da sie die hochfrequenten Anteile des Bildinhaltes abschwächen. Sie verringern Rauschanteile auf Kosten der feinen Bilddetails. Die Mittelwertbildung ist eine Form der Tiefpassfilterung.

Low-pass filters

Low-pass filters attenuate the high spatial frequencies in an image and accentuate low spatial frequencies. They are used for noise reduction because noise is reduced at the expense of fine image detail. Averaging is a type of low-pass filtering.

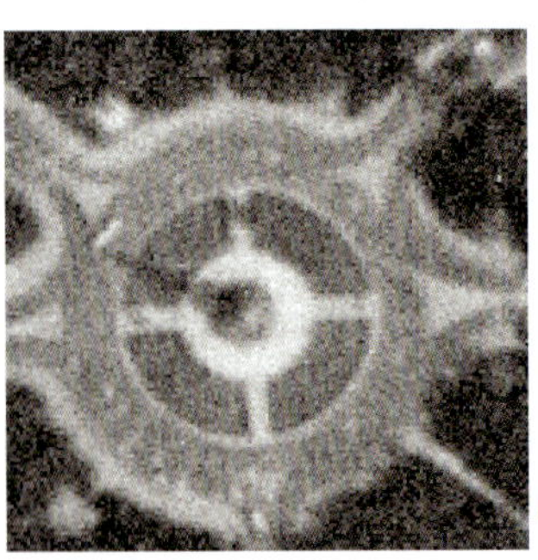

1/9

1	1	1
1	1	1
1	1	1

Filtermaske
Filter operator

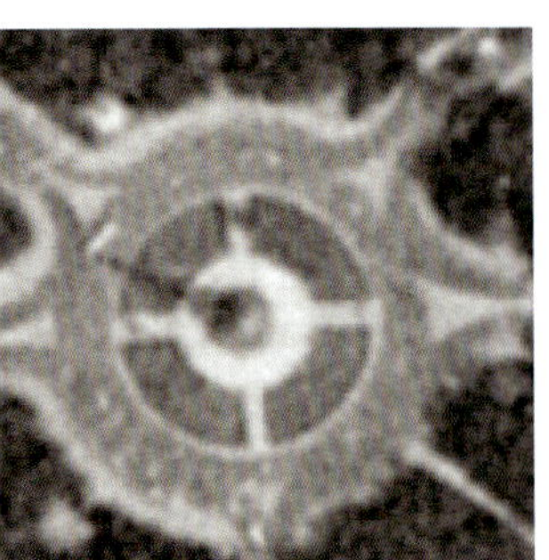

Hochpassfilter

Hochpassfilter sind lineare Filter, die hochfrequente Anteile des Bildinhaltes verstärken, niedrige Frequenzen dagegen abschwächen, sodass sie das Bild schärfer erscheinen lassen. Damit wird aber zugleich das Bildrauschen verstärkt.

High-pass filters

High-pass filters are linear spatial filters which attenuate the low spatial frequencies of an image and accentuate its high spatial frequencies. Thus they are used for image sharpening, however they also enhance noise.

0	-1	0
-1	5	-1
0	-1	0

Filtermaske
Filter operator

Beispiele für Filter

Die folgenden Filter mit 3 x 3 Filtermasken sind allgemein bekannt.

Examples of spatial filters

The following filters of 3 x 3 windows are generally known.

Mittelung (Glättung) — Averaging (smoothing)

$$\frac{1}{5}\begin{bmatrix} 0 & +1 & 0 \\ +1 & +1 & +1 \\ 0 & +1 & 0 \end{bmatrix} \quad \text{oder/or} \quad \frac{1}{9}\begin{bmatrix} +1 & +1 & +1 \\ +1 & +1 & +1 \\ +1 & +1 & +1 \end{bmatrix}$$

Laplace-Operator (differentiell) — Laplacian operator (differential)

$$\begin{bmatrix} 0 & -1 & 0 \\ -1 & +4 & -1 \\ 0 & -1 & 0 \end{bmatrix} \quad \text{oder/or} \quad \begin{bmatrix} -1 & -1 & -1 \\ -1 & +8 & -1 \\ -1 & -1 & -1 \end{bmatrix}$$

Kanten-Operator (Hochpassfilter) — Edge operator (high-pass filter)

$$\begin{bmatrix} 0 & -1 & 0 \\ -1 & +5 & -1 \\ 0 & -1 & 0 \end{bmatrix} \quad \text{oder/or} \quad \begin{bmatrix} -1 & -1 & -1 \\ -1 & +9 & -1 \\ -1 & -1 & -1 \end{bmatrix}$$

Sobel-Operator (Gradienten) — Sobel operator (gradients)

$$A = \begin{bmatrix} -1 & 0 & +1 \\ -2 & 0 & +2 \\ -1 & 0 & +1 \end{bmatrix} \quad \text{oder/or} \quad B = \begin{bmatrix} +1 & +2 & +1 \\ 0 & 0 & 0 \\ -1 & -2 & -1 \end{bmatrix}$$

Prewitt-Operator (Gradienten) — Prewitt operator (gradients)

$$A = \begin{bmatrix} -1 & 0 & +1 \\ -1 & 0 & +1 \\ -1 & 0 & +1 \end{bmatrix} \quad \text{oder/or} \quad B = \begin{bmatrix} -1 & -1 & -1 \\ 0 & 0 & 0 \\ +1 & +1 & +1 \end{bmatrix}$$

Nichtlineare Filter

Ein häufig benutztes nichtlineares Filter ist das Medianfilter. Die Werte der Pixel innerhalb des Fensters werden nach ihrer Größe sortiert. Der Medianwert (mittlerer Wert in der Liste) wird in die Mitte des Ergebnisfensters eingetragen.

Nonlinear filters

A commonly used nonlinear filter is the median filter. The values of the pixels in the window are stored and sorted in a list. The median, i.e. the middle value in this list, is the one to be plotted into the center of the output window.

Vor der Filterung
Before filtering

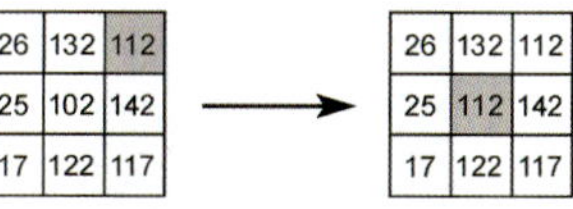

Nach der Filterung
After filtering

Dieser Vorgang wirkt wie ein Tiefpassfilter und entfernt verrauschte Pixel, während die Kanten erhalten bleiben. Das Filter ist nicht kommutativ und nicht assoziativ.

This procedure operates as a low-pass filter and removes noisy pixels while keeping the edges intact. The filter is not commutative and not associative.

Median-Filter Median filter

```
# a2020-272
from skimage.filters import median
import matplotlib.pyplot as plt
from PIL import Image
import numpy as np

fsize1 = 5                                          # first  filter size 3 x 3
fsize2 = 9                                          # second filter size 9 x 9

                                                    # load an 8-bit grayscale image
img  = np.array(Image.open('noise8.png'))

                                                    # define filter kernel
filt1=np.ones((fsize1,fsize1),dtype=int)
filt2=np.ones((fsize2,fsize2),dtype=int)

                                                    # apply median rank filter
med1 = median(img, filt1)
med2 = median(img, filt2)

ax0=plt.subplot(1, 3, 1)
plt.imshow(img,plt.cm.gray)                         # plot original image
plt.title('original')
ax0.axis('off')

ax1=plt.subplot(1, 3, 2)
plt.imshow(med1,plt.cm.gray)                        # plot result of first filtering
plt.title('median '+str(fsize1))
ax1.axis('off')

ax2=plt.subplot(1, 3, 3)
plt.imshow(med2,plt.cm.gray)                        # plot result of second filtering
plt.title('median '+str(fsize2))
ax2.axis('off')
                                                    # save figure without axis and borders
plt.savefig('pyfig272a.pdf',bbox_inches='tight')
                                                    # show figure in an interactive window
plt.show()
```

original

Globale Operationen

Globale Operationen berechnen das Ergebnisbild aus dem gesamten Eingangsbild, der Ausgabewert für eine bestimmte Koordinate hängt von allen Werten des Eingangsbildes ab. Wichtig sind die Fourier-Transformation, Cosinus-Transformation und die Wavelet-Transformation.

Global operations

Global operations derive the output image from the entire input image, the output value at a specific coordinate is dependent on all the values in the input image. Important operations of this type are the Fourier transform, the Cosine transform and the Wavelet transform.

Fourier-Transformation

Eine kontinuierliche Funktion $f(x)$ mit einer reellen Variablen x kann mithilfe der Fourier-Transformation in die Funktion $F(u)$ ihrer Frequenzen u überführt werden. In der Bildverarbeitung gilt die zweidimensionale diskrete Form dieser Transformation. Für ein quadratisches Bild $f(x,y)$ der Größe $n \times n$ ergibt sich:

Fourier transform

A continuous function $f(x)$ of a real variable x can be converted into a function $F(u)$ of its frequencies u by means of the Fourier transform algorithm. In image processing the two-dimensional discrete form of this transformation is applied.
For a square image $f(x,y)$ of the size $n \times n$ we get:

$$F(u,v) = \frac{1}{n^2} \sum_{x=0}^{n-1} \sum_{y=0}^{n-1} f(x,y) e^{-2\pi i \left(\frac{xu}{n} + \frac{yv}{n}\right)}$$

Entsprechend kann das Fourier-Bild durch eine inverse Fourier-Transformation wieder in den Ortsraum transformiert werden.

In a similar way, the Fourier image can be re-transformed in the spatial domain by the inverse Fourier transform:

$$f(x,y) = \frac{1}{n^2} \sum_{u=0}^{n-1} \sum_{v=0}^{n-1} F(u,v) e^{-2\pi i \left(\frac{xu}{n} + \frac{yv}{n}\right)}$$

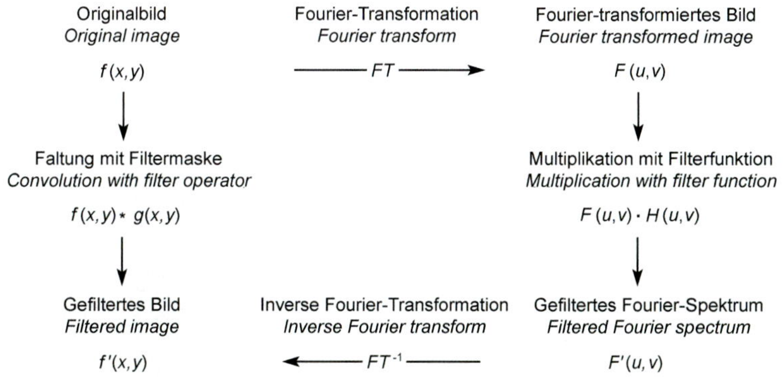

Zusammenhänge zwischen dem Ortsraum und dem Frequenzraum
Relations between the image space and the frequency space

Das Ergebnis einer Fourier-Transformation ist ein Ausgabebild komplexer Zahlen. Es enthält einen realen Teil $R(u,v)$ und einen imaginären Teil $I(u,v)$. Der Ursprung von $H(u,v)$ liegt im Zentrum des Fourier-Bildes, niedrige Frequenzen liegen beim Ursprung, höhere Frequenzen weiter außen.

The result of a Fourier transform is a complex-valued output image. It consists of a real part $R(u,v)$ and an imaginary part $I(u,v)$. Note that the origin of $H(u,v)$ is in the center of the Fourier image, low frequencies are near this origin, higher frequencies are further out.

$$F(u,v) = R(u,v) + I(u,v)$$

Die Größe $|F(u,v)|$ wird allgemein das Frequenzspektrum des Bildes f genannt.

The magnitude $|F(u,v)|$ is generally called the frequency spectrum of the image f.

$$|F(u,v)| = \sqrt{R^2(u,v) + I^2(u,v)}$$

Große Bedeutung hat die Tatsache, dass Faltungsoperationen im Bildraum auf Multiplikationen im Frequenzraum reduziert werden. Deshalb kann man Faltungen mit großen Filtermasken effektiver nach Fourier-Transformation im Frequenzraum durchführen und das Ergebnis in den Bildraum zurück transformieren.
Fourier-Transformationen werden oft zur Bildverbesserung benutzt, z. B. zur Entfernung von Rauschen oder Streifen in digitalen Bildern. Dies ist durch eine Multiplikation im Frequenzraum möglich,

Great practical importance has the fact, that a convolution operation in the spatial domain is reduced to a multiplication in the frequency domain. Therefore convolutions with large filter masks may be carried out more efficiently in the frequency domain after Fourier transformation, followed by re-transformation to the spatial domain.
Fourier transformations are often used for image enhancement, e. g. for the removal of noise or stripes in digital images. This can be achieved by a multiplicative operation in the frequency domain

$$F'(u,v) = F(u,v) \cdot H(u,v)$$

wobei $H(u,v)$ die Filterfunktion ist. Sie muss für den erstrebten Effekt gewählt werden. H kann man auf 0 setzen, um Frequenzkomponenten zu eliminieren, auf 1, um sie zu erhalten. Auch die Verstärkung von gerichteten Kanten ist möglich.

where $H(u,v)$ is the filter function. It must be selected according to the desired effect. H may be set to 0 for those frequency components to be removed, or to 1 for those to be retained. Also directional edge enhancement in images can be achieved.

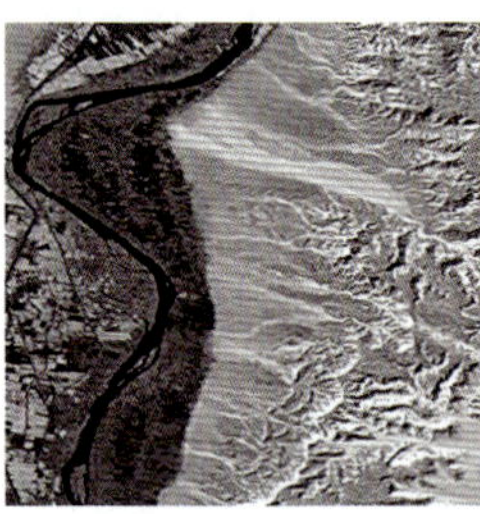

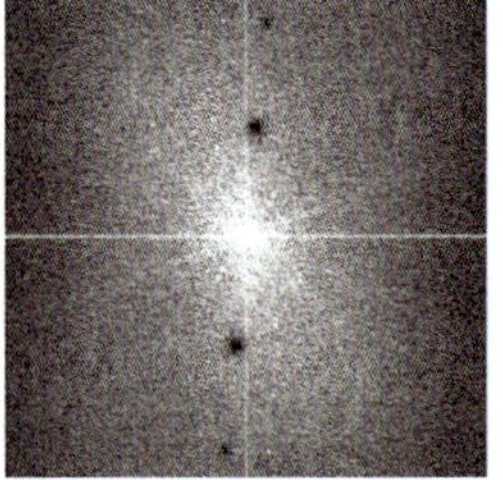

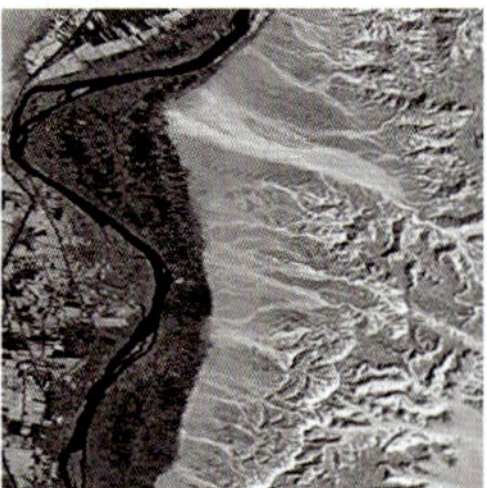

Beispiel für Bildverbesserung durch Veränderung des Frequenzspektrums:
Originalbild mit Streifen (links), Frequenzspektrum (Mitte), verbessertes Bild (rechts)
Example of image enhancement through changes of the Fourier spectrum:
Original with striping effects (left), frequency spectrum (center), improved image (right)

Diskrete Cosinus-Transformation

Die diskrete Cosinus-Transformation ist eine lineare, orthogonale Transformation. Sie trennt ein Bild in Teile verschiedener Wichtigkeit (hinsichtlich der Bildqualität). Ähnlich der diskreten Fourier-Transformation transformiert sie ein Bild vom Ortsraum in den Frequenzraum, benutzt jedoch nur reelle Zahlen. Für ein Eingabebild x erhält man die Koeffizienten des Ausgabebildes X:

Discrete cosine transform

The discrete cosine transform is a linear orthogonal transformation. It separates an image into parts of differing importance (with respect to the image's visual quality). Similar to the discrete Fourier transform, DCT transforms an image from the spatial domain to the frequency domain, but it uses only real numbers. With an input image x, the coefficients of the output image X are:

$$X_{k_1,k_2} = \sum_{n_1=0}^{N_1-1} \sum_{n_2=0}^{N_2-1} x_{n_1,n_2} \cdot \cos\left[\frac{\pi \cdot k_1}{N_1}\left(n_1 + \frac{1}{2}\right)\right] \cdot \cos\left[\frac{\pi \cdot k_2}{N_2}\left(n_2 + \frac{1}{2}\right)\right]$$

Das Eingabebild ist N_2 Pixel breit und N_1 Pixel hoch; x_{n_1,n_2} ist die Intensität der Pixel in Zeile n_1 und Spalte n_2; X_{k_1,k_2} ist der DCT-Koeffizient in Zeile k_1 und Spalte k_2 der DCT-Matrix. Alle DCT-Multiplikationen sind real. Die Hauptanwendung der DCT liegt in der Bildkompression. Sie bildet die Grundlage für die JPEG-Kompressionsverfahren.

The input image is N_2 pixels wide by N_1 pixels high; x_{n_1,n_2} is the intensity of the pixel in row n_1 and column n_2; X_{k_1,k_2}) is the DCT coefficient in row k_1 and column k_2 of the DCT matrix. All DCT multiplications are real. The main application of the DCT is in image compression. It forms the basis of the JPEG compression technique.

Wavelet-Transformation

Die Wavelet-Transformation ist eine Form der Frequenz-Transformation, welche ein Signal in eine gewichtete Summe von Basisfunktionen zerlegt. Ein Wavelet entsteht durch Skalierung und Verschiebung eines sogenannten ‚Mother Wavelet'. Dessen einfachste Form ist

Wavelet transform

Wavelets are functions that decompose a signal into a weighted sum of basis functions. They are generated in an iterative computational approach, utilizing a so-called mother wavelet, which can be shifted and dilated. Its most simple form is

$$w(x,y) = \begin{cases} 1 & \textit{für / for} \quad 0 \leq x < 1/2 \\ -1 & \textit{für / for} \quad 1/2 \leq x < 1 \\ 0 & \textit{sonst / else} \quad 0 \end{cases}$$

Bei der Fourier-Transformation enthält ein einzelner Punkt des Frequenzraums Informationen aus dem ganzen Bild, was manchmal ein Nachteil ist. Wavelets dagegen arbeiten räumlich und in den Frequenzen begrenzt. Deshalb können sie verschiedene Bereiche eines Bildes in unterschiedlichen Auflösungen beschreiben. Mit Wavelets kann man Rauschen beseitigen oder Bildmerkmale erfassen, z. B. Texturen. Ihre Hauptanwendung ist die Datenkompression. Der JPEG-2000-Standard beruht auf Wavelet-Transformation.

In a Fourier transform a single point in the frequency domain contains information from everywhere in the image. This is a disadvantage in many cases. Wavelets however, are localized in frequency and space as well. Thus they enable different parts of an image to be represented at different resolutions.

Wavelets are useful to remove image noise or to extract features, e. g. textures. But main applications are for image compression purposes. The JPEG 2000 standard is based on the wavelet transform.

4.3 Geometrische Transformationen – Geometrical transformations

Direktes Entzerrungsverfahren

Die Grauwerte des Originalbildes werden durch Transformationsgleichungen in die entzerrte Bildmatrix übertragen. Sie bilden dort ein unregelmäßiges Punktfeld. Um das regelmäßige Raster einer Bildmatrix zu erhalten, muss im entzerrten Bild ein Resampling durchgeführt werden.

Direct method of rectification

The intensities of the original image are transferred to the matrix of the rectified image by means of transformation equations. This yields an irregular field of points. In order to achieve the regular raster of an image matrix resampling has to be carried out in the rectified image.

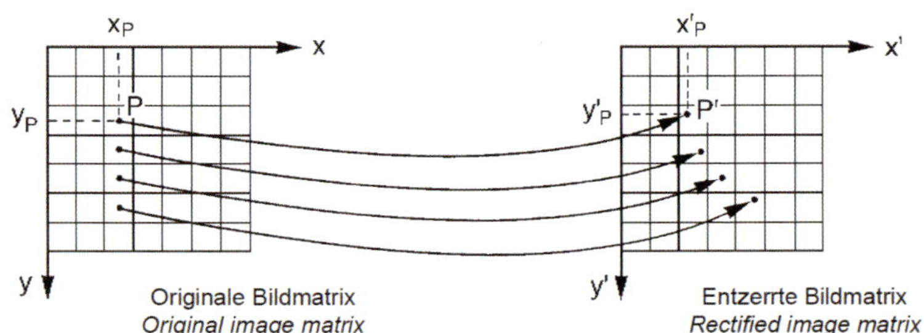

Originale Bildmatrix
Original image matrix

Entzerrte Bildmatrix
Rectified image matrix

Indirektes Entzerrungsverfahren

Man geht von den Pixeln im entzerrten Bild aus und berechnet deren Position im Originalbild mittels der inversen Transformationsgleichungen. Für diese Position wird ein Resampling-Vorgang durchgeführt und der ermittelte Grauwert in die entzerrte Bildmatrix geschrieben. Da man unmittelbar das Ergebnisbild erhält, wird diese Methode meist bevorzugt.

Indirect method of rectification

One starts from the pixel locations in the rectified image and calculates the related positions in the original data through inverse transformation equations. For this position a gray value is determined by a resampling process. Because this process yields directly the final image matrix, indirect rectification generally is the preferred approach.

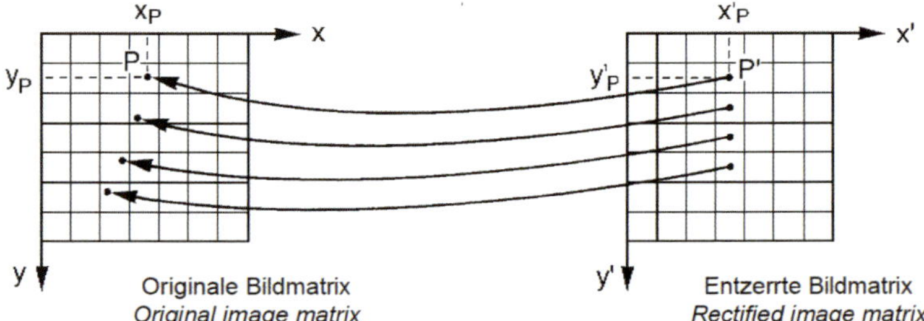

Originale Bildmatrix
Original image matrix

Entzerrte Bildmatrix
Rectified image matrix

Bei Resampling nach der nächsten Nachbarschaft bleiben die originalen Grauwerte erhalten, andere Methoden führen zu mehr geglätteten Bildstrukturen.

Resampling by nearestneighbor method preserves the original gray levels. Other methods yield smoother and thus more pleasing images.

Resampling-Verfahren

Bei geometrischen Transformationen werden die Bilddaten meist in ein neues Pixel-Raster umgerechnet. Als Rasterweite wird die für das Ergebnis gewünschte Pixelgröße gewählt. Diese muss nicht gleich der ursprünglichen Pixelgröße sein. Folgende Methoden sind üblich.

Methods of resampling

For geometrical transformations the image data is usually resampled in a new pixel grid. The spacing of this grid is chosen according to the pixel size required in the transformed image. It need not be the same as in the original image. The following methods are mostly applied.

Nächste Nachbarschaft

Dem Ausgabe-Pixel wird der Grauwert des nächstliegenden Eingabe-Pixels zugewiesen. Da die genaue Lage bis zu einem halben Pixel vom Soll abweichen kann, können vor allem an linearen Strukturen treppenartige Formen auftreten. Der arithmetische Aufwand ist gering.

Nearest-neighbor resampling

The gray value of the nearest input pixel is assigned to the output pixel. Because the true location may be offset by as much as one-half pixel in the output matrix, in particular linear features may have a blocky, stepwise appearance. Computational requirements are low.

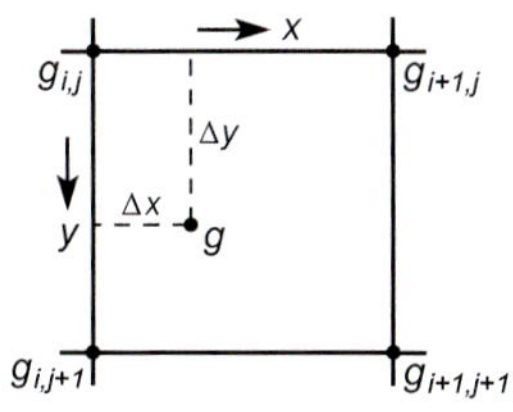

$$g = \begin{cases} g_{i,j} & \Delta x < 0.5 \ \& \ \Delta y < 0.5 \\ g_{i+1,j} & \Delta x \geq 0.5 \ \& \ \Delta y < 0.5 \\ g_{i,j+1} & \Delta x < 0.5 \ \& \ \Delta y \geq 0.5 \\ g_{i+1,j+1} & \Delta x \geq 0.5 \ \& \ \Delta y \geq 0.5 \end{cases}$$

g = zu interpolierender Wert / value to be interpolated
$g_{i,j}$ = gegebene Grauwerte / given image data

Bilineare Interpolation

Der Grauwert eines Ausgabe-Pixels wird durch eine entfernungsabhängige Mittelwertbildung aus den Werten der vier benachbarten Pixel berechnet. Dazu werden zwei lineare Interpolationen in Zeilen- und Spaltenrichtung durchgeführt. Treppenformen verschwinden, aber der Glättungseffekt der Mittelung führt zu einem Verlust an Auflösung. Die Rechenzeit ist drei- bis viermal höher als beim Verfahren der Nächsten Nachbarschaft.

Bilinear interpolation

The gray values of the output pixels are determined by taking a proximity-weighted average of the input values from the four nearest pixels. Two linear interpolations are performed along rows and columns. Blocky structures largely disappear, but there will be a loss of image resolution because of the smoothing effect caused by averaging. Three to four times more computation time is required than with the nearest-neighbor technique.

$$\begin{aligned} g = {} & g_{i,j} \\ & + \Delta x \cdot (g_{i+1,j} - g_{i,j}) \\ & + \Delta y \cdot (g_{i,j+1} - g_{i,j}) \\ & + \Delta x \cdot \Delta y \cdot (g_{i,j} - g_{i+1,j} - g_{i,j+1} + g_{i+1,j+1}) \end{aligned}$$

g = zu interpolierender Wert / value to be interpolated
$g_{i,j}$ = gegebene Grauwerte / given image data

Bikubische Spline-Interpolation

Der Grauwert eines Ausgabe-Pixels wird durch eine gewichtete Mittelbildung aus den 16 benachbarten Pixeln bestimmt. Entlang der vier Reihen umgebender Pixel werden kubische Polynome gebildet. Dadurch wird ein fünftes kubisches Polynom gelegt, um den neuen Grauwert zu berechnen. Der Schärfeverlust ist geringer als bei bilinearer Interpolation. Die Rechenzeit ist zehn- bis zwölfmal höher als beim Verfahren der Nächsten Nachbarschaft.

Bicubic spline interpolation

The output gray values of pixels are assigned on the basis of a weighted average of input values from 16 surrounding pixels. Cubic polynomials are fitted along the four lines of surrounding pixels. A fifth cubic polynomial is then fitted through these to synthesize the pixels' gray value. The blurring effect is less recognizable than with bilinear interpolation. Ten to twelve times more computation time is required than with the nearest-neighbor technique.

$$df(x) = |x|^3 - 2\cdot|x|^2 + 1 \qquad \text{für / } \mathit{if} \quad |x| < 1$$

$$df(x) = -|x|^3 + 5\cdot|x|^2 - 8\cdot|x| + 4 \qquad \text{für / } \mathit{if} \quad 1 \leq |x| < 2$$

$$df(x) = 0 \qquad \text{sonst / } \mathit{else}$$

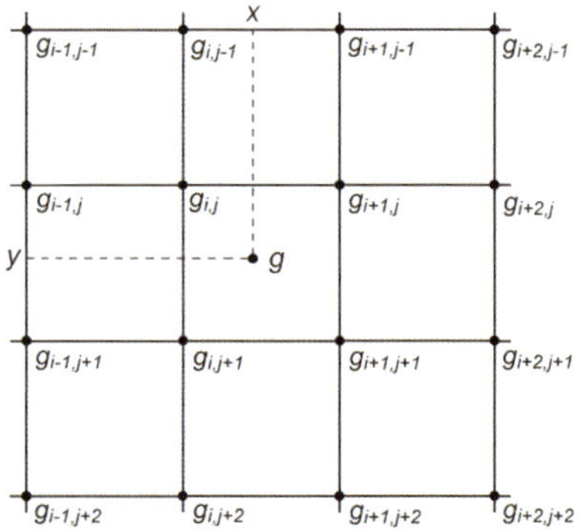

$$a_n = g_{i-1,j+n-2}\cdot df(dx+1) + g_{i,j+n-2}\cdot df(dx) + g_{i+1,j+n-2}\cdot df(dx-1) + g_{i+2,j+n-2}\cdot df(dx-2 \qquad \text{für / } \mathit{for}\ n = 1,2,3,4$$

$$g = a_1\cdot df(dy+1) + a_2\cdot df(dy) + a_3\cdot df(dy-1) + a_4\cdot df(dy-2$$

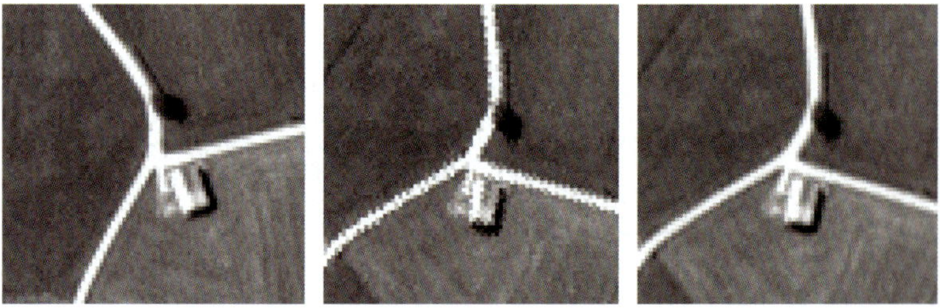

Die Wirkung verschiedener Interpolationsverfahren (stark vergrößert):
Original, Nächste Nachbarschaft und Bikubische Interpolation (nach Drehung um 30°)
The effect of different interpolation methods (much enlarged)
Original image, nearest neighbor and bicubic interpolation (after 30° rotation)

Interpolationsverfahren *Interpolation methods*

```
# a2020-279

import numpy as np
import matplotlib.pyplot as plt
from scipy.interpolate import griddata

def func(x, y):
    return x*(1-x)*np.cos(1*np.pi*x) * np.sin(1*np.pi*y**2)**2

grid_x, grid_y = np.mgrid[0:1:100j, 0:1:100j]    # define grid with 100x100 elements
points = np.random.rand(100, 2)
# random point location in two dimensions
values = func(points[:,0], points[:,1])          # gray values defined by function

grid_z0 = griddata(points, values, (grid_x, grid_y), method='nearest')
# do the interpolation
grid_z1 = griddata(points, values, (grid_x, grid_y), method='linear')   # with several
grid_z2 = griddata(points, values, (grid_x, grid_y), method='cubic')    # functions

plt.subplot(221)                                 # draw results in four subwindows
plt.axis('off')
plt.plot(points[:,0], points[:,1], 'k.', ms=1)
plt.title('Data points')
plt.subplot(222)
plt.axis('off')
plt.imshow(grid_z0.T, extent=(0,1,0,1), origin='lower',cmap='Greys')
plt.title('Nearest neighbor')
plt.subplot(223)
plt.axis('off')
plt.imshow(grid_z1.T, extent=(0,1,0,1), origin='lower',cmap='Greys')
plt.title('Linear interpolation')
plt.subplot(224)
plt.axis('off')
plt.imshow(grid_z2.T, extent=(0,1,0,1), origin='lower',cmap='Greys')
plt.title('Cubic interpolation')
plt.savefig("pyfig279a.pdf",bbox_inches='tight') # save for documentation
plt.show()
```

Data points

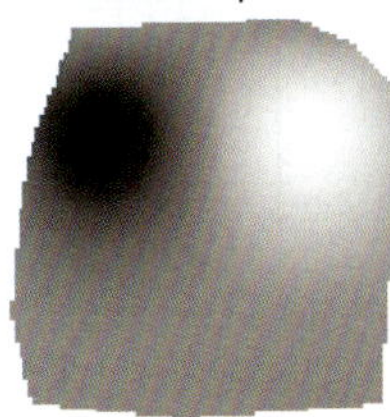

4.4 Bildzuordnung – Image matching

Bildzuordnung (Matching)
Ziel der Bildzuordnung ist die automatische Bestimmung von einander entsprechenden Punkten in zwei Bildern. Man unterscheidet flächenbasierte Zuordnung und merkmalsbasierte Zuordnung.

Image matching
Image matching refers to the automatic identification of corresponding points in overlapping images. Matching principles are generally classified in area-based and feature-based matching.

Flächenbasierte Zuordnung
Diese Bildzuordnungsverfahren bestimmen die Übereinstimmung zwischen zwei Bildbereichen nach der Ähnlichkeit ihrer Grauwerte.

Kreuzkorrelationsverfahren
Mit diesem Verfahren wird ein Ähnlichkeitsmaß zwischen einem Referenzmuster $f(x,y)$ und einem Suchbild $g(x,y)$ berechnet. Die Position der besten Übereinstimmung wird mit der Position des zu suchenden Musters gleichgesetzt. Als Maß der Übereinstimmung dient der normierte Kreuzkorrelationskoeffizient ρ. Er wird aus den Standardabweichungen σ_f und σ_g und der Kovarianz σ_{fg} berechnet.

Area-based matching
These image matching techniques determine the correspondence between two image areas according to the similarity of their gray level values.

Cross-correlation method
This method uses the similarity between a reference pattern $f(x,y)$ and a target image patch extracted from a larger area within the image $g(x,y)$. The position of best agreement is assumed to be the location of the reference pattern in the image. To assess the agreement the normalized cross-correlation coefficient ρ is applied. It is based on the standard deviations σ_f und σ_g and the covariance σ_{fg}.

$$\sigma_f = \sqrt{\frac{\sum (f_i - \bar{f})^2}{n}} \qquad \sigma_g = \sqrt{\frac{\sum (g_i - \bar{g})^2}{n}} \qquad \sigma_{fg} = \frac{\sum \left[(f_i - \bar{f})(g_i - \bar{g})\right]}{n}$$

$$\rho_{fg} = \frac{\sigma_{fg}}{\sigma_f \cdot \sigma_g} = \frac{\sum \left[(f_i - \bar{f}) \cdot (g_i - \bar{g})\right]}{\sqrt{\sum (f_i - \bar{f})^2 \cdot \sum (g_i - \bar{g})^2}}$$

Für die Bildzuordnung wird das Musterbild sukzessiv über ein Fenster des Suchbildes verschoben. Für jede Position wird der Korrelationskoeffizient ρ berechnet, sein Maximum zeigt die Lage der einander entsprechenden Punkte an.

For matching, the reference pattern is successively shifted across a window of the search image. For every position the correlation factor ρ is determined, its maximum indicates the location of corresponding points.

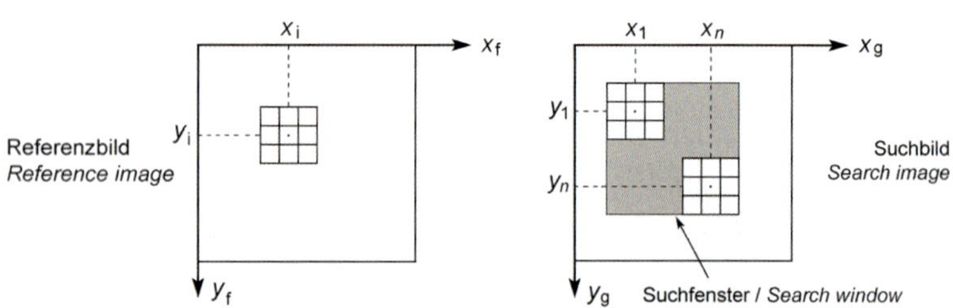

Schematische Darstellung zum Kreuzkorrelationsverfahren
Schematic diagram of the cross-correlation method

Prinzipiell ist das Verfahren auf Pixel-Genauigkeit beschränkt, den Adressen der Pixel als Integerzahlen entsprechend. Subpixel-Genauigkeit kann man in Zeilen- und Spaltenrichtung aus den Maxima von Interpolationsparabeln erhalten. In der Praxis schließt sich an die Kreuzkorrelation oft eine Kleinste-Quadrate-Zuordnung für hohe Genauigkeit an.

Basically the procedure is limited to one pixel accuracy coinciding with the integer values of the pixel addresses.
Sub pixel accuracy may be achieved by fitting an interpolation parabola and determination of their maxima in rows and columns. In practice cross-correlation is often followed by least-squares matching for high accuracy.

Kleinste-Quadrate-Zuordnung

Ziel der Kleinste-Quadrate-Zuordnung ist es, die Grauwertdifferenzen zwischen einem Referenzbild und einem Suchbild zu minimieren. Durch Kleinste-Quadrate-Ausgleichung werden die Lage und die Form eines Fensters bestimmt. Dabei werden auch die Grauwertunterschiede zwischen den Fenstern berücksichtigt. Das Verfahren ergibt hohe Genauigkeit, verlangt aber gute Näherungswerte.

Least-squares matching

The idea of least-squares matching is to minimize the gray value differences between a reference image and a search image. The position and the shape of the matching window are parameters to be determined in a least-squares adjustment. The method also considers the gray-scale differences between the windows. The approach yields high-precision accuracy, but it requires good approximate values.

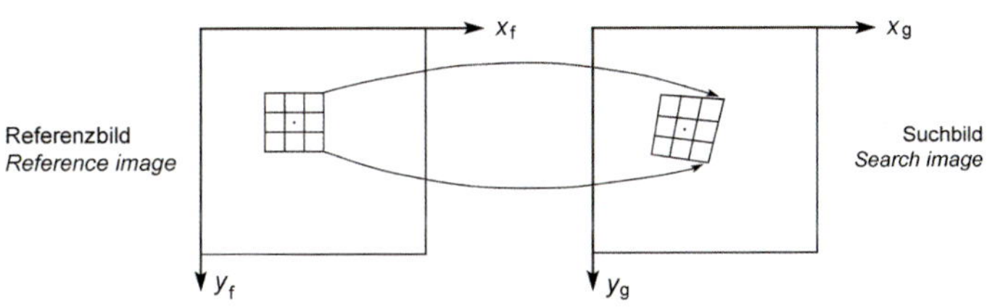

Schematische Darstellung der Kleinste-Quadrate-Zuordnung
(die Mustermatrix wird nach Lage und Form in die Suchmatrix eingepasst)
Schematic diagram of the least-squares-matching method
(for the matching window position and shape in the search image are determined)

Merkmalsbasierte Zuordnung

Dieses Verfahren der Bildzuordnung basiert auf der Übereinstimmung zwischen zwei Bildmerkmalen. Häufig werden dabei extrahierte Punkte zugeordnet, aber auch Grauwert-Ecken kommen in Frage. Vor der Zuordnung werden die Merkmale mithilfe von Interest-Operatoren voneinander unabhängig in den Bildern gesucht. Wenn die merkmalsbasierte Zuordnung auch Beziehungen zwischen Merkmalen benutzt, kann eine relationale Zuordnungsmethode entwickelt werden.

Feature-based matching

This image matching technique is based on the correspondence between two image features. Most common are methods that match extracted point features, but also gray value edges may be applied.
Prior to the matching process the features are independently extracted from the images by means of interest operators. If feature-based matching makes also use of the relationship between features a relation-based matching procedure can be established.

Interest-Operatoren

Die Aufgabe von Interest-Operatoren ist, in digitalen Bildern wohl definierte Punkte oder Ecken zu finden, die zur Bildzuordnung besonders geeignet erscheinen. Wichtige Kriterien sind Deutlichkeit (ein Punkt soll sich gut vom Hintergrund abheben), Invarianz (die Bestimmung soll nicht von geometrischen und radiometrischen Fehlern abhängen) und Stabilität (die Bestimmung soll gegen Rauschen stabil sein). Sehr bekannt sind die von Moravec, Lowe (SIFT) und Förstner vorgeschlagenen Operatoren.

Interest operators

The purpose of interest operators is to detect well-defined points or corners in digital images in order to define potentially useful features for matching. Important criteria for this purpose are distinctness (a point should stand out clearly against its background), invariance (the determination should be independent of geometrical and radiometrical distortions), and stability (the selection should be robust to noise). The most popular operators have been proposed by Moravec, Lowe (SIFT) and Förstner.

Moravec-Operator

Der von Moravec entwickelte Operator bewertet die Deutlichkeit eines Bildfensters im Vergleich zur Umgebung. Er ist leicht zu implementieren und arbeitet schnell. Deshalb wird er in der Photogrammetrie zur Orientierung und zur Stereozuordnung benutzt. Allerdings ist er nicht invariant gegenüber Rotationen.

Moravec operator

The operator developed by Moravec evaluates the distinctness of an image window compared to its surroundings. It is easy to implement and operates fast. This is the reason why it is used in photogrammetry for orientation determination or for stereo matching purposes. Unfortunately, it is not invariant against rotations.

Maßstabs-invariante Merkmals-Transformation (SIFT)

SIFT (Scale-invariant feature transform) ist ein Algorithmus zur Extraktion lokaler Merkmale aus Bilddaten.
Die Bilddaten werden in unterschiedlichen Auflösungen mit Gauß-Filtern geglättet. Anschließend wird die Differenz der geglätteten Bilder analysiert. Lokale Extremwerte in den Differenzbildern verschiedener Auflösungen weisen auf punktförmige Merkmale hin. Die Beschreibung mit einem Vektor, der Bildgradienten aus der lokalen Nachbarschaft enthält, macht SIFT-Merkmale äußerst charakteristisch.

Die extrahierten Merkmale sind invariant gegen Verschiebungen, Drehungen und Maßstabsunterschiede. Sie sind ferner robust gegen Beleuchtungsänderungen, Bildrauschen und kleine geometrische Deformationen, wie sie bei der Aufnahme eines Objektes von verschiedenen Orten aus auftreten. Für die Objekterkennung kann man Daten von mehreren, zufällig gewählten Merkmalspunkten verschiedener Bilder auf Übereinstimmung prüfen.

Scale-invariant feature transform (SIFT)

SIFT (Scale-invariant feature transform) is an algorithm to detect and describe local features in image data.
The image data are convolved at different scales with Gaussian filters, then the difference of successive Gaussian-blurred images are taken.
Keypoints are determined as local extreme values in the difference of Gaussians that occur at multiple scales. SIFT features are highly distinctive by assembling a high-dimensional vector of image gradients within a local image window.

The features extracted are invariant to translations, rotations and image scale differences. They are also robust to changes in illumination, noise, and minor changes in geometry as they occur when an object is imaged from different viewpoints. In addition to these properties, they are relatively easy to extract, allow for correct object identification with low probability of mismatch, and are easy to match against a (large) database of local features.

Förstner-Operator

Der Förstner-Operator findet herausragende Punkte mithilfe des Strukturtensors **A**. Zuerst werden im geglätteten Bild mit dem natürlichen Maßstab σ die Gradienten berechnet und dann über das Gauß-Fenster G mit dem künstlichen Maßstab σ_2 aufsummiert

Förstner operator

The Förstner operator identifies salient points by use of the structure tensor **A**. First, the derivatives are computed on the smoothed image with the natural scale σ and are then summed over a Gaussian window G using an artificial scale σ_2 with the structure tensor

$$\mathbf{A} = G_{\sigma_2} * \begin{bmatrix} g_x^2 & g_x g_y \\ g_x g_y & g_y^2 \end{bmatrix}$$

Die beiden Eigenwerte λ_1 und λ_2 der Inversen von **A** bilden die Interestwerte. Sie definieren Achsen einer Fehlerellipse. Durch Berechnung ihrer Größe

The two eigenvalues λ_1 and λ_2 of the inverse of **A** are considered interest values. They define axes of an error ellipse. By the computation of their size

$$w = \frac{\lambda_1 \cdot \lambda_2}{\lambda_1 + \lambda_2} = \frac{\det(\mathbf{A})}{trace(\mathbf{A})}$$

und mit dem Formfaktor für die Rundheit

and the form factor for roundness

$$q = 1 - \left(\frac{\lambda_1 \cdot \lambda_2}{\lambda_1 + \lambda_2}\right)^2 = \frac{4 \cdot \det(\mathbf{A})}{trace(\mathbf{A})^2}$$

kann man folgende Eigenschaften ermitteln:

- Kleine rundliche Ellipsen definieren einen herausragenden Punkt.
- Längliche Fehlerellipsen lassen eine Kante vermuten.
- Große Ellipsen kennzeichnen eine homogene Region.

Ein Interestpunkt liegt vor, wenn die gegebenen Schwellwerte w_{min} und q_{min} überschritten werden. Geeignete Parameter dazu liegen im Bereich

the following feature properties can be derived:

- Small circular ellipses define a salient point.
- Elongated error ellipses suggest a straight edge.
- Large ellipses mark a homogeneous area.

An interest point is present if the given threshold values w_{min} and q_{min} are exceeded. Suitable parameters for this lie within the range

$$w_{\min} = (0.5 \ldots 1.5) \cdot \bar{w} \qquad und/and \qquad q_{\min} = 0.5 \ldots 0.75$$

wobei $\bar{w}$ den Mittelwert von w über das ganze Bild darstellt.
Der Operator ist wenig empfindlich gegen Rauschen. Für hochpräzise Anwendungen kann es nützlich sein, Koordinaten mit Subpixel-Genauigkeit zu bestimmen.

where $\bar{w}$ denotes the mean value of w over the entire image.
The operator is less sensitive to noise. For high-precision applications it might be useful to determine coordinates with subpixel precision.

Harris-Operator

Der Harris-Operator berechnet aus der Matrix **A** den Interest-Wert nach:

Harris operator

The Harris operator calculates the interest value from the matrix **A** according to:

$$v = det(\mathbf{A}) - k \cdot trace(\mathbf{A})^2$$

Der Parameter k wird häufig auf 0.04 gesetzt, um punktförmige von kantenförmigen Merkmalen zu trennen.

The parameter k is often set to 0.04 to separate point-like from edge-like features.

Harris-Operator *Harris operator*

```
# a2020-284
# if not installed
# pip install pillow
# pip install numpy
# pip install scikit-image
# if there are problems in installation via pip, visit
# https://www.lfd.uci.edu/~gohlke/pythonlibs/
# download scikit_image-0.17.2-cp38-cp38-win_amd64.whl and install it with
# pip install scikit_image-0.17.2-cp38-cp38-win_amd64.whl

import numpy as np
import json
import matplotlib.pyplot as plt
from PIL import Image
from skimage import data, feature
from skimage import transform as tf
from skimage.feature import (match_descriptors,corner_peaks,
                             corner_harris,plot_matches, BRIEF)
filename1i='lifli.tif'
filename2i='refli.tif'

left = np.array(Image.open(filename1i))
right= np.array(Image.open(filename2i))
# see more
# https://scikit-image.org/docs/dev/auto_examples/features_detection/plot_corner.html
#
                                                # min_distance 3-53, threshold 0.1-0.4
key1=corner_peaks(corner_harris(left), min_distance=53,threshold_rel=0.1)
key2=corner_peaks(corner_harris(right),min_distance=53,threshold_rel=0.1)
extractor = BRIEF()                             # extract features
extractor.extract(left,key1)                    # calculate descriptors in both images
key1=key1[extractor.mask]
descriptors1=extractor.descriptors
extractor.extract(right,key2)
key2=key2[extractor.mask]
descriptors2=extractor.descriptors
                                                # calculate matching elements
                                                # by checking descriptors
matches12 =match_descriptors(descriptors1,descriptors2, cross_check=True)
                                                # plot the result on screen
fig,ax = plt.subplots(nrows=1,ncols=1,figsize=(10,4))
plt.gray()
plot_matches(ax,left,right,key1,key2,matches12)
ax.axis('off')
ax.set_title("Harris-Corner detection in stereo image pair")
plt.savefig('pyfig284a.pdf',bbox_inches='tight')
plt.show()
```

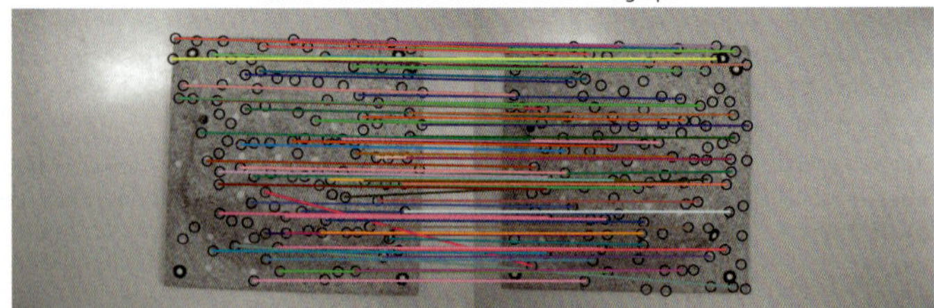

Kantendetektion

Das Finden von Kanten und Linien ist eine Grundaufgabe der Bildverarbeitung. Kanten und Linien sind Diskontinuitäten in der Grauwertfunktion eines Bildes. Eine Kante ist ein Übergang von einer Region zu einer anderen, z. B. von Hell zu Dunkel. Eine Linie wird von zwei Kanten gebildet, z. B. als schmaler dunkler Bereich zwischen zwei hellen Bereichen.

Zur Definition einer Kante gibt es zwei Ansätze, entweder als Maximum in der ersten Ableitung der Bildfunktion oder als Nulldurchgang in der zweiten Ableitung. Um solche Merkmale zu finden, wurde eine Reihe von Operatoren entwickelt.

Edge detection

The detection of edges and lines is a basic operation in digital image processing. Edges and lines are discontinuities in the spatial gray value function of an image. An edge is characterized as the transition from one region to another, e. g. from light to dark. A line is formed by two edges, e. g. a narrow dark region between two light ones.

The definition of an edge may be based on two approaches, either the maximum of the first derivative of the image function or the zero crossing of the second derivative. A variety of edge operators have been developed to identify such features.

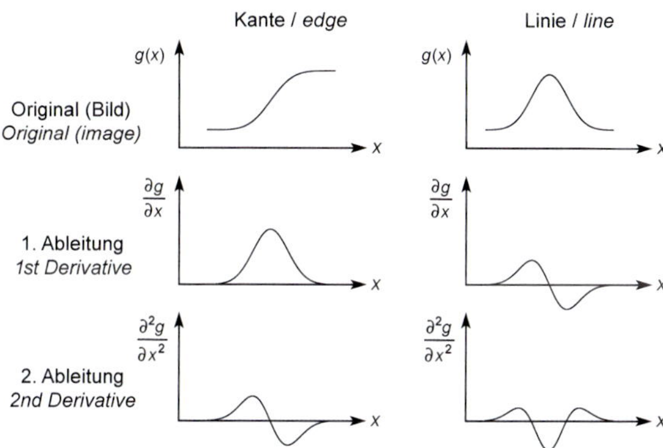

Querschnitte durch die Grauwerte einer Kante und einer Linie und ihre Ableitungen
Profiles through the gray values of an edge and a line and their derivatives

Gradienten-Operatoren

Sind die Differenzen zwischen Pixeln in orthogonalen Richtungen δ_1 und δ_2, sind Größe und Richtung der Gradienten:

$$g = \sqrt{\delta_1^2 + \delta_2^2}$$

Allgemein verstärken Gradienten Rauschanteile im Bild. Verfahren zur Reduktion des Rauscheinflusses sind zu nutzen.

Gradient operators

If differences between pixels in orthogonal directions are δ_1 and δ_2 the magnitude and the direction of the gradient are:

$$\alpha = \arctan \frac{\delta_2}{\delta_1}$$

Generally, gradients are emphasizing noise in the image. Thus, measures should be taken to reduce the noise influences.

Prewitt- und Sobel-Operatoren

Häufig werden der Prewitt- und der Sobel-Operator verwendet. Mit den folgenden Filterkernen erhält man Gradienten in horizontaler und vertikaler Richtung:

Prewitt and Sobel operators

Commonly used are the Prewitt and Sobel operators to compute gradients in horizontal and vertical direction with the following filter kernels:

Prewitt-Operator

$$\begin{bmatrix} -1 & 0 & +1 \\ -1 & 0 & +1 \\ -1 & 0 & +1 \end{bmatrix} \quad \begin{bmatrix} -1 & -1 & -1 \\ 0 & 0 & 0 \\ +1 & +1 & +1 \end{bmatrix}$$

Sobel-Operator

$$\begin{bmatrix} -1 & 0 & +1 \\ -2 & 0 & +2 \\ -1 & 0 & +1 \end{bmatrix} \quad \begin{bmatrix} +1 & +2 & +1 \\ 0 & 0 & 0 \\ -1 & -2 & -1 \end{bmatrix}$$

Laplace-Operatoren

Die Laplace-Methode sucht die Null-Durchgänge in der zweiten Ableitung eines Bildes. Für eine 3x3-Nachbarschaft ergibt sich ein Filter wie zur Hochpassfilterung:

Laplacian operators

The Laplacian method searches for zero crossings in the second derivative of an image. For a 3x3 neighborhood it is given by a kernel similar to high-pass filter:

$$\nabla^2 f(x,y) = \frac{\partial^2 f}{\partial x^2}(x,y) + \frac{\partial^2 f}{\partial y^2}(x,y)$$

$$\begin{bmatrix} 0 & -1 & 0 \\ -1 & 4 & -1 \\ 0 & -1 & 0 \end{bmatrix}$$

Solche Operationen heißen Kantendetektion, aber zunächst verstärken sie nur Kanten. Es können auch Pixel identifiziert werden, die nicht einer Kante zugehören, und die Kanten können Lücken aufweisen. Verknüpfung sollte folgen, um Lücken zu überbrücken und Pixel zu eliminieren, die nicht Teil einer Kante sind.

Although such operations are generally known as edge detection, they primarily emphasize edges. Also pixels might be identified that do not belong to an edge, and edges can exhibit breaks. Linking or aggregation may follow to span gaps between segments of edges or to eliminate pixels that are not part of an edge.

Canny-Kantendetektor

Der Canny-Kantendetektor ist sehr wirkungsvoll. Er arbeitet in vier Schritten:

1. Das Bild wird mit einem Gauß-Filter geglättet, um Rauschen zu reduzieren.
2. Die lokale Gradientengröße g und die Gradientenrichtung α werden pro Punkt berechnet, z. B. mit Sobel oder Prewitt.
3. Die gefundenen Kantenpunkte bilden Kämme im Bild der Gradientenstärken. Der Algorithmus folgt dann den Spitzen dieser Kämme und setzt alle Pixel auf null, die nicht auf einem Kamm liegen, sodass eine dünne Linie entsteht (dieser Prozess heißt Unterdrückung von Nicht-Maxima).
4. Die Kamm-Pixel werden dann in ‚starke' und ‚schwache' eingeteilt. Die starken Kantenpixel werden verknüpft und, wo erforderlich, mit schwachen kombiniert, um eine Kantenlinie zu bilden (dieser Prozess heißt Schwellwert-Hysterese).

Canny edge detector

The Canny edge detector is a very powerful one. It operates in four steps:

1. The image is smoothed by a Gaussian filter to reduce noise.
2. The local gradient magnitude g and the gradient direction α are computed at each point, e. g. by Sobel or Prewitt operators.
3. The edge points found appear as ridges in the gradient magnitude image. The algorithm then tracks along the top of these ridges and sets to zero all pixels that are not actually on the ridge top, so as to give a thin line in the output (the process is called non-maximal suppression).
4. The ridge pixels are then appointed as strong ones and weak ones. The strong edge pixels are linked and combined with weak pixels where necessary to form contours (this process is called hysteresis thresholding).

Hough-Transformation

Die Hough-Transformation dient zum Auffinden von elementaren Linienobjekten in Bilddaten, die auf Kanten reduziert wurden, z. B. mit Roberts- oder Sobel-Operator. Sie arbeitet in einem Parameterraum, dessen Achsen den Parametern entsprechen, die zur Beschreibung der gesuchten geometrischen Struktur erforderlich sind.

Hough transform

The Hough transform is an approach to identify elementary geometric features in an image that has been edge detected, e. g. with a Roberts or Sobel edge detector. The method works in a parameter space, the axes of which represent the parameters that are necessary to characterize the relevant geometrical structures.

Gerade Linien

Das Erkennen von geraden Linien ist die wichtigste Anwendung. Es seien x, y die Koordinaten eines Punktes der Geraden

Straight lines

The most popular application is to extract straight lines. It is useful to refer to the line equation in the form

$$x \cdot \cos\varphi + y \cdot \sin\varphi = r$$

Alle Punkte auf dieser Geraden im (x, y)-Raum führen im (r, φ)-Raum zu Geraden, die durch einen einzelnen Punkt gehen. Dieser Punkt, durch den sie alle gehen, ergibt den Wert von r und φ in der Geradengleichung.

Die Vorgehensweise ist wie folgt:

1. Zerlege den (r, φ)-Raum in ein zweidimensionales Feld A für geeignete Schritte von r, φ.
2. Setze alle Elemente von $A(r, \varphi)$ zu 0.
3. Für jedes Pixel (x', y'), das im Bild auf der Linie liegt, addieren wir 1 zu allen Elementen von $A(r, \varphi)$, für deren Indizes gilt

All points of this line in the image space (x, y) are represented by lines passing through a single point in the parameter space (r, φ). This point through which they all pass gives the value of r and φ in the line equation.

The procedure is as follows:

1. Quantize the (r, φ) space into a twodimensional array A for appropriate steps of r, φ.
2. Initialize all elements of $A(r, \varphi)$ to 0.
3. For each pixel (x', y') which lies on the line in the image we add 1 to all elements of $A(r, \varphi)$ whose indices satisfy

$$x' \cdot \cos\varphi + y' \cdot \sin\varphi = r$$

4. Suche nach Elementen von $A(r, \varphi)$ mit großen Werten; jedes gefundene entspricht einer Linie im Originalbild.

4. Search for elements of $A(r, \varphi)$ which have large values; each one found corresponds to a line in the original image.

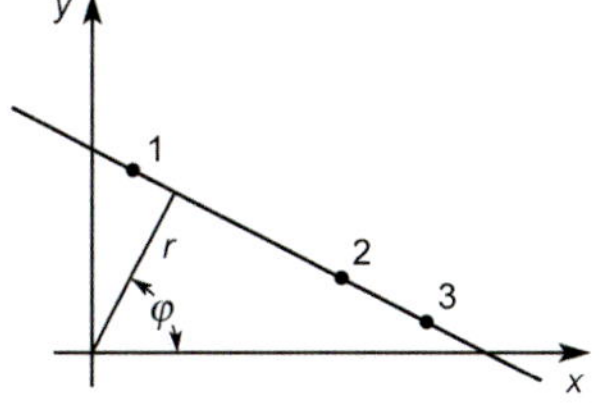

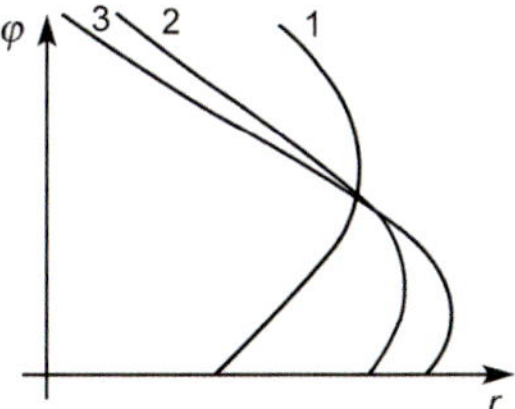

Schematisches Beispiel zur Hough-Transformation.
Links: Gerade im Bildraum x, y.
Rechts: Drei Punkte der Geraden im Parameterraum r, φ.
Basic example of the Hough transform.
Left: Straight line in the image space x, y.
Right: Three points in the parameter space r, φ.

4.5 Morphologische Operationen – Morphological operations

Morphologische Operationen
Morphologische Operationen verändern die Formen in binären Bildern. Die Grundoperationen sind Dilatation, Erosion, Opening und Closing eines Bildes A mit einem Strukturelement B. Dieses Element ist eine (kleine) Matrix, deren mittleres Pixel bearbeitet wird, während die anderen die Art der Bearbeitung definieren. Die Operationen sind nicht umkehrbar. Morphologische Operationen können auch auf Grauwertbilder angewandt werden.

Morphological operations
Morphological operations are applied to modify the shape of binary images. Basic morphological operations are dilation, erosion, opening, and closing of an image A with a structuring element B. This element consists of a (small) matrix, its central pixel is the one being processed, the others define the operations. These operations are not reversible.
Morphological operations can also be applied to gray-scale images.

Dilatation
Der Wert des Ausgabepixels ist der Maximalwert aller Pixel in der Umgebung des Eingabepixels. Dilatation vergrößert ein Objekt und füllt kleine Löcher und Zwischenräume auf. Das Beispiel zeigt die Wirkung eines 3x3-Strukturelements.

Dilation
The value of the output pixel is the maximum of all the pixels in the input pixel's neighborhood. Dilation increases the size of objects and fills small holes and gaps. The example shows the effect of a 3x3 structuring element.

A 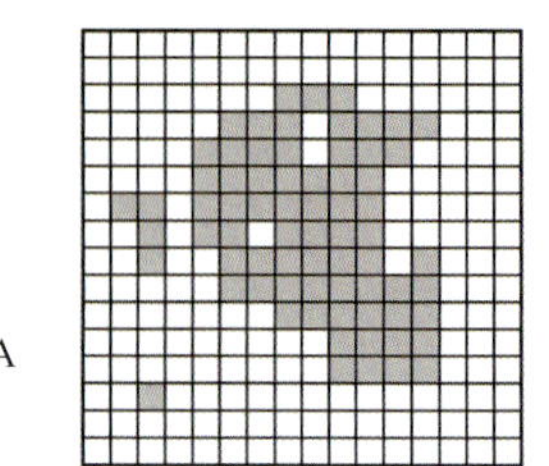 B  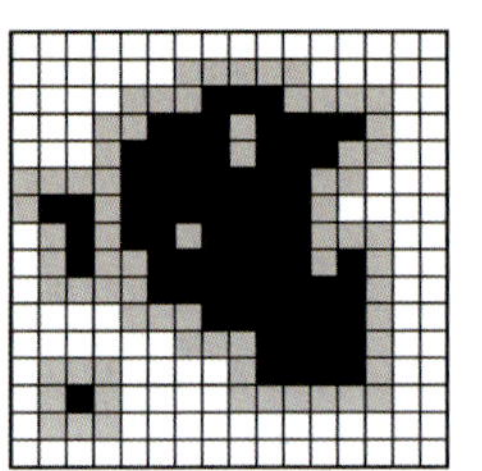 D

$$D(A,B) = A \oplus B = \{x | (B)_x \cap A \neq \emptyset\}$$

Erosion
Der Wert des Ausgabepixels ist der Minimalwert aller Pixel in der Umgebung des Eingabepixels. Erosion verkleinert ein Objekt und entfernt kleine Objekte.

Erosion
The value of the output pixel is the minimum of all the pixels in the input pixel's neighborhood. Erosion decreases the size of objects and removes small objects.

A 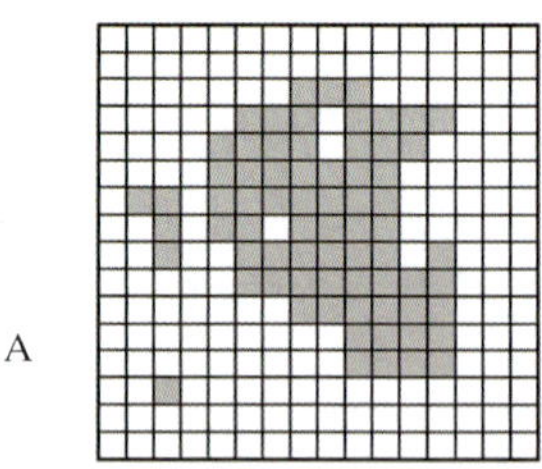 B  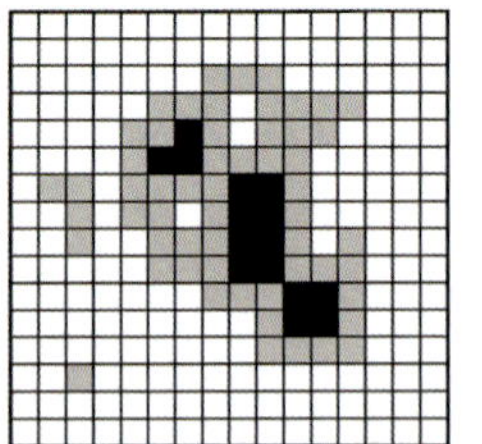 E

$$E(A,B) = A \ominus B = \{x | (B)_x \subseteq A\}$$

Öffnen (Opening)

Opening eines Bildes nennt man eine Erosion und eine anschließende Dilatation mit demselben Strukturelement. Opening glättet die Umrisse eines Objekts, unterbricht Verengungen und entfernt alle Objekte, die kleiner oder schmaler sind als das Strukturelement.

Opening

Opening of an image is an erosion followed by a dilation, using the same structuring element for both operations. Opening smoothes the contour, breaks narrow isthmuses, and eliminates all objects or part of objects smaller in size or width than the structuring element.

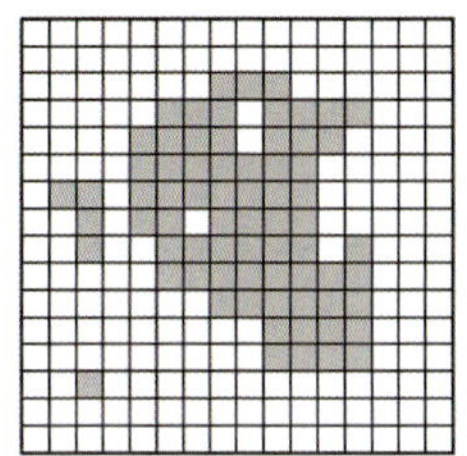

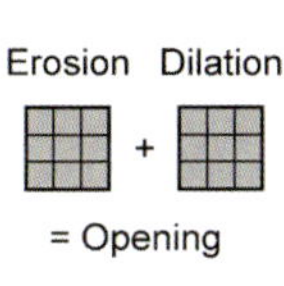

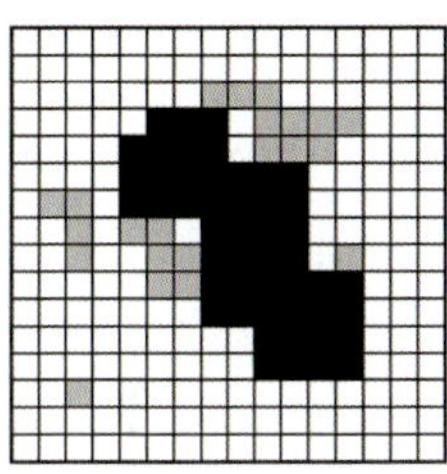

$$O(A,B) = A \circ B = D(E(A,B),B)$$

Schließen (Closing)

Closing eines Bildes nennt man eine Dilatation und eine anschließende Erosion mit demselben Strukturelement. Closing glättet die Umrisse eines Objektes, schließt schmale Buchten und enge Unterbrechungen, entfernt Löcher, die kleiner sind als das Strukturelement, und füllt Lücken im Umriss.

Closing

Closing of an image starts with a dilation which is followed by an erosion with the same structuring element. Closing smoothes the contours of an object, fuses narrow breaks and closes long thin gulfs, eliminates holes smaller in size than the structuring element and fills gaps on the contour.

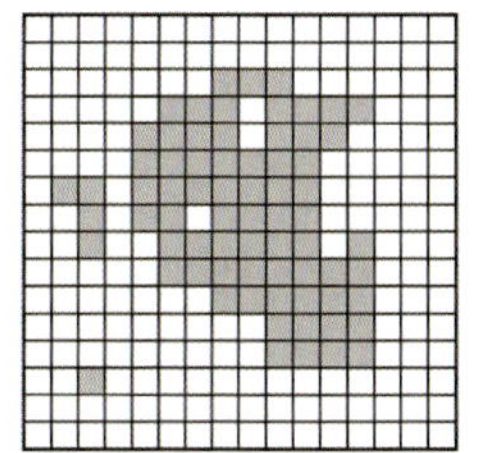

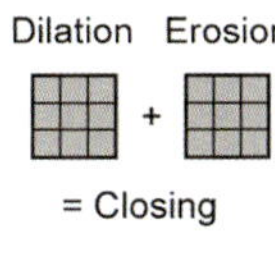

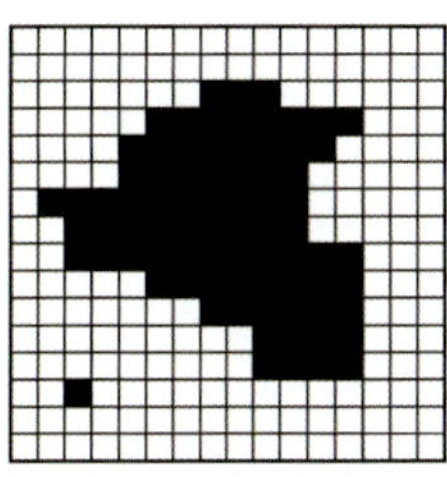

$$O(A,B) = A \bullet B = E(D(A,-B),-B)$$

Strukturelemente

Strukturelemente morphologischer Operatoren entsprichen der Maske einer Faltungsoperation. Sie definieren, wie ein morphologischer Operator die Form eines binären oder Grauwert-Objektes ändert.

Structuring elements

The structuring elements of a morphological operator correspond to the mask of a convolution operation. It determines in which way a morphological operator changes the shape of a binary or gray-scale object.

Morphologische Operationen Morphological operations

```
# a2020-290
import matplotlib.pyplot as plt
# load additional modules
from skimage.io import imread
from skimage.morphology import erosion, dilation, opening, closing
from skimage.morphology import skeletonize
from skimage.morphology import disk
#  source:
#  https://scikit-image.org/docs/dev/auto_examples/applications/
#  plot_morphology.html#sphx-glr-auto-examples-applications-plot-morphology-py
#
#
# define function for comparing filtered image with original
#
def plot_comparison(original, filtered, filter_name):
    fig, (ax1, ax2) = plt.subplots(ncols=2, figsize=(8, 4), sharex=True, sharey=True)
    ax1.imshow(original, cmap=plt.cm.gray)
    ax1.set_title('original')
    ax1.axis('off')
    ax2.imshow(filtered, cmap=plt.cm.gray)
    ax2.set_title(filter_name)
    ax2.axis('off')
#
orig = imread('testcirc.png')                        # load sample image
#
selem = disk(5)                                      # define structuring element
#
#[[0 0 0 0 0 1 0 0 0 0 0]
# [0 0 1 1 1 1 1 1 1 0 0]
# [0 1 1 1 1 1 1 1 1 1 0]
# [0 1 1 1 1 1 1 1 1 1 0]
# [0 1 1 1 1 1 1 1 1 1 0]        selem looks like this
# [1 1 1 1 1 1 1 1 1 1 1]
# [0 1 1 1 1 1 1 1 1 1 0]
# [0 1 1 1 1 1 1 1 1 1 0]
# [0 1 1 1 1 1 1 1 1 1 0]
# [0 0 1 1 1 1 1 1 1 0 0]
# [0 0 0 0 0 1 0 0 0 0 0]]
#
# Morphological erosion sets a pixel at (i, j) to the minimum over all pixels
# in the neighborhood centered at (i, j). The structuring element,
# selem, passed to erosion is a boolean array that describes this neighborhood.
#
eroded = erosion(orig, selem)
plot_comparison(orig, eroded, 'erosion')
plt.savefig('pyfig290a1.pdf',bbox_inches='tight')
plt.show()
# Morphological dilation sets a pixel at (i, j) to the maximum over all pixels
# in the neighborhood centered at (i, j).
# Dilation enlarges bright regions and shrinks dark regions.
dilated = dilation(orig, selem)
plot_comparison(orig, dilated, 'dilation')
plt.savefig('pyfig290a2.pdf',bbox_inches='tight')
plt.show()
# Morphological opening on an image is defined as an erosion followed by a dilation.
# Opening can remove small bright spots (i.e. salt) and connect small dark cracks.
opened = opening(orig, selem)
plot_comparison(orig, opened, 'opening')
plt.savefig('pyfig290a3.pdf',bbox_inches='tight')
plt.show()
phantom = orig.copy()
phantom[10:30, 200:205] = 0
# Morphological closing on an image is defined as a dilation followed by an erosion.
# Closing can remove small dark spots (i.e. pepper) and connect small bright cracks.
closed = closing(phantom, selem)
plot_comparison(phantom, closed, 'closing')
plt.savefig('pyfig290a4.pdf',bbox_inches='tight')
plt.show()
```

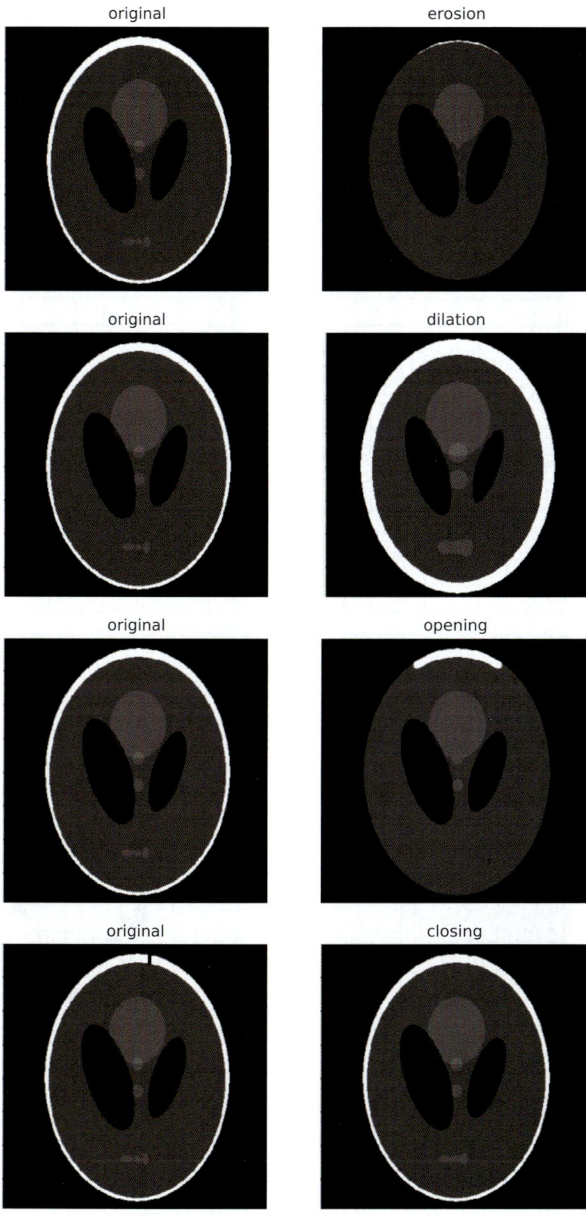
original
erosion
original
dilation
original
opening
original
closing

Abstandstransformationen

Durch eine Abstands- oder Distanztransformation wird ein binäres Bild in ein Grauwertbild umgewandelt. Der Grauwert eines Pixels entspricht seinem Abstand vom Objektrand. Dies kann z. B. durch mehrfache Erosion erreicht werden, mit Euklidischer oder mit City-Block-Distanz. Maximalwerte der Distanztransformation kennzeichnen Mittelpunkte von Kreisen maximalen Durchmessers der entsprechenden Objekte.

Distance transformations

Through distance transformation a binary image can be transformed to a gray-scale image. The gray value of each pixel is a function of its distance from the object boundary. This can e. g. be achieved by multiple successive erosions, either with Euclidian or with city-block distances. The maximum values of the distance transformation define the centers of circles with the maximum diameter of the related objects.

				1	1	1				
		1	1	1	1	1	1	1		
		1	1	1	1	1	1	1	1	
	1	1	1	1	1	1	1	1	1	
		1	1	1	1	1	1	1	1	
	1	1	1	1	1	1	1	1		
	1	1	1	1	1	1	1	1		
		1	1	1	1	1	1			
			1	1	1	1				
				1	1	1				

				1	1	1				
		1	1	2	2	2	1	1		
		1	2	3	3	3	2	2	1	
	1	2	3	4	4	4	3	2	1	
		1	2	3	4	4	3	2	1	
	1	2	3	4	4	3	2	1		
	1	2	3	4	4	3	2	1		
		1	2	3	3	2	1			
			1	2	2	1				
				1	1	1				

Beispiel zur Abstandstransformation (vierfache Erosion mit City-Block-Distanz)
Example of a distance transform (four erosions with city-block distance)

Extraktion von Rändern

Den Umriss eines Objektes A erhält man, wenn man von A die mit dem Strukturelement B erodierte Version subtrahiert.

Extraction of contours

The contour of an object A can be obtained by subtracting from A a version eroded with the structure element B.

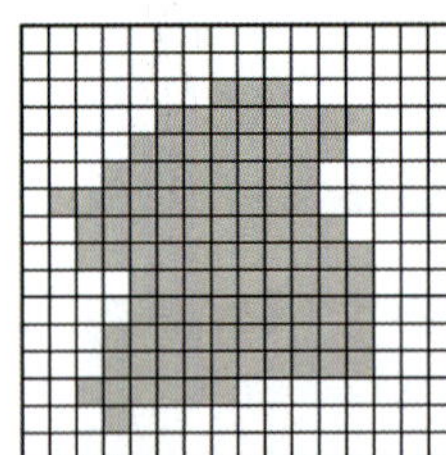

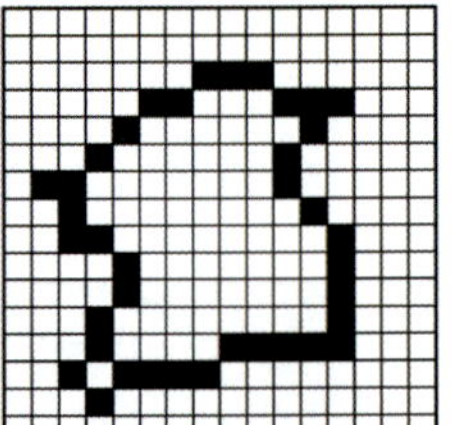

Skelettierung

Durch Skelettierung soll aus einem flächigen Objekt eine ein Pixel breite Skelettlinie erzeugt werden. Dies wird durch die Anwendung der Erosion und anderer morphologischer Operationen erzielt.

Finding skeletons

A skeletonizing procedure intends to reduce an extended object to a narrow, only one pixel wide skeleton line. This can be achieved by erosions in combination with other morphological operations.

Segmentierung von Bilddaten

Segmentierung ist die Zerlegung eines Bildes in semantische Einheiten, also in Regionen, denen eine Bedeutung zugeordnet werden kann. Viele Verfahren wurden dazu entwickelt, aber es gibt keine allgemein gültige Methode, die für alle Bilder und Anwendungen geeignet ist. Ferner arbeitet keine Technik perfekt.

Image segmentation

Segmentation is the process of dividing an image into semantic units, i. e. in regions that can be associated with a special meaning. Many approaches have been developed, but there is no universally applicable segmentation technique that will work for all images and purposes, and no segmentation technique is perfect.

Schwellwertverfahren

Als einfache Methode kann man Bereiche von Grauwerten definieren, indem man im Grauwert-Histogramm geeignete Grenzwerte festlegt und damit das Bild in Regionen unterteilt. Der Erfolg hängt völlig von der Trennbarkeit der Grauwerte im Histogramm und von der räumlichen Verteilung der Grauwerte im Bild ab.

Histogram thresholding

A simple approach is to define ranges of brightness values by choosing suitable threshold values from the gray level histogram, followed by dividing the image into regions. The success depends entirely on the separability of gray levels in the histogram and on the spatial distribution of the gray levels in the image.

Wasserscheidenverfahren

Bei diesem Verfahren wird die lokale Topologie der Bildfunktion berücksichtigt. Das Bild wird als topographische Fläche betrachtet mit den höheren Grauwerten als Berge und den niedrigeren Grauwerten als Täler. Die Segmentierung beginnt bei den niedrigsten Höhen und simuliert eine ansteigende Überflutung der Region. Wo Wasser aus zwei Minima zusammenfließen würde, wird ein Damm errichtet. Schließlich ist jedes Minimum von Dämmen umgeben, und das Ausgangsbild ist in ‚Abflussbecken' als Segmente unterteilt.

Watershed segmentation

The watershed approach takes the local topology of the image function into account. The image is considered as a topographic surface with higher gray values as mountains and lower gray values as valleys. The segmentation starts from the lowest altitude and simulates the flooding of the region. Dams are erected at the places where water coming from two different minima would merge.
Finally, each minimum is surrounded by dams, and the input image is partitioned into 'catchment basins' as segments.

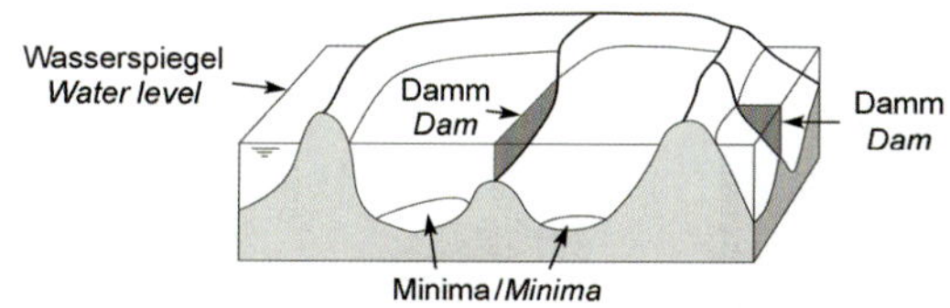

Schematische Darstellung des Wasserscheidenverfahrens (Grauwerte als Geländehöhen)
Schematic diagram of watershed segmentation (the gray-scale image as topography)

Wachsende Flächen (Region growing)

Man startet mit einzeln definierten Pixeln (Startpunkte) und vereinigt sie nach gegebenen Kriterien mit anderen Pixeln zu einer Region. Für die Grauwerte der neuen Pixel muss ein Grenzwert definiert sein.

Region growing

The method starts with individually defined pixels (seed points) and merges them with other pixels to grow a region according to given criteria. For the gray values of the new pixels a threshold must be applied.

Wachsende Flächen *Region growing*

```
# a2020-294
import numpy as np
import matplotlib.pyplot as plt
from scipy import ndimage as ndi

# from skimage.morphology import watershed
from skimage.feature import peak_local_max
from skimage.segmentation import watershed

# generate an initial image with two overlapping circles
x, y = np.indices((100, 100))
x1, y1, x2, y2 , x3, y3= 28, 28, 44, 52, 60, 22
r1, r2 , r3 = 16, 20, 15
mask_circle1 = (x - x1)**2 + (y - y1)**2 < r1**2
mask_circle2 = (x - x2)**2 + (y - y2)**2 < r2**2
mask_circle3 = (x - x3)**2 + (y - y3)**2 < r3**2
image = np.logical_or(np.logical_or(mask_circle1, mask_circle2),mask_circle3)

# now we want to separate the two objects in image
# generate the markers as local maxima of the distance to the background
distance = ndi.distance_transform_edt(image)
local_maxi = peak_local_max(distance, indices=False, footprint=np.ones((3, 3)),
                            labels=image)
markers = ndi.label(local_maxi)[0]
labels = watershed(-distance, markers, mask=image)

fig, axes = plt.subplots(ncols=3, figsize=(9, 3), sharex=True, sharey=True)
ax = axes.ravel()

ax[0].imshow(image, cmap=plt.cm.gray)
ax[0].set_title('Overlapping objects')
ax[1].imshow(-distance, cmap=plt.cm.gray)
ax[1].set_title('Distances')
ax[2].imshow(labels, cmap=plt.cm.nipy_spectral)
ax[2].set_title('Separated objects')

for a in ax:
    a.set_axis_off()

fig.tight_layout()
plt.savefig('pyfig294a.pdf',bbox_inches='tight')
plt.show()
```

Overlapping objects

4.6 Datenfusion – Data fusion

Datenfusion

Der Begriff Datenfusion beschreibt allgemein Verfahren zur Verknüpfung von Daten verschiedenen Ursprungs und verschiedener Informationen, um gemeinsame Datensätze zu gewinnen. Fusionsmethoden wurden lange Zeit angewandt, z. B. zur Fortführung topographischer Karten, ohne sie so zu nennen. Neuerdings wird Datenfusion als eigenständige Aufgabe mit speziellen Methoden gesehen.

In Photogrammetrie und Fernerkundung ist Datenfusion eine vielseitige Methode. Sie wird oft als die Integration von Bilddaten verschiedenen Ursprungs verstanden, um ein neues Bild höherer Qualität zu erzeugen. Die Definition von ‚höherer Qualität' hängt von der jeweiligen Anwendung ab. Allgemein kann die Integration von spektral und räumlich komplementären Fernerkundungsdaten die visuelle und automatische Bildauswertung fördern. Zur Durchführung von Datenfusion stehen viele Techniken zur Verfügung. Stets verlangt die Fusion, dass zu verknüpfende Daten in einem einheitlichen geometrischen Bezugssystem vorliegen. Wichtige Fusionsaufgaben sind die folgenden:

Sensoren-Fusion

Die Fusion von Daten verschiedener Sensoren kann zur Bildauswertung sehr wertvoll sein. Typisch ist die Kombination von Radarbildern und optischen Bilddaten.

Panbildschärfung

Dieser Vorgang vereinigt Bilder mehrerer Spektralkanäle mit panchromatischen Bildern höherer räumlicher Auflösung.

Klassifizierung

Multispektrale oder multisensorale Klassifizierung kann mit zusätzlichen Daten (z. B. DGM) stark unterstützt werden.

Erkennung von Veränderungen

‚Change detection' versucht, Objektänderungen aus Daten verschiedener Aufnahmezeiten abzuleiten.

Data fusion

The term data fusion describes in a very general way methods that are applied to merge data from different sources and containing disparate information to produce a consistent data set. Fusion techniques have been applied for a long time, e. g. in updating topographic maps, without naming it. More recent is the development to understand data fusion as a particular concept and a collection of methods.

In photogrammetry and remote sensing data fusion is a multi-purpose approach. It is often understood as the integration of image data originating from different sources in order to generate a new image of higher quality. The exact definition of 'higher quality' depends upon the application considered. Generally the integration of spectrally and spatially complementary remote sensing data can facilitate visual as well as automatic image interpretation. To perform data fusion a variety of techniques has been developed. In any case fusion processes require that the data sets to be merged are geometrically prepared and refer to a common reference system. Important fusion tasks are the following:

Sensor fusion

The fusion of data from different sensors can effectively support the interpretation of image data. A good example is combining radar images and optical sensor data.

Pansharpening

This approach merges images in several spectral bands and panchromatic images with higher spatial resolution.

Classification

Multispectral or multi sensor classification can be significantly supported by integrating additional data sets, e. g. DTMs.

Change detection

Change detection intends to identify object changes through differences between images recorded on different dates.

Panbildschärfung

Panbildschärfung (pansharpening) nennt man die Fusion von panchromatischen Bilddaten hoher Auflösung mit gering aufgelösten Multispektraldaten. Das Ergebnis kombiniert die hohe Auflösung und die Farbinformation. Das Verfahren wird allgemein in digitalen Luftbildkameras und Fernerkundungssatelliten eingesetzt.

Pansharpening

The term pansharpening describes the fusion of high-resolution panchromatic image data and lower-resolution multispectral data. The results combine the properties of the input data, namely high-resolution and multispectral information. This method is widely used in digital aerial cameras and remote sensing satellites.

Bildfusion durch IHS-Transformation

Der RGB-Farbraum ist zur Fusion ungeeignet, da die Bildkanäle zu einem panchromatischen Bild nicht kompatibel sind. Deshalb ist es üblich, das Farbbild in die drei Komponenten Intensität, Farbton, Sättigung (IHS) zu transformieren. Die Intensität I beschreibt die Bildhelligkeit und zeigt große Ähnlichkeit mit dem hoch aufgelösten panchromatischen Bild. Nach dem Ersetzen des Intensitätskanals durch die hoch aufgelösten Daten und der inversen Transformation erhält man ein hoch aufgelöstes Farbbild in RGB.

Fusion by IHS transformation

The RGB color space is not suitable for fusion, because the image channels are not compatible to a panchromatic image. Therefore it is common to break down the multispectral image into three components Intensity, Hue, Saturation (IHS) by transformation. The intensity I describes the brightness and shows a strong similarity to the highly resolved panchromatic image. After replacement of the intensity channel by the high-resolution data the inverse transformation yields a high-resolution color image in RGB.

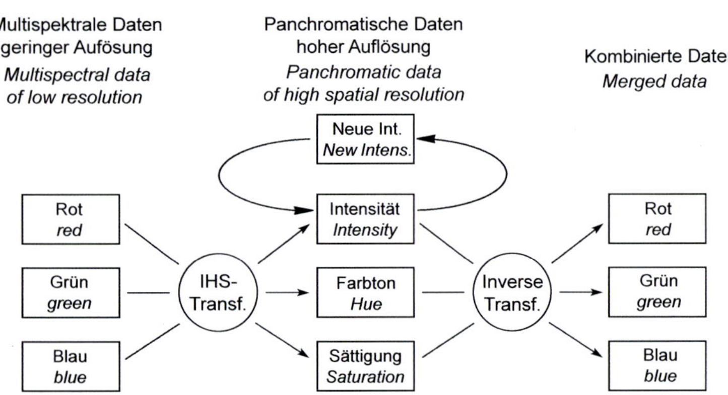

Schematische Darstellung der Bildfusion mittels IHS-Transformation
Schematic diagram of pansharpening through IHS transformation

Fusion im Lab-Farbmodell

Auf ähnliche Weise kann die Bildfusion durch Transformation in das Lab-Farbmodell und zurück erzielt werden.

Fusion in the Lab color model

In a similar way the fusion can be achieved by transformation to the Lab color model and back.

4.7 Klassifikationen – Classifications

Klassifikationen

Bisher haben wir die verschiedenen Pixel eines Bildes mit Indizes betrachtet und daraus Rückschlüsse auf die Objekte gewonnen. Oftmals ist es einfacher, verschiedene Pixel mit gleichen Eigenschaften zu gruppieren und aus diesen Eigenschaften auf die Objekte zu schließen. Solche Gruppierungen werden als Klassifikationen bezeichnet. Unerlässlich für Klassifikationen ist der Vergleich mit Geländedaten, um die Beobachtungen am Feld zu validieren.

Classifications

Up to now, we have looked at the different pixels of each image using indices and derived information of the objects. Oftentimes, it is easier to group different pixels with similar characteristics and derive the objects' parameters out of these groups. Such groupings are called classifications. Essentially important for classifications is the comparison to ground data to validate the observations.

Geländedaten

Geländedaten (auch Ground Truth) sind Beobachtungen, Messungen und gesammelte Informationen über den aktuellen Zustand im Gelände, um die Zusammenhänge zwischen Fernerkundungsdaten und den Objekten zu bestimmen. Grundsätzlich sollten Geländedaten zu der Zeit erfasst werden, zu der die Datenaufnahme durch Fernerkundung erfolgt. Die tolerierbaren Zeitunterschiede hängen von der Aufgabenstellung ab. Geländedaten können der Entwicklung, Kalibrierung und Bewertung von Sensoren dienen. Vielfach werden spektrale Eigenschaften mit Spektrometern gemessen, z. B. um optimale Wellenlängen und Bandbreiten zu bestimmen. Die Daten, die im Gelände zu erfassen sind, schließen Informationen über die Objektart, den Zustand, spektrale Eigenschaften, Umstände, Oberflächentemperatur usw. ein. Vielfach werden weitere Informationen benötigt, wie Sonnenazimut und -höhe, Sonnenstrahlung, atmosphärische Trübung, Lufttemperatur, Feuchtigkeit, Windrichtung und -geschwindigkeit, Bodenbedingungen, Tau, Niederschlag usw.

Ground data

Ground data (also called Ground Truth) are the observations, measurements and collected information about the actual conditions on the ground in order to determine the relationship between remotely sensed data and the observed object. In principle, ground data should be collected at the same time as data acquisition by the remote sensor takes place. However, the tolerable time lag depends on the purpose. Ground data may be used for sensor design, calibration and validation, etc. In many cases, spectral characteristics are measured by a spectrometer, to determine, for example, the optimum wavelength range and the band width. The items to be investigated by ground data comprise information about the object type, status, spectral characteristics, circumstances, surface temperature etc. In many cases, further information is needed about the environment, the sun azimuth and elevation, irradiance of the sun, atmospheric clarity, air temperature, humidity, wind direction, wind velocity, ground surface condition, dew, precipitation etc.

Geländepasspunkte

Eine andere Art von Geländedaten betrifft die Passpunkte zur geometrischen Korrektur der Fernerkundungsdaten.

Ground control points

Another type of ground data is a survey of ground control points for geometric correction of the remote sensing data.

Trainingsgebiete

Eine wichtige und weit verbreitete Art von Geländedaten betrifft die Trainingsgebiete zur überwachten Klassifizierung. Trainingsflächen für jede Klasse setzen die Identifizierung des Objektes voraus durch Ortserkundung, visuelle Interpretation von Luftbildern, Auswertung von Karten, Durchsicht von Literatur und Statistiken usw. Meist weist ein Operateur die Trainingsgebiete in den Rasterbildern interaktiv einer Objektklasse zu. Trainingsgebiete haben großen Einfluss auf die Qualität der Klassifizierungsergebnisse. Jedes Feld muss sorgfältig gewählt werden und soll in sich homogen sein, damit es eine Klasse repräsentiert.

Training fields

A common and very important type of ground data are training fields for supervised classification purposes. Training sets for each object class will mainly include identification of the object using site visits, visual interpretation of aerial photographs, survey by existing maps, and a review of literature and statistics as well. Usually an operator identifies the training areas interactively in raster images and assigns it to the related object class. The training fields are of significant impact on the quality of the classification results. Each field must be carefully selected to be representative for a class and it should show high homogeneity.

Definition von Trainingsgebieten

Definition of training fields

```python
# a2020-298
from   skimage.io import imread
import matplotlib.pyplot as plt
import numpy as np
rgb_img = imread('orthonherm.jpg')                        # load rgb ortho mosaic
classes = 4                                               # define 4 classes and give center
c1='roof'  ;c2='ground';c3='trees';c4='grass'             # coordinates of training fields
class1=np.array([[275,171],[370,184],[338,218],[388,293],[297,74]
                 ,[101,276],[154,114],[441,393]])
class2=np.array([[180,280],[232,272],[466,329],[90,144],[232,137]])
class3=np.array([[145,413],[393,327]])
class4=np.array([[454,237],[440,182],[429,123]])
color=[(0,0,1),(1,0,0),(0,0.5,0),(0,1,0),(0,0,0)]
fig = plt.figure(figsize=(6,6)) # draw training fields in 2D window
ax  = fig.add_subplot(111); ax.imshow(rgb_img,cmap='gray');
ax.set_title("Centers of training data ROIs")
l1=ax.scatter(class1[:,0],class1[:,1],marker='o',color=color[0])
l2=ax.scatter(class2[:,0],class2[:,1],marker='o',color=color[1])
l3=ax.scatter(class3[:,0],class3[:,1],marker='o',color=color[2])
l4=ax.scatter(class4[:,0],class4[:,1],marker='o',color=color[3])
ax.legend((l1,l2,l3,l4),(c1,c2,c3,c4),loc='lower right', ncol=1, fontsize=8)
plt.axis('off'); plt.savefig('pyfig298a.pdf',bbox_inches='tight'); plt.show()
```

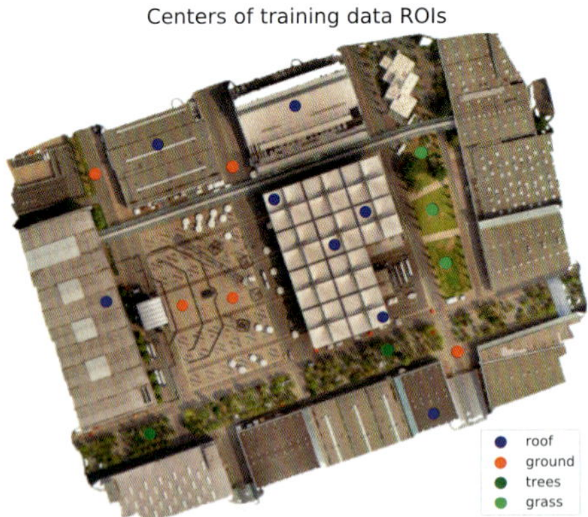

Multispektral-Klassifizierung
Durch Klassifizierung werden die einzelnen Pixel eines Rasterbildes diskreten Kategorien zugeordnet. In der multispektralen Fernerkundung geschieht dies aufgrund der Reflexionseigenschaften der verschiedenen Objektmaterialien. Der Vorgang kann als pixelweise Klassifizierung durchgeführt werden, wobei jedes Pixel einzeln behandelt wird, oder als objektweise Klassifizierung nach einem Segmentierungsprozess.

Multispectral classification
Classification is the process of assigning the pixels of a continuous raster image to discrete categories. In multispectral remote sensing it is common to carry out this process based on the reflectance properties of the different object materials. The procedure can be performed as pixel-based classification, where each pixel is treated separately, or as object-based classification after a segmentation procedure.

Prinzip der Klassifizierung
Das Prinzip der Klassifizierung multispektraler Daten ist es, sie in einem mehrdimensionalen Merkmalsraum zu koordinieren, dessen Achsen den Spektralkanälen entsprechen. Wenn dies erreicht ist, ist der Merkmalsraum so aufzuteilen, dass jede Abteilung einer bestimmten Objektklasse entspricht. Dies kann an einem einfachen Beispiel gezeigt werden, bei dem Boden, Wasser und Vegetation in drei Spektralkanälen λ_1, λ_2, λ_3 erfasst wurden.

Principle of classification
The basic idea for the classification of multispectral data is to coordinate them in a multidimensional feature space, the axes of which correspond to the spectral bands involved. Once this is achieved, the feature space must be subdivided in such a way, that each subdivision represents a particular object class. The procedure can be illustrated by a simple example, considering soil, water and vegetation observed in three spectral bands λ_1, λ_2, λ_3.

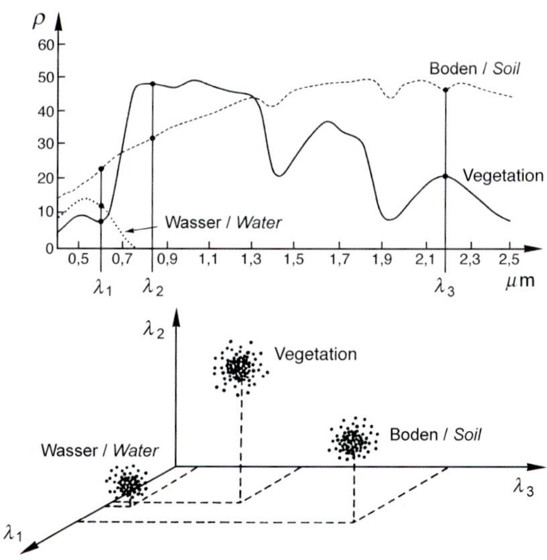

Aufbau eines Merkmalsraums aus den Messwerten in drei Spektralkanälen λ_1, λ_2, λ_3
Establishment of a feature space from the measurements in three spectral bands λ_1, λ_2, λ_3

Clusterbildung

Clusterbildung (Clusteranalyse) ist ein Verfahren zur Analyse eines multispektralen Datensatzes, um die Tendenz zur Bildung von Punktwolken (Cluster) im Merkmalsraum erkennen. Dazu sind verschiedene Methoden entwickelt worden.

Clustering

Clustering or cluster analysis is an approach to analyze a set of multispectral data to detect their tendency to form point clouds or clusters in the feature space. Various techniques have been developed for this purpose.

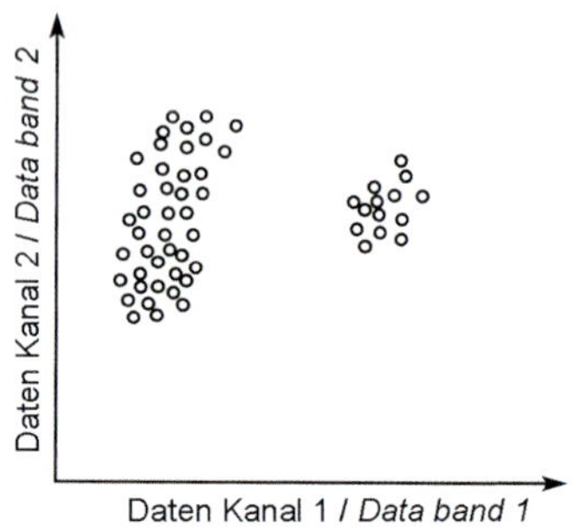

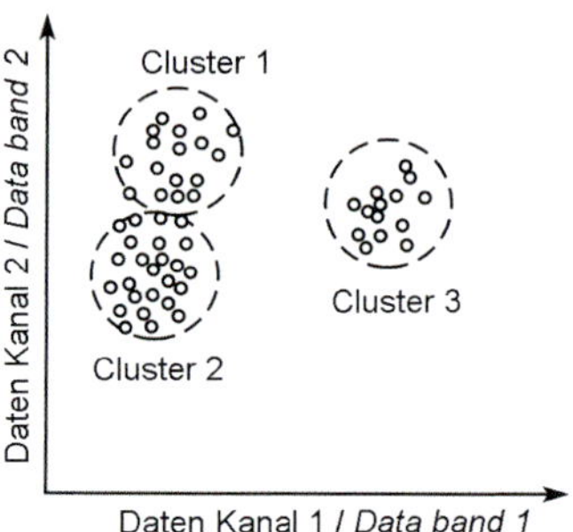

Prinzip der Clusterbildung eines hypothetischen zweidimensionalen Datensatzes: gegebene Daten (links) und Ergebnis der Clusterbildung in drei Klassen (rechts)
Concept of clustering a hypothetical two-band data set; given data (left) and result of cluster analysis into three classes (right)

Ein allgemeiner Ansatz ist es, zuerst die Anzahl von Klassen, in die die Daten gruppiert werden sollen, sowie die Startpositionen jeder Klasse festzulegen. Durch die willkürliche Wahl von Cluster-Zentren werden die Daten in vorläufige Cluster unterteilt. Die Schwerpunkte der Daten der vorläufigen Cluster werden dann neue Cluster-Zentren. Dieser Algorithmus wird iterativ fortgeführt, bis die Cluster-Zentren stabil bleiben. Der Prozess arbeitet sehr erfolgreich und ist als Iterative Self-Organizing Data Analysis Technique (Isodata-Technik) bekannt. Ein großer Vorteil ist es, dass es unwichtig ist, wo die willkürlich gewählten vorläufigen Cluster-Zentren liegen, wenn man nur genügend Iterationen durchführt. Ein anderer Weg ist Hierarchisches Clustering. Während der Iterationen wird die Distanz zwischen den Clustern bewertet. Dann werden die Cluster mit der kürzesten Distanz zusammengelegt und damit die Anzahl der Cluster reduziert. Dieser Vorgang wird wiederholt, bis die vorgegebene Cluster-Anzahl erreicht ist.

A common approach is to start with the specification of the number of classes into which the data are to be grouped and the starting positions for each class. Through this arbitrary selection of cluster centers, the data are subdivided into preliminary ‘candidate’ clusters. The means of the data in each candidate become the new cluster centers.

The algorithm proceeds iteratively until the cluster centers remain stable. The algorithm operates very successfully and is known as Iterative Self-Organizing Data Analysis Technique (Isodata technique). An important advantage is, that it does not matter where the initial arbitrary cluster means are located, as long as enough iterations are performed.

Another approach is hierarchical clustering. During the iterations the distance between clusters is evaluated. The clusters with the minimum distance (nearest neighbors) are merged, thus reducing the number of clusters. This procedure is repeated until the final limited number of clusters is reached.

Klassifizierungsverfahren

Für die Multispektral-Klassifizierung, die ein Sonderfall der Mustererkennung ist, sind viele Methoden entwickelt worden. Die folgenden sind die wichtigsten. Soweit möglich, werden sie mit einem hypothetischen zweikanaligen Datensatz erklärt.

Classification procedures

Multispectral classification is understood as a special case of pattern recognition. Many techniques have been developed. The following are the most important ones. As far as possible they are illustrated by a hypothetical two-band data set.

Quaderverfahren

Das Quaderverfahren unterteilt jede Achse des multispektralen Merkmalsraums. Der Bereich für jede Klasse wird nach dem niedrigsten und dem höchsten Wert auf jeder Achse festgelegt. Die Genauigkeit der Klassifizierung hängt von der Wahl des niedrigsten und höchsten Werts aufgrund der Punktstatistik jeder Klasse ab.

Parallelepiped classifier

The parallelepiped (also box) classifier divides each axis of the multispectral feature space. The region for each class is defined on the basis of lowest and highest values on each axis. The accuracy of classification depends on the selection of the lowest and highest values considering the population statistics of each class.

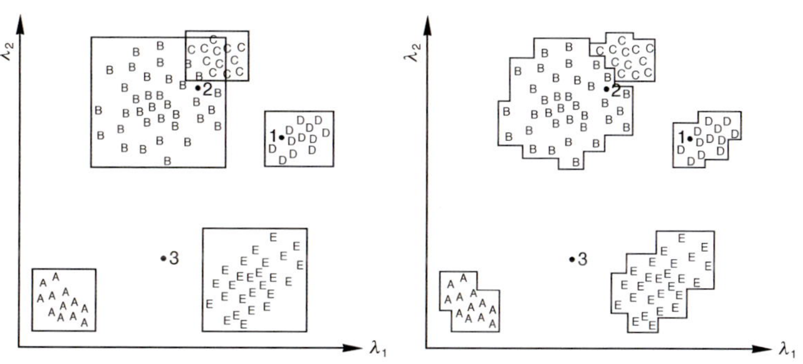

Anwendung einer Parallelepiped-Klassifizierung (Quaderverfahren): einfache Quaderbildung (links), angepasste Quader (rechts)
The result of a parallelepiped classifier (box classifier): simple parallelepipeds (left) and adapted stepped boundaries (right)
1: Class D, 2: Ambiguity Classes B and C, 3: unclassified

Das Quaderverfahren ist leicht zu verstehen und einfach zu implementieren. Außerdem ist die Rechenzeit im Vergleich zu anderen Verfahren sehr gering. Die Genauigkeit ist jedoch gering, insbesondere, wenn die Verteilung im Merkmalsraum Abhängigkeiten mit schrägen Achsen aufweist. Dann sollte vor der Klassifizierung eine Orthogonalisierung durchgeführt werden, z. B. durch Hauptachsentransformation. Ein typisches Problem ist die Überlappung der Quader, die untrennbare Regionen ergibt (siehe 2 in obiger Abbildung). Treppenförmige Grenzen reduzieren diese Bereiche.

The parallelepiped classifier is easy to understand and to implement. Furthermore computing time is a minimum, when compared with other classifiers. However, the accuracy is low, especially when the distribution in feature space has covariance or dependency with oblique axes. In such cases, orthogonalization should be applied, using e. g. principal component analysis, before the classifier is applied. A typical problem is the overlap of parallelepipeds, resulting in regions of inseparability (see 2 in above figure). This can be reduced if adapted stepped boundaries are applied.

Klassifizierung   Classification

```
# a2020-302
from skimage.io import imread
import matplotlib.pyplot as plt
import numpy as np
from mpl_toolkits.mplot3d import Axes3D
import matplotlib.patches as patches
from matplotlib.patches import Rectangle
#          # setup of parameters
cplot  = 1 # 0 = plotting r,g,b cluster, 1 = plotting r,b,elevation clusters
filt   = 3 # size of statistical matrix to enlarged training area
method = 1 # 0 = r,g,b -classification,  1 = b,elevation classification

rgb_img = imread('orthonherm.jpg')              # load rgb ortho image
dgm_img = imread('dgmherm.jpg')                 # load dem

r = rgb_img[:, :, 0]                            # separate r,g,b channels
g = rgb_img[:, :, 1]
b = rgb_img[:, :, 2]
width = r.shape[0];    height= r.shape[1]
classes= 4                                      # define 4 classes and store
                                                # center coordinates of training ROIs

class1=np.array([[275,171],[370,184],[338,218],[388,293],[297,74],[101,276]
                 ,[154,114],[441,393]])
c1='roof'
class2=np.array([[180,280],[232,272],[466,329],[90,144],[232,137]])
c2='ground'
class3=np.array([[145,413],[393,327]])
c3='trees'
class4=np.array([[454,237],[440,182],[429,123]])
c4='gras'
color=[(0,0,1),(1,0,0),(0,0.5,0),(0,1,0),(0,0,0)]

for posi in class1:
    for i in range(filt):
        for j in range(filt):
            posx=posi[0]+i;posy=posi[1]+j; class1=np.vstack((class1,[posx,posy]) )
for posi in class2:
    for i in range(filt):
        for j in range(filt):
            posx=posi[0]+i;posy=posi[1]+j; class2=np.vstack((class2,[posx,posy]) )
for posi in class3:
    for i in range(filt):
        for j in range(filt):
            posx=posi[0]+i;posy=posi[1]+j; class3=np.vstack((class3,[posx,posy]) )
for posi in class4:
    for i in range(filt):
        for j in range(filt):
            posx=posi[0]+i;posy=posi[1]+j; class4=np.vstack((class4,[posx,posy]) )

img      = np.zeros([width,height,3])           # define output image for result

fig      = plt.figure(figsize=(6,5))            # draw clusters in a 3D window
ax3d     = fig.add_subplot(111, projection='3d')
fig1, ax = plt.subplots(2,3,figsize=(12,6))     # draw clusters and results in 2D

for iclass in range(classes):
    if iclass==0:
        gr=rgb_img[class1[:,1],class1[:,0]];        hh=dgm_img[class1[:,1],class1[:,0]]
    if iclass==1:
        gr=rgb_img[class2[:,1],class2[:,0]];        hh=dgm_img[class2[:,1],class2[:,0]]
    if iclass==2:
        gr=rgb_img[class3[:,1],class3[:,0]];        hh=dgm_img[class3[:,1],class3[:,0]]
    if iclass==3:
        gr=rgb_img[class4[:,1],class4[:,0]];        hh=dgm_img[class4[:,1],class4[:,0]]

    coli=color[iclass]

    r1 = gr[ :,0];    g1 = gr[ :,1];    b1 = gr[ :,2];   h= hh

    mir=min(r1);    mar=max(r1);    mig=min(g1);  mag=max(g1);
```

```
    mib=min(b1);    mab=max(b1);    mih=min(h);    mah=max(h)

                                          # detect whether gray value is in cluster
                                          # (alternative without elevation)
    for i in range(width):
        for j in range(height):
            gr=r[i,j];  gg=g[i,j];  gb=b[i,j]; gh=dgm_img[i,j];
            if method==0:
                if gr>=mir and gr<=mar and gg>=mig and gg<=mag and gb>=mib and gb<=mab :
                    img[i,j]=coli
            # if gr >= mir and gr <=mar and gb >= mib and gb <=mab:
            if method==1:
                if  gb >= mib and gb <=mab and gh >= mih and gh <=mah:
                    img[i,j]=coli

    if cplot==0:                          # draw clusters
        ax3d.scatter(r1, g1, b1, marker='o',color=coli)
        ax3d.set_xlabel('red')
        ax3d.set_ylabel('green')
        ax3d.set_zlabel('blue')
    if cplot==1:
        ax3d.scatter(r1, b1, h, marker='o',color=coli)
        ax3d.set_xlabel('red')
        ax3d.set_ylabel('blue')
        ax3d.set_zlabel('elevation')


    ax[0,0].set_xlabel('blue')
    ax[0,0].set_ylabel('green')
    ax[0,0].scatter( b1,g1,  marker='o',color=coli)
    ax[0,0].add_patch(Rectangle((mib, mig), (mab-mib),(mag-mig),alpha=1,fill=None))

    ax[0,1].set_xlabel('blue')
    ax[0,1].set_ylabel('red')
    ax[0,1].scatter(b1, r1,  marker='o',color=coli)
    ax[0,1].add_patch(Rectangle((mib, mir), (mab-mib),(mar-mir),alpha=1,fill=None))

    ax[0,2].set_xlabel('blue')
    ax[0,2].set_ylabel('elevation')
    ax[0,2].scatter( b1,h,  marker='o',color=coli)
    ax[0,2].add_patch(Rectangle((mib, mih), (mab-mib),(mah-mih),alpha=1,fill=None))


ax[1,0].imshow(dgm_img,cmap='gray')
ax[1,0].set_title("dgm data")

ax[1,1].imshow(rgb_img,cmap='gray')
ax[1,1].set_title("training data")
l1=ax[1,1].scatter(class1[:,0],class1[:,1],marker='o',color=color[0])
l2=ax[1,1].scatter(class2[:,0],class2[:,1],marker='o',color=color[1])
l3=ax[1,1].scatter(class3[:,0],class3[:,1],marker='o',color=color[2])
l4=ax[1,1].scatter(class4[:,0],class4[:,1],marker='o',color=color[3])
ax[1,1].legend((l1,l2,l3,l4),(c1,c2,c3,c4),scatterpoints=1
              , loc='lower right', ncol=1, fontsize=8)

ax[1,2].imshow(img,cmap='gray')
if method==0:ax[1,2].set_title("classified by (red - green- blue)")
if method==1:ax[1,2].set_title("classified by (blue - elevation)")

fig1.tight_layout()
plt.savefig('pyfig302a1.pdf')
plt.show()
```

Orthomosaik – Orthomosaic

Cluster der Trainingsklassen – Clusters of training classes

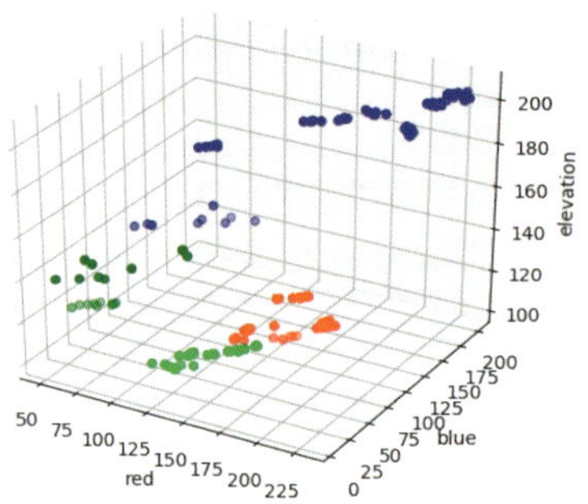

Cluster der Trainingsgebiete und Ergebnis – Clusters of training fields and result

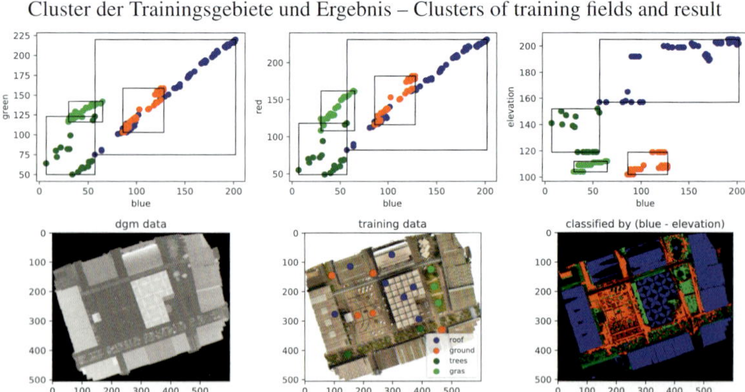

Baumförmige Klassifizierung

Die baumförmige Klassifizierung ist ein hierarchisches Verfahren, das die Daten mit gezielt gewählten Merkmalen vergleicht. Die Auswahl von Merkmalen durch einen Experten hängt von einer Bewertung der spektralen Verteilung oder Trennbarkeit der Klassen ab. Es gibt kein allgemeingültiges Vorgehen. Deshalb ist jede Entscheidungsregel wissensbasiert und durch einen Experten eingeführt. Oft hat ein Entscheidungsbaum nur zwei Ergebnisse pro Stufe, dann heißt das Vorgehen binärer Entscheidungsbaum. Allgemein werden die Daten zwei Gruppen mit der besten Trennbarkeit für das jeweils gewählte Merkmal zugeordnet.

Decision tree classifier

The decision tree classifier is a hierarchically based classifier, which compares the data with a range of properly selected features. The selection of features through an expert is determined from an assessment of the spectral distributions or separability of the classes. There is no universally established procedure. Therefore, each decision tree or set of rules is knowledge-based and designed by an expert. Often, a decision tree provides only two outcomes at each stage, thus the classifier is called a binary decision tree classifier. Generally, a data set is classified into two groups with the highest separability with respect to the selected feature.

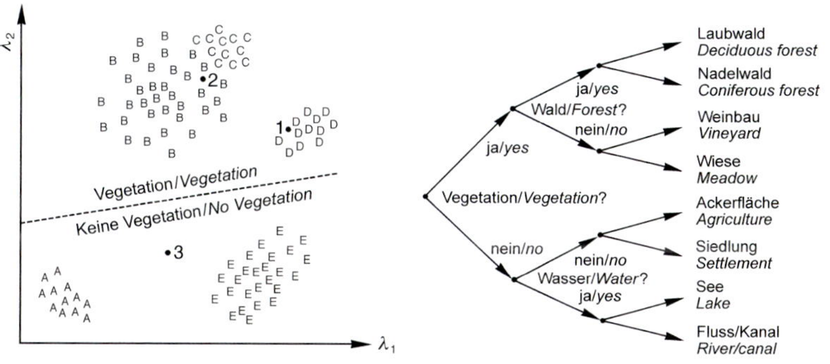

Schematisches Beispiel einer Entscheidung während einer hierarchischen Klassifizierung
Schematic example for one in a series of decisions during a hierarchical classification

Außer den Multispektraldaten können auch andere Merkmale genutzt werden:

- Indexwerte, die aus den Spektraldaten abgeleitet sind, z. B. Vegetationsindex
- Andere arithmetische Werte wie Summen, Differenzen oder Verhältnisse
- Hauptkomponentendaten

Vorteile der baumförmigen Klassifizierung sind geringe Rechenzeiten, z. B. im Vergleich zur Maximum-Likelihood-Klassifizierung, und vergleichsweise geringe statistische Fehler. Ein Nachteil ist es jedoch, dass die Genauigkeit ganz von den Kenntnissen und Erfahrungen des Experten abhängt, der den Entscheidungsbaum entwirft und die Merkmale auswählt.

Besides the multispectral data also other features can be used in the procedure:

- Indices which are computed from spectral values, e. g. the vegetation index
- Any arithmetic values such as addition, subtraction or ratioing
- Principal component data

The advantages of the decision tree classifier are that computing time is less than e. g. the maximum likelihood classifier and, by comparison, the statistical errors are reduced. However, the disadvantage is that the accuracy depends on the knowledge and experience of the operating expert who designs the decision tree and selects the features.

Kürzester Abstand (Minimum Distance)
Bei der Klassifizierung nach dem kürzesten Abstand wird ein zu klassifizierendes Pixel jener Klasse zugewiesen, bei der der Abstand zwischen dem Messungsvektor des Pixels und dem Mittelvektor der Klasse am geringsten ist. Der Abstand dient als Zeichen der Ähnlichkeit, der kürzeste Abstand entspricht der größten Ähnlichkeit. Meist werden der Euklidische Abstand oder der Mahalanobis-Abstand benutzt

Minimum distance classifier
The minimum distance classifier is used to classify image data to classes which minimize the distance between the measurement vector for the candidate pixel and the mean vector for each signature class in the feature space. The distance is used as an index of similarity, the minimum distance is identical to maximum similarity. Most popular are Euclidian distance and Mahalanobis distance.

Euklidischer Abstand
Aufgrund des Euklidischen Abstands (auch Spektraler Abstand genannt) wird ein Pixel der Klasse mit dem nächsten Mittelwert zugewiesen. Der Euklidische Abstand D wird wie folgt berechnet:

Euclidian distance
Based on the Euclidian distance (also called spectral distance) any pixel is assigned to the class with the closest mean. The Euclidian distance D is calculated after the formula:

$$D_{xyc} = \sqrt{\sum_{i=1}^{n} (\mu_{ci} - X_{xyi})^2}$$

Anzahl der Spektralkanäle	n	Number of spectral bands
Ein bestimmter Kanal	i	A particular band
Eine bestimmte Klasse	c	A particular class
Daten für das Pixel x, y im Kanal i	X_{xyi}	Data file value of pixel x, y in band i
Mittelwert der Daten im Kanal i für Trainingsgebiete der Klasse c	μ_{ci}	Mean of data file values in band i for the sample for class c
Euklidischer Abstand vom Pixel x, y zum Mittel der Klasse c	D_{xyc}	Euclidian distance from pixel x, y to the mean of class c

Nachdem die Abstände zu allen Klassen berechnet sind, wird ein Pixel der Klasse mit dem kürzesten Abstand D zugewiesen.

After the distances are computed for all classes, the candidate pixel is assigned to the class for which D is the lowest.

Mahalanobis-Abstand
Der Mahalanobis-Abstand berücksichtigt auch die Kovarianz-Matrizen der einzelnen Klassen. Dabei wird unterstellt, dass die Histogramme der einzelnen Spektralkanäle Normalverteilung zeigen. Die Gleichung lautet dabei:

Mahalanobis distance
The Mahalanobis distance takes also the covariance matrices of the individual classes into account. It is assumed that the histograms of the spectral bands show normal distributions. The equation is as follows:

$$D_M = (X - M_c)^T (Cov_c^{-1})(X - M_c)$$

Eine bestimmte Klasse	c	A particular class
Vektor des untersuchten Pixels	X	Vector of candidate pixel
Vektor des Mittels der Klasse c	M_c	Mean vector of class c
Kovarianz der Pixel in Klasse c	Cov_c	Covariance of class c pixels
Inverse von Cov_c	Cov_c^{-1}	Inverse of Cov_c
Transpositionsfunktion	T	Transposition function

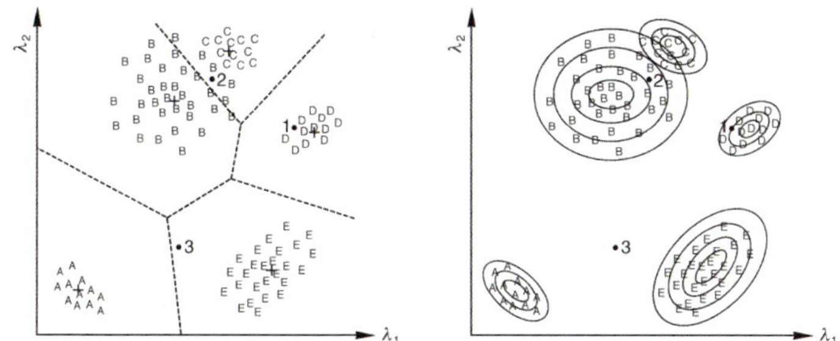

Beispiel zur Minimum-Distance- (links) und zur Maximum-Likelihood-Klassifizierung(rechts)
Example of a minimum distance (left) and a maximum likelihood classification (right)

Maximum-Likelihood-Klassifizierung

Die Klassifizierung nach größter Wahrscheinlichkeit ist das bekannteste Verfahren der überwachten Klassifizierung. Es beruht auf den Wahrscheinlichkeitsdichten, die aus Trainingsgebieten abgeleitet werden. Ein Pixel wird der Klasse der höchsten Wahrscheinlichkeit zugewiesen.

Der Algorithmus setzt voraus, dass die Histogramme der Spektralkanäle normal verteilt sind. Wenn die Varianz-Kovarianz-Matrix symmetrisch ist, entspricht die Wahrscheinlichkeit dem Euklidischen Abstand. Wenn die Determinanten gleich sind, entspricht die Wahrscheinlichkeit dem Mahalanobis-Abstand.

Maximum likelihood classifier

The maximum likelihood classifier is the most popular supervised classification method. It is based on probability density functions, that are derived from training fields. Each pixel is assigned to the object class where it belongs to with the highest probability.

The algorithm assumes that the histograms of the spectral bands are normally distributed. In the case where the variance-covariance matrix is symmetric, the likelihood is the same as the Euclidian distance. If the determinants are equal to each other, the likelihood becomes the same as the Mahalanobis distance.

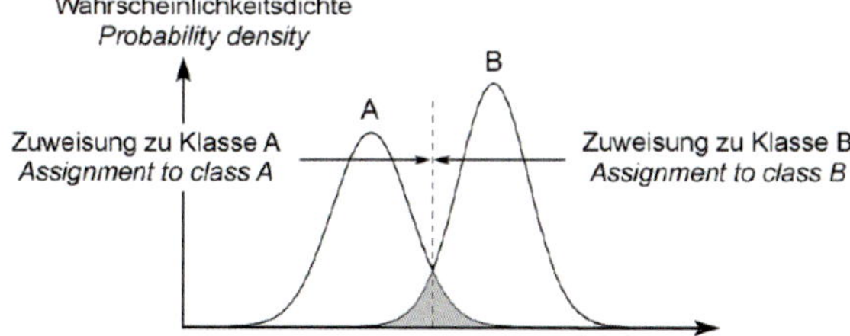

Schematische Darstellung zur Veranschaulichung der Maximum-Likelihood-Zuordnung
Schematic diagram to illustrate the maximum likelihood decision rule

Die Fehlerwahrscheinlichkeit ist direkt proportional zu dem Überlappungsbereich unter den Wahrscheinlichkeitskurven.

The probability of error is directly related to the area under the probability functions in the overlapping region.

Rechengang

Berechnung der Mittelwertsvektoren m_i für jede Klasse W_i

$$m_i = \frac{1}{h_i}\sum_{1}^{h_i} s_{i,j}^k$$

Berechnung der Kovarianzmatrix C_i für jede Klasse W_i

$$\sigma_i^2 = \frac{1}{h_i}\sum_{1}^{h_i}\left(s_{i,j-m_i}^k\right)$$

Bestimmung der Determinanten $|C_i|$ der Kovarianzmatrix und ihrer inversen C_i^{-1}.
Festlegen der a priori-Wahrscheinlichkeit $p(W_i)$ für jede Klasse W_i.
Berechnung der Trennfunktion $d_i(x)$ für alle Vektoren x und für jede Klasse W_i.

Calculation procedure

Calculation of the mean vectors m_i for each class W_i

$$m_i = \begin{pmatrix} m_1 \\ m_2 \\ \vdots \\ m_n \end{pmatrix}$$

Calculation of the covariance matrix C_i for each class W_i

$$c_i = \begin{pmatrix} \sigma_{i11} & \sigma_{i12} & \cdots & \sigma_{i1n} \\ \sigma_{i21} & \sigma_{i22} & \cdots & \sigma_{i2n} \\ \vdots & \vdots & & \vdots \\ \sigma_{in1} & \sigma_{in2} & \cdots & \sigma_{inn} \end{pmatrix}$$

Calculation of the determinant $|C_i|$ of the covariance matrix and its inverse C_i^{-1}.
Definition of the a priori-probability $p(W_i)$ for each class W_i.
Computation of the discriminant function $d_i(x)$ for all vectors x and for each class W_i.

$$d_i(x) = \ln p(W_i) - \frac{1}{2}\ln|C_i| - \frac{1}{2}(x-m_i)^T C_i^{-1}(x-m_i)$$

Zuweisung des unbekannten Vektors $x_{i,j}$ zur wahrscheinlichsten Klasse W_i

$$d_i(x) = \max(d_i(x))$$

Die Maximum-Likelihood-Methode ist die genaueste Klassifizierung, da sie die meisten Variablen berücksichtigt. Sie setzt jedoch voraus, dass die Eingabedaten Normalverteilung aufweisen. Außerdem steigt der Rechenaufwand mit der Anzahl der Spektralkanäle stark an.
Folgende Aspekte müssen berücksichtigt werden:

- Geländedaten sollen in ausreichendem Maße vorliegen, um eine zuverlässige Schätzung des Mittelvektors und der Varianz-Kovarianz-Matrix zu sichern.
- Die inverse Matrix der Varianz-Kovarianz-Matrix wird instabil, wenn zwischen zwei Spektralkanälen sehr hohe Korrelationen bestehen.

Allocation of the unknown vector $x_{i,j}$ to the most probable class W_i

$$i = 1 \ldots q$$

The maximum likelihood approach is the most accurate of the classifiers, because it takes the most variables into consideration. However, it requires that the input data have a normal distribution. Furthermore the computation time significantly increases with the number of spectral bands. Care must be taken with respect to the following items:

- Sufficient ground truth data should be sampled to allow appropriate estimation of the mean vector and the variance-covariance matrix.
- The inverse matrix of the variance-covariance matrix becomes unstable in the case of very high correlation between two bands.

Objektbasierte Klassifizierung

Die klassischen pixelbasierten Klassifizierungsverfahren haben den Nachteil, dass Nachbarschaftsbeziehungen nicht berücksichtigt werden. Dabei besteht aber eine hohe Wahrscheinlichkeit, dass ein Pixel der gleichen Klasse zugehört wie sein Nachbarpixel. Verfahren der objektbasierten Klassifizierung versuchen, diese Informationen zu nutzen.

Der Grundgedanke der Verfahrensweise ist es, zuerst benachbarte Pixel zu signifikant erscheinenden Objekten zusammenzufassen. Dazu werden die Daten eines Bildes nach geeigneten Kriterien in homogene Segmente aufgeteilt, die sich nicht überlappen. Die durch die Segmentierung entstandenen Regionen werden anschließend als Einheit einer bestimmten Objektklasse zugeordnet.

Zur Segmentierung von Bilddaten gibt es viele methodische Ansätze. Für die Klassifizierung von Fernerkundungsdaten ist es üblich, verschiedene Maßstabsebenen zu berücksichtigen. Als Segmentierungskriterien finden die Homogenität der Daten innerhalb eines Segmentes, die Verschiedenheit gegenüber den benachbarten Segmenten und Formeigenschaften Berücksichtigung. Die einzelnen Kriterien können je nach Aufgabenstellung unterschiedliche Gewichtung erfahren.

Die Zuweisung der Segmente zu Objektklassen kann unter Verwendung von Trainingsgebieten erfolgen. Eine andere Möglichkeit ist die interaktive Erstellung von Klassenbeschreibungen durch einen Bearbeiter. Dabei können außer den spektralen Eigenschaften der Bilddaten auch Formeigenschaften von Objekten, Texturmerkmale sowie Informationen über hierarchische Strukturen oder GIS-Daten einbezogen werden. Die Ergebnisse der objektbasierten Klassifizierung erscheinen homogener und vermeiden unerwünschte Pixeleffekte. Die Verfahren sind jedoch schwierig zu handhaben und befinden sich noch in der Entwicklung.

Object-based classification

A disadvantage of the classical pixel-oriented classification procedures is the fact that neighborhood relations between pixels are not taken into account. However, generally there is a high probability that a pixel belongs to the same object class as its neighbors. Object-based classification approaches try to make use of this information.

It is the basic idea of such methods to start with the combination of adjacent pixels and to establish meaningful objects. For this purpose the data of an image are broken down to homogeneous segments, making use of properly selected criteria. The segments cannot overlap each other. After that each one of the regions formed by the segmentation is assigned to a particular object class.

There are many different approaches available for the segmentation of image data. For the classification of remote sensing data it is common to consider various scale levels. The criteria for segmentation are the homogeneity of the image data within a segment, the separability of a segment against the neighbor segments, and some shape properties as well. The individual criteria may be used with different weight factors, according to the purpose of the process.

The assignment of the segments to object classes can be achieved by means of selected training fields. Another approach is that a human observer establishes detailed class descriptions interactively. For this purpose, next to the spectral properties of the image data, shape parameters of objects, textural parameters, as well as information about hierarchical structures, and also GIS data can be integrated in the process. Results obtained by object-based classification are more homogeneous and avoid undesirable 'salt-and-pepper' pixel effects. However, the methods are not easy to handle, and they are still in a developing stage.

4.8 Fragen und Antworten – Questions and answers

- Wie ist das Koordinatensystem eines digitalen Bildes definiert und wie wird der Grauwert eines Pixels geometrisch zugeordnet?

Für die Matrix eines digitalen Bildes wird meist ein Linkskoordinatensystem definiert, mit den Koordinaten x in Zeilenrichtung und y in Spaltenrichtung. Der Ursprung des Systems mit den Koordinaten $(0,0)$ ist die Mitte des linken oberen Pixels. In vielen Fällen wird der Grauwert eines Pixels der Pixelmitte zugeordnet.

- How is the coordinate system of a digital image defined and how is the gray value of a pixel assigned geometrically?

For the matrix of a digital image mostly a left-handed coordinate system is defined, with the coordinates x in row direction and y in the direction of the columns. The origin of the system with the coordinates $(0,0)$ is the center of the upper left pixel. In many cases the gray value of a pixel is assigned to its center.

- In einem digitalen Bild ist ein Gebäude im Pixel (25,30) und ein Parkplatz im Pixel (47,15) zu sehen. Die Pixel sind 20 m breit und hoch.

Was sind die Euklidischen, Manhattan- und Schachbrett-Distanzen zwischen Gebäude und Parkplatz in Metern?

- In a digital image, there is a building in pixel (25,30) and a parking space in pixel (47,15). The pixel are 20 m wide and high.

What are the Euclidean, Manhattan, and Chessboard Distances between building and parking space in meters?

$$dx = x_1 - x_2 = 25 - 47 = -22 \qquad dy = y_1 - y_2 = 30 - 15 = 15$$

Euklidische Distanz Euclidian Distance

$$\sqrt{dx^2 + dy^2} = \sqrt{(484 + 225)} = 26.6 * 20 = 532 \text{ m}$$

Manhattan-Distanz Manhattan Distance

$$|dx| + |dy| = 37 * 20 = 740 \text{ m}$$

Schachbrett-Distanz Chessboard Distance

$$max(|dx|, |dy|) = 22 * 20 = 440 \text{ m}$$

- Wie sind die statistischen Größen Mittelwert, Varianz und Kontrast eines digitalen Bildes definiert?

- How are the statistical parameters average, variance and contrast of a digital image defined?

Mittelwert: Der Mittelwert ist das arithmetische Mittel der Grauwerte eines Bildes.

Average: The average of an image is the sample mean of the gray values.

$$m_s = \frac{1}{m \cdot n} \sum_{u=0}^{m-1} \sum_{v=0}^{n-1} s(u,v) = \sum_{g=0}^{255} g \cdot p_s(g)$$

Varianz: Die Varianz ist ein Maß dafür, inwieweit die Grauwerte eines Bildes vom Mittelwert abweichen.

Variance: The variance is a measure to which extent the image's gray values deviate from the mean value.

$$q_s = \frac{1}{m \cdot n} \sum_{u=0}^{m-1} \sum_{v=0}^{n-1} [s(u,v) - m_s]^2 = \sum_{g=0}^{255} (g - m_s)^2 \cdot p_s(g)$$

Kontrast: Der Kontrast wird vom minimalen und maximalen Grauwert abgeleitet.

Contrast: The contrast is derived from the minimum and maximum gray values.

$$K = (g_{max} - g_{\min})/(g_{max} + g_{min})$$

- Welche Arten von radiometrischen Operationen werden in der digitalen Bildverarbeitung angewendet?

- What types of radiometric operations are used in digital image processing?

Folgende Operationen werden unterschieden:
– Punktoperationen: Der Ausgabewert für ein bestimmtes Koordinatenpaar hängt nur vom Eingabewert an einer diskreten Stelle ab.
– Lokale Operationen: Der Ausgabewert für ein bestimmtes Koordinatenpaar hängt auch von den Eingabewerten in der Nachbarschaft dieser Position ab.
– Globale Operationen: Der Ausgabewert für ein bestimmtes Koordinatenpaar hängt von allen Werten des Eingabebildes ab.

The following operations can be distinguished:
– Pixel operations: The output value at a specific pair of coordinates is dependent only on the input value at one discrete position.
– Local operations: The output value at a specific pair of coordinates is also dependent on the input values in the neighborhood of the coordinate position.
– Global operations: The output value at a specific pair of coordinates is dependent on all the values in the input image.

- Mit gegebenem Bild und Filter, welches Bild würden wir durch die Filterung erzeugen, wenn wir keinen Normalisierungsfaktor nutzen?

- With the given image and filter, what image would be created by filtering without using a normalizing factor?

Image

3	2	2	3
4	1	4	2
2	1	3	1
2	1	1	3

Filter

0	0	1
1	1	0
0	0	0

$$Pixel_1 : 0+0+2+4+1+0+0+0+0=7$$
$$Pixel_2 : 0+0+3+1+4+0+0+0+0=8$$
$$Pixel_3 : 0+0+4+2+1+0+0+0+0=7$$
$$Pixel_4 : 0+0+2+1+3+0+0+0+0=6$$

Result

7	8
7	6

- Welches nichtlineare Filter ist gebräuchlich, und wie wirkt es auf das folgende Beispiel?

- Which nonlinear filter is used and how does it affect the following example?

Vor der Filterung / Before filtering

126	232	**212**
125	202	242
117	222	217

Nach der Filterung / After filtering

126	232	212
125	**212**	242
117	222	217

Sortiert / sorted: 117, 125, 126, 202, **212**, 217, 222, 232, 242

Ein häufig benutztes nichtlineares Filter ist das Medianfilter. Die Werte der Pixel innerhalb des Fensters werden nach ihrer Größe sortiert. Der Medianwert (mittlerer Wert in der Liste) wird in die Mitte des Ergebnisfensters eingetragen.

A commonly used nonlinear filter is the median filter. The values of the pixels in the window are stored and sorted in a list. The median, i. e. the middle value in this list, is the one to be plotted into the center of the output window.

- Bei der Berechnung von Orthobildern wird das indirekte Entzerrungsverfahren genutzt. Welche Vorteile hat das?

- When calculating ortho-images, the indirect rectification method is used. What are the advantages?

Man geht von den Pixeln im entzerrten Orthobild aus und berechnet deren Position im Originalbild mittels der inversen Transformationsgleichungen. Der ermittelte Grauwert wird dann in die entzerrte Bildmatrix geschrieben. Da man unmittelbar das Ergebnisbild ohne Lücken erhält, wird diese Methode meist bevorzugt.

One starts from the pixel locations in the rectified ortho-image and calculates the related positions in the original data. The determined gray value is then written in the rectified image matrix. Because this procedure yields directly the final image matrix without gaps, indirect rectification is the generally preferred approach.

- Welche Vor- und Nachteile hat die bilineare Interpolation?

Der Grauwert eines Ausgabe-Pixels wird durch eine entfernungsabhängige Mittelwertbildung aus den Werten der vier benachbarten Pixel berechnet. Dazu werden zwei lineare Interpolationen in Zeilen- und Spaltenrichtung durchgeführt. Treppenformen verschwinden, aber der Glättungseffekt der Mittelung führt zu einem Verlust an Auflösung. Die Rechenzeit ist drei- bis viermal höher als beim Verfahren der Nächsten Nachbarschaft.

- What are the advantages and disadvantages of bilinear interpolation?

The gray values of the output pixels are determined by taking a proximity-weighted average of the input values from the four nearest pixels. Two linear interpolations are performed along rows and columns. Blocky structures largely disappear, but there will be a loss of image resolution because of the smoothing effect caused by averaging. Three to four times more computation time is required than with the nearest-neighbor technique.

- Welchen Vorteil hat die Kleinste-Quadrate-Zuordnung gegenüber dem Kreuzkorrelationsverfahren?

Ziel der Kleinste-Quadrate-Zuordnung ist es, die Grauwertdifferenzen zwischen einem Referenzbild und einem Suchbild zu minimieren. Durch Kleinste-Quadrate-Ausgleichung werden die Lage und die Form eines Fensters bestimmt. Dabei werden auch die Grauwertunterschiede zwischen den Fenstern berücksichtigt.

- What is the advantage of the least-squares assignment compared to the cross-correlation method?

The idea of least-squares matching is to minimize the gray value differences between a reference image and a search image. The position and the shape of the matching window are parameters to be determined in a least-squares adjustment. The method also considers the grayscale differences between the windows.

- Was sind die Besonderheiten der Merkmale des SIFT-Verfahrens, und wozu wird es eingesetzt?

Die extrahierten Merkmale sind invariant gegen Verschiebungen, Drehungen und Maßstabsunterschiede. Sie sind ferner robust gegen Beleuchtungsänderungen, Bildrauschen und kleine geometrische Deformationen, wie sie bei der Aufnahme eines Objektes von verschiedenen Orten aus auftreten. Für die Objekterkennung kann man Daten von mehreren, zufällig gewählten Merkmalspunkten verschiedener Bilder auf Übereinstimmung prüfen.

- What are the particularities of the features generated by the SIFT procedure and what is it used for?

The features extracted are invariant to translations, rotations and image scale differences. They are also robust to changes in illumination, noise, and minor changes in geometry as they occur when an object is imaged from different viewpoints. In addition to these properties, they are relatively easy to extract, allow for correct object identification with low probability of mismatch, and are easy to match against a (large) database of local features.

- Angenommen, wir haben folgendes Binärbild:
  Wie viele Erosionen mit einer 3x3-Maske brauchen wir zur vollständigen Auslöschung?

- Assuming we have the following binary image:
  How many erosions with a 3x3 kernel would we need to erase all data?

Wie viele Dilatationen bräuchten wir mit derselben Maske, um die Löcher zu schließen?

How many dilations would we need to close the gaps?

$$
\begin{array}{cccccccccc}
0 & 0 & 0 & 0 & 0 & 0 & 0 & 0 & 0 & 0 \\
1 & 0 & 0 & 1 & 1 & 1 & 1 & 0 & 1 & 0 \\
1 & 1 & 0 & 1 & 0 & 0 & 1 & 1 & 1 & 1 \\
0 & 1 & 1 & 1 & 1 & 1 & 1 & 0 & 0 & 0 \\
0 & 1 & 1 & 1 & 1 & 0 & 1 & 0 & 1 & 1 \\
1 & 1 & 1 & 1 & 1 & 1 & 1 & 1 & 1 & 0 \\
0 & 1 & 1 & 1 & 1 & 0 & 0 & 1 & 1 & 1 \\
0 & 0 & 0 & 1 & 1 & 1 & 1 & 1 & 0 & 0 \\
0 & 1 & 1 & 1 & 0 & 0 & 1 & 1 & 1 & 0 \\
0 & 0 & 0 & 0 & 0 & 0 & 0 & 0 & 1 & 0
\end{array}
$$

Erosion:
Es gibt einige Gegenden, die etwas größer als die Maske sind. Zwei Erosionen sind nötig, um alle Daten zu löschen.

Erosion:
There are some areas just exceeding the kernel's size. Two erosions are needed to erase all data.

Dilatation:
Es gibt keine Löcher, die die Maskengröße überschreiten. Eine einmalige Dilatation reicht aus, um die Löcher zu schließen.

Dilation:
There are no gaps exceeding the kernel's size. One single dilation is sufficient to close them.

5 Visualisierung – Visualization

5.1 3D-Modelle – 3D models

Form aus Schattierung

Die Methoden zur Ermittlung von Form aus Schattierung wollen Objektformen aus Grauwertgradienten in Bildern ableiten. Die Verfahren gehen davon aus, dass Grauwertunterschiede von den Winkeln α, β, γ zwischen dem einfallenden Licht, der Aufnahmerichtung der Kamera und den räumlichen Reflexionseigenschaften einer Oberfläche abhängen.

Shape from shading

The purpose of shape from shading techniques (SFS) is to recover the shapes of objects from gradual variations of shadings in images. The approaches are based on the fact that gray value shading results from the angles α, β, γ between the incidence angle of the light and the viewing direction of the camera, and the bidirectional reflectivity of the surface as well.

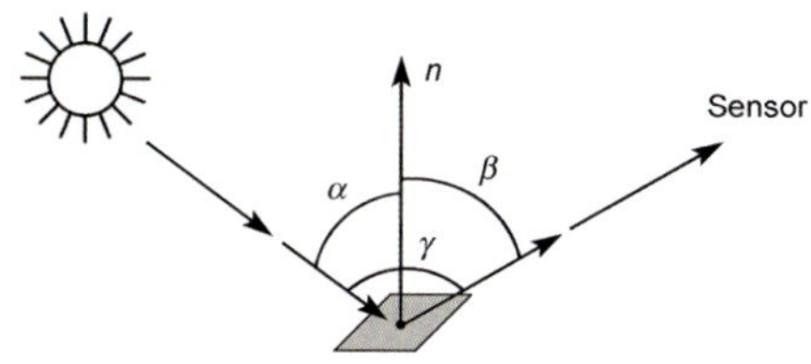

Definition der drei für die Photometrie wichtigen Winkel α, β, γ
Definition of the three angles α, β, γ relevant for photometry

Es gibt viele Verfahren, um auf Reflexion basierte Formerkennung zu erzielen. Um die Geometrie eines Objekts aus einem Bild zu gewinnen, sind mehrere Annahmen erforderlich. Die wichtigsten sind:

- Die Beleuchtungsbedingungen und der Ort der Kamera sind bekannt.
- Die Reflexionseigenschaften der Oberfläche sind bekannt und z. B. in einer Reflektanzkarte beschrieben.
- Die Objektoberfläche muss stetig sein.

Many techniques are available to approach reflectance-based shape recovery. In order to infer the geometry of an object from a single image various assumptions must be made. Most important ones are:

- The illumination conditions and the position of the camera are known.
- The reflection properties of the surface are known and e. g. described through a reflectance map.
- The object surface is a continuous one.

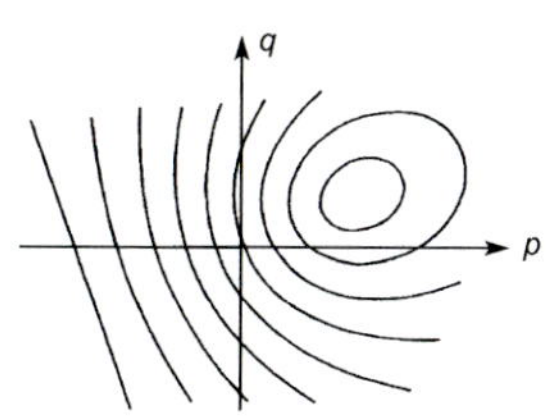

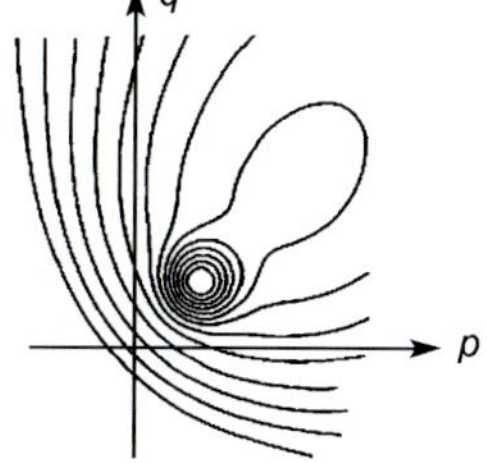

Beispiele von Reflektanzkarten einer Lambert-Fläche (links) und einer teils spiegelnd reflektierenden Fläche (rechts)
Examples of reflectance maps of a Lambertian surface (left) and a partly specular reflecting surface (right)

Photometrische Stereoanalyse

Da die einzelnen Annahmen nur zum Teil erfüllt sind, führen die Verfahren Form aus Schattierung zu unsicheren Resultaten. Die Situation wird verbessert, wenn das Objekt unter mehreren Beleuchtungen abgebildet wird. Das erfordert aber weitere Annahmen über die Beleuchtung und die Stabilität von Objekt- und Kameralage. Die Verfahren mit mehreren Bildern werden Photometrisches Stereo genannt.

Photometric stereo analysis

The shape from shading techniques yield uncertain results because the many assumptions are only partly fulfilled. The situation is improved if the object is imaged under different illuminations. However, further assumptions considering the illumination and the stability of object and camera position become necessary. The approaches making use of multiple images are known as photometric stereo.

Drei Bilder einer synthetischen Mozart-Büste unter drei verschiedenen Beleuchtungen
Three images of a synthetic Mozart statue under three different illuminations

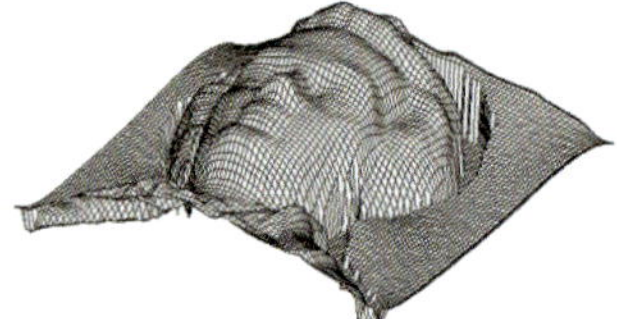

Ergebnisse der Oberflächenrekonstruktion:
Gitterdarstellung (links) und nach Texturierung (rechts)
Surface reconstruction results:
Grid representation (left) and after texture mapping (right)

Form aus künstlicher Schattierung

Das menschliche Auge ist sehr sensibel für Grauwertgradienten und erfahren in ihrer Interpretation. Die Kartographie nutzt dies, um durch künstliche Grauwerte in topographischen Karten (Schummerung) räumliche Geländeformen zu simulieren.

Shape from artificial shading

The human eye is very sensitive to gray value gradients and experienced in its interpretation. This is used in cartography to generate a 3D impression of landscapes by introducing artificial gray value shadings in topographic maps (shaded relief).

Helligkeitsgradienten in topogr. Karten (links ohne, rechts mit Schummerung)
3D effect of artificial shading in topographic maps (left without, right with shading)

Digitale Oberflächenmodelle

Verschiedene Methoden sind geeignet, um die Oberfläche des Geländes oder anderer Objekte mathematisch zu beschreiben. Dabei sind folgende Begriffe üblich:

- Digitales Höhenmodell (DHM): Ein Datensatz besteht aus Höhenpunkten über einer definierten Bezugsfläche.
- Digitales Geländemodell (DGM): Die Daten beschreiben das Gelände (ohne Gebäude, Vegetation usw.).
- Digitales Oberflächenmodell (DOM): Die Geländefläche wird mit Vegetation, Gebäuden usw. modelliert. Die wichtigsten technischen Verfahren sind Gitter, Höhenlinien und unregelmäßige Dreiecksnetze.

Digital surface models

Various digital techniques have been developed to describe the surface of the terrain and other objects mathematically. The following terms are generally in use:

- Digital Elevation Model (DEM): A file or database contains elevation points over a defined reference surface.
- Digital Terrain Model (DTM): Data describe the bare terrain surface (without buildings, vegetation etc.).
- Digital Surface Model (DSM): The terrain surface, including vegetation, buildings, and other objects is modeled. The most important technical approaches are grids, contours, and triangular irregular point networks.

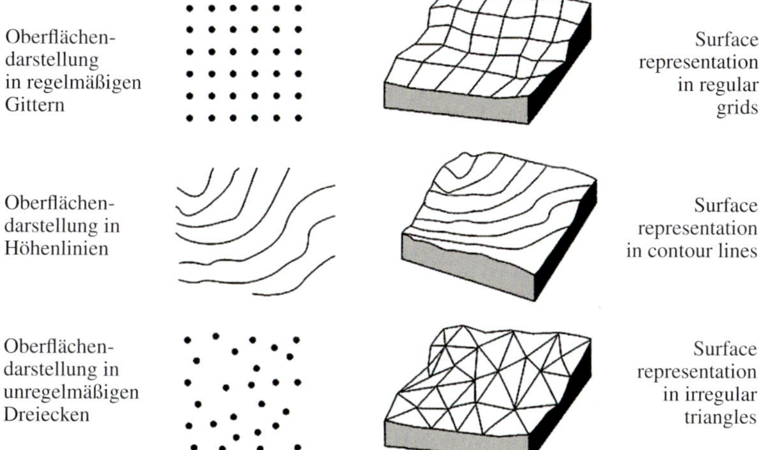

Gitter

Die Gitterform speichert die Höhendaten kompakt. Eine Oberfläche wird durch einen Z-Wert für jeden Ort X,Y eines regelmäßigen Gitters beschrieben. Dies ist platzsparend und einfach zu nutzen. Das Gitterformat wird oft durch Algorithmen zur Rasterdatenverarbeitung ergänzt.

Grids

Grid formats are a relatively simple and compact way of storing elevation data. A surface is modeled by a single Z value at each X,Y location of a regular grid. This is easy to interpret and saves space. Grid formats are often supported by raster image processing algorithms.

Gitter können leicht als Rasterbilder dargestellt werden. Man kann solche Daten schattieren (schummern), was besonders geeignet ist, um morphologische Charakteristika von Geländeoberflächen zu veranschaulichen. Auch können die Höhen farbcodiert wiedergegeben werden. Diese Bildwiedergaben machen Artefakte, wie sie in Prozessen der Datenverarbeitung entstehen können, gut sichtbar.

Gitterdarstellungen werden oft 2.5 D-Wiedergaben genannt. Sie eignen sich nicht zur Beschreibung von vertikalen Elementen wie an Kliffs oder Gebäuden. Ferner ist typisch, dass für einen Ort X,Y nicht zwei oder mehr Höhen vorkommen (zumindest nicht in einer Oberfläche).

Höhenlinien
Höhenlinien verbinden Punkte gleicher Höhenwerte. Traditionell dienen sie zur Darstellung von Geländeformen in topographischen Karten. Die Höhendifferenz zwischen benachbarten Linien ist die Äquidistanz. Sie wird nach dem Kartenmaßstab und dem lokalen Geländerelief gewählt. Meist wird die Geländeinformation durch Punkthöhen für Bergspitzen usw. ergänzt. Die meisten Höhenlinien topographischer Karten wurden photogrammetrisch gewonnen. Die heute verbreitete Methode ist die automatische Ableitung der Höhenlinien aus Daten im TIN-Format.

Unregelmäßige Dreiecksnetze (TINs)
Das Gelände oder jede andere Fläche kann durch unregelmäßig verteilte Punkte und Linien beschrieben werden. Solche Punkte bilden ein Unregelmäßiges Dreiecksnetz (TIN), das die Fläche in Dreiecken modelliert. Dieses Verfahren ist sehr flexibel, zumal es viele Methoden zur Datengewinnung gibt. Allgemein wird versucht, gleichseitige Dreiecke zu schaffen, um eine Fläche gut zu modellieren. Wenn dichte Punktwolken vorliegen, sind hoch entwickelte Verarbeitungstechniken erforderlich. Die Erfassung von Bruchlinien, Straßenkanten usw. durch einen menschlichen Beobachter kann viel zur Flächenbeschreibung beitragen, sodass weniger Punkte gebraucht werden.

Grids are easy to represent or display as a raster image. Grid files can be visualized as shaded relief images or color-coded contour images. Shaded relief images are particularly useful for visualizing the terrain surface for geomorphology characteristics. Color-coded raster displays make it easy for the human eye to visualize artifacts, that may have resulted from the data generation process.

A grid representation is often referred to as a 2.5 D representation. It cannot be used to represent vertical facets such as that of a cliff or building. It also is typically not used to represent two or more elevations per X,Y position (at least not within one surface).

Contour lines
Contour lines are isolines of equal elevation. They are traditionally used to describe a terrain surface in topographic maps. The elevation difference between adjacent contour lines is the contour interval (or equidistance). It is chosen as a function of the map scale and the local terrain relief. Usually the terrain information is completed by spot elevations at top of hills etc. Most contour lines in topographic maps have been generated by photogrammetry. Today, the most common method of contour production is by automatic generation from TIN formats.

Triangular Irregular Networks (TINs)
The terrain or any other surface can be described by irregularly spaced points and lines. Such points form a Triangular Irregular Network (TIN) that models the surface by triangles. This common method is extremely flexible. When a human operator is involved in the acquisition of data, modeling a terrain surface may need fewer points than with a grid, and the selection of break lines, road edges etc. can add tremendous detail to the surface description. There are many methods in use to generate the triangles. Typically, the methods try to create equilateral triangles to model a surface accurately. If dense point clouds are concerned sophisticated processing techniques are necessary.

DOM-Modellbildung

Datenerfassung erfolgt meist in einzelnen Elementen, entweder Punkten oder Linien. Um ein Oberflächenmodell zu bilden, müssen topologische Beziehungen zwischen diesen Elementen erstellt werden. Die wichtigsten Methoden sind Gitter-Berechnungen und Dreiecksvermaschung.

DSM model construction

Normally, data capture generates a collection of individual elements, either points or lines. In order to construct a surface model it is necessary to establish topological relations between these data elements. Most important techniques are grid calculations and triangulations.

Gitter-Berechnungen

Die Höhe eines Gitterpunktes kann durch Interpolation zwischen den Nachbarpunkten bestimmt werden. Die Interpolationsfläche wird durch ein gewichtetes Mittel der Punkte definiert, die in einem Umkreis (oder Rechteck) um den Interpolationspunkt liegen. Alle Punkte in dem Umkreis werden genutzt. Ihr Gewicht nimmt mit dem Abstand ab. Die Höhe Z wird von den Punkthöhen Z_i mit einer zum Abstand inversen Gewichtsfunktion berechnet, z. B. mit dem Gewicht $1/s^2$.

Grid calculations

The height of a grid point can be determined by interpolation between neighbor points. The interpolation surface is defined as a weighted average from the scattered points located within a circle (or rectangle) drawn around the interpolation point. All points within the circle are selected. The weight assigned to the points decreases with their distance. The height Z of a point is derived from the point heights Z_i by means of an inverse distance-weighting function, e. g. the weight $1/s^2$.

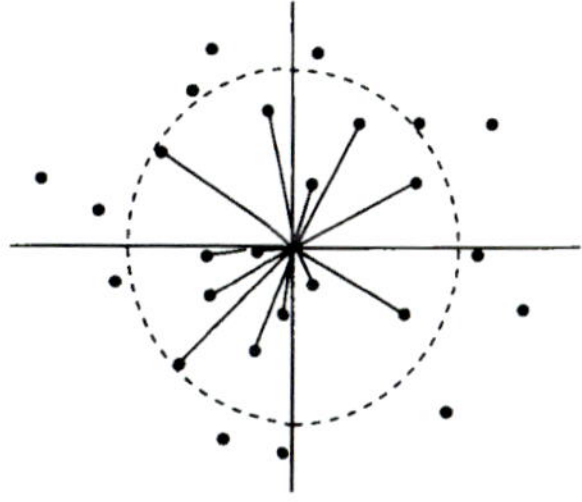

$$Z = \frac{\sum_{i=1}^{i} p_i \cdot Z_i}{\sum_{i=1}^{i} p_i}$$

$$p_i = \frac{1}{s_i^2} \qquad s_i^2 = (x_i - x_0)^2 + (y_i - y_0)^2$$

Eine andere Grundaufgabe ist es, eine Punkthöhe innerhalb eines Gitters zu bestimmen. Dies ist als Interpolation von Rasterdaten wie beim Resampling von Bilddaten zu sehen. Dieselben Methoden sind anzuwenden, z. B. nächste Nachbarschaft, bilineare Interpolation oder bikubische Interpolation.

Another basic task is to derive the height of a single point within a regular grid. This can be understood as interpolation in raster data as it is common in resampling of digital images. The same techniques can be applied, i. e. the nearest neighbor solution, bilinear interpolation and bicubic interpolation.

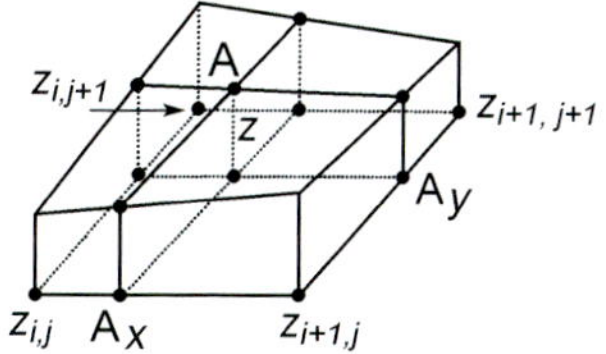

$$t = \frac{x - x_i}{x_{i+1} - x_i} \qquad u = \frac{y - y_i}{y_{i+1} - y_i}$$

$$z = (1-t)(1-u)z_{i,j} + t(1-u)z_{i+1,j} + tuz_{i+1,j+1} + (1-t)uz_{i,j+1}$$

Bilineare Interpolation eines Punktes $A(x,y)$ in einem regelmäßigen Raster
Bilinear interpolation of point $A(x,y)$ within a regular grid

Dreiecksvermaschung

Bei der Dreiecksvermaschung wird eine Fläche in einer Serie von verketteten Dreiecken beschrieben. Es gibt viele Möglichkeiten, in einem unregelmäßigen Punktfeld Dreiecksmaschen zu bilden. Die häufigste ist die Delaunay-Triangulation.

Typisch für die Triangulation nach Delaunay ist, dass im Umkreis eines Delaunay-Dreiecks kein weiterer Punkt liegt. Diese Bedingung wird auch Prinzip des leeren Umkreises genannt. Die Triangulation beginnt mit einem beliebig gewählten Dreiecksnetz. Dann wird für jedes Dreieckspaar mit einer gemeinsamen Kante geprüft, ob der Umkreis leer ist. Falls die Bedingung nicht erfüllt ist, wechselt man zur anderen möglichen Verknüpfung, und die Bedingung wird erfüllt sein.

Dreiecke zwischen vier Punkten. Wenn der Umkreis nicht leer ist (links) wird die Kante geändert, um Delaunay-Dreiecke zu bilden (rechts).

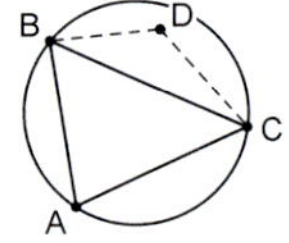

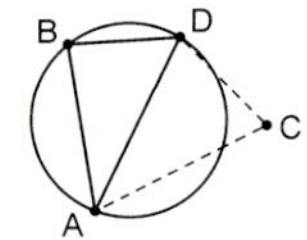

Die Delaunay-Methode bietet einige Vorteile im Vergleich zum Dreiecksverfahren. Die resultierenden Dreiecke sind in ihren Winkeln so gleich wie möglich. Das Verfahren stellt sicher, dass jeder Punkt der Fläche einem Knoten möglichst nahe ist. Schließlich sind die Dreiecke unabhängig von der Reihenfolge des Vorgehens.

Die Vermaschung beschreibt eine Fläche in ebenen Dreiecken. Die Höhe eines Punktes x, y kann man durch lineare Interpolation bestimmen. Die Koeffizienten a_0, a_1, a_2 können von den drei Eckpunkten des Dreiecks abgeleitet werden.

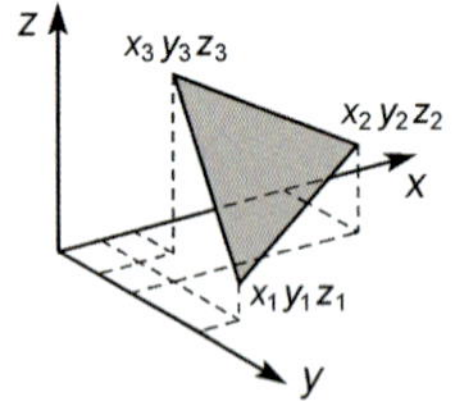

Triangulation of irregular networks

In a TIN model a surface is represented as a series of linked triangles. There are many ways to form a triangular network from an irregularly distributed set of points. The method mostly applied is the Delaunay triangulation.

A basic characteristic of Delaunay triangulation is that no other data points are contained by the circumcircle of a Delaunay triangle. This condition is also referred to as the empty circumcircle principle. The triangulation starts with an arbitrarily chosen triangle network. Then for each pair of triangles with a common edge it is tested whether the circumcircle is empty or not. If the condition is not fulfilled the edge is flipped to the other nodes and the empty circumcircle principle will be met.

Triangles between four points. If the circumcircle is not empty (left) the edge is flipped to Delaunay triangles (right).

The Delaunay approach has several advantages over other triangulation methods. The resulting triangles are as equi-angular as possible. The procedure ensures that any point on the surface is as close as possible to a node. Finally, the triangulation is independent of the order the triangles are processed.

The TIN describes a surface in plane triangles.mostly appliedThe height of any surface point with the ground coordinates x, y can be obtained by linear interpolation. The coefficients a_0, a_1, a_2 can be derived from the three reference points of the triangle.

$$z = a_0 + a_1 x + a_2 y$$

$$\begin{bmatrix} a_0 \\ a_1 \\ a_2 \end{bmatrix} = \begin{bmatrix} 1 & x_1 & y_1 \\ 1 & x_2 & y_2 \\ 1 & x_3 & y_3 \end{bmatrix}^{-1} \begin{bmatrix} z_1 \\ z_2 \\ z_3 \end{bmatrix}$$

Eine andere Methode zur Schaffung eines Netzwerks über einem Punktfeld ist die Erzeugung von Voronoi-Polygonen (auch Thiessen-Polygone). Ein solches Polygon schließt die Fläche ein, die einem bestimmten Punkt näher ist als irgendeinem anderen Punkt. Voronoi-Polygone werden erstellt, indem auf den Verbindungsgeraden zwischen den Punkten die Mittelsenkrechten errichtet werden. Die Schnittpunkte dieser Geraden spannen Voronoi-Polygone auf (am Rande eines Datensatzes bleiben die Polygone offen).

Voronoi-Polygone sind konvex. Sie hängen mit der Delaunay-Triangulation direkt zusammen, beide Netze sind dual zueinander. Die Ecken der Voronoi-Polygone sind die Umkreismittelpunkte der Dreiecke der Delaunay-Triangulation.

Another method to establish a network over an area described by a set of data points is the generation of Voronoi polygons (or Thiessen polygons). Each polygon encloses the area that is closer to a particular point than to any other given point. These polygons can be established by erecting vertical lines in the middle of the lines between adjacent points. The intersections of the verticals define the closed polygons of a Voronoi network (with open polygons at the hull of the data set).

Voronoi polygons are convex. They are directly related to the Delaunay triangulation, both networks are dual to each other. The vertices of the Voronoi polygons correspond to the centroids of the circumcircles of the triangles.

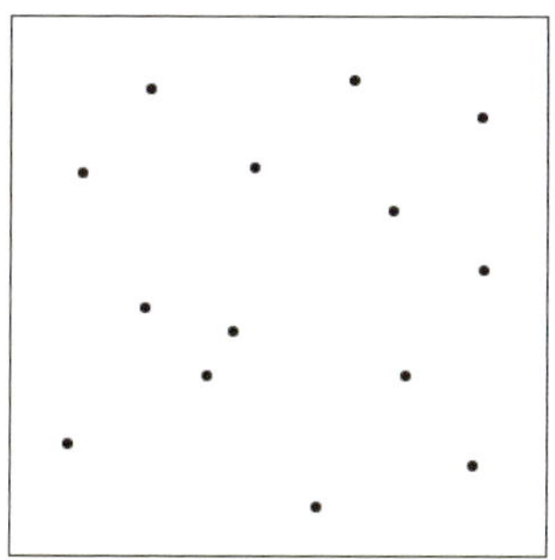

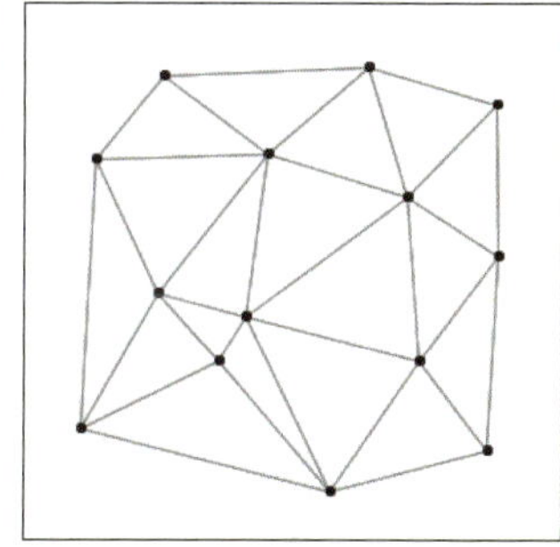

Punktwolke (links) und Delaunay–Triangulation (rechts)
Point cloud (left) and Delaunay triangulation (right)

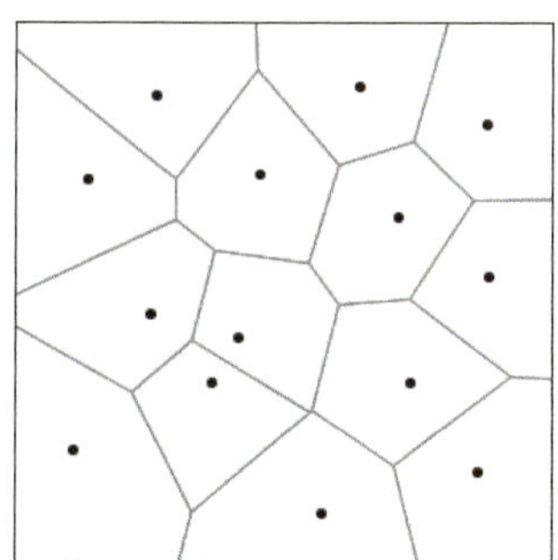

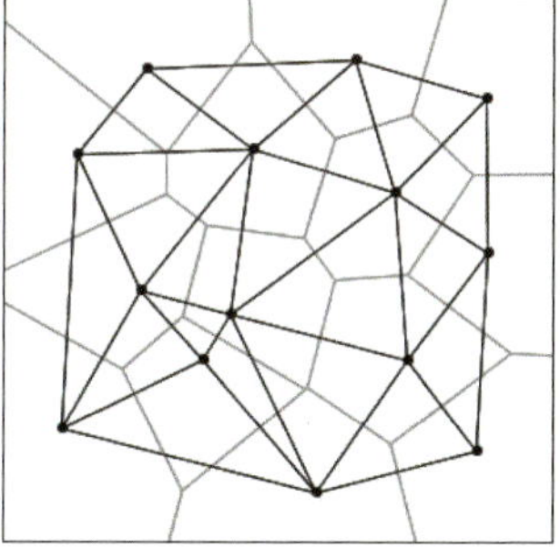

Voronoi-Diagramm (links) und Kombination mit Delaunay-Triangulation (rechts)
Voronoi diagram (left) and combination with Delaunay triangulation (right)

Delaunay–Triangulation *Delaunay triangulation*

```
# a2020-320

import matplotlib.pyplot as plt
from scipy.spatial import Delaunay
from mpl_toolkits.mplot3d import Axes3D
import numpy as np

numpoints=100                        # define number of points in x and y direction
scale=100                            # define scaling in x and y
scalez=10                            # define scaling of elevation data
X=(scale*np.random.rand(numpoints)) # create arrays with random numbers
Y=(scale*np.random.rand(numpoints))
Z=(scalez*np.random.rand(numpoints))

tri= Delaunay(np.array([X,Y]).T)     # start Delaunay triangulation
anzf=(len(tri.simplices))

for i in range(2):                   # create two plot windows
    fig = plt.figure()
    ax = fig.add_subplot(1, 1, 1, projection='3d')
    if i == 0 :
        ax.scatter(X,Y,Z, c='r', marker='.')
        ax.set_title("Original data points")
    else:
        ax.plot_trisurf(X, Y, Z, triangles=tri.simplices, cmap=plt.cm.gray)
        ax.set_title("Delaunay faces: %d" % anzf)

    ax.set_xlim3d(min(X),max(X))
    ax.set_ylim3d(min(Y),max(Y))
    #ax.set_zlim3d(min(Z),max(Z))
    ax.set_zlim3d(0,100)
    ax.set_xlabel('X ',fontsize=8)
    ax.set_ylabel('Y ',fontsize=8)
    ax.set_zlabel('Z ',fontsize=8)

    ax.view_init(elev=56, azim=-118.)
    outname=("pyfig320a%d.pdf"%i)
    plt.savefig(outname,bbox_inches='tight') # save for documentation
    plt.show()
```

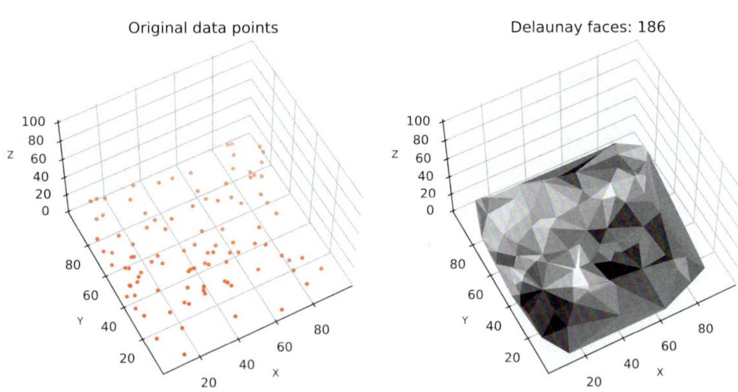

Auswertung von DGMs

Für viele Disziplinen ist es wichtig, die eine Geländefläche charakterisierenden Daten zu kennen. Aus DGMs können verschiedene solche Parameter abgeleitet werden, wie Neigung und Neigungsrichtung, Oberfläche, Geländerauigkeit, Höhenlinien, hydrologische Parameter usw.

Interpretation of DTMs

People from different disciplines are interested in different attributes characterizing terrain surfaces. Various parameters can be derived from DTMs, such as slope and aspect, surface area, terrain roughness, contour lines, hydrological parameters, and others.

Neigung und Neigungsrichtung

Das Gefälle eines Geländeelementes ist durch Neigung und Neigungsrichtung zu beschreiben. Neigung ist der Gradient (in Prozenten oder in Grad), Neigungsrichtung das Azimut des Gradienten. Beide Parameter sind aus TINs oder aus DGMs zu gewinnen. Dazu gibt es viele Methoden. Mit folgenden Formeln kann man sie für das zentrale Element in einem 3x3-Fenster eines DGM-Gitters berechnen.

Slope and aspect

The inclination of a terrain element is described by slope and aspect. Slope is the gradient, expressed either as a percentage or in degrees. Aspect is the azimuth of the slope direction. Both parameters can be derived from a TIN or from a grid DTM. Many approaches are available. The following formulae can be applied to derive slope and aspect for the central element of a 3x3 window in a grid DTM.

$$\begin{matrix} z_1 & z_2 & z_3 \\ z_4 & z_5 & z_6 \\ z_7 & z_8 & z_9 \end{matrix} \qquad a = \frac{1}{6d}\begin{bmatrix} -1 & 0 & 1 \\ -1 & 0 & 1 \\ -1 & 0 & 1 \end{bmatrix} \qquad b = \frac{1}{6d}\begin{bmatrix} 1 & 1 & 1 \\ 0 & 0 & 0 \\ -1 & -1 & -1 \end{bmatrix}$$

$$s = \sqrt{a^2 + b^2} \qquad \tan\theta = \frac{b}{a}$$

Berechnung von Neigung s und Neigungsrichtung θ (d ist die DGM-Maschenweite)
Computation of slope s and aspect θ (d is the DTM grid interval)

Oberfläche

Die Oberfläche S eines DGMs kann leicht aus Dreiecken berechnet werden:

Surface area

The surface area S of a DTM can easily be derived from triangles:

$$\begin{aligned} d_1 &= \sqrt{(x_3 - x_2)^2 (y_3 - y_2)^2 (z_3 - z_2)^2} \\ d_2 &= \sqrt{(x_3 - x_1)^2 (y_3 - y_1)^2 (z_3 - z_1)^2} \\ d_3 &= \sqrt{(x_1 - x_2)^2 (y_1 - y_2)^2 (z_3 - z_1)^2} \end{aligned}$$

$$\begin{aligned} m &= \tfrac{1}{2}(d_1 + d_2 + d_3) \\ S_\Delta &= \sqrt{m(m - d_1)(m - d_2)(m - d_3)} \\ S &= \sum_{i=1}^{n} S_{\Delta i} \end{aligned}$$

Falls das DGM im Rasterformat vorliegt, kann jede Rasterzelle in zwei Dreiecke zerlegt werden.

If the DTM is provided in a grid format, then each grid cell can be split into two triangles.

Geländerauigkeit

Die Rauigkeit einer Oberfläche ist als Verhältnis der Oberfläche S zu ihrer Projektion A in die Horizontale zu definieren:

Rauigkeit = S/A

Die Rauigkeit ist stets > 1 (wenn sie = 1 ist, ist das DGM eine horizontale Fläche).

Terrain roughness

The roughness of a DTM surface is defined as the ratio of the surface area S and its projection A onto the horizontal plane:

Roughness = S/A

Roughness is always > 1 (if it is = 1 the DTM is a horizontal surface).

Gewinnung von Höhenlinien

Zur Ableitung von Höhenlinien aus DGMs gibt es verschiedene Verfahren, sowohl für TIN-Daten als auch für Gitter-Daten.
In einem TIN kann man Koordinaten von Punkten der Höhenlinien durch lineare Interpolation entlang der Dreiecksseiten bestimmen. Die Punkte ergeben ein Polygon als gute Näherung einer Höhenlinie. Verbesserungen sind durch Interpolation (z. B. kubische Splines) oder durch Verfeinerung der Dreiecksmaschen möglich.

Contouring

For the generation of contour lines from DTMs data various approaches can be applied, for TIN data and grid data as well.
In a triangle network the coordinates of contour points can be defined by linear interpolation along the triangle edges. The points describe a polygon, which is a good approximation for the contour. Improved results can be achieved either by interpolation (e. g. cubic splines) or by breaking the triangles down into sub-triangles.

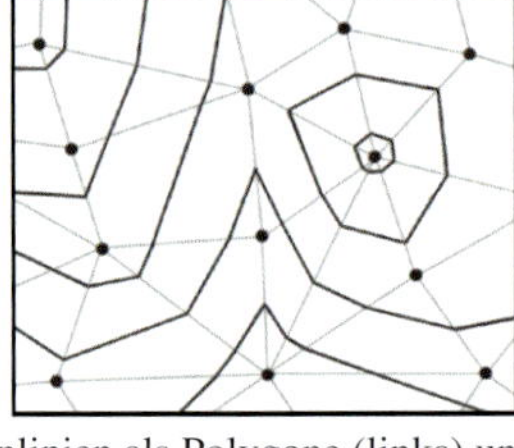

Höhenlinien als Polygone (links) und nach Polynom-Interpolation (rechts)
Contour lines in polygons (left) and after polynomial interpolation (right)

Hydrologische Parameter

Die Fließrichtung des Wassers ist ein grundlegender Parameter der Geländeanalyse. In einem DGM-Gitter kann die Fließrichtung für jede Rasterzelle durch Vergleich mit den Nachbarhöhen bestimmt werden. Wenn keine Nachbarzelle niedriger liegt, wird die Höhe der Zelle angehoben, bis ein Abfluss zustande kommt.
Aus den Fließrichtungen kann man eine Abflussmatrix berechnen. Jeder Zelle wird als Wert die Zahl der ihr zufließenden Zellen zugeordnet. Zellen mit hohen Zahlen bilden in der Matrix die Flusslinien. Wenn eine Zelle eine null hat, dann fließt ihr kein Wasser zu. Es ist eine Spitze oder Kammlinie und demnach eine Wasserscheide.

Hydrological parameters

The flow direction of water in a terrain is a basic parameter for terrain analysis. In a grid DTM a flow direction can be assigned to each grid cell, based on the neighboring cell with the lowest elevation. If no neighboring grid cell has a lower elevation, the height of the cell under study is raised until a pour point occurs.
If flow directions have been determined a flow accumulation matrix can be computed. Each cell is assigned a value equal to the number of cells that flow to it. Pixels with large numbers in this matrix form the flow lines. If a cell has a zero, it means that no water flows to it, it is a peak or a ridge line and thus a watershed boundary.

78	72	68	73	60	48
75	68	56	50	46	50
70	55	45	40	39	47
65	57	53	26	30	26
67	60	48	23	18	20
75	55	45	12	10	12

↘	↘	↘	↓	↓	↙
↘	↘	↘	↓	↓	↙
→	→	↘	↓	↙	↓
→	↗	→	↘	↓	↓
↘	→	↘	↓	↓	↓
→	→	→	→	↓	←

0	0	0	0	0	0
0	1	1	2	2	0
0	2	7	5	4	0
0	1	0	20	0	1
0	0	1	0	22	2
0	2	3	7	35	3

Ein einfaches Beispiel: Höhen, Fließrichtungen und Abflussmatrix
A simple example: heights, flow directions, and flow accumulation matrix

Visualisierung von DGMs

Visualisierung soll in Geländedaten erfasste Erscheinungen besser verständlich machen. Es gibt viele Methoden, um in DGMs erfasste Formen des Geländes (oder anderer Oberflächen) anschaulich zu machen. Besonders wichtig sind die Schummerung und Perspektivbilder.

Visualization of DTMs

The purpose of visualization is to enable a better understanding of phenomena represented by the terrain data. There are many methods available to visualize terrain (or other) surfaces that are described in DTMs (or surface models). Most common are shaded reliefs and perspective views.

Schattierungen (Schummerung)

Das Schattieren ist eine effektive Technik zur Veranschaulichung der Oberflächenform. Im Prinzip wird das Gelände so dargestellt, wie es als Helligkeitsbild bei angenommener schräger Beleuchtung erscheinen würde. Die Lichtquelle wird im Nordwesten (oder in der linken oberen Ecke des Sehfeldes) angenommen. Dann werden die Helligkeiten als räumliche Oberfläche gesehen, ähnlich der Schummerung in topographischen Karten.

Shaded relief

The generation of shaded reliefs is an effective technique to visualize the surface of a terrain. The idea is to portray the terrain in such a way, as it would appear in brightness variations by a virtual oblique illumination. Normally a light source is assumed to be in the northwest (or in the upper left corner of the visual field). The resulting brightness gradients are perceived as a three-dimensional surface, similar to hill shading effect in topographic maps.

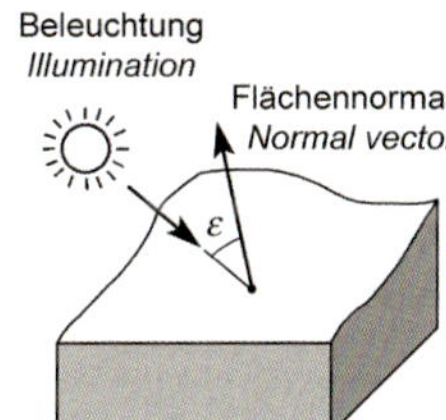

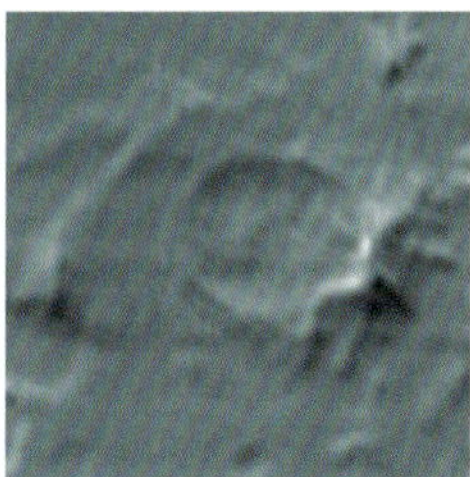

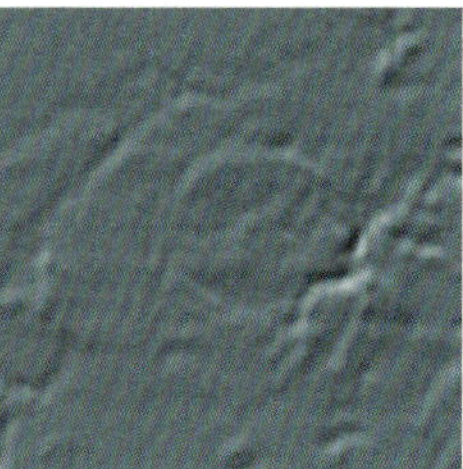

Reliefwiedergabe durch Schattierung (Schummerung)
Schrägbeleuchtung (links) und Wirkung verschiedener Beleuchtungsrichtungen
Visualization of terrain relief by hill shading (shaded relief)
Oblique illumination (left) and effect of different illumination azimuths

Die Wahl der Beleuchtungsrichtung von links oben im Gesichtsfeld basiert auf praktischer Erfahrung. Es ist zweckmäßig, die Grauwertgradienten proportional zu $cos(\varepsilon)$ anzusetzen. Dabei sollte die Höhe der angenommenen Lichtquelle so gewählt werden, dass keine Schlagschatten auftreten.

The direction of the illumination from the upper left corner of the field of view is selected according to practical experience. It is appropriate to determine the brightness gradients proportional to $cos(\varepsilon)$. The height of the virtual light source should be selected in such a way that no cast shadows appear.

Schummerungsbilder sind sehr anschaulich, geben jedoch geometrische Daten nicht wieder. Deshalb werden in topographischen Karten vielfach Schummerung und Höhenlinien kombiniert.

Shaded relief images are very expressive, but do not provide geometrical information. Therefore in many topographic maps shaded relief effects and contour lines are used in combination.

Perspektivansichten

Die 3D-Welt in verschiedenen Ansichten darzustellen, ist für viele Aufgaben nützlich. Photogrammetrie und Fernerkundung können die Daten liefern, die man zur Erzeugung von Perspektivbildern braucht.

Um eine Fläche als Perspektivbild zu zeigen, wird ein Digitales Höhenmodell (DHM) mathematisch auf eine Ebene projiziert. Allgemein müssen Linien und Flächen, die von einem gewählten Standpunkt aus nicht sichtbar sind, entfernt werden. Zur Verstärkung des visuellen Eindrucks werden oft Blockbilder erzeugt.

Zwei Arten von DHMs kommen vor. Das Digitale Geländemodell (DGM) beschreibt die in topographischen Karten erfasste Erdoberfläche. Es wird meist durch Photogrammetrie gewonnen. Dagegen zeigt das Digitale Oberflächenmodell (DOM) die Erdoberfläche wie sie ist, einschließlich der Oberflächen aller Objekte wie Gebäude oder Bäume. Es kann z. B. aus Lidar-Daten gewonnen werden.

Meist werden diese Modelle als 2.5-dimensionale Darstellungen verstanden, da für jeden Lagepunkt der Erdoberfläche nur ein Höhenwert gegeben ist. In der Realität kommt es aber vor, dass es für eine Lageposition mehrere Höhen gibt. Bei einer Brücke z. B. gibt es eine Deckfläche und eine Fläche unter der Brücke. Darum muss eine echte dreidimensionale Darstellung mehrere vertikale Höhen an einer Position zulassen. Dann ist es möglich, z. B. ein Schrägbild zu erzeugen, das es erlaubt, ‚unter die Brücke' zu blicken.

Schließlich sind orientierte Bilder erforderlich, um Perspektivansichten zu erzeugen. Solche Bilder werden genutzt, um das Gelände oder Gebäude zu texturieren. Zusätzlich können allgemeine Modelle in das Perspektivbild eingefügt werden, z. B. Bäume, Masten, Signale usw. Andere Eingaben können Texturen sein, die aus allgemeinen Dateien oder von aktuellen Geländebildern stammen. Die Nutzung von Geländebildern kann eine höhere Detailwiedergabe ermöglichen, als sie aus Senkrecht-Luftbildern möglich ist.

Perspective views

To visualize the 3D world from varying perspectives is a useful tool for many applications. Photogrammetry and remote sensing are well suited to provide the data required to generate perspective views.

For presenting a surface as a perspective view Digital Elevation Model (DEM) data is mathematically projected onto a plane. Generally those lines or regions, that are not visible from the chosen point of view, must be removed. In order to enhance the visual impression, in many cases a so called block diagram is generated.

Two types of DEMs are useful. The Digital Terrain Model (DTM) reflects the pure terrain elevation as it is given in topographic maps. It is mostly generated by photogrammetry. However, the Digital Surface Model (DSM) contains elevation values of the Earth's surface as it is. This includes surfaces of all objects on the ground like buildings or trees, and can e. g. be derived from Lidar data.

Usually these models are considered as 2.5-dimensional representations of the Earth because for every location on the surface only one elevation value is given. However, in reality there may be several surfaces with different elevation values at the same location, a bridge e. g. has a top surface and another surface below the bridge. Thus, a truly three-dimensional representation must support several vertical levels at any location. Then it is possible to generate e. g. oblique views that allow to see 'under a bridge'.

Furthermore oriented images are necessary to generate perspective views. Such images are applied to texture the DSMs or buildings. Additionally, other generic models can be placed into the perspective view. These include trees, light poles, signs, etc. Other inputs may include textures taken from a database of generic textures or from actual ground-based images. The addition of ground-based images can add much higher detail quality than what might be obtained e. g. from nearly vertical aerial images.

Virtuelle Realität

Der Begriff ‚Virtuelle Realität' wird in unterschiedlichem Sinne gebraucht. Meist ist damit ein System gemeint, durch das eine Person voll in eine von einem Computer generierte künstliche, räumliche Welt ‚eintaucht'. Dies kann durch einen Datenhelm erreicht werden, der zwei Miniatur-Monitore enthält, die dem Beobachter die Stereoansicht einer virtuellen Welt zeigen. Auch andere technische Konzepte sind bekannt.

Das System arbeitet interaktiv und reagiert in Echtzeit. Der Beobachter ist völlig in eine künstliche Welt eingetaucht und von seiner realen Umwelt getrennt. Er kann umher sehen und durch die ihn umgebende virtuelle, völlig vom Computer kontrollierte Umgebung spazieren.

Virtual reality

The term virtual reality is used in a variety of ways. Usually it describes a system through which the user becomes fully immersed in an artificial, three-dimensional world that is completely generated by a computer. This can be achieved by a head-mounted display, which houses two miniature display screens in order to present the user a stereo view of a virtual world. Also other technical concepts are known.

The system is interactive with real-time responses. The viewer is totally immersed in an artificial world and disconnected from his real environment. He can look around and walk through the surrounding virtual environment which is under the complete control of the computer.

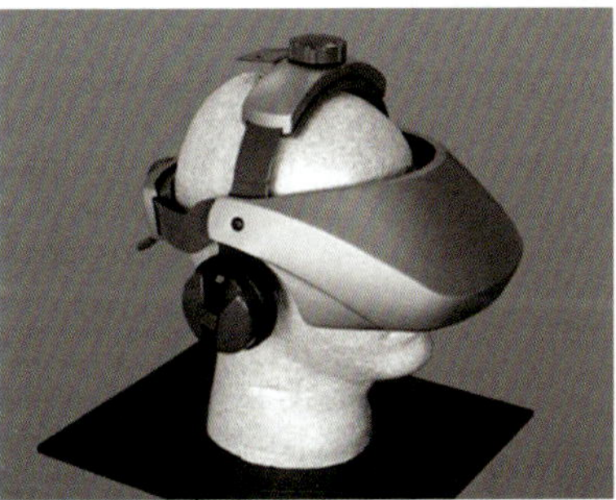

Datenhelm als Teil eines Systems zur virtuellen Realität
Head-mounted display as part of a virtual reality system

Erweiterte Realität

Eine besondere Art von Visualisierung geschieht in Augmented-Reality-Systemen. Dabei wird eine von einem Beobachter gesehene reale Szene mit einer computererzeugten virtuellen Szene kombiniert, wodurch das Szenenbild durch zusätzliche Informationen erweitert wird.

Dazu wird ein Datenhelm getragen. Der Beobachter sieht die reale Welt und vom Computer erzeugte virtuelle Objekte einander überlagert. Dies setzt voraus, dass die virtuellen Objekte in allen Dimensionen in die reale Welt genau eingepasst sind. Diese fehlerfreie Einpassung muss erhalten bleiben, wenn sich der Beobachter in der realen Welt bewegt.

Augmented reality

A special type of visualization is achieved by means of augmented reality systems. In such systems a real scene viewed by an observer is combined with a virtual scene generated by a computer in order to augment the original scene with additional information.

For this purpose a head-mounted display is applied. The user sees the real world scene and the computer-generated virtual objects simultaneously. This requires that the virtual objects must be accurately registered with the real world in all dimensions. The correct registration must also be maintained while the user moves around within the real environment.

Geoinformationssysteme

Geoinformationssysteme (GIS) sind Systeme zur Erfassung, Speicherung, Analyse und Handhabung von Daten mit zugehörigen Attributen, die räumlich auf die Erde bezogen sind. GIS-Daten beschreiben Objekte der realen Welt (Straßen, Landnutzung usw.) in digitalen Daten. Man unterscheidet zwei Objektkategorien: diskrete Objekte (wie Gebäude, Verkehrswege) und kontinuierliche Felder (wie Regenmengen oder Höhen). Es gibt zwei große Gruppen von Daten: Raster- und Vektordaten.

Geographic information systems

Geographic information systems (GIS) are systems for capturing, storing, analyzing and managing data and associated attributes which are spatially referenced to the Earth. GIS data represent real world objects (roads, land use, elevation, etc.) with digital data. Real world objects can be divided into two categories: discrete objects (such as buildings or traffic lines) and continuous fields (like rain fall amount or elevation). There are two broad methods used to store data in a GIS, raster and vector.

Raster- und Vektordaten

In Rasterdaten werden Objekte wie Bilder oder Raster-DHMs gespeichert. Die Auflösung dieser Daten ist ihre Zellengröße auf dem Boden. Vektordaten dienen zur Speicherung von Punkten, Linien, Flächen, Gebietsgrenzen usw. Höhenlinien und Dreiecksmaschen (TIN) eignen sich zur Beschreibung von Höhen oder anderen kontinuierlich verlaufenden Werten.

Die Verwendung von Raster- oder Vektordaten zur Beschreibung der Realität hat Vor- und Nachteile. Rasterdaten erlauben einfache Überlagerungsoperationen, die mit Vektoren schwieriger sind. Vektordaten können in Vektorgraphik wiedergegeben werden, wie in traditionellen Karten. Sie sind nach Lage und Maßstab leichter einzupassen und zurück zu transformieren, auch sind sie besser kompatibel in einer relationalen Datenbank-Umgebung. Daten-Umwandlung von Raster zu Vektor und umgekehrt ist möglich, sodass die Vorteile der Formate kombiniert werden können.

Raster and vector data

Raster data types are used to store objects such as imagery or grid DEMs. The resolution of the raster data set is its cell width in ground units. Vector data are used to store points, lines, areas, etc., also areas as shapes bounded by lines. Contour lines and triangulated irregular networks (TIN) are applied to represent elevation or other continuously changing values.

There are advantages and disadvantages in using a raster or vector data model to represent reality. Raster data sets allow easy implementation of overlay operations, which are more difficult with vector data. Vector data can be displayed as vector graphics used on traditional maps. Vector data can be easier to register, scale, or re-project, and they are more compatible with relational database environment. Data restructuring from raster to vector and vice versa can be performed in order to combine the advantages of different formats.

Photogrammetrie und Fernerkundung

Ergebnisse von Photogrammetrie und Fernerkundung sind für Aufbau und Fortführung der Daten von GIS sehr wichtig. Es gibt viele Möglichkeiten, um Photogrammetrie- und Fernerkundungsdaten aus anderen Formaten in GIS einzubinden. Eine Integration beider Systeme kann große Vorteile bieten. Die Visualisierung von GIS-Daten kann schnellere und zuverlässigere Datenkontrolle ermöglichen und den Aufwand für Revisionen verringern.

Photogrammetry and remote sensing

Photogrammetry and remote sensing products are extremely important to structure or update the database of GIS. There are many ways to import photogrammetric or remote sensing data from some other format to a GIS. An integrated connection of both systems may offer significant advantages. The visualization of GIS data can result in faster and more reliable data checking and thus also reduce the time required to make appropriate revisions.

Geozentrisches Koordinatensystem

Das grundlegende terrestrische Koordinatensystem sind die räumlich-kartesischen Koordinaten X, Y, Z. Der Ursprung ist der Massenmittelpunkt der Erde G (Geozentrum), dessen Lage zur Erdoberfläche sich aus den Bahnen der Erdsatelliten ergibt. Die Z-Achse ist die mittlere Rotationsachse der Erde, die X-Achse fällt in die $0°$-Meridianebene von Greenwich. Die Y-Achse ergibt sich unter Beachtung des Rechtssystems.

Geocentric coordinate system

The basic terrestrial coordinate system is the spatial cartesian system with the coordinates X, Y, Z. Its origin is the mass center G of the Earth (also called geocenter), which is derived from orbit observation of the earth satellites. The Z-axis equals the mean rotational axis of the Earth, and the X-axis passes through the $0°$ meridian of Greenwich. The Y-axis is perpendicular to both the Z-axis and the X-axis, thus the system follows the right-hand rule.

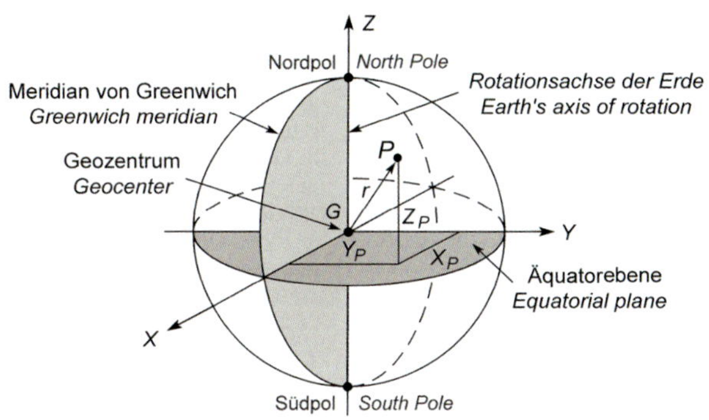

Das erdfeste geozentrische Koordinatensystem X, Y, Z
The earth fixed geocentric coordinate system X, Y, Z

Außerdem werden häufig Kugelkoordinaten r, ϑ, λ verwendet. Dabei ist r der radiale Abstand vom Geozentrum G, ϑ die Poldistanz und λ die geozentrische Länge. Anstelle von ϑ wird auch die geozentrische Breite $\varphi = 90° - \vartheta$ benutzt.

Besides often the spherical coordinates r, ϑ, λ are also frequently applied. r is the radial distance from the geocenter G, ϑ is the polar distance and λ the geocentric longitude. Instead of ϑ the geocentric latitude $\varphi = 90° - \vartheta$ is often applied.

$$\begin{bmatrix} X \\ Y \\ Z \end{bmatrix} = r \begin{bmatrix} \sin\vartheta & \cos\lambda \\ \sin\vartheta & \sin\lambda \\ \cos\vartheta & \end{bmatrix}$$

Das International Terrestrial Reference System (ITRS) ist das international vereinbarte, erdfeste, weltweite Bezugssystem von terrestrischen kartesischen Koordinaten. Das System wird indirekt durch ein globales Netz von geodätischen Beobachtungsstationen bestimmt. Es wird durch stetige Messungen und Verfeinerung der Modelle laufend verbessert.

The International Terrestrial Reference System (ITRS) is the internationally accepted, earth fixed, worldwide reference system of terrestrial cartesian coordinates. The system is determined indirectly by a global network of geodetic reference observation stations. It is updated continuously by measurements and improvements of the models applied.

World Geodetic System 1984

In der Vergangenheit haben viele Länder eigene geodätische Netze und nationale Bezugssysteme eingeführt, die sich auf lokal definierte Ellipsoide beziehen. Als modernes globales Bezugssystem wurde das World Geodetic System 1984 (WGS84) entwickelt.

Es ist ein erdfestes geozentrisches und global einheitliches System, das als Bezug für das Globale Positionierungssystem (GPS) dient und durch einen Satz von primären und sekundären Parametern definiert ist:
1. Die primären Parameter legen die Form des Erdellipsoids fest, seine Winkelgeschwindigkeit sowie die Erdmasse, die in das System einbezogen ist.
2. Die sekundären Parameter beschreiben ein detailliertes Schweremodell der Erde. Diese zusätzlichen Parameter sind erforderlich, weil WGS84 sowohl zur Koordinatenbestimmung der Vermessung dient als auch die Umlaufbahnen der GPS-Satelliten festlegt.

World Geodetic System 1984

In the past, many countries had established their own geodetic network and national geodetic reference frames, using a locally defined ellipsoid. As a modern global reference frame the World Geodetic System 1984 (WGS84) has been developed.

It is an earth fixed geocentric and globally consistent system, serving as the reference for the Global Positioning System (GPS). WGS84 is defined by a set of primary and secondary parameters:
1. The primary parameters determine the shape of an earth ellipsoid, its angular velocity, and the earth mass which is included in the ellipsoid reference.
2. The secondary parameters define a detailed gravity model of the Earth. These additional parameters are needed because WGS84 is used not only for defining coordinates in surveying, but also for determining the orbits of GPS navigation satellites.

Wichtigste Parameter von WGS84 / ***The main parameters of WGS84***

Parameter	Wert / Value	Parameter
Große Halbachse (Radius des Äquators)	6 378 137.0 m	Semi-major axis (equatorial radius)
Abplattung	1/298.257223563	Flattening
Kleine Halbachse (Polarer Radius)	6 356 752.3142 m	Semi-minor axis (polar radius)
Differenz zwischen Radius am Äquator und polarem Radius	21 384.6858 m	Difference between equatorial and polar radius
Mittlerer Radius der Erde	6 371 008.7714 m	Mean radius of the Earth
Oberfläche der Erde	510 065 621.724 km^2	Surface area of the Earth
Radius einer Kugel mit derselben Oberfläche	6 371 007.1809 m	Radius of sphere of equal surface area
Volumen der Erde	1 083 207 319 801 km^3	Volume of the Earth
Radius einer Kugel mit demselben Volumen	6 371 000.7900 m	Radius of sphere of equal volume
Maximaler Umfang der Erde (Umfang am Äquator)	40 075.017 km	Maximum circumference of the Earth (at equator)
Minimaler Umfang der Erde (entlang einer Meridianebene)	40 007.863 km	Minimum circumference of the Earth (along meridian)
Differenz zwischen größtem und kleinstem Umfang	67.154 km	Difference between maximum and minimum circumference

Höhenbezugssysteme

Die ‚Höhe' eines Geländepunktes kann als radialer Abstand vom Zentrum der Erde beschrieben werden. Es ist jedoch praktischer, die Höhe über einer Bezugsfläche zu definieren. Meist wird zu diesem Zweck das Geoid oder ein Ellipsoid benutzt.

Height reference systems

The 'height' of any terrain point could be described as the radial distance from the center of the Earth. It is however more convenient to define the height above a reference surface. Mostly the geoid or an ellipsoid is used for this purpose.

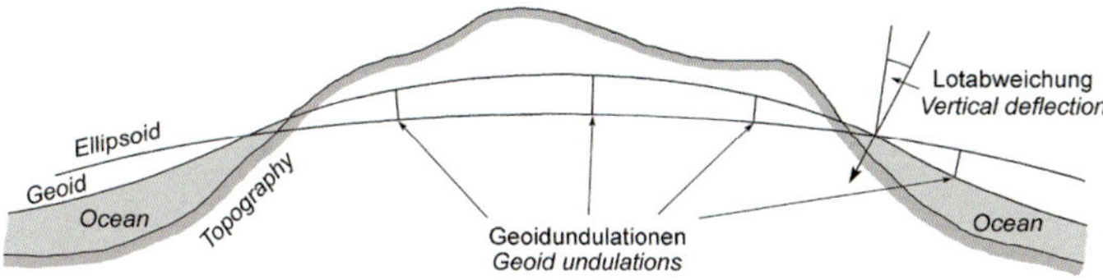

Unterschiede zwischen Erdoberfläche (Topographie), Geoid und Ellipsoid
The differences between terrain surface (topography), geoid and ellipsoid

Traditionell wird die Höhe eines Punktes durch Nivellieren bestimmt. Dabei folgt die Vermessung einem konstanten Schwerepotenzial.
Diese Fläche, das Geoid, ist die unregelmäßige, physikalisch definierte Potenzialfläche, die sich am besten der mittleren Meeresoberfläche anpasst. Dazu wird diese als unter den Kontinentalmassen fortgesetzt gedacht.
Höhen ‚über dem Meeresspiegel' heißen Orthometrische Höhen und dienen allgemein der topographischen Kartierung.
Die maximale Differenz zwischen Geoid und mittlerem Meeresspiegel ist etwa 1 m.
Das Ellipsoid ist eine mathematische Fläche, die die physikalische Realität mit einfacher Geometrie annähert. Die Höhe eines Punktes ist sein Abstand vom Ellipsoid (entlang der Normalen gemessen).
Solche Werte werden Geodätische oder Ellipsoidische Höhen genannt.
Die vertikalen Abstände zwischen dem Geoid und dem Referenz-Ellipsoid heißen Geoidundulationen. Die größten Beträge der Undulationen liegen bei ±100 m; die mittleren Beträge bei ±30 m.
Die Winkel zwischen der Ellipsoidnormalen und der Lotlinie sind die Lotabweichungen. Sie werden gewöhnlich in einer Nord-Süd-Komponenten ξ und einer Ost-West-Komponenten η bestimmt.

The traditional method to determine the height of a point is by levelling. Thus the survey follows a constant gravity potential.
This surface is called the geoid, an irregular, physically defined surface, which is the level surface of the gravity field with best fit to mean sea level. For this purpose the mean sea level is supposed to be continued under the continental masses.
The heights 'above sea level' are called orthometric heights and generally used in topographic mapping. It is assumed that the maximum difference between the geoid and the mean sea level is about 1 m.
The ellipsoid is a mathematically defined surface, approximating the physical reality while simplifying the geometry. The height of a terrain point is its distance from the ellipsoid (measured along the normal).
Such values are called geodetic heights or ellipsoidal heights.
The vertical separations between the geoid and the reference ellipsoid are geoid undulations. The maximum range of undulations is between ±100 m; the global root mean square around ±30 m. The angles between the ellipsoid normal and the plumb line are called vertical deflections. They are usually determined in a north-south component ξ and an east-west component η.

5.2 Kartenprojektionen – Map projections

Allgemeines

Durch Kartenprojektionen (Kartennetzentwürfe) werden die geographischen Koordinaten λ (Länge) und φ (Breite) in rechtwinklig-ebene Koordinaten x, y oder in polare Koordinaten α, τ einer Kartenebene transformiert. Dabei wird der Erdkörper entweder als Rotationsellipsoid oder (für kleinere Kartenmaßstäbe) als Kugel angenommen.

General

Locations on the Earth are represented by the geographic coordinates λ (longitude) and φ (latitude). The purpose of map projections is to transform from the geographic coordinates into the plane coordinate system x, y of a map or into the polar coordinates α, τ. In this context the Earth is assumed to be an ellipsoid or (for smaller map scales) a sphere.

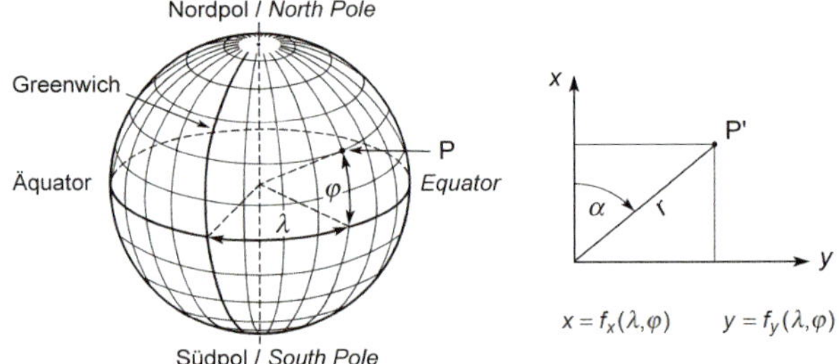

Die Transformationsfunktionen können beliebig gewählt werden. Wichtig sind geometrische Projektionen auf Ebenen sowie auf Zylinder oder Kegel, die in eine Ebene abgewickelt werden können.

In principle any mathematical functions can be applied for transformation. Of particular importance are geometric projections onto planes, or onto cylinders or cones that can be developed into a plane.

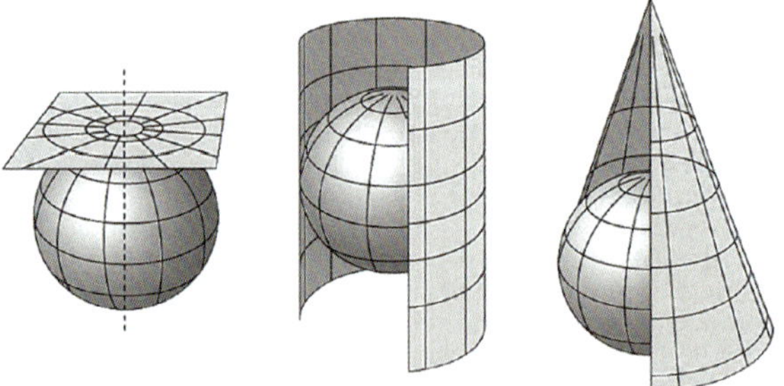

Ebene (azimutale), zylindrische und konische Projektionsflächen in normaler Lage
Plane (azimuthal), cylindrical, and conic projection surfaces in normal position

Bei der transversalen Lage sind die Hilfsflächen um 90° gedreht, bei der schiefachsigen Lage beliebig geneigt.

Projection surfaces in transversal position are rotated by 90°, in oblique positions the rotation is arbitrary.

Mittabstandstreue azimutale Projektion

Wie bei allen azimutalen Projektionen bleiben die Richtungen vom Pol aus erhalten ($\alpha = \lambda$). Die Meridianbogenlängen vom Pol aus werden längentreu abgebildet.

Azimuthal equidistant projection

As by any azimuthal projection the directions from the center are correct ($\alpha = \lambda$). From the pole all distances along the meridians are plotted correctly.

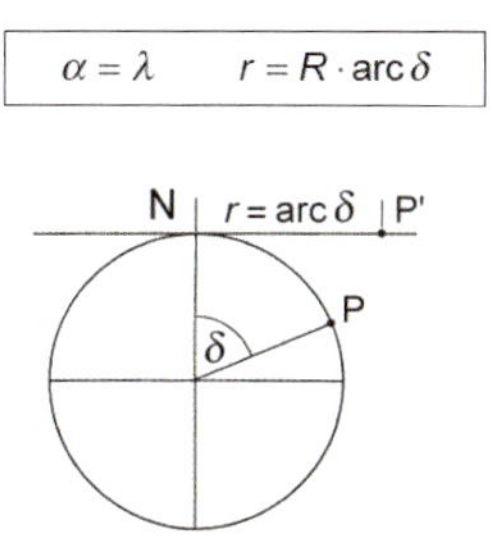

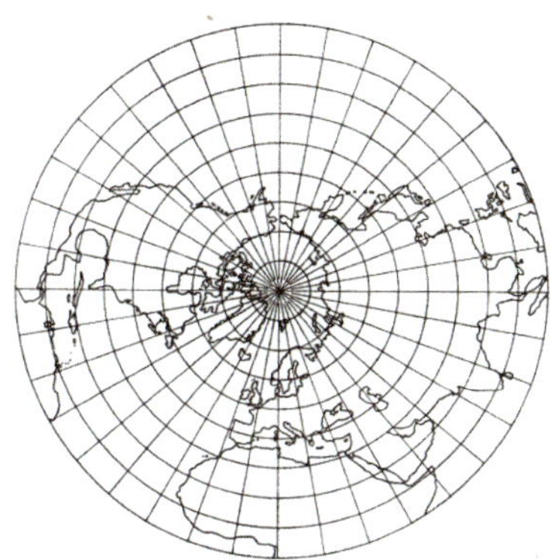

Stereographische Projektion

Die stereographische Projektion projiziert die Erdoberfläche vom Gegenpol des Berührpunktes aus. Es ist eine konforme Abbildung mit der besonderen Eigenschaft, dass jeder Kreis auf der Kugeloberfläche als Kreis abgebildet wird.

Stereographic projection

The stereographic projection is a perspective view of the globe from the opposite pole. This projection is a conformal map and has the unique property, that any circle drawn on the globe shows as a circle also on the map.

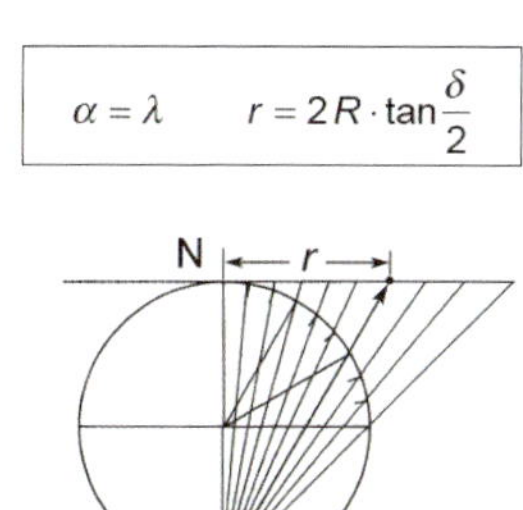

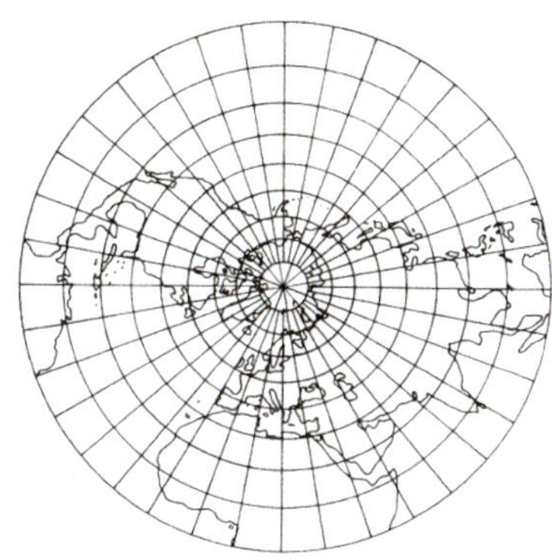

Lamberts flächentreue Azimutalprojektion

Bei dieser Projektion wird der Radius r der Breitenkreisbilder so gewählt, dass die von ihnen eingeschlossenen Kreisflächen stets gleich den entsprechenden Kugeloberflächen sind.

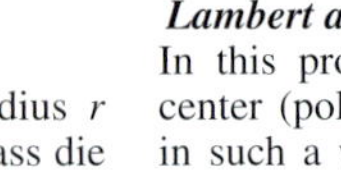

Lambert azimuthal equal-area projection

In this projection the radius r from the center (pole) to the parallel circles varies in such a way, that the area of the zones between two parallels is always the same as on the globe.

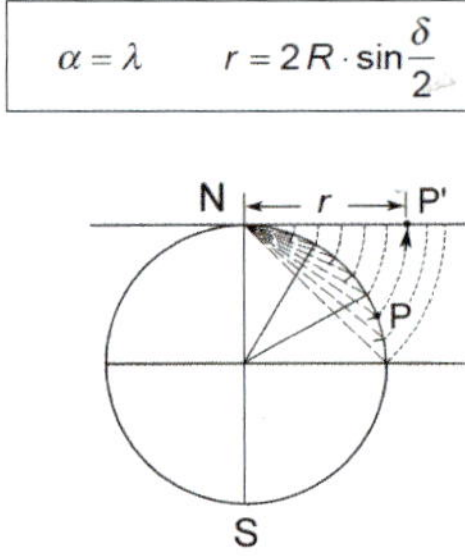

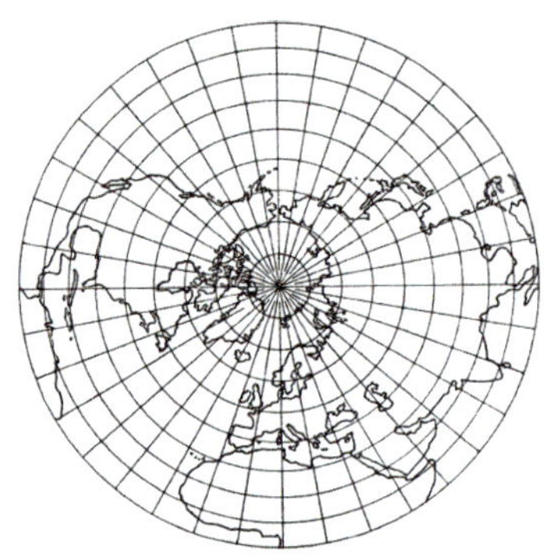

Gnomonische Projektion

Das Projektionszentrum liegt bei der Gnomonischen Projektion im Kugelmittelpunkt. Die Radien der Breitenkreise wachsen rasch an. Die praktische Bedeutung liegt in der Tatsache, dass alle Großkreise auf der Kugel als Geraden abgebildet werden.

Gnomonic projection

This is a perspective projection with the eye point in the center of the globe. The radii of the parallels on the map increase very rapidly. However, it is the only projection in which all great circles on the globe are straight lines.

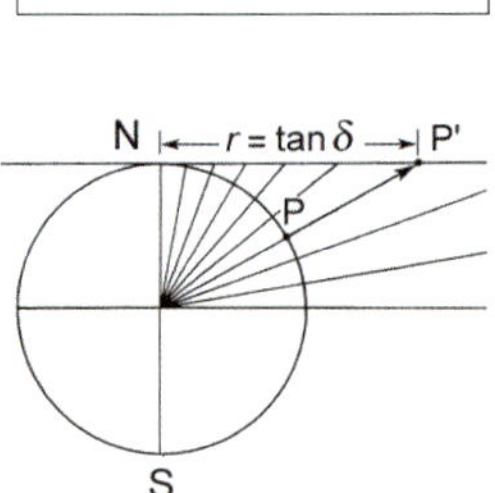

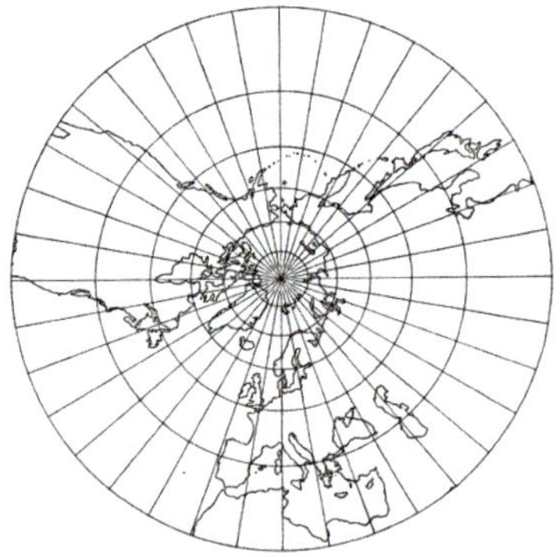

Quadratische Plattkarte

Die quadratische Plattkarte ist eine Zylinderprojektion mit längentreuem Äquator. Die Bogenlängen der Meridiane sind längentreu abgebildet. Dadurch entstehen quadratische Netzmaschen. Um die Verzerrungen gering zu halten, wird häufig eine rechteckige Plattkarte mit zwei längentreuen Breitenkreisen gewählt, was als Schnittzylinder zu verstehen ist.

Simple cylindrical projection

The simple cylindrical projection shows the equator and also the meridians in correct scale. Thus meridians and parallels form a network of squares. In order to reduce the distortions equirectangular projections are derived, with two selected parallels in correct scale. In this case meridians and parallels form a rectangular grid.

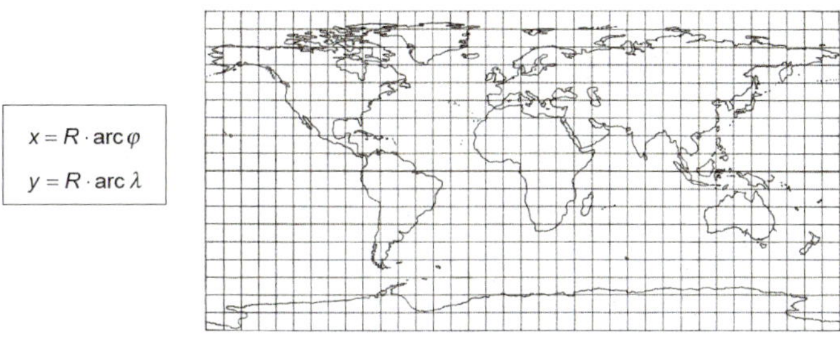

Flächentreue Zylinderprojektion

Bei der flächentreuen Zylinderprojektion mit längentreuem Äquator werden die Meridiane mit sinφ verkürzt. Die Projektion zeigt in den höheren Breiten starke Verzerrungen. Um dem entgegenzuwirken, wird häufig ein Schnittzylinder verwendet, es werden also zwei Breitenkreise längentreu abgebildet.

Cylindrical equal-area projection

In order to achieve a cylindrical equal-area projection, the meridians must be reduced with sinφ. The result are extreme vertical compressions in the polar regions. For better representation, one often prefers to use a secant cylinder in such a way that two selected parallels are drawn in correct scale.

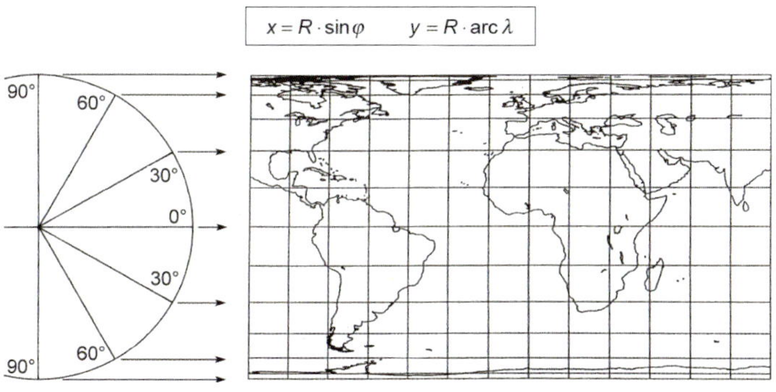

Mercator-Projektion

In der Mercator-Projektion wird der Äquator längentreu abgebildet. Die Meridiane werden an jeder Stelle im selben Maße verlängert wie die Breitenkreise. Dadurch entsteht eine konforme Karte. Winkel und Formen sind in kleinen Bereichen unverzerrt. Jede gerade Linie in der Karte ist eine Loxodrome, die alle Meridiane unter dem gleichen Winkel schneidet (aber nicht den kürzesten Abstand zweier Punkte ergibt). Flächen und Formen größerer Gebiete werden mit zunehmender Breite verzerrt, in extremer Weise in polnahen Gebieten. Die Pole liegen im Unendlichen.

Mercator projection

The Mercator projection shows the equator in true scale. Along the meridians the scale is enlarged at each point in the same ratio as it is enlarged along the parallel. Thus, the developed map is conformal, angles and shapes within small areas are true. Any straight line on the map is a rhumb line, i. e. a line of true direction between any two points on the map (but the rhumb is usually not the shortest distance between two points). Areas and shapes of larger areas are distorted, increasing away from the equator, extremely in the polar regions. The poles are of infinite distance.

$$x = R \cdot \ln \tan\left(45^\circ + \frac{\varphi}{2}\right)$$

$$y = R \cdot \mathrm{arc}\,\lambda$$

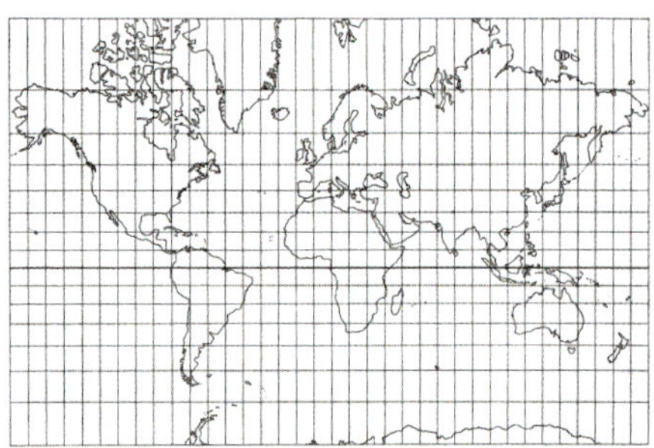

Sinusoidal-Projektion

Die Sinusoidal-Projektion (auch Mercator-Sanson-Projektion) bildet alle Breitenkreise und den Mittelmeridian längentreu ab. Es ist eine flächentreue modifizierte Zylinderprojektion. Die Meridiane (außer dem Mittelmeridian) bilden Cosinus-Kurven.

Sinusoidal projection

This equal-area projection (also called Mercator-Sanson projection) is a modified cylindrical projection. Distances are correct along all parallels and the central meridian. The meridians (aside from the central meridian) form cosine curves.

$$x = R \cdot \mathrm{arc}\,\varphi$$

$$y = R \cdot \mathrm{arc}\,\lambda \cdot \cos\varphi$$

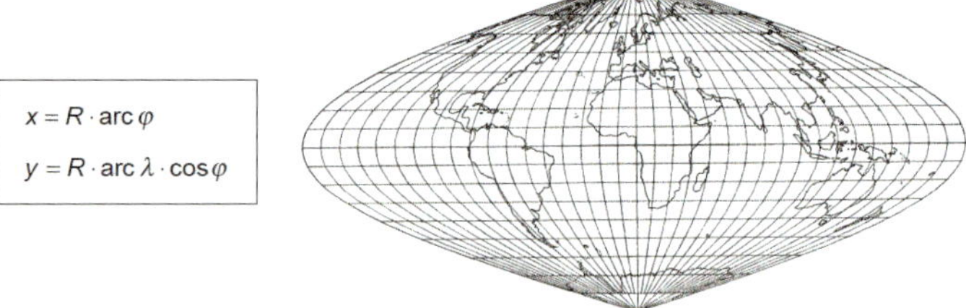

5.3 Referenzsysteme – Reference systems

Airy-Ellipsoid — ***Airy spheroid***

1830, Großbritannien — 1830, Great Britain

a = 6 377 563.396 m b = 6 356 256.910 m f = 1: 299.324965

Bessel-Ellipsoid — ***Bessel spheroid***

1841, Mitteleuropa, Chile, Indonesien — 1841, Central Europe, Chile, Indonesia

a = 6 377 563.396 m b = 6 356 256.910 m f = 1: 299.324965

Clarke-Ellipsoid — ***Clarke spheroid***

1880, Afrika, Frankreich — 1880, Africa, France

a = 6 378 249.145 m b = 6 356 514,970 m f = 1: 293.465

Hayford-Ellipsoid — ***Hayford spheroid***

1909, 1924 als Internationales Ellipsoid angenommen, weltweit genutzt — 1909, 1924 accepted as International Ellipsoid, used globally

a = 6 378 388.000 m b = 6 356 911.946 m f = 1: 297.000

Everest-Ellipsoid — ***Everest spheroid***

1830, Indien, Burma, Pakistan — 1930, India, Burma, Pakistan

a = 6 377 276.345 m b = 6 356 075.413 m f = 1: 300.802

Krassowskij-Ellipsoid — ***Krasovsky spheroid***

1940/42, Russland — 1940/42, Russia

a = 6 378 245.000 m b = 6 356 863.019 m f = 1: 298.300

Australian-Ellipsoid — ***Australian spheroid***

1965, Australien — 1965, Australia

a = 6 378 160.000 m b = 6 356 774.719 m f = 1: 298.25

Geodätisches Bezugssystem 1967 — ***Geodetic Reference System 1967***

1967, empfohlen durch Internat. Union für Geodäsie und Geophysik (IUGG) — 1967, proposed by International Union for Geodesy and Geophysics (IUGG)

a = 6 378 160.000 m b = 6 356 774.516 m f = 1: 298.247167

Geodätisches Bezugssystem GRS80 — ***Geodetic Reference System GRS80***

1980, von der IUGG festgelegt — 1980, accepted by the IUGG

a = 6 378 137.000 m b = 6 356 752.3142 m f = 1: 298.257223563

EPSG-Code

Für die Weiterverarbeitung von GPS-Daten, die Definition der absoluten Orientierung von photogrammetrischen Auswertungen und die Georeferenzierung von Orthobildern werden eindeutige Definitionen der verwendeten Koordinatensysteme benötigt. Hierbei unterstützt der von der European Petroleum Survey Group Geodesy (EPSG) entwickelte EPSG-Code.

Dieser Code ist ein System weltweit eindeutiger, 4- bis 5-stelliger Schlüsselnummern (SRIDs) für Koordinatenreferenzsysteme und andere geodätische Datensätze, wie Referenzellipsoide oder Projektionen. Die Transformation zwischen den verschiedenen Referenzsystemen wird damit stark vereinfacht.

EPSG code

For the further processing of GPS data, the definition of the absolute orientation of photogrammetric evaluations and the georeferencing of ortho-images, clear definitions of the coordinate systems used are required. The EPSG code developed by the European Petroleum Survey Group Geodesy (EPSG) supports this.

This code is a system of globally unique, 4- to 5-digit key numbers (SRIDs) for coordinate reference systems and other geodetic data sets, such as reference ellipsoids or projections. The transformation between the different reference systems is thus greatly simplified.

Code	**Koordinatenreferenzsystem / Coordinate reference system**
4326	WGS84
25832	ETRS89 / UTM Zone 32N
31467	DHDN / Gauß-Krüger Zone 3
31468	DHDN / Gauß-Krüger Zone 4
3857	WGS84 / Pseudo-Mercator

Beispiele für EPSG-Codes *Examples for EPSG codes*

```
# a2020-336
# if not installed, use
# pip install pyproj
# see also https://epsg.io/4326, or https://epsg.io/25832
#
from pyproj import CRS
from pyproj import Transformer

lat= [52.391198,52.390550,52.391464]          # latitudes
lon= [ 9.694066, 9.701170, 9.692906]          # longitudes

crs_4326 = CRS("WGS84")                       # define coordinate system source
crs_proj = CRS("EPSG:25832")                  # define coordinate system destination

transformer = Transformer.from_crs(crs_4326, crs_proj)

for i in range(len(lat)):                     # convert to UTM Mercator coordinates
    print(transformer.transform(lat[i],lon[i]) )


'''
'
(547231.2596603894, 5804776.45030541)
(547715.380238829, 5804709.037577698)
(547152.0390582226, 5804805.280085605)
'
'''
```

Universales Transversales Mercator-System (UTM)

Das UTM-System teilt die Erdoberfläche zwischen 80° südl. Breite und 84° nördl. Breite in 60 Zonen von je 6° Längengraden. Die Mitte jeder Zone bildet ein bestimmter Meridian. Die Zonen sind nummeriert von 1 bis 60. Zone 1 liegt zwischen 180° W und 174° W mit der Mitte im 177. Meridian westlicher Länge. Die Nummerierung der Zonen steigt nach Osten an.

Universal Transversal Mercator (UTM) system

The UTM system divides the surface of the Earth between 80° S latitude and 84° N latitude into 60 zones, each 6° of longitude in width and centered over a selected meridian of longitude.

Zones are numbered from 1 to 60. Zone 1 is bounded by longitude 180° to 174° W and is centered on the 177th West meridian. Zone numbering increases in easterly direction.

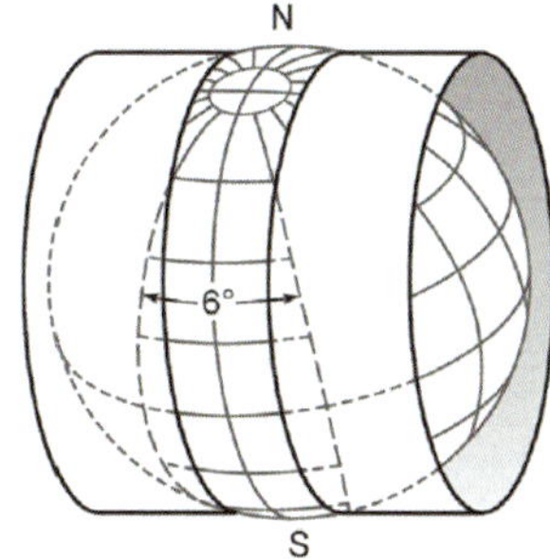

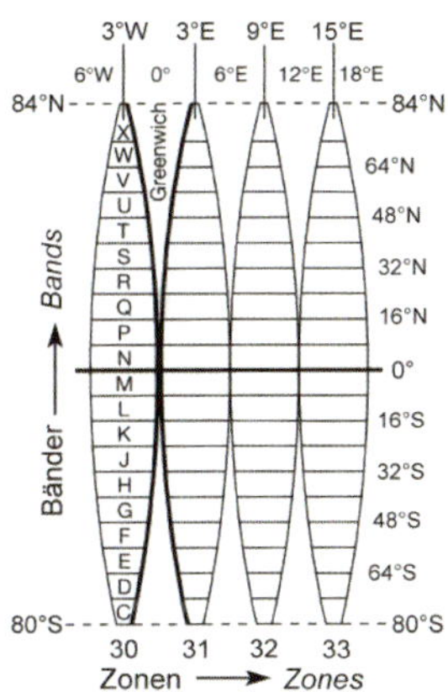

Schema eines UTM-Streifens (oben) und Bezeichnung der Zonen und Bänder (rechts)

Principle of a UTM system (above) and designation of the zones and bands (right)

Jede Längenzone im UTM-System basiert auf einer Transversalen Mercator-Projektion und ist geeignet, eine Region großer Nord-Süd-Ausdehnung mit geringen Verzerrungen zu kartieren. Durch die 6° breiten Zonen und Verwendung eines Schnittzylinders mit Verkleinerung des Maßstabes im Mittelmeridian auf 0.9996 (Verkürzung von 1:2500) bleibt die Verzerrung unter 1:1000 in jeder Zone.

Die Maßstabsverzerrung wächst auf 1.0010 an den äußeren Zonenrändern am Äquator. Durch die Reduktion des Maßstabsfaktors im Mittelmeridian entstehen zwei Linien mit korrektem Maßstab, die je etwa 180 km vom Mittelmeridian entfernt sind und etwa parallel zu ihm verlaufen. Innerhalb dieser Linien ist der Maßstabsfaktor zu klein, außerhalb von ihnen zu groß, aber die durchschnittliche Verzerrung wird innerhalb der ganzen Zone minimiert.

Each of the 60 longitude zones in the UTM system is based on a Transverse Mercator Projection, which is capable of mapping a region of large north-south extent with a low amount of distortion. By using narrow zones of 6° in width, and reducing the scale factor along the central meridian to 0.9996 (a reduction of 1:2500), the amount of distortion is kept below 1 part in 1000 inside each zone.

Distortion of scale increases to 1.0010 at the outer zone boundaries along the equator. The reduction in the scale factor along the central meridian creates two lines of true scale located approximately 180 km on either side of, and approximately parallel to the central meridian.

The scale factor is too small inside these lines and too large outside of these lines, but the overall distortion scale inside the entire zone is minimized.

Im UTM-System wird jede Längenzone in 20 Breitenzonen unterteilt. Die Breitenzonen sind 8 Grad hoch. Sie werden mit Buchstaben bezeichnet, beginnend mit C bei 80° S, aufsteigend nach dem englischen Alphabet bis X. Dabei werden I und O wegen der Ähnlichkeit mit den Ziffern 1 und 0 übersprungen.

Die letzte Breitenzone, X, wird um 4° erweitert und endet mit 84° N, umfasst also die nördlichsten Landbereiche. Die Breitenzonen A und B sowie Y und Z existieren. Sie decken die westliche und östliche Antarktis ab.

The UTM system segments each longitude zone into 20 latitude zones. Each latitude zone is 8 degrees high, and is lettered starting from C at 80° S, increasing up the English alphabet until X, omitting the letters I and O (because of their similarity to the digits one and zero).

The last latitude zone, X, is extended in extra 4 degrees, so it ends at 84° N latitude, thus covering the most northern land on Earth. Latitude zones A and B do exist, as do zones Y and Z. They cover the western and eastern sides of Antarctica.

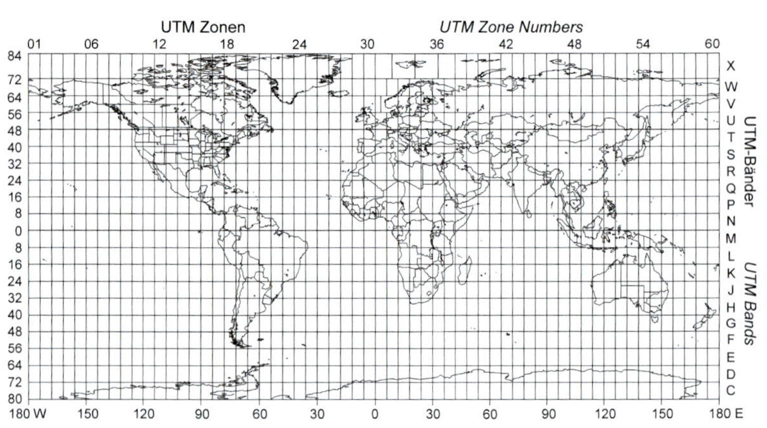

UTM-Streifensystem: Anordnung und Benennung der Zonen und Bänder
UTM zone system: arrangement and designation of the longitude and latitude zones

Punktlage in UTM-Koordinaten

Jeder Punkt der Erdoberfläche kann in einer UTM-Zone in den Koordinaten E (Ostwert) und N (Nordwert) in Metern bestimmt werden. Der Ostwert ist der Abstand des Punktes vom Mittelmeridian.

Um negative Zahlen zu vermeiden, wird der Mittelmeridian jeder 6°-Zone mit dem Ostwert E = 500000 m bezeichnet.

Der Nordwert ist der Abstand des Punktes vom Äquator. Die Werte werden von 10000000 m am Äquator in nördlicher Richtung gezählt.

Point positions in UTM coordinates

Any position on the Earth is referenced in a UTM zone in coordinates E (easting) and N (northing) in meters. Easting is the distance of the position from the central meridian. In order to avoid negative numbers, the central meridian through the middle of each 6° zone is assigned an easting value of 500000 m.

Northing is the distance of the point from the equator. Values are measured from 10000000 m at the Equator, in a northerly direction.

Wegpunkte im kml-Format exportieren *Export waypoints in kml format*

```
# a2020-339
# if not installed, use
# pip install utm
# pip install simplekml
#
import utm
import simplekml
                                               # define some waypoints
lat= [52.391198,52.390550,52.391464]           # latitudes
lon= [ 9.694066, 9.701170, 9.692906]           # longitudes

for i in range(len(lat)):                      # convert to UTM Mercator coordinates
    east,north,n,m = utm.from_latlon(lat[i],lon[i])

    print(" P%d lat=%.6f lon=%.6f, UTM=%s%s %.3f E,%.3f N"
          %(i,lat[i],lon[i],n,m,east,north))

wegpfile="waypoints.kml"                       # define kml waypoint file
kml = simplekml.Kml()
for i in range(len(lat)):                      # write waypoint information for all points
    kml.newpoint(name="P"+str(i), coords=[(lon[i],lat[i])])
kml.save(wegpfile)                             # save to kml file
                                               # Simply open "waypoints.kml"
                                               # in Google Earth
''' output
'
 P0 lat=52.391198 lon=9.694066, UTM=32U 547231.260 E,5804776.451 N
 P1 lat=52.390550 lon=9.701170, UTM=32U 547715.380 E,5804709.038 N
 P2 lat=52.391464 lon=9.692906, UTM=32U 547152.039 E,5804805.281 N
'''
```

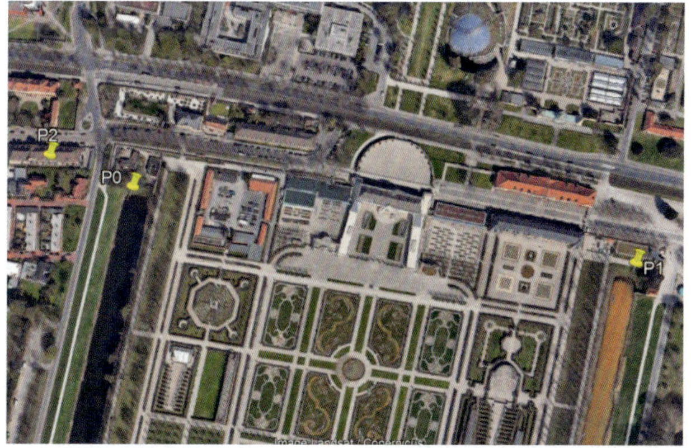

Anzeige von Wegpunkten in Google Earth (Quelle: Google Earth)
Display of waypoints in Google Earth (source: Google Earth)

Kartenprojektionen *Map projections*

```
# a2020-340
# to install basemap module please visit
# https://www.lfd.uci.edu/~gohlke/pythonlibs/
# download basemap-1.2.2-cp38-cp38-win_amd64.whl
# install via:  pip install basemap-1.2.2-cp38-cp38-win_amd64.whl

from mpl_toolkits.basemap import Basemap
import matplotlib.pyplot as plt
import numpy as np
import warnings
import matplotlib.cbook
warnings.filterwarnings("ignore",category=matplotlib.cbook.mplDeprecation)
# select projection 1,2   1=Mercator, 2=Sinusoidal
#
proj=1
if proj==1:
    fig = plt.figure(num=None, figsize=(12, 8) )
    m = Basemap(projection='merc',llcrnrlat=-80,urcrnrlat=84
                ,llcrnrlon=-180,urcrnrlon=180,resolution='c')
    m.drawcoastlines()
    m.fillcontinents(color='tan',lake_color='lightblue')
    # draw parallels and meridians.
    m.drawparallels(np.arange(-90.,91.,10.)
                    ,labels=[True,True,False,False],dashes=[2,2])
    m.drawmeridians(np.arange(-180.,181.,30.)
                    ,labels=[True,False,False,True],dashes=[2,2])
    m.drawcountries(linewidth=0.5, linestyle='solid', color='red' )
    #m.drawrivers(linewidth=0.5, linestyle='solid', color='blue')
    m.drawmapboundary(fill_color='lightblue')
    plt.title("Mercator Projection")
    plt.savefig('pyfig340a1.pdf',bbox_inches='tight')
else:
    # lon_0 is central longitude of projection.
    # resolution = 'c' means use crude resolution coastlines.
    m = Basemap(projection='sinu',lon_0=0,resolution='c')
    m.drawcoastlines()
    m.fillcontinents(color='coral',lake_color='aqua')
    # draw parallels and meridians.
    m.drawparallels(np.arange(-90.,120.,10.))
    m.drawmeridians(np.arange(0.,420.,30.))
    m.drawmapboundary(fill_color='lightblue')
    plt.title("Sinusoidal Projection")
    plt.savefig('pyfig340a2.pdf')
plt.show()
```

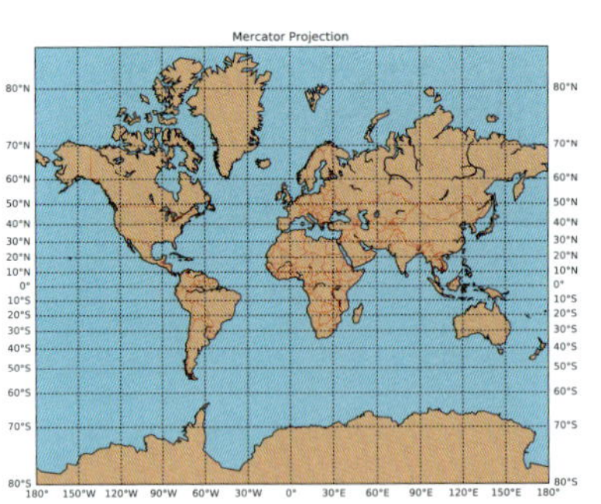

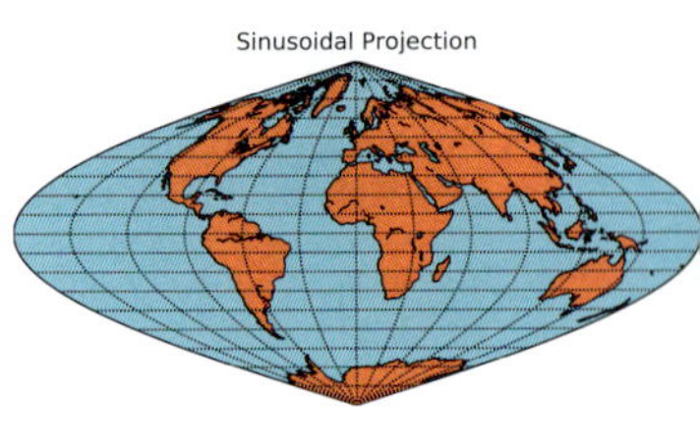

Ausgabe von Kartenprojektionen mit matplotlib
Display of map projections via matplotlib

5.4 Fragen und Antworten – Questions and answers

- Unter welchen Annahmen kann eine auf Reflexion basierte Formerkennung durchgeführt werden?

Die Beleuchtungsbedingungen und der Ort der Kamera sind bekannt.
Die Reflexionseigenschaften der Oberfläche sind bekannt und z. B. in einer Reflektanzkarte beschrieben.
Die Objektoberfläche muss stetig sein.

- Under what assumptions can shape recognition based on reflection be carried out?

The illumination conditions and the position of the camera are known.
The reflection properties of the surface are known and e. g. described in a reflectance map.
The object surface is a continuous one.

- Mit welchen Modellen können Geländeoberflächen dreidimensional beschrieben werden?

Es sind folgende Begriffe üblich:
Digitales Höhenmodell (DHM): Ein Datensatz besteht aus Höhenpunkten über einer definierten Bezugsfläche.
Digitales Geländemodell (DGM): Die Daten beschreiben das Gelände (ohne Gebäude, Vegetation usw.).
Digitales Oberflächenmodell (DOM): Die Geländefläche wird mit Vegetation, Gebäuden usw. modelliert.

- Which models can be used to describe terrain surfaces in three dimensions?

The following terms are generally in use:
Digital Elevation Model (DEM): A file or database contains elevation points over a defined reference surface.
Digital Terrain Model (DTM): Data describe the bare terrain surface (without buildings, vegetation, etc.).
Digital Surface Model (DSM): The terrain surface, including vegetation, buildings, and other objects is modeled.

- Wozu dient die Visualisierung von Geländeoberflächen?

Visualisierung soll in Geländedaten erfasste Erscheinungen besser verständlich machen. Es gibt viele Methoden, um in DGMs erfasste Formen des Geländes anschaulich zu machen. Besonders wichtig sind die Schummerung und Perspektivbilder.

- What is the purpose of the visualization of terrain surfaces?

The purpose of visualization is to enable a better understanding of phenomena represented by the terrain data. There are many methods available to visualize terrain surfaces that are described in DTMs. Shaded reliefs and perspective views are of especially importance.

- Wie ist das geozentrische Koordinatensystem definiert?

Das grundlegende terrestrische Koordinatensystem sind die räumlich-kartesischen Koordinaten X, Y, Z. Der Ursprung ist der Massenmittelpunkt der Erde G, dessen Lage zur Erdoberfläche sich aus den Bahnen der Erdsatelliten ergibt. Die Z-Achse ist die mittlere Rotationsachse der Erde, die X-Achse fällt in die $0°$-Meridianebene von Greenwich. Die Y-Achse ergibt sich unter Beachtung des Rechtssystems.

- How is the geocentric coordinate system defined?

The basic terrestrial coordinate system is the spatial cartesian system with the coordinates X, Y, Z. Its origin is the mass center G of the Earth, which is derived from orbit observation of the earth satellites. The Z-axis equals the mean rotational axis of the Earth, and the X-axis passes through the $0°$ meridian of Greenwich. The Y-axis is perpendicular to both the Z-axis and the X-axis, thus the system follows the right-hand rule.

- Wozu dienen Kartenprojektionen?

Durch Kartenprojektionen werden die geographischen Koordinaten λ (Länge) und φ (Breite) in rechtwinklig-ebene Koordinaten x, y oder in polare Koordinaten α, τ einer Kartenebene transformiert. Dabei wird der Erdkörper entweder als Rotationsellipsoid oder (für kleinere Kartenmaßstäbe) als Kugel angenommen.

- What are map projections used for?

Locations on the Earth are represented by the geographic coordinates λ (longitude) and φ (latitude). The purpose of map projections is to transform from the geographic coordinates into the plane coordinate system x, y of a map or into the polar coordinates α, τ. In this context, the Earth is assumed to be an ellipsoid or (for smaller map scales) a sphere.

Stichwortverzeichnis

L

M

N

W

Z

Subject index

G

H

I

J

K

L